"十二五"职业教育国家规划教材
经全国职业教育教材审定委员会审定

全国高职高专教育土建类专业教学指导委员会规划推荐教材

建筑电气施工技术

（第三版）

（建筑电气工程技术专业适用）

韩永学 主编
芦顶明 左巍 副主编
尹秀妍 主审

中国建筑工业出版社

图书在版编目(CIP)数据

建筑电气施工技术/韩永学主编. —3版. —北京：中国建筑工业出版社，2014.7（2021.12重印）
“十二五”职业教育国家规划教材经全国职业教育教材审定委员会审定
全国高职高专教育土建类专业教学指导委员会规划推荐教材（建筑电气工程技术专业适用）
ISBN 978-7-112-16433-2

Ⅰ.①建… Ⅱ.①韩… Ⅲ.①房屋建筑设备-电气设备-建筑安装-工程施工-高等职业教育-材料 Ⅳ.①TU85

中国版本图书馆CIP数据核字(2014)第030559号

本书共分八个教学项目。包括建筑电气安装工程简介；建筑电气识图训练；电气照明工程安装；电动机及其控制设备安装；变配电设备安装；电缆线路施工；10kV以下架空线路安装工程；建筑弱电安装工程。本书作者结合多年教学与施工实际经验进行提炼，较详细地介绍了建筑电气施工的方法和技巧。

本书可作为高职院校建筑电气工程技术、楼宇智能化工程技术专业、建筑设备工程技术等专业的教材，也可作为企业技术培训和工程技术人员的参考书。

为了更好地支持相应课程的教学，我们向采用本书作为教材的教师提供课件，有需要者可与出版社联系。

建工书院：http：//edu.cabplink.com
邮箱：jckj@cabp.com.cn 电话：(010) 58337285

责任编辑：齐庆梅 田启铭
责任校对：李美娜 党 蕾

“十二五”职业教育国家规划教材
经全国职业教育教材审定委员会审定
全国高职高专教育土建类专业教学指导委员会规划推荐教材
建筑电气施工技术
(第三版)
(建筑电气工程技术专业适用)
韩永学 主 编
芦顶明 左 巍 副主编
尹秀妍 主 审
*
中国建筑工业出版社出版、发行（北京西郊百万庄）
各地新华书店、建筑书店经销
北京红光制版公司制版
北京建筑工业印刷厂印刷
*
开本：787×1092毫米 1/16 印张：20½ 字数：500千字
2015年8月第三版 2021年12月第二十四次印刷
定价：**38.00**元（赠教师课件）
ISBN 978-7-112-16433-2
(25118)

第三版前言

本书是根据高等职业院校土建类专业教学指导委员会对高职院校建筑电气工程技术专业的教学要求和人才培养目标编写的，本书是在“十一五”规划教材基础上修订的。修订理由如下：

1. 社会发展需求促进教材建设与时俱进

要坚持走中国特色新型工业化、信息化、城镇化、农业现代化道路，还强调加大城乡统筹发展力度，推动城乡发展一体化，构建科学合理的城市化格局，是十八大报告指出的，建筑业作为支柱产业带来了广阔的发展机遇，由此建筑类专业的人才需求将剧增，为适应新需求《建筑电气施工技术》教材必须修订。

2. 专业规范不断修订推进教材改革

随着建筑业发展，建筑电气设计规范不断修订，从而推进了《建筑电气施工技术》教材的改革。

3. 示范建设实践推动教材打造精品

由教材作者团队主持和开发建设的“建筑电气施工技术”课程，2011 年被教育部评选为“十一五”国家级规划教材。国家示范性建设过程和教学实践为教材的修订提供了更大的空间，为打造规划教材准备了充分的教学资源。

建筑电气施工技术是建筑电气和楼宇自动化专业的主要内容。全书内容编排合理，注重工学结合，注重理论与实践的结合，注重培养学生的实际应用能力。本书全面系统地介绍了建筑电气工程施工内容，图文结合，便于理解。主要内容包括建筑电气安装工程简介；建筑电气识图训练；电气照明工程安装；电动机及其控制设备安装；变配电设备安装；电缆线路施工；10kV 以下架空线路安装工程；建筑弱电安装工程。

本书的特点是：

1. 根据国家教学要求与人才培养目标，紧紧围绕本专业职业岗位需求安排书中内容。

2. 注意与系列其他教材之间的衔接，不重复其他教材的内容。

3. 采用项目教学法。在对每一课题的阐述过程中，结合实际工程项目，针对工程项目的实际设计、安装及运行维护中所需要的知识点和技能点展开分析，实用性强，是指导学生工程实践的必修内容。

本书由黑龙江建筑职业技术学院韩永学、李伟峰、中国建筑一局有限公司芦顶明、中建安装工程有限公司左巍、广西建设职业技术学院谢滨编写。其中项目 1、5 和 8 中任务 1 由韩永学编写；项目 2 由李伟峰编写；项目 3、4 由芦顶明编写；项目 6、7 由左巍编写；项目 8 中任务 2、3、4 由谢滨编写，韩永学为主编，芦顶明、左巍为副主编，全书由韩永学负责统稿和定稿。

黑龙江建筑职业技术学院尹秀妍担任主审，她对本书进行了认真的审阅，提供了非常珍贵的修改意见，在此谨向她表示诚挚的谢意。

本书参考了大量的书刊资料，并引用了部分资料，除在参考文献中列出外，在此一并向这些书刊资料作者表示衷心的感谢。

本书可作为高职院校建筑电气工程技术、楼宇智能化工程技术专业、建筑设备工程技术等专业的教材，也可作为企业技术培训和工程技术人员的参考书。

为方便教学，我们制作了一个简单的电子课件，可发送邮件至 jiangongshe@163. com 免费索取。

由于编者水平有限，时间仓促，书中难免有错漏之处，恳请广大读者和同行专家提出宝贵意见，批评指正。

第二版前言

本书是根据高等职业院校土建类专业教学指导委员会对高职院校建筑电气工程技术专业、楼宇智能化工程技术专业学生的培养目标编写的，是“十一五”国家级规划教材。

全书内容编排合理，注重工学结合，注重理论与实践的结合，注重培养学生的实际应用能力。本书全面系统地介绍了建筑电气工程施工内容，图文结合，便于理解。主要内容包括：建筑电气施工绪论、建筑电气施工常用材料、工具及测量仪表与技能训练、室内配线工程与技能训练、变配电设备装置安装与技能训练、电缆线路施工与技能训练、照明装置安装与技能训练、防雷与接地装置安装与技能训练、建筑弱电工程安装与技能训练、10kV 以下架空线路施工。

本书第一章、第三章、第六章、第七章由黑龙江建筑职业技术学院韩永学编写，第二章、第五章、第九章由广西建设职业技术学院谢滨编写，第四章、第八章由徐州建设职业技术学院刘江文编写，第十章由黑龙江建筑职业技术学院温红真编写，全书由韩永学主编并负责统稿和定稿。

本书在编写过程中，重点参阅了韩永学主编的《建筑电气施工技术》、杨光臣主编的《建筑电气工程施工》、陆荣华、史湛华主编的《建筑电气安装工长手册》及各专家的著作和成果，详见书后参考书目，恕不在此一一列出，在此一并表示感谢。

限于编者水平，书中难免会有错误，恳请广大读者和同行专家提出宝贵意见，深表谢意。

第一版前言

本书是根据高等职业学校土建类建筑电气专业教学指导委员会的培养要求编写的。

全书共分为九章，其内容主要从常用材料、工具入手，介绍了室内配线工程、照明装置、变配电设备及建筑弱电工程的安装工艺和调试方法，并根据本人多年积累的丰富的实践经验和教学经验，详细阐述了新材料、新规范、新的施工工艺。

通过对教材内容的整合，合理地进行了编排，注重理论与实践的结合，注重培养实际应用能力。为了尽快适应建筑智能化需要，加入了建筑弱电工程施工技术。本书全面系统地介绍了建筑电气安装工程的内容，注重图文结合。本书主要内容包括：绪论、电气安装常用的材料和工具、室内配线工程、照明装置安装、电动机及其控制设备的安装、变配电设备安装、电缆线路施工、防雷与接地装置安装、建筑弱电工程安装。通过工程实习、现场教学，缩短学生理论与实际的差距，做到毕业既能上岗，又能顶岗。

本书第一章、第三章、第六章、第七章由黑龙江建筑职业技术学院韩永学编写，第四章、第八章由徐州建设职业技术学院刘江文编写，第二章、第五章、第九章由广西建设职业技术学院谢滨编写，全书由韩永学主编并负责统稿和定稿。

在编写过程中重点参阅了杨光臣主编的《建筑电气工程施工》、《电气安装施工技术与管理》、徐第、孙俊英主编的《建筑弱电工程安装技术》、陆荣华、史湛华主编的《建筑电气安装工长手册》、刘宝珊主编的《建筑电气安装工程实用技术手册》及各专家的著作和成果，详见书后参考书目，恕不在此一一列出。在此一并表示诚挚的谢意！

本书由内蒙古建筑职业技术学院张文焕主审，并提出了许多宝贵意见，在此表示衷心的感谢。

限于编者水平，书中难免存在错误，敬请广大读者和同行专家批评指正，不胜感谢！

编　者

2004.2

目　录

项目1 建筑电气安装工程简介

【课程概要】

教学目标	认知建筑电气工程实训工具及材料、电气安装工程的特点；知道电气安装工程对土建工程的要求与配合；学会电气安装工程的质量评定和竣工验收方法。具有与土建工程配合的能力；具有质量评定和竣工验收的能力
教学内容	任务1-1 了解建筑电气安装工程及其应用 任务1-2 认知建筑电气工程实训工具及材料 任务1-3 电气安装工程对土建工程的要求与配合及质量评定和竣工验收
项目知识点	了解电气安装工程的特点；知道电气安装工程对土建工程的要求与配合；学会电气安装工程的质量评定和竣工验收方法
项目技能点	具有与土建工程配合的能力；具有质量评定和竣工验收的能力
教学重点	质量评定和竣工验收的要求
教学难点	质量评定方法
教学资源与载体	多媒体网络平台，教材、PPT和视频等，一体化施工实训室，工作页、评价表等
教学方法建议	演示法，参与型教学法
教学过程设计	下发质量评定资料→分组练习→分组研讨评定方法→指导学生练习
考核评价内容和标准	质量评定表格填写；竣工验收标准和方法； 沟通与协作能力；工作态度；任务完成情况与效果

建筑电气工程图是整个建筑工程设计的重要组成部分，是建筑电气安装施工的主要依据。学习情境主要介绍建筑电气工程图的特点、建筑电气工程图的内容及阅读的步骤和方法，并通过一套建筑电气工程图来详细说明建筑电气工程图的识图过程。建筑电气安装工程包括内容较多，通过学习完成下列工作页。

《建筑电气施工技术》工作页

姓名： 学号： 班级： 日期：

任务1-1	了解建筑电气安装工程及其应用	课时：2学时	
项目1	建筑电气安装工程简介	课程名称	建筑电气施工技术
任务描述：			
通过讲授，认知建筑电气工程的组成、作用等，让学生对建筑电气工程有明确的了解，对学好电气安装工施工这门课充满信心			
工作任务流程图：			
播放录像→教师播放课件并讲授→分组研讨→提交工作页→集中评价→提交认知训练报告			
1. 资讯（明确任务、资料准备）			

续表

(1) 建筑电气安装工程的特点是什么? (2) 建筑电气工程施工分为哪三大阶段? (3) 施工程序分为哪几个阶段? 说明各个阶段的主要内容
2. 决策(分析并确定工作方案)
(1) 分析采用什么样的方式方法了解建筑电气安装工程的组成,通过什么样的途径学会任务知识点,以什么态度学好建筑电气施工技术这门课。 (2) 小组讨论并完善工作任务方案
3. 计划(制订计划)
制定实施工作任务的计划书;小组成员分工合理 需要通过图片搜集、视频播放、查找资料、参观等形式完成本次任务。 (1) 通过查找资料和学习明确建筑电气工程施工三大阶段、特点等; (2) 通过对校区教学楼的参观增强对电气工程施工的感性认识,为后续课程的学习打好基础
4. 实施(实施工作方案)
(1) 参观记录; (2) 学习笔记; (3) 研讨并填写工作页
5. 检查
(1) 以小组为单位,进行讲解演示,小组成员补充优化; (2) 学生自己独立检查或小组之间互相交叉检查; (3) 检查学习目标是否达到,任务是否完成
6. 评估
(1) 填写学生自评和小组互评考核评价表; (2) 跟老师一起评价认识过程; (3) 与老师深层次的交流; (4) 评估整个工作过程,是否有需要改进的方法
指导老师评语:
任务完成人签字: 日期: 年 月 日
指导老师签字: 日期: 年 月 日

任务1-1 了解建筑电气工程及其应用

建筑电气施工技术是建筑电气工程技术专业的一门主要专业课。它是本专业在工程进行实施中不可缺少的技术，例如：电气照明课中导线的敷设、灯具安装、开关、插座等安装都需要通过本课程得到实施；自动控制课中桥式起重机、消防电气装置、锅炉房自控装置安装都要通过本课了解施工方法；供电课中各种电气设备安装调试，电力拖动课中的电机及变压器安装也均体现在本课中，可见本课同其他课有着很重要的联系。

建筑电气施工技术主要介绍 10kV 以下工业与民用建筑电气施工技术和调试方法。

建筑电气工程是建筑安装工程的重要组成部分，无论工业或民用建筑，只有通过安装工作才能使设计蓝图变为建筑产品投入使用，发挥其效益。通常一个单项工程由建筑工程的六个分部工程和建筑设备安装的四个单位工程组成（但具体的单项工程中不一定都包括）。六个建筑工程为地基与基础工程、主体工程、地面与楼面工程、门窗工程、装饰工程和屋面工程。四个建筑设备安装工程为采暖卫生与煤气工程、建筑电气安装工程、通风与空调工程和电梯安装工程。

随着现代化高层建筑的飞速发展，建筑强电和弱电安装内容越来越多，这就需要我们必须适应建筑市场需要，不断学习新知识、新技术，提高操作技能。

1.1.1 电气安装的特点

电气安装工程对象种类繁多，涉及范围广，理论性强，技术复杂，质量要求高，除一般的照明工程，车间动力工程，变配电工程、电缆工程外，还有高层建筑的弱电安装工程，以及这些工程的检测和调试工作等。

电气安装工程具有以下几个特点：

（1）施工作业空间范围广，施工周期长，原材料品种多；

（2）手工作业多，工序复杂；

（3）工程质量直接影响生产运行及人身安全。

有些电气设备安装工程都是高空作业，这就要求从事电气安装工作的人，既要有一定的理论知识，又要熟悉工艺过程和技术要求及安全操作规程，还要对相关工程（如钳工、焊工等）的简单操作技术有所了解，才能适应这一工作。

电气工程的施工可分为三大阶段进行，即施工准备阶段，施工阶段和竣工验收阶段。

1.1.2 电气安装工程施工前的准备工作及施工程序

电气安装工程涉及面广，内外协作配合的环节很多，因此必须遵循一定的程序，按计划、有步骤、有秩序地合理施工，才能达到预期效果。

施工准备工作是保证工程顺利地连续施工，全面完成各项经济指标的重要前提。施工准备工作的内容较多，但就其工作范围一般可分为阶段性施工准备和作业条件的施工准备。所谓阶段性施工准备，是指工程开工之前针对工程所做的各项准备工作；所谓作业条件的施工准备，是为某一施工阶段，某分部、分项工程或某个施工环节所做的准备工作，它是局部性、经常性的施工准备工作。

施工程序是基本建筑程序的一个组成部分，是施工单位按照客观规律合理组织施工的顺序安排。在电气施工中，依据规范要求制定合理的施工程序及安全措施，是一项非常重要的环节，是保证工程质量、防止发生事故、避免造成损失的重要手段。虽然不同的电气装置的特点和安装方法有所不同，但基本程序都是相近的。施工中施工人员必须高度重视安全注意事项，确保施工安全。

1. 施工程序分为以下几个阶段：

（1）接受任务

在开始接受任务时，先签订初步协议。初步协议的主要内容为与工程有关的要求和条件，即：工程批准文号、工程要求、图纸、设备、材料、供应日期、经济费用估算等。协议签订后，建设单位向施工单位提供所需要的图纸、设备说明书，施工单位根据图纸及说明书着手编制施工预算，计算工程总造价，作为正式签订合同的依据。

（2）编制施工组织设计或施工方案

编制施工组织设计或施工方案时，应根据工程需要，考虑暂设工程、施工用水用电、道路的修筑、材料设备的仓库及施工方法、工程总进度要求，同时考虑劳动力、施工机械、主要材料的需要量，并列出计划详表。

（3）编制施工图预算和施工预算

预算部门根据工程图纸以及施工组织设计及措施、电气工程预算定额等资料，编制出施工图预算，计算工程造价，经建设单位审查后，即作为工程结算的依据。

电气工长对所承担的任务编制施工预算，作为向工人班组进行内部承包的依据。

（4）现场准备

1）对现场设备的清点和检查

首先对进场设备进行数量清点，同时校对型号、规格是否与设计相符，并对设备进行检查，包括外观检查、解体检查及电气性能检验。

2）对土建工程及设备基础的验收

要求土建工程预留的孔洞是否符合设计尺寸，盘、柜、设备基础应有交接验收合格的证明。

3）施工机具的准备

各种施工机具应按施工组织设计或施工方案的要求必须运至现场，并经过检查试运行，具备使用条件。

4）主要材料和消耗材料的准备

对已进场的材料进行清点和检查，有些材料应进行必要的电气性能试验，确认合格方可使用。为保证工程连续施工，进场材料应有适当的储备。

（5）开工报告

在正式施工以前，需要提出开工报告，经主管部门批准后才能正式开工。

开工报告要具备以下条件：

1）图纸齐全；

2）合同已签定；

3）施工图预算与施工预算已编制完善；

4）暂设工程已建好，对劳动力、材料、施工机具，运输等计划已基本落实，道路畅通，通电、通水，场地平整，施工不受影响。

（6）施工阶段

1）前期与土建工程的配合阶段，要按要求将需要预留的孔、洞、预埋件等设置好，设备的进线管也应按设计要求设置好，基础槽钢、地脚螺栓应保证位置准确，标高误差合乎要求。

2）各类线路的敷设应按图纸施工，并合乎验收规范的各项要求。

3）所有电气设备均应按设计要求进行安装、接线，并按规程要求进行有关的试验，提出相应的试验记录和报告。

4）试运

对安装好的电气设备，在移交给建设单位以前，应按规定单独或配合机械设备进行单体试运或联运。试验合格后，由建设单位、监理单位、施工单位签字作为交工验收的资料。

(7) 办理竣工手续和结算

经试运符合要求以后，施工单位按照施工图和施工验收规范，提出竣工资料，及时办理交工手续，编制工程结算。

交工时必须将隐蔽工程记录、检查记录、试运记录等有关资料交建设单位存档。

2. 安全注意事项

(1) 参加施工的人员不得违章作业，必须严格按照操作规程进行施工。

(2) 在施工现场进行气焊、使用喷灯、电炉或在现场用火等，均应有防火及防护措施。

(3) 施工现场架设临时供电线路和电气设备的安装，应符合临时供电要求，所用导线绝缘良好，电气设备的金属外壳应可靠接地。户外临时配电盘（箱）及开关装置应有防雨措施。电动设备或电器器具全部拆除后应拆除带电导线，若导线必须保留，则应切断电源，并将导线提高到距地面2.5m以上。

(4) 高空作业时必须拴好安全带，进入施工现场必须戴安全帽，并且在使用前应对安全帽、安全带及其他安全用具进行严格质量检查试验。高空作业时，严禁上下抛掷传递工具、材料。一般在遇到6级以上大风、暴雪、打雷及有雾时应停止露天高空作业。

(5) 施工用的梯子在使用前应进行外观检查，确认坚实无损方能使用。立梯的倾斜角度一般应与地面保持60°，并应做好必要的防滑措施。人字梯须有坚固的铰链和绳索。所用梯子不得有缺档，且梯子上只允许站一人工作，并应备有工具袋，上、下梯子时应将工具放在袋内，不可拿在手中。

(6) 制作加工件使用机械钻孔时，严禁戴手套操作或用手端着工件进行钻孔。

(7) 雨季施工时，应对临时电源线路、配电盘及电气设备经常进行绝缘检查，绝缘不良者应立即进行修理和干燥。对施工安全用具，安全带、安全网等应经常检查，加强管理，防止霉烂变质，影响使用安全。

(8) 进入现场施工的人员应精力集中，切实做到事事想到安全，处处注意安全，并应养成文明施工的良好习惯，工程完工和下班时，都要对施工现场进行清扫、整理，切实做到工完场清。

任务1-2 认知建筑电气工程实训工具及材料

建筑电气工程包括的内容较多，涉及的材料和工具也很多，要想了解和掌握常用的材料和工具应完成下列工作页。

《建筑电气施工技术》工作页

姓名：　　　　　　　　学号：　　　　　　　　班级：　　　　　　　　日期：

任务1-2	认知建筑电气工程实训工具及材料	课时：4学时	
项目1	现代建筑电气安装工程简介	课程名称	建筑电气施工技术

任务描述：

通过讲授，认知建筑电气工程实训工具和材料的组成、作用等，让学生对建筑电气工程所用设备和材料有深刻的了解，学会认知和使用。

工作任务流程图：

教师播放课件并讲授→分组研讨→提交工作页→集中评价→提交认知训练报告

1. 资讯（明确任务、资料准备）

（1）绝缘导线并接连接有哪些方法？

（2）导线分支连接和并接连接采用压接法时，应如何进行压接？

（3）膨胀螺栓和塑料胀管使用上分别有什么要求？说明编写开工报告应具备哪些条件？

（4）常用的电工工具和钳工工具分别有哪些

2. 决策（分析并确定工作方案）

（1）分析采用什么样的方式方法了解常用工具和材料，通过什么样的途径学会任务知识点，初步确定工具和材料使用方案。

（2）小组讨论并完善工作任务方案

3. 计划（制订计划）

制定实施工作任务的计划书；小组成员分工合理

需要通过图片搜集、视频播放、查找资料、参观等形式完成本次任务。

（1）通过查找资料和学习明确建筑电气工程常用工具和材料、使用方法等；

（2）通过对教材的深入学习或去在建工程参观增强对电气工程施工的感性认识，为后续课程的学习打好基础

4. 实施（实施工作方案）

（1）参观记录；

（2）学习笔记；

（3）研讨并填写工作页

5. 检查

（1）以小组为单位，进行讲解演示，小组成员补充优化；

（2）学生自己独立检查或小组之间互相交叉检查；

（3）检查学习目标是否达到，任务是否完成

6. 评估

（1）填写学生自评和小组互评考核评价表；

（2）跟老师一起评价认识过程；

（3）与老师深层次的交流；

（4）评估整个工作过程，是否有需要改进的方法

指导老师评语：

任务完成人签字：

日期：　年　月　日

指导老师签字：

日期：　年　月　日

技能训练1　常用电气材料的识别选择

（一）实训目的

1. 能识别各种常用建筑电气材料；

2. 明白施工中常用材料的使用及选用方法；

3. 准确找出各种常用材料，为安装施工打下基础。

（二）实训内容及设备

1. 实训内容：

（1）识别导线、线管；

（2）熟悉导线、线管的使用及选用方法；

（3）选出 BV2.5mm^2；BV16mm^2；BV35mm^2 的导线；选出 4 分阻燃半硬塑料管、6 分硬塑料管、1 寸水煤气钢管、4 分金属软管等。

2. 实训设备

（1）钢丝钳；

（2）剥线钳；

（3）尖嘴钳；

（4）喷灯；

（5）冲击钻；

（6）射钉枪；

（7）钳形电流表；

（8）兆欧表。

（三）实训步骤

1. 教师活动

（1）老师讲解实训内容、要求；

（2）检查和指导学生实训操作情况；

（3）对学生实训完成情况进行点评。

2. 学生活动

（1）学生设计施工图纸

（2）5～6 人一组，选组长；

（3）分组讨论要完成的实训任务及要求；

（4）选择所需的实训设备、工具及材料；

（5）组长做好工作分工；

（6）分别完成实训任务；

（7）对实训中的问题、产生的原因、解决的方法进行分析和讨论；

（8）对完成的实训任务进行自评、互评、填写实训报告。

（四）报告内容

1. 描述所识别的各种材料、工具、设备的特点及用途；

2. 写出不同设备的使用及选用方法。

（五）实训记录与分析实训记录与分析表

序号	材料、工具、设备名称	表示含义或作用	规格与特点
1	BV-2.5mm^2		
2	BV-16mm^2		
3	BV-35mm^2		
4	Φ15FPC		
5	Φ20PC		
6	Φ25SC		
7	Φ15CP		
8	钢丝钳		
9	剥线钳		
10	尖嘴钳		
11	喷灯		
12	冲击钻		
13	射钉枪		
14	钳形电流表		
15	兆欧表		

（六）问题讨论

1. 说明冲击钻与射钉枪的区别？

2. 简述钳形电流表与的兆欧表区别？

（七）技能考核（教师）

1. 熟练说明各种材料表示的含义；

2. 快速指明各材料、工具、设备。

优________良________中________及格________不及格________

1.2.1　建筑电气施工常用材料

1.2.1.1　绝缘材料

电工绝缘材料一般分有机绝缘材料和无机绝缘材料。有机绝缘材料有树脂、橡胶、塑料、棉纱、纸、麻、蚕丝、人造丝、石油等，多用于制造绝缘漆和绕组导线的被覆绝缘物。无机绝缘材料有云母、石棉、大理石、瓷器、玻璃和硫磺等，多用于作电机和电器的绕组绝缘、开关的底板及绝缘子等。

1. 绝缘油

绝缘油主要用来充填变压器、油开关、浸渍电容器和电缆等。变压器油在变压器和油开关中，起着绝缘、散热和灭弧作用。在使用中常常受到水分、温度、金属、机械混杂物、光线及设备清洗的干净程度等外界因素的影响。这些因素会加速油的老化，使油的使用性能变坏，而影响设备的安全运行。因此，对变压器油提出以下几点要求：

（1）绝缘性能要高。

（2）黏性较小。以易于流动和便于电气设备散热。

（3）油内含杂质应尽量少，特别是酸和碱，因为它们对于绝缘和其他物质的破坏作用很大。

（4）油的闪燃温度应不低于135℃。

（5）应有稳定的化学性质。因为在运行中常有一定的氧气进入，如油的化学性质不稳定，油便会氧化变质，产生沉淀。

（6）应有尽可能低的凝固温度，一般应在－45℃以下。

对浸渍电容器和电缆所用的油，要求和变压器油大致相同，但绝缘性能要求更高一些。

2. 树脂

树脂是有机凝固性绝缘材料，它的种类很多，在电气设备中应用极广。电工常用树脂有虫胶（洋干漆）、酚醛树脂、环氧树脂、聚氯乙烯、松香等。

（1）天然树脂——虫胶

它是东南亚一种植物寄生虫的分泌物，市场上的虫胶为淡黄色或红褐色的薄而脆的小片，溶于酒精，胶粘力强，对云母、玻璃等的粘合力大。虫胶主要是用作洋干漆原料。

（2）环氧树脂

常见的环氧树脂是由二酚基丙烷与环氧丙烷在苛性钠溶液的作用下缩合而成的。按分子量的大小分类，有低分子量和高分子量两种。电工用环氧树脂以低分子量为主。这种树脂收缩性小，粘附力强，防腐性能好，绝缘强度高，广泛用来浇注电压、电流互感器和电缆接头等。

目前国产环氧树脂有E-51、E-44、E-42、E-35、E-20、E-14、E-12、E-06等数种。前4种属于低分子量环氧树脂，后4种为高分子量环氧树脂。

（3）聚氯乙烯

它是热缩性合成树脂，性能较稳定，有较高的绝缘性能，耐酸、耐蚀，能抵抗大气、日光、潮湿，可作为电缆和导线的良好护层和绝缘层，还可以做成电气安装工程中常用的聚氯乙烯管和聚氯乙烯带。

（4）绝缘漆

按其用途可分为浸渍漆、涂漆和胶合漆等。浸渍漆用来浸渍电机和电器的线圈，如沥青漆（黑凡立水）、清漆（清凡立水）和醇酸树脂漆（热硬漆）等。涂漆用来涂刷线圈和电机绕组的表面，如沥青晾干漆、灰磁漆和红磁漆等。胶合漆用于粘合各种物质，如沥青漆和环氧树脂等。

绝缘漆的稀释剂主要有汽油、煤油、酒精、苯、松节油等。不同的绝缘漆要正确地选用不同的稀释剂，切不可千篇一律。

3. 橡胶和橡皮

橡胶分天然橡胶和人造橡胶两种。它的特性是弹性大、不透气、不透水，且有良好的绝缘性能。但纯橡胶在加热和冷却时，都容易失去原有的性能，所以在实际应用中常把一定数量的硫磺和其他填料加在橡胶中，然后再经过特别的热处理，使橡胶能耐热和耐冷。这种经过处理的橡胶即称为橡皮。含硫磺25%～50%的橡皮叫硬橡皮，含硫磺2%～5%的橡皮叫软橡皮。软橡皮弹性大，有较高的耐湿性。所以广泛地用于电线和电缆的绝缘，以及制作橡皮包带、绝缘保护用具（手套、长筒靴、橡皮毡等）。

人造橡胶是碳氢化合物的合成物。这种橡胶的耐磨性、耐热性、耐油性都比天然橡胶要好，但造价比天然橡胶高。人造橡胶中作耐油、耐腐蚀用的氯丁橡胶、丁腈橡胶和硅橡胶等都广泛应用于电气工程中，如丁腈耐油橡胶管作为环氧树脂电缆头引出线的堵油密封层，硅橡胶用来制作电缆头附件等。

4. 玻璃丝（布）

电工用玻璃丝（布）是用无碱、铝硼硅酸盐的玻璃纤维所制成的。它的耐热性高、吸潮性小、柔软、抗拉强度高、绝缘性能好，因而用它做成许多种绝缘材料，如玻璃丝带、玻璃丝布、玻璃纤维管、玻璃丝胶木板以及电线的编织层等。电缆接头中常用无碱玻璃丝带作为绝缘包扎材料，其机械强度好、吸水性小、绝缘强度高。

5. 绝缘包带

又称绝缘包布。在电气安装工程中主要用于电线、电缆的接头。绝缘包带的种类很多，最常用的有如下几种：

(1) 黑胶布带

又称黑胶布。用于电线接头时作为包缠用绝缘材料。它是用干燥的棉布，涂上有黏性、耐湿性的绝缘剂制成。绝缘剂是用25%～40%绝缘胶和树脂、沥青漆等材料配制而成的。棉布与绝缘剂的重量比为75%～80%与25%～20%。常用规格为厚0.45～0.5mm，宽20mm。

(2) 橡胶带

主要用于电线接头时作包缠绝缘材料，有生橡胶带和混合橡胶带两种。其规格一般为宽20mm，厚0.1～1.0mm，每盘长度7.5～8m。

(3) 塑料绝缘带

采用聚乙烯和聚氯乙烯制成的绝缘胶粘带都叫塑料绝缘胶带。在聚乙烯或聚氯乙烯薄膜上涂敷胶粘剂，卷切而成。可以代替布绝缘胶带，还能作绝缘防腐密封保护层，一般可在－15～＋60℃范围内使用。

6. 电瓷

是用各种硅酸盐和氧化物的混合物制成的。电瓷的性质是在抗大气作用上有极大的稳定性、有很高的机械强度、绝缘性和耐热性，不易表面放电。电瓷主要用于制造各种绝缘子、绝缘套管、灯座、开关、插座、熔断器等。

1.2.1.2 管材支持材料

1. U形管卡

U形管卡用圆钢煨制而成，安装时与钢管壁接触，两端用螺母紧固在支架上，如图1-1所示。

2. 鞍形管卡

鞍形管卡用钢板制成，与钢管壁接触，两端用木螺钉、胀管直接固定在墙上，如图1-2所示。

3. 塑料管卡

用木螺钉、胀管将塑料管卡直接固定在墙上，然后用力把塑料管压入塑料管卡中，如图1-3所示。

1.2.1.3 紧固材料

常用的固结材料除一般常见的圆钉、扁头钉、自攻螺丝、铝铆钉及各种螺丝钉外，还有直接固结于硬质基体上所采用的水泥钉、射钉、塑料胀管和膨胀螺栓。

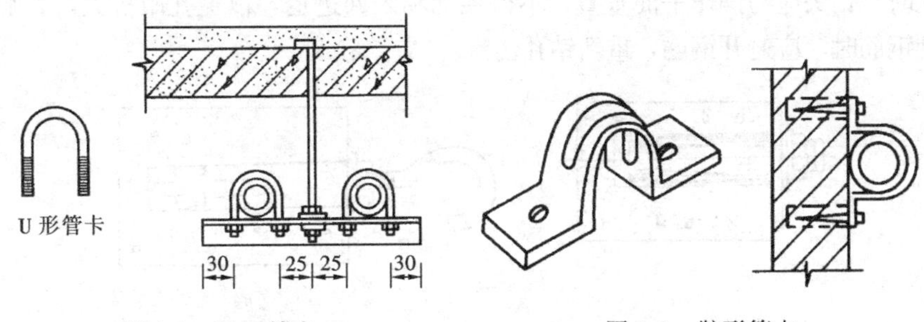

U形管卡
30
25
25
30
图1-1　U形管卡

图1-2　鞍形管卡

1. 水泥钢钉

水泥钢钉是一种直接打入混凝土、砖墙等的手工固结材料。钢钉应有出厂合格证及产品说明书。操作时最好先将钢钉钉入被固定件内，再往混凝土、砖墙等上钉。

按此方向向下压
塑料电线管
开口
管卡
安装
固定孔
图1-3　塑料管卡

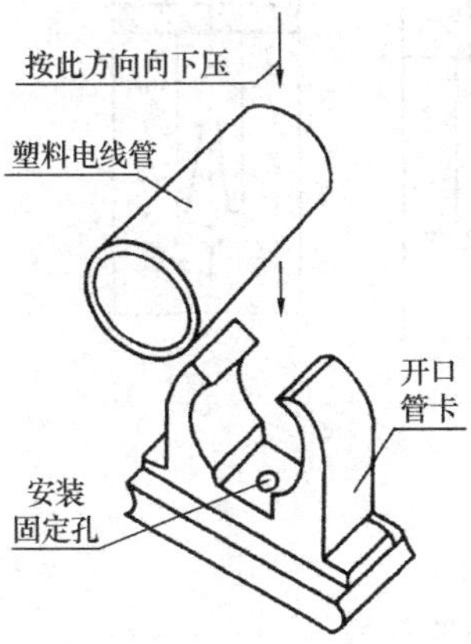

2. 射钉

射钉是采用优质钢材，经过加工处理后制成的新型固结材料。具有很高的强度和良好的韧性。射钉与射钉枪、射钉弹配套使用，利用射钉枪去发射钉弹，使弹内火药燃烧释放的能量，将各种射钉直接射入混凝土、砖砌体等其他硬质材料的基体中，将被固定件直接固定在基体上。利用射钉固结，便于现场及高空作业，施工快速简便，劳动强度低，操作安全可靠。射钉分为普通射钉、螺纹射钉和尾部带孔射钉。射钉杆上的垫圈是起导向定位作用，一般用塑料或金属制成。尾部有螺纹的射钉，便于在螺纹上直接拧螺丝。尾部带孔的射钉，用于悬挂连接件的。射钉弹、射钉和射钉枪必须配套使用。常用射钉形状如图1-4所示。

3. 膨胀螺栓

膨胀螺栓由底部呈锥形的螺栓、能膨胀的套管、平垫圈、弹簧垫片及螺母组成，如图1-5所示。用电锤或冲击钻钻孔后安装于各种混凝土或砖结构上。螺栓自铆，可代替预埋螺栓，铆固力强，施工方便。膨胀螺栓常见规格见表1-1，膨胀螺栓在混凝土上的使用要求见表1-2。

如图1-6所示为膨胀螺栓安装方法。安装膨胀螺栓，用电锤钻孔时，钻孔位置要一次定准，一次钻成，避免位移、重复钻孔，造成“孔崩”。钻孔直径与深度，应符合膨胀螺栓的使用要求。一般在强度低的基体（如砖结构）上打孔，其钻孔直径要比膨胀螺栓直径缩小1～

D
d
D
L
(a)
M
d
D
l_0
L
(b)
d'
d
D
l_0
L
(c)
图1-4　射钉构造示意图

(*a*) 一般射钉（平头射钉）；(*b*) 螺纹射钉；(*c*) 带孔射钉

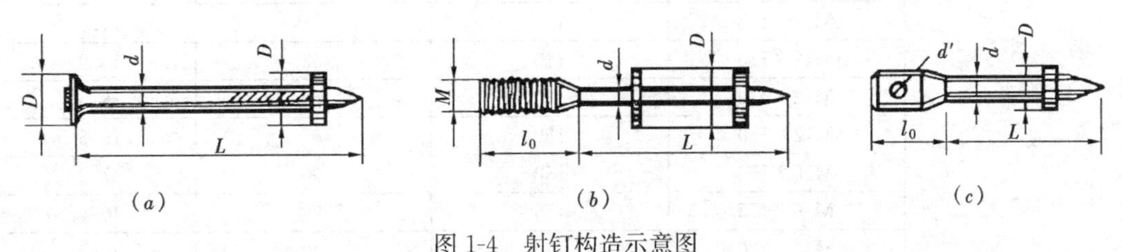

2mm。钻孔时，钻头应与操作平面垂直，不得晃动和来回进退，以免孔眼扩大，影响锚固力。当钻孔遇到钢筋时，应避开钢筋，重新钻孔。

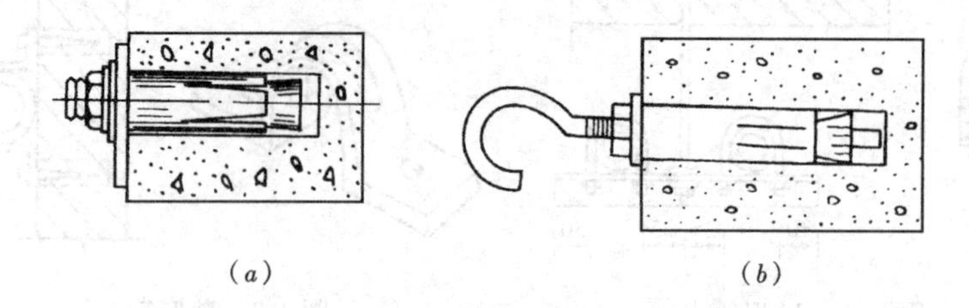

(*a*)　　　　(*b*)

图 1-5　膨胀螺栓

(*a*) 沉头式膨胀螺栓；(*b*) 吊钩式膨胀螺栓

(*a*)　(*b*)　(*c*)　(*d*)　(*e*)

图 1-6　膨胀螺栓安装方法

(*a*) 钻孔；(*b*) 清除灰渣，放入螺栓；(*c*) 锤入套管；

(*d*) 套管胀开，上端与地坪齐；(*e*) 设备就位后，紧固螺母

沉头式膨胀螺栓常见规格　　**表 1-1**

类　型	规格尺寸（mm）			重量 (kg/1000 件)
	规格	螺栓长 L	套管长 i	
Ⅰ型	M6×65	65	35	2.77
	M6×75	75	35	2.93
	M6×85	85	35	3.15
	M8×80	80	45	6.14
	M8×90	90	45	6.42
	M8×100	100	45	6.72
	M10×95	95	55	10
	M10×110	110	55	10.9
	M10×125	125	55	11.6
	M12×110	110	65	16.9
	M12×130	130	65	18.3
	M12×150	150	65	19.6
	M16×150	150	90	37.2
	M16×175	175	90	40.4
	M16×200	200	90	43.5
	M16×220	220	90	46.1

续表

类 型	规格尺寸（mm）			重量（kg/1000件）
	规格	螺栓长 L	套管长 i	
Ⅱ型	M12×150	150	65	19.6
	M12×200	200	65	40.4
	M16×225	225	90	46.8
	M16×250			
	M16×300			

膨胀螺栓使用要求 **表1-2**

规 格	M6	M8	M10	M12	M16
钻头直径（mm）	ϕ10	ϕ12	ϕ14	ϕ18	ϕ22
钻孔直径（mm）	ϕ10.5	ϕ12.5	ϕ14.5	ϕ19	ϕ23
钻孔深度（mm）	40	50	60	75	100
允许拉力（N）	2400	4400	7000	10300	19400
允许剪力（N）	1800	3300	5200	7400	14400

注：本表的膨胀螺栓安装在混凝土上，数值为膨胀螺栓与C13级混凝土固结后允许的数值。

4. 塑料胀管

塑料胀管系以聚乙烯、聚丙烯为原料制成，如图1-7所示。这种塑料胀管比膨胀螺栓的抗拉、抗剪能力要低，适用于静定荷载较小的材料。塑料胀管的常用规格表1-3，塑料胀管的使用要求见表1-4。使用塑料胀管，当往胀管内拧入木螺栓时，应顺胀管导向槽拧入，不得倾斜拧入，以免损坏胀管。

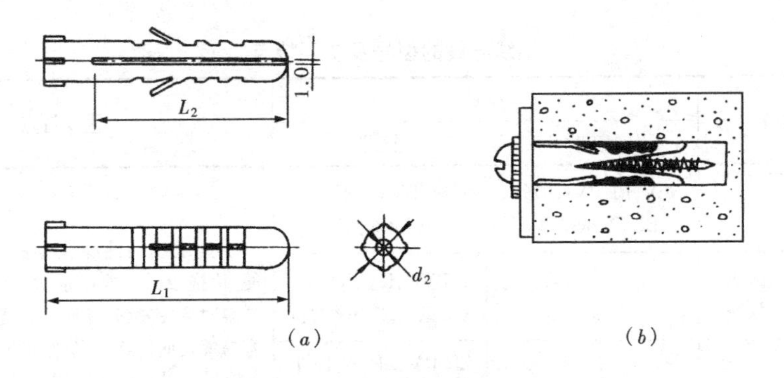

图1-7 塑料胀管

(*a*) 塑料胀管外形图；(*b*) 塑料胀管安装示意图

塑料胀管规格表 **表1-3**

规格直径×长度（mm）		使 用 规 定		
		钻孔直径（mm）	钻孔深度（mm）	适用螺钉直径（mm）
甲型	ϕ6×31	6	36	3.4～4
	ϕ8×48	8	53	4～4.8
	ϕ10×59	10	64	4.5～5
	ϕ12×60	12	64	5.5～6.3

续表

规格直径×长度（mm）		使用规定		
		钻孔直径（mm）	钻孔深度（mm）	适用螺钉直径（mm）
乙型	ϕ6×36	6	36	3.4～4
	ϕ8×42	8	53	4～4.8
	ϕ10×46	10	64	4.5～5
	ϕ12×64	12	65	5.5～6.3

塑料胀管使用要求 **表 1-4**

规格外径×长度（mm）	钻孔直径规定（mm）			钻孔深度（mm）
	混凝土中钻孔	加气混凝土中钻孔	砖结构中钻孔	
ϕ6×30 ϕ8×50 ϕ9×60 ϕ10×10 ϕ12×70	钻孔直径可与塑料胀管直径相同	钻孔直径应比塑料胀管直径小0.5～1mm	钻孔直径应与塑料胀管直径小0.5～1mm	钻孔深度应比塑料胀管长度相等或深1～2mm

1.2.1.4 绝缘导线的型号和连接方法

1. 绝缘导线的型号

建筑电气室内配线工程常用绝缘导线按其绝缘材料分有橡皮绝缘和聚氯乙烯绝缘；按线芯材料分有铜线和铝线；按线芯性能分又有硬线和软线之分。通过型号加以表示区分。表1-5给出了绝缘导线的型号及主要特点，表1-6给出了常用绝缘导线的型号、名称和用途。

绝缘导线的型号及主要特点 **表 1-5**

名称	类型	型号 铝芯	型号 铜芯	主要特点
聚氯乙烯绝缘线	普通型	BLV、BLVV(圆形)、BLVVB(平型)	BV、BVV(圆形)、BVVB(平型)	这类电线的绝缘性能良好，制造工艺简便，价格较低。缺点是对气候适应性能差，低温时变硬发脆，高温或日光照射下增塑剂容易挥发而使绝缘老化加快。因此，在未具备有效隔热措施的高温环境、日光经常照射或严寒地方，宜选择相应的特殊型塑料电线
	绝缘软线		BVR、RV、RVB(平型)、RVS(绞型)	
	阻燃型		ZR-RV、ZR-RVB(平型)、ZR-RVS(绞型)ZR-RVV	
	耐热型	BLV105	BV105、RV-105	
丁腈聚氯乙烯	双绞复合物软线		RFS	这种电线具有良好的绝缘性能，并具有耐寒、耐油、耐腐蚀、不延热、不易热老化等性能，在低温下仍然柔软，使用寿命长，远比其他型号的绝缘软线性能优良。适用于交流额定电压250V及以下或直流电压500V及以下的各种移动电器、无线电设备和照明灯座的连接线
	平型复合物软线		RFB	

续表

名称	类型	型号		主要特点
		铝芯	铜芯	
橡皮绝缘电线	棉纱编织橡皮绝缘线	BLX	BX	这类电线弯曲性能较好，对气温适应较广，玻璃丝编织线可用于室外架空线或进户线。但是由于这两种电线生产工艺复杂，成本较高，已被塑料绝缘线所取代
	玻璃丝编织橡皮绝缘线	BBLX	BBX	
	氯丁橡皮绝缘线	BLXF	BXF	这种电线绝缘性能良好，且耐油、不易霉、不延燃、适应气候性能好、光老化过程缓慢，老化时间约为普通橡皮绝缘电线的两倍，因此适宜在室外敷设。由于绝缘层机械强度比普通橡皮线弱，因此不推荐用于穿管敷设

常用绝缘导线的型号、名称和用途　　表1-6

型号	名称	用途
BX(BLX) BXF(BLXF) BXR	铜(铝)芯橡皮绝缘线 铜(铝)芯氯丁橡皮绝缘线 铜芯橡皮绝缘软线	适用于交流500V以下，或直流1000V及以下的电气设备及照明装置
BV(BLV) BVV(BLVV) BVVB(BLVVB)	铜(铝)芯聚氯乙烯绝缘线 铜(铝)芯聚氯乙烯绝缘聚氯乙烯炉套圆型电线 铜(铝)芯聚氯乙烯绝缘聚氯乙烯炉套平型电线 铜芯聚氯乙烯绝缘软电线	适用于各种交流、直流电器装置，电工仪表、仪器，电信设备，动力及照明线路固定敷设
RV RVB RVS RV－105 RXS RX	铜芯聚氯乙烯绝缘软线 铜芯聚氯乙烯绝缘平行软线 铜芯聚氯乙烯绝缘绞型软线 铜芯耐热105℃聚氯乙烯绝缘连接软电线 铜芯橡皮绝缘棉纱编织绞型软电线 铜芯橡皮绝缘棉纱编织圆型软电线	适用于各种交、直流电器、电工仪器、家用电器、小型电动工具、动力及照明装置的连接

2. 绝缘导线的连接

导线与导线间的连接以及导线与电器间的连接，称为导线的接头。在室内配线工程中应尽量减少导线接头，并应特别注意接头的质量。因为导线一般发生的故障，多数是发生在接头上，但必要的连接是不可避免的。为了保证导线接头质量，当设计无特殊规定时，应采用焊接、压板压接或套管连接。导线连接应符合下列要求：

1）接触紧密，使接头处电阻最小；

2）连接处的机械强度与非连接处相同；

3）耐腐蚀；

4）接头处的绝缘强度与非连接处导线绝缘强度相同。

对于绝缘导线的连接，其基本步骤为：剥切绝缘层、线芯连接（焊接或压接）、恢复绝缘层。

(1) 导线绝缘层剥切方法

绝缘导线连接前，必须把导线端头的绝缘层剥掉，绝缘层的剥切长度因接头方式和导线截面的不同而不同。绝缘层的剥切方法要正确，通常有单层剥法、分段剥法和斜削法三种，如图1-8所示。一般塑料绝缘线用单层剥法，橡皮绝缘线采用分段剥法或斜削法。剥切绝缘层时，不应损伤线芯。

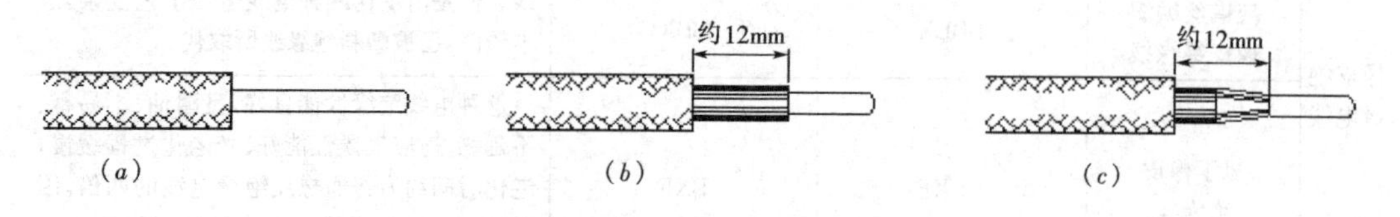

图1-8 导线绝缘层剥切方法

(a) 单层剥法；(b) 分段剥法；(c) 斜削法

(2) 导线连接

1) 单股铜线的连接法

截面较小的单股铜线（如 $6mm^2$ 以下），一般多采用铰接法连接。而截面超过 $6mm^2$ 的铜线，常采用绑接法连接。

① 铰接法

a. 直线连接

如图1-9 (*a*) 所示为两根导线直线连接。铰接时，先将导线互绞2～3圈，然后，将每一导线端部分别在另一线上紧密地缠绕5圈，余线割弃，使端部紧贴导线。

直线连接的另一种做法，如图1-9 (*b*) 所示。双芯线采用直线连接如图1-10所示，两处连接位置应错开一定距离。

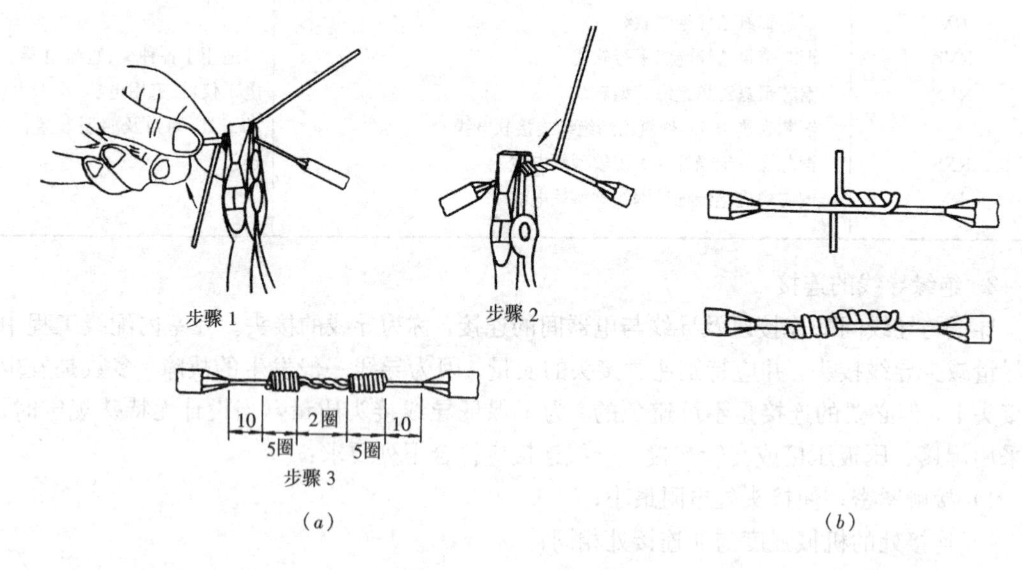

图1-9 单芯线直接连接

(*a*) 接法（一）；(*b*) 接法（二）

粗细不等单股铜导线的连接如图1-11所示，将细导线在粗导线上缠绕5～6圈后，弯折粗导线端部，使它压在细线缠绕层上，再把细线缠绕3～4圈后，剪去多余细线头。

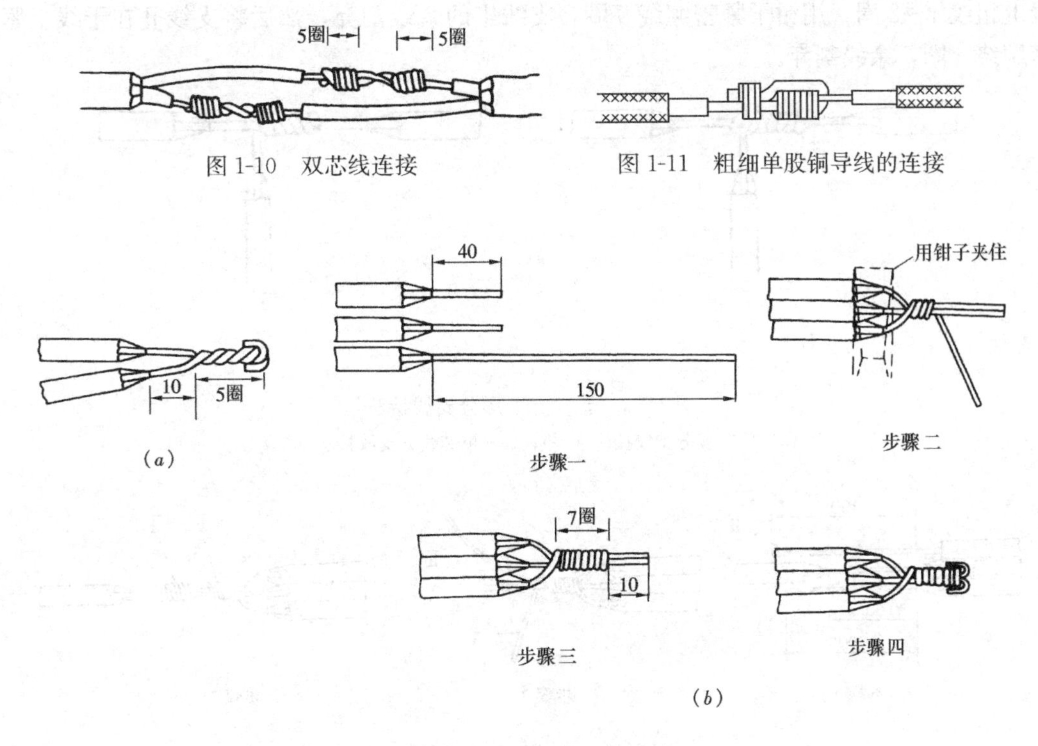

图1-10　双芯线连接

图1-11　粗细单股铜导线的连接

图1-12　单芯线并接头

(a) 接法（一）；(b) 接法（二）

b. 并接连接（并接头）

如图1-12（a）所示为两根导线并接连接，将连接线端相并合，在距绝缘层15mm处将芯线捻绞5圈，留余线适当长，剪断折回压紧，防止线端部插破所包扎的绝缘层。两根导线并接连接一般不应在接线盒内出现，应直接通过，不断线，否则连接起来不但费工也浪费材料。

如图1-12（b）所示为三根导线并接连接。三根及以上单股导线的线盒内并接在现场的应用是较多的（如多联开关的电源相线的分支连接）。在进行连接时，应将连接线端相并合，在距导线绝缘层15mm处用其中一根芯线，在其连接线端缠绕7圈后剪断缠绕线，把被缠绕线余线头折回压在缠绕线上，应注意计算好导线端头的预留长度和剥切绝缘的长度。

不同直径的导线并接头，如果细导线为软线时，则应先进行挂锡处理。如图1-13所示为软线与单股导线连接。先将细线在粗线上距离绝缘层15mm处交叉，并将线端部向粗线端缠卷5回，将粗线端头折回，压在细线上。

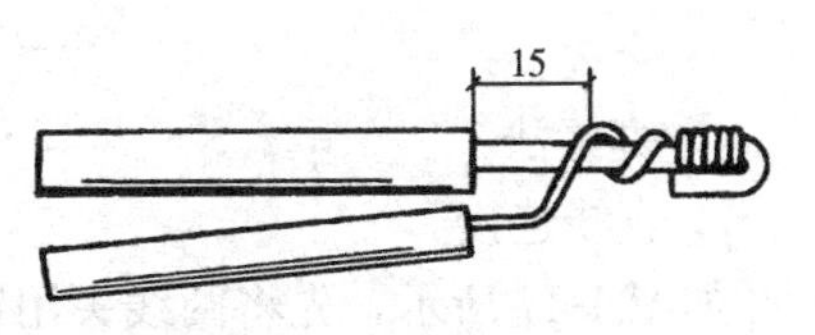

图1-13　不同线径导线接头

c. 分支连接

图1-14为T形分支连接。绞接时，先用手将支线在干线上粗绞1～2圈，再用钳子紧密缠绕5圈，余线割弃。

图1-15为一字形分支连接。绞接时，先将支线Ⅱ与干线合并，支线Ⅰ在支线Ⅱ与干

线上粗绞1～2圈，用钳子紧密缠绕5圈，支线Ⅰ的余线割弃，然后将支线Ⅱ在干线上紧密缠绕5圈，余线割弃。

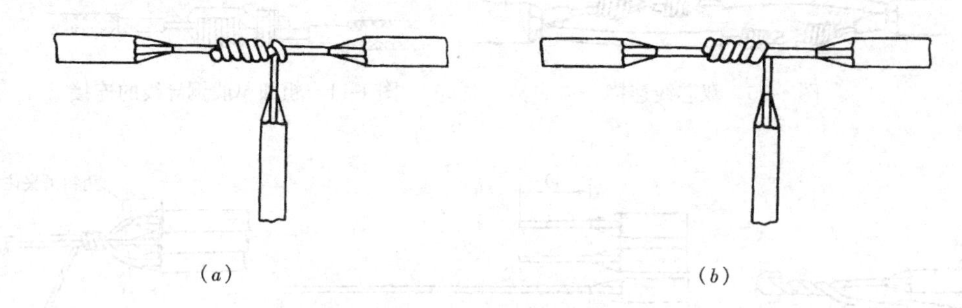

图1-14　单芯线T形分支线接法

(a) 单芯线分支绞接法（一）；(b) 单芯线分支绞接法（二）

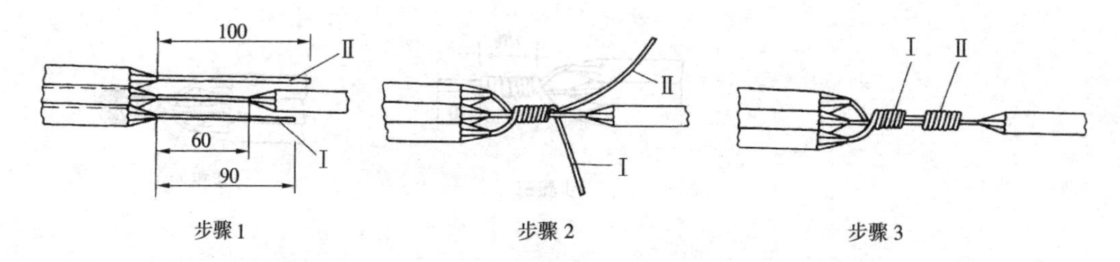

图1-15　单芯线分支绞接法

图1-16为十字形分支连接。如图1-16（a）所示，绞接时，先将两根支线并排在干线上粗绞2～3圈，再用钳子紧密缠绕5圈，余线割弃。图1-16（b）为两根支线分别在两边紧密缠绕5圈，余线割弃。

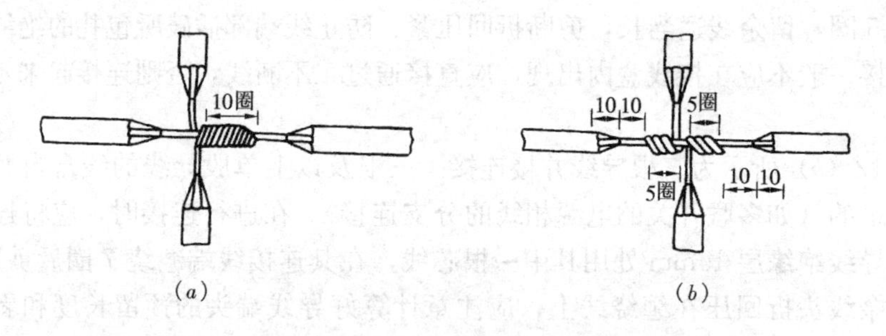

图1-16　单芯线十字形分支连接

(a) 接法（一）；(b) 接法（二）

② 绑接法

a. 直线连接

如图1-17所示，先将两线头用钳子弯起一些，然后并在一起，（有时中间还可加一根相同截面的辅助线），然后用一根直径1.5mm的裸铜线做绑线，从中间开始缠绑，缠绑长度为导线直径的10倍，两头再分别在一线芯上缠绑5圈，余下线头与辅助线绞合，剪去多余部分，较细导线可不用辅助线。

b. 分支连接

如图1-18所示，先将分支线作直角弯曲，其端部也稍作弯曲，然后将两线合并，用

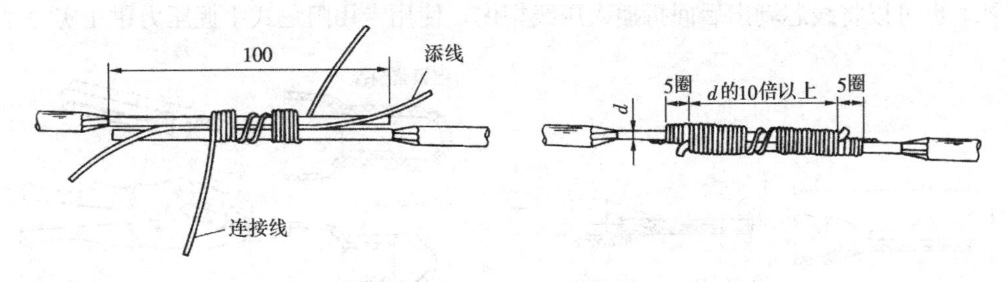

图1-17　直线连接绑接法

单股裸线紧密缠绕，方法及要求与直线连接相同。

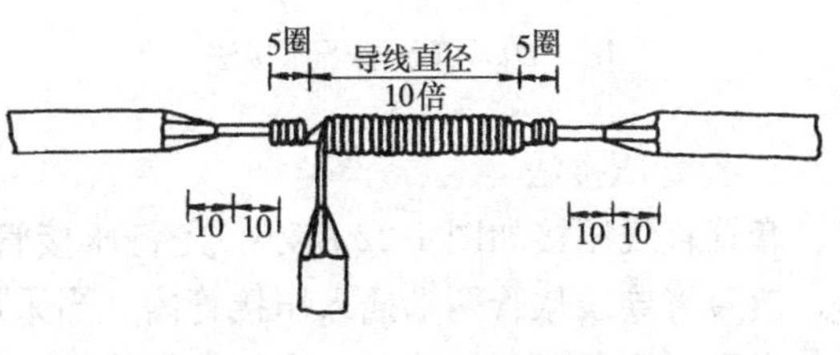

图1-18　分支连接绑接法

铜导线的连接不论采用上面哪种方法，导线连接好后，均应用焊锡焊牢，使熔解的焊剂，流入接头处的各个部位，以增加机械强度和良好的导电性能，避免锈蚀和松动。

锡焊的方法因导线截面不同而不同。10mm^2 及以下的铜导线接头，可用电烙铁进行锡焊，在无电源的地方，可用火烧烙铁；16mm^2 及其以上的铜导线接头，则用浇焊法。无论采用哪一种方法，锡焊前，接头上均须涂一层无酸焊锡膏或天然松香溶于酒精中的糊状溶液。

用电烙铁锡焊时，可用150W电烙铁。为防止触电，使用时，应先将电烙铁的金属外壳接地，然后接人电源加热，待烙铁烧热后，即可进行焊接。

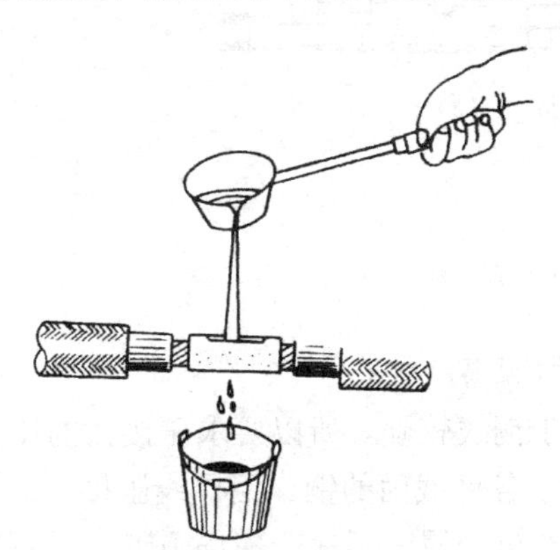

图1-19　接头浇焊法

浇焊时，应先将焊锡放在化锡锅内，用喷灯或木炭加热熔化。待焊锡表面呈磷黄色，获得高度热量时，把接头调直，放在化锡锅上面，用勺盛上熔化了的锡，从接头上面浇下，如图1-19所示。刚开始浇焊时，因为接头冷，锡在接头上不会有很好的流动性，此时应继续浇下，以提高接头处温度，直到全部焊牢为止。最后用抹布轻轻擦去焊渣，使接头表面光滑。

③ 压接法

a. 管状端子压接法

如图1-20所示，将两根导线插入管状接线端子，然后使用配套的压线钳压实。

b. 塑料压线帽压接法

塑料压线帽是将导线连接管（镀银紫铜管）和绝缘包缠复合为一体的接线器件，外壳用尼龙注塑成型，如图1-21所示。单芯铜导线塑料压线帽压接，可以用在接线盒内铜导线的连接，也可用在夹板布线的导线连接。单芯铜导线塑料压线帽，用于1.0～4.0mm^2 铜导线的连接。

使用压线帽进行导线连接时，导线端部剥削绝缘露出线芯长度应与选用线帽规格相符，将线头插入压线帽内，如填充不实，可再用1～2根同材质同线径的线芯插入压线帽内填补，也可以将线芯剥出后回折插入压线帽内，使用专用阻尼式手握压力钳压实。

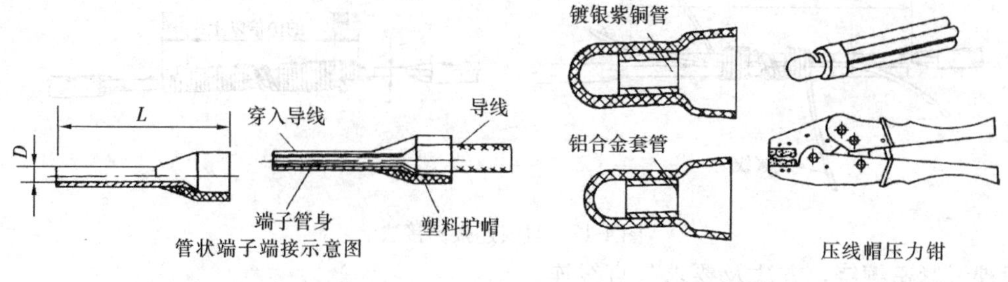

图 1-20　管状端子压接法　　　　图 1-21　塑料压线帽压接法

c. 套管压接法

套管直线压接如图 1-22 所示。先将压接管内壁和导线表面的氧化膜及油垢等清除干净，然后将导线从管两端插入压接管内。当采用圆形压接管时，两线各插到压接管的一半处。当采用椭圆形压接管时，应使两线线端各露出压接管两端 4mm，然后用压接钳压接，要使所有压坑的中心线处在同一条直线上。压接时，一般只要每端压一个坑，就能满足接触电阻和机械强度的要求，但对拉力强度要求较高的场合，可每端压两个坑。压坑深度，控制到上下模接触为止。

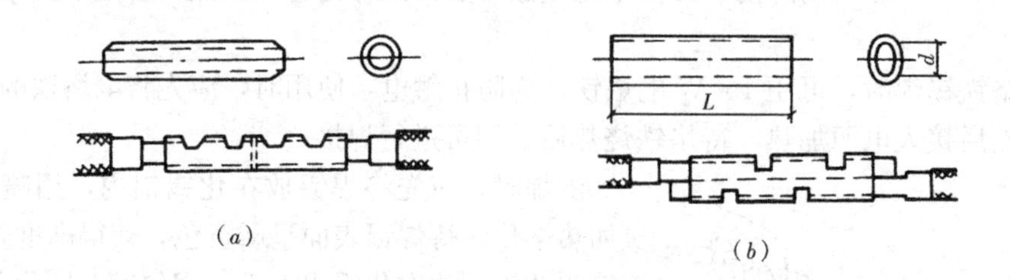

图 1-22　套管直线压接
(*a*) 单线圆管压接；(*b*) 单线椭圆管压接

圆形铜压接管规格表如表 1-7 所示；铜套管内壁必须镀锡。

铜导线的压接钳，基本上与铝线压接钳相同，但由于铜线较硬，所以要求压接钳的压力大，施工时可采用 JTB-2 型脚踏式压接钳，它能适用于各种截面的铜、铝导线压接。

套管压接法突出的优点是：操作工艺简便，不耗费有色金属，很适合现场施工。

GT-1 型铜连接管规格表（mm）　　　　**表 1-7**

导线截面 (mm^2)	16	25	35	50	70	95	120	150	185	240	300	400
D	9	10	11	13	15	18	20	22	25	2	30	34
d	6	7	8	10	12	14	15	17	19	21	24	28
L	52	56	64	72	78	82	90	94	100	110	120	124

单股导线的分支和并头连接，均可采用压接法，分别见图 1-23 和图 1-24。

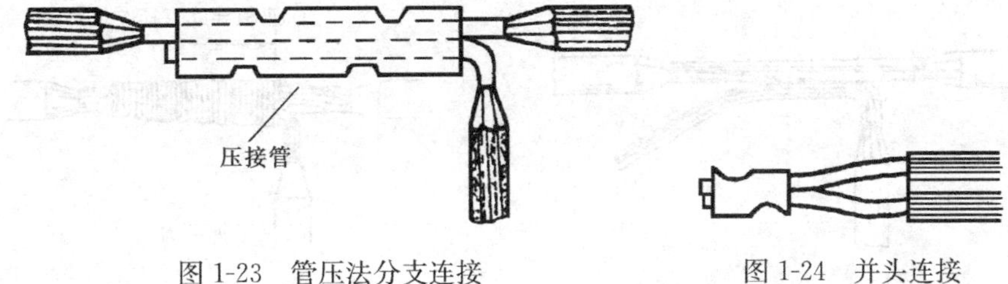

图1-23　管压法分支连接　　　　图1-24　并头连接

2）多股铜导线的连接法

① 多股铜导线的直线绞接连接

多股铜导线的直线绞接连接如图1-25所示。先将导线线芯顺次解开，成30°伞状，用钳子逐根拉直，并剪去中心一股，再将各张开的线端相互交叉插入，根据线径大小，选择合适的缠绕长度，把张开的各线端合拢，取任意两股同时缠绕5～6圈后，另换两股缠绕，把原有两股压住或割弃，再缠5～6圈后，又取二股缠绕，如此下去，一直缠至导线解开点，剪去余下线芯，并用钳子敲平线头，另一侧亦同样缠绕。

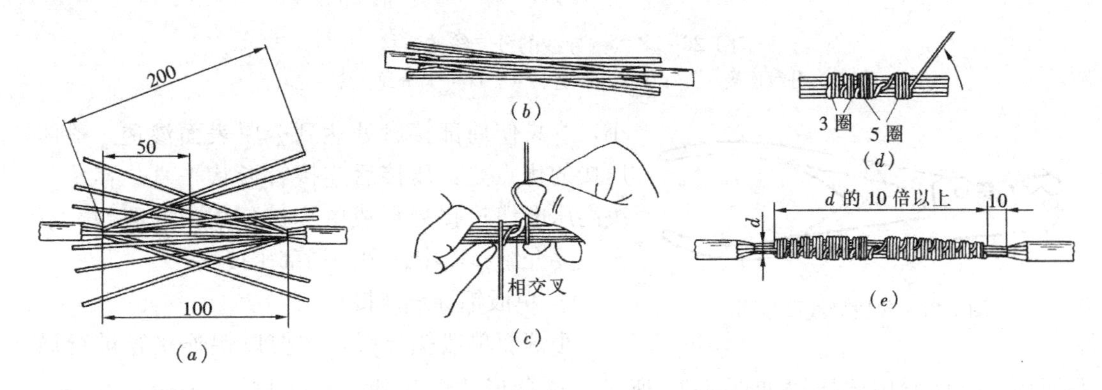

图1-25　多股铜导线的直线绞接连接

(a) 步骤一；(b) 步骤二；(c) 步骤三；(d) 步骤四；(e) 步骤五

② 多股铜导线的分支绞接连接

分支连接时，先将分支导线端头松开，拉直擦净分为两股，各曲折90°，贴在干线下，先取一股，用钳子缠绕5圈，余线压在里档或割弃，再调换一根，依此类推，缠至距绝缘层15mm时为止。另一侧依法缠绕，不过方向应相反，如图1-26所示。

3）铝导线的连接

铝导线与铜导线相比较，在物理、化学性能上有许多不同处。由于铝在空气中极易氧化，导线表面生成一层导电性不良并难于熔化的氧化膜（铝本身的熔点为653℃，而氧化膜的熔点达到2050℃，且密度比铝大）。当铝熔化时，它便沉积在铝液下面，降低了接头质量。因此，铝导线连接工艺比铜导线复杂，稍不注意，就会影响接头质量。铝导线的连接方法很多，施工中常用的是机械冷态压接。

机械冷态压接的简单原理是：用相应的模具在一定压力下，将套在导线两端的铝连接管紧压在导线上，使导线与铝连接管形成金属相互渗透，两者成为一体，构成导电通路。

铝导线的压接可分为局部压接法和整体压接法两种。局部压接的优点是：需要的压力

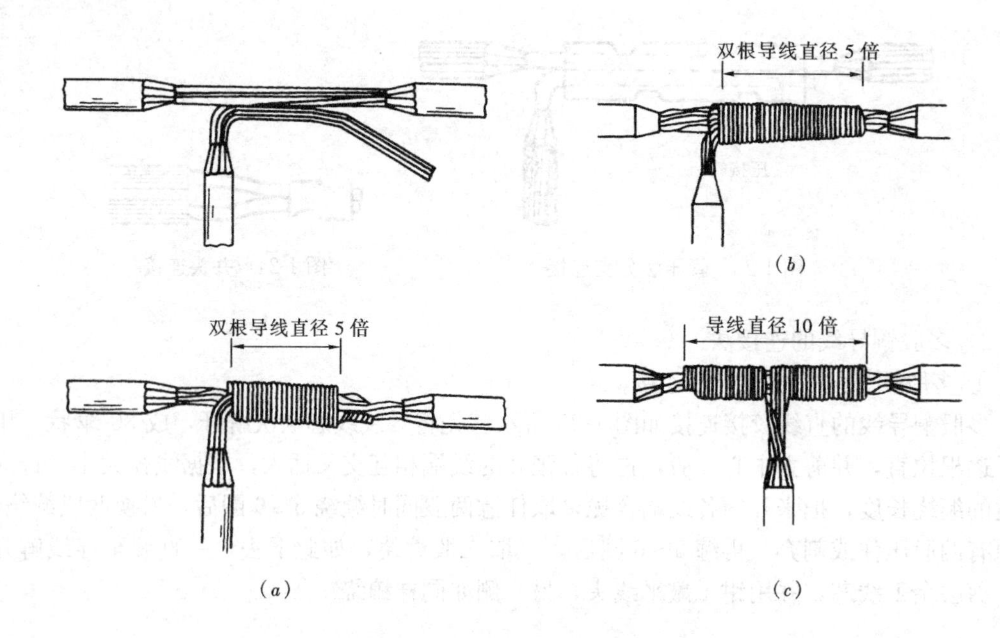

图 1-26 多股铜导线的分支绞接连接
(a) 分线连接（一）；(b) 分线连接（二）；(c) 分线连接（三）

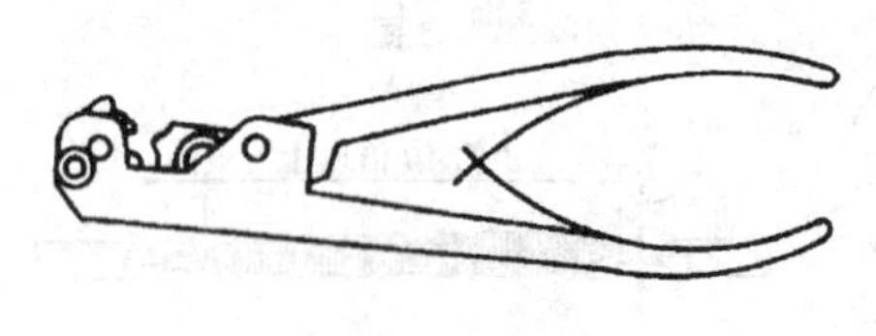

图 1-27 单股导线压接钳

小，容易使局部接触处达到金属表面渗透。整体压接的优点是：压接后连接管形状平直，容易解决高压电缆连接处形成电场过分集中的问题。下面主要介绍施工中常用的局部压接法。

① 单股铝导线连接

小截面单股铝导线，主要以铝连接管进行局部压接。压接所用的压钳如图 1-27 所示。这种形式的压钳，可压接 $2.5mm^2$、$4mm^2$、$6mm^2$ 及 $10mm^2$ 四种规格的单股导线。铝压接管的截面与铜压接管一样也有圆形和椭圆形两种。圆形铝压接管规格表如表 1-8 所示。

GT-1 型铝连接管规格表（mm） 表 1-8

导线截面 (mm^2)	10	16	25	35	50	70	95	120	150	185	240	300	400
D	9	10	12	14	15	18	20	22	24	28	30	36	40
d	4.6	6	7	8	10	12	14	15	17	19	21	24	28
L	60	62	70	75	80	88	95	100	105	110	120	130	140

铝导线压接工艺基本与铜导线压接工艺相同。不同点仅是在铝导线压接前，铝压接管要涂上石英粉-中性凡士林油膏，目的是加大导线接触面积。

铝导线并接也可采用绝缘螺旋接线钮，如图 1-28 所示。绝缘螺旋接线钮适用于 $6mm^2$ 及以下的单芯铝线。绝缘螺旋接线钮的做法如图 1-29 所示。将导线剥去绝缘层后，把连接芯线并齐捻绞，保留芯线约 15mm 左右剪去前端，使之整齐，然后选择合适的接线钮，顺时针方向旋紧，要把导线绝缘部分拧入接线钮的导线空腔内。

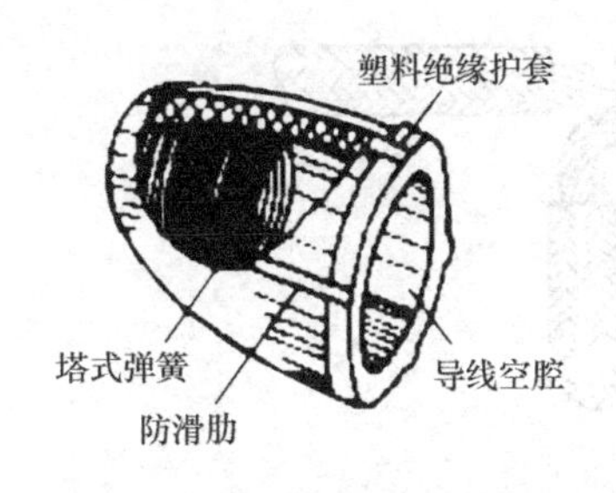

图 1-28　绝缘螺旋接线钮外形示意图

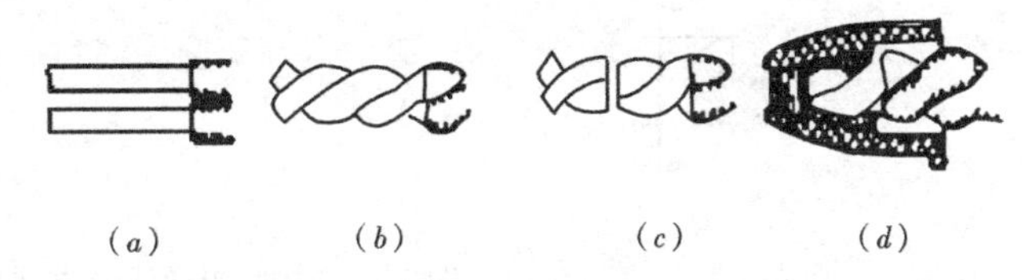

图 1-29　绝缘螺旋接线钮连接顺序
(a) 剥线；(b) 捻绞；(c) 剪断；(d) 旋紧

② 多股铝导线压接

截面为 16～240mm² 的铝导线可采用机械压钳或手动油压钳压接。铝压接管的铝纯度应高于 99.5%。

压接前，先把两根导线端部的绝缘层剥去。每端剥去长度为连接管长度的一半加上 5mm，然后散开线芯，用钢丝刷将每根导线表面的氧化膜刷去，并立即在线芯上涂以石英粉和中性凡士林油膏，再把线芯恢复原来的绞合形状。同时用圆锉除去连接管内壁的氧化膜和油垢，涂一薄层石英粉和中性凡士林油膏。中性凡士林油膏的作用是使铝表面与空气隔绝，不再氧化。石英粉（细度应为 10000 孔）的作用是帮助在压接时挤破氧化膜，二者的重量比为 1∶1 或 1∶2（凡士林）。涂上石英粉和中性凡士林油膏后，分别将两根导线插入连接管内，插入长度为各占连接管的一半，并相应划好压坑的标记。根据连接导线截面的大小，选好压模装到钳口内。

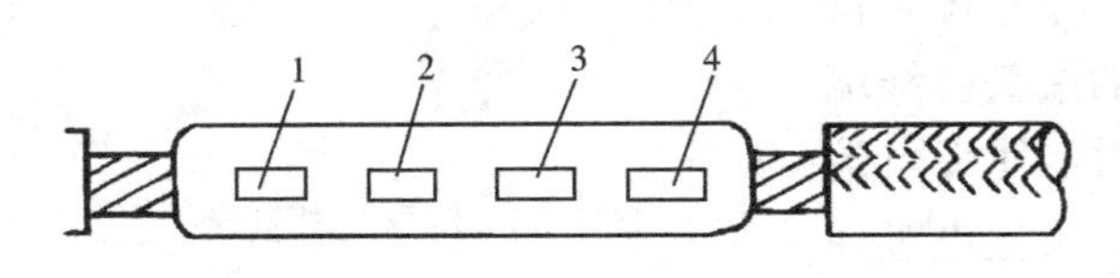

图 1-30　直接连接压坑顺序

压接时，可按图 1-30 所示的顺序进行，共压四个坑。先压管两端的坑，然后压中间两个坑。四个坑的中心线应在同一条直线上。压坑时，应该一次压成，中间不能停顿，直到上下模接触为止。压完一个坑后，稍停 10～15min，待局部变形继续完成稳定后，就可松开压口，再压第二个口，依次进行。压接深度、压口数量和压接长度应符合产品技术文件的有关规定。压完后，用细齿锉刀锉去压坑边缘及连接端部因被压而翘起的棱角，并用砂布打光，再用浸蘸汽油的抹布擦净。

③ 多股铝导线的分支线压接

压接操作基本与上述相同。压接时，可采用两种方法，一种是将干线断开，与分支线同时插入连接管内进行压接，如图 1-31 所示。为使线芯与线管内壁接触紧密，线芯在插入前除应尽量保持整圆外，线芯与管子空隙部分可补填一些铝线。铝接管规格的选择，可根据主线与支线总的截面积考虑。

另一种方法是不断开主干线，采用围环法压接，也就是用开口的铝环，套在并在一起的主线和支线上，将铝环的开口卷紧叠合后，再进行压接。

④ 铝导线的焊接

电阻焊是用低电压大电流通过铝线连接处（或炭棒本身）的接触电阻产生的热量，将全部铝芯熔接在一起的连接方法。焊接时需要降压变压器（或电阻焊机）容量 1～2kV·

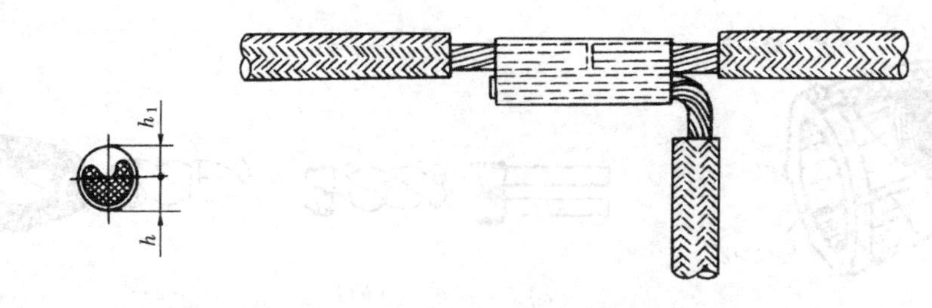

图1-31　多股铝导线分支连接

A，二次电压在6～36V范围内。配用一种特殊焊钳，焊钳上用两根直径为8mm的炭棒做电极，焊钳引线采用10mm² 的铜芯橡皮绝缘软线。

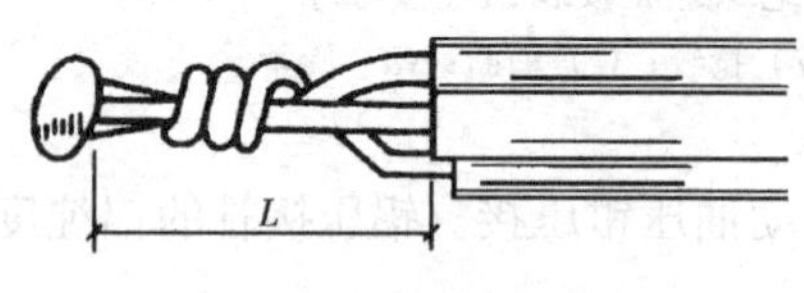

图1-32　单芯铝导线电阻焊接法

焊接前应先按焊接长度接好线，把连接线端相并合，用其中一根芯线在其他连接线上缠绕3～5圈后顺直，按适当长度剪断，如图1-32所示。

接线后应随即在线头前端，沾上少许用温开水调合成糊状的铝焊药，接通电源后，将两个电极碰在一起，待电极端都发红时（长约5mm），立即分开电极，夹在沾了焊药的线头上，待铝线开始熔化时，慢慢撤去焊钳，使熔成小球，如图1-33所示。然后趁热蘸在清水中，清除焊渣和残余焊药。

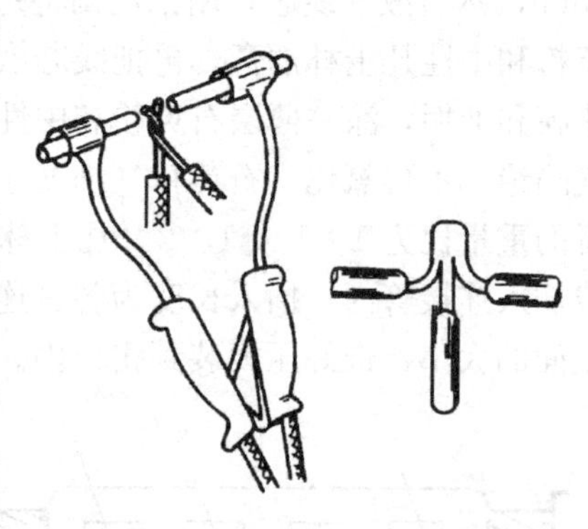

图1-33　铝导线电阻焊

另一种方法是将两电极相碰并稍成一个角度，待电极端部发红时，直接去接触导线连接的端头（线端应朝下），等铝线熔化后向上托一下焊钳，使焊点端部形成圆球状。如果连接线端面较大时，可把电极在线端做圆圈形移动，待全部芯线熔化时，再向上托一下，撤下电极后再将电极分开，这样导线端都可以形成蘑菇状。焊接后应将导线立即蘸清水除去主导线上残余的焊渣和焊药。

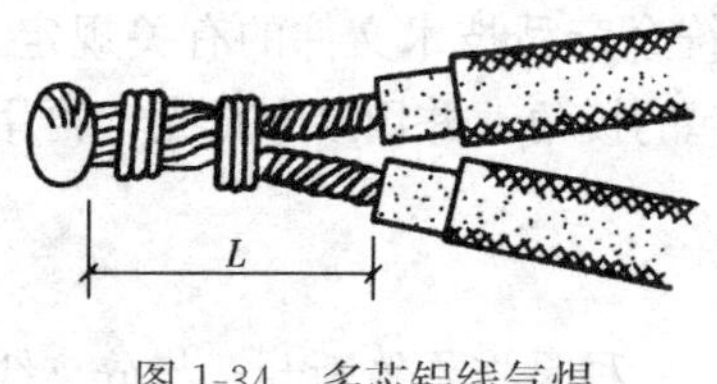

图1-34　多芯铝线气焊

气焊前将铝导线芯线剥开顺直合拢。用绑线把连接部分作临时缠绑。导线绝缘层处用浸过水的石棉绳包好。焊接时火焰的焰心离焊接点2～3mm，当加热至熔点时，即可加入铝焊粉，借助焊药的填充和挑动，即可使焊接处的铝芯相互融合，而后焊枪逐渐向外端移动，直到焊完，然后立即蘸清水清除焊药。铝导线的气焊连接如图1-34所示。

熔焊连接的焊缝，不应有凹陷、夹渣、断股、裂缝及根部未焊合的缺陷。焊缝的外形尺寸应符合焊接工艺评定文件的规定，焊接后应清除残余焊药和焊渣。

4）铜导线与铝导线压接

由于铜与铝接触在一起时，日久铝会产生电化腐蚀，因此，多股铜导线与铝导线连接应采用铜铝过渡连接管。使用时，连接管的铜端插入铜导线，铝端插入铝导线，采用局部压接法压接。其压接方法同前所述。

（3）恢复导线绝缘

所有导线连接好后，均应采用绝缘带包扎，以恢复其绝缘。经常使用的绝缘带有黑胶布、自黏性橡胶带、塑料带和黄蜡带等。应根据接头处环境和对绝缘的要求，结合各绝缘带的性能选用。包缠时采用斜迭法，使每圈压迭带宽的半幅。第一层绕完后，再用另一斜迭方向缠绕第二层，使绝缘层的缠绕厚度达到电压等级绝缘要求为止。包缠时，要用力拉紧，使之包缠紧密坚实，以免潮气浸入。图 1-35（*a*）为并接头绝缘包扎方法，图 1-35（*b*）为直线接头绝缘包扎方法。

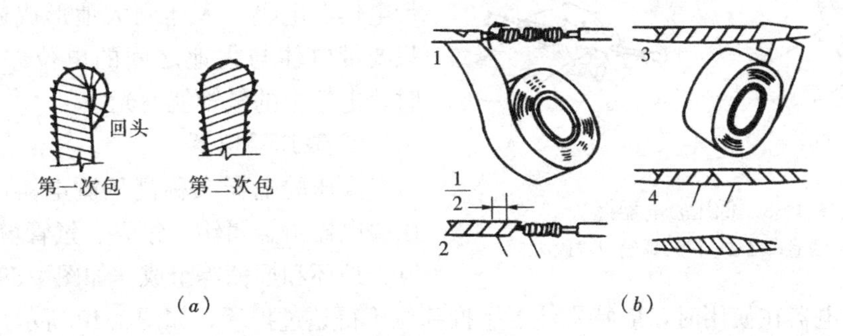

图 1-35　导线绝缘包扎方法

（*a*）并接头绝缘包扎；（*b*）直线接头绝缘包扎

1.2.2　常用工具、仪表及使用方法

1.2.2.1　建筑电气施工中常用工具

1. 电工工具

（1）验电器

验电器是检验导线和电气设备是否带电的一种电工常用工具。

1）验电器分类

验电器分低压验电笔和高压验电器两种。

① 低压验电笔

低压验电器又称测电笔（简称电笔），有数字显示式和发光式两种。

数字显示式测试笔（图 1-36）可以用来测试交流电或直流电（AC/DC）的电压，测试范围是 12V、36V、55V、110V 和 220V。

发光式低压验电笔又有钢笔式和螺丝刀式（又称旋凿式或起子式）两种。如图 1-37 所示。

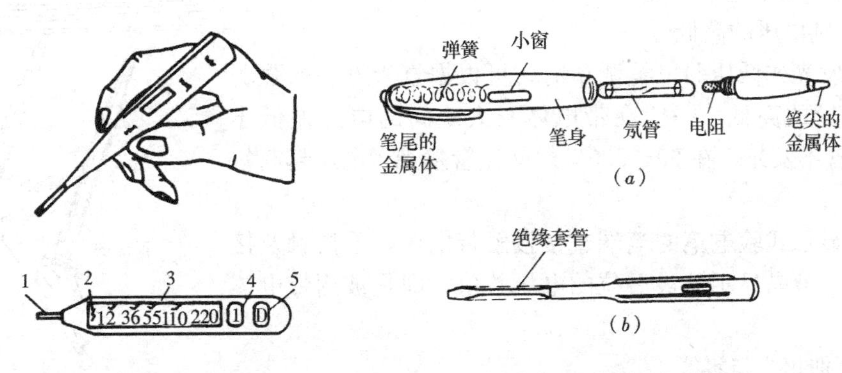

图 1-36　液晶显示测试笔

1—笔端金属体；2—电源信号；3—电压显示；4—感应测试钮；5—接触测试钮

图 1-37　低压验电器

（*a*）钢笔式低压验电器；（*b*）螺丝刀式低压验电器

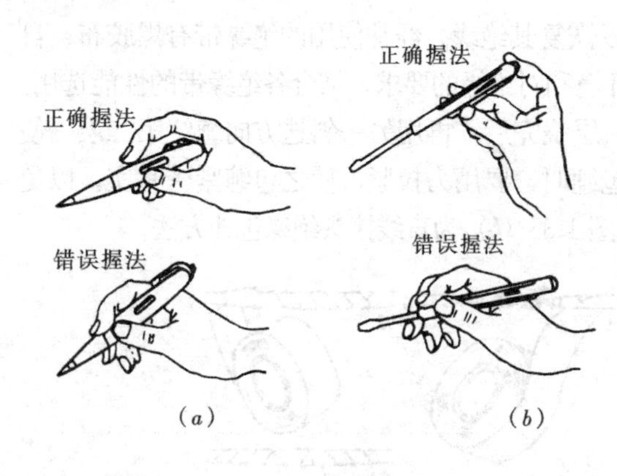

图 1-38　低压验电器握法
(a) 钢笔式握法；(b) 螺丝刀式握法

发光式低压验电笔检测电压的范围为60～500V。发光式低压验电器使用时，必须按照图 1-38 所示的正确方法把笔握妥。以手指触及笔尾的金属体，使氖管小窗背光朝向自己。当用电笔测试带电体时，电流经带电体、电笔、人体到大地形成通电回路，只要带电体与大地之间的电位差超过 60V 时，电笔中的氖管就发光。

② 高压验电器

高压验电器又称高压测电器，10kV 高压验电器由金属钩、氖管、氖管窗、固紧螺钉、护环和握柄等组成，如图 1-39 所示。

高压验电器在使用时，应特别注意手握部位不得超过护环，如图 1-40 所示。

2）使用验电器的安全知识

① 验电器在使用前应在确有电源处测试，证明验电器确实良好，方可使用。

② 使用发光式低压验电笔时，应使验电器逐渐靠近被测物体，直至氖管发亮，只有在氖管不亮时，它才可与被测物体直接接触。

③ 室外使用高压验电器时，必须在气候条件良好的情况下才能使用，在雪、雨、雾及温度较高的情况下，不宜使用，以防发生危险。

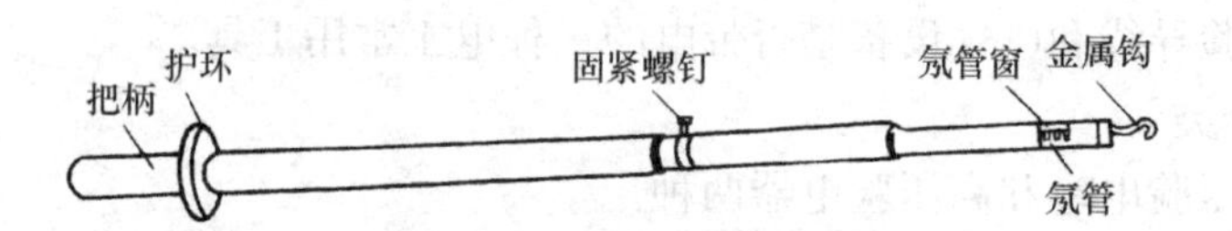

图 1-39　10kV 高压验电器

④ 高压验电器测试时必须戴上符合耐压要求的绝缘手套，不可一个人单独测试，身旁要有人监护。测试时要防止发生相间或对地短路事故，人体与带电体应保持足够的安全距离，10kV 高压的安全距离为 0.7m 以上，并应半年作一次预防性试验。

3）低压测电笔的用途

① 区别电压的高低

使用发光式低压验电笔测试时，可根据氖管发亮的强弱来估计电压的高低。一般在带电体与大地间的电位差低于36V，氖管不发光，在 60～500V 之间氖管发光，电压越高氖管越亮。

数字显示式验电笔的笔端直接接触带电体，手指触及接触测试钮，液晶显示的最后位的电压数值，即是被测带电体电压。

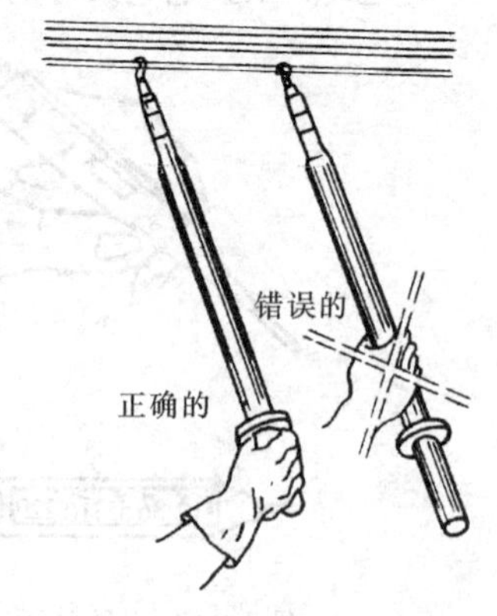

图 1-40　高压验电笔握法

② 区别相线与零线

在交流电路中，当验电器触及导线时，氖管发亮或液晶显示电压数值的即是相线。

③ 区别直流电与交流电

交流电通过验电笔时，氖管里的两个极同时发亮，直流电通过验电笔时，氖管里两个电极只有一个发亮。

④ 区别直流电的正负极

把测电笔连接在直流电的正负极之间，氖管发亮的一端即为直流电的负极。

⑤ 识别相线碰壳

用验电笔触及电机、变压器等电气设备外壳，若氖管发亮，则说明该设备相线有碰壳现象。如果壳体上有良好的接地装置，氖管是不会发亮的。

⑥ 识别相线接地

用验电笔触及三相三线制星形接法的交流电路时，有两根比通常稍亮，而另一根的亮度较暗则说明亮度较暗的相线有接地现象，但还不大严重。如果两根很亮，而另一根不亮，则这一相有接地现象。在三相四线制电路中，当单相接地后，中性线用验电笔测量时，也会发亮。

⑦ 判断绝缘导线是否断线

使用数字显示式验电笔，把笔端放在相线的绝缘层表面或保持适当距离，用手指触及感应测试钮，液晶屏上可显示出电源信号“ϟ”，然后将笔端慢慢沿着相线的绝缘层移动，若在某一位置时液晶屏上的电源信号“ϟ”消失，则该位置的相线已断线。

（2）螺丝刀

螺丝刀又称旋凿或起子，它是一种紧固或拆卸螺钉的工具。

1）螺丝刀的式样和规格

螺丝刀的式样和规格很多，按头部形状不同可分为一字形和十字形两种，如图1-41所示。

一字形螺丝刀常用的规格有50、100、150和200mm等规格，电工必备的是50mm和150mm两种。十字形螺丝刀专供紧固或拆卸十字槽的螺钉，常用的规格有四个，Ⅰ号适用于螺钉直径为2～2.5mm，Ⅱ号为3～5mm，Ⅲ号为6～8mm，Ⅳ号为10～12mm。

按握柄材料不同又可分为木柄和塑料柄两种。

2）使用螺丝刀的安全知识

① 电工不可使用金属杆直通柄顶的螺丝刀，否则使用时很容易造成触电事故。

② 使用螺丝刀紧固或拆卸带电的螺钉时，手不得触及螺丝刀的金属杆，以免发生触电事故。

③ 为了避免螺丝刀的金属杆触及皮肤或触及邻近带电体，应在金属杆上穿套绝缘管。

3）螺丝刀的使用技巧

① 大螺丝刀的使用

大螺丝刀一般用来紧固较大的螺钉。使用时，除大拇指、食指和中指要夹住握柄外，手掌还要顶住柄的末端，这样就可防止旋转时滑脱，用法如图1-42（*a*）所示。

② 小螺丝刀的使用

小螺丝刀一般用来紧固电气装置接线桩头上的小螺钉，使用时，可用大拇指和中指夹着握柄，用食指顶住柄的末端捻旋，如图1-42（*b*）所示。

③ 较长螺丝刀的使用

较长螺丝刀的使用时，可用右手压紧并转动手柄，左手握住螺丝刀的中间部分，以使螺丝刀不致滑脱，此时左手不得放在螺钉的周围，以免螺丝刀滑出时将手划破。

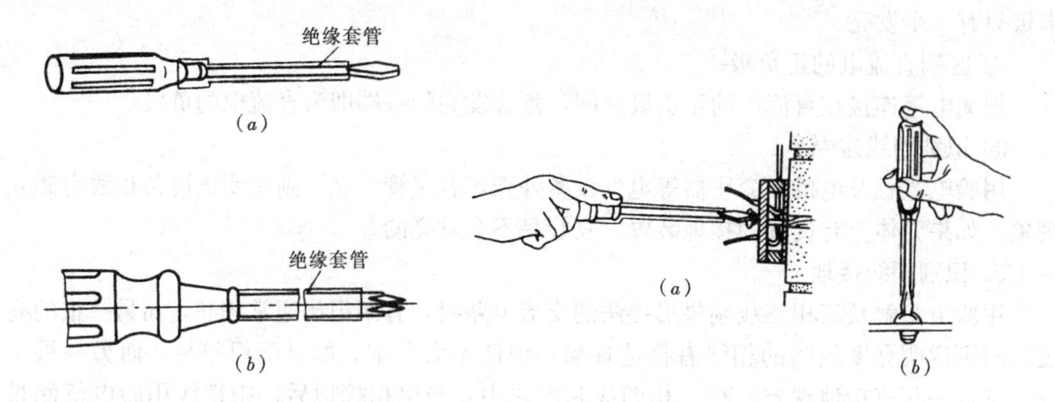

图 1-41 螺钉旋具

(a) 一字形螺丝刀；(b) 十字形螺丝刀

图 1-42 螺钉旋具的使用

(a) 大螺钉旋具的用法；(b) 小螺丝旋具的用法

(3) 钢丝钳

钢丝钳有铁柄和绝缘柄两种，绝缘柄为电工用钢丝钳，常用的规格有 150、175 和 200mm 三种。

1) 电工钢丝钳的构造和用途

电工钢丝钳由钳头和钳柄两部分组成，钳头有钳口、齿口、刀口和铡口四部分组成。用途很多，钳口用来弯绞或钳夹导线线头，齿口用来紧固或起松螺母，刀口用来剪切导线或剖削软导线绝缘层，铡口用来铡切电线线芯、钢丝或铅丝等较硬金属。其构造及用途如图 1-43所示。

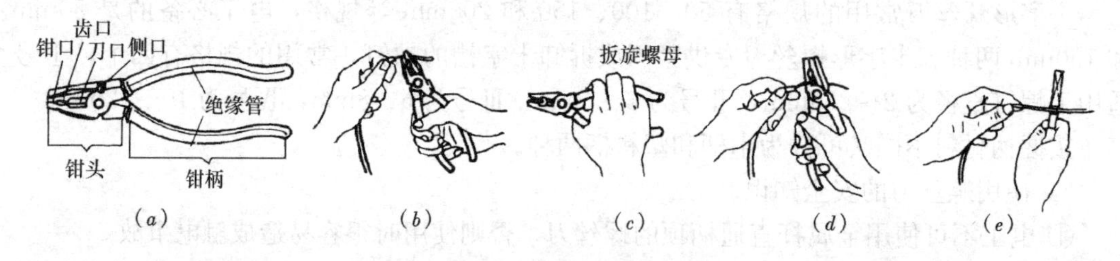

图 1-43 电工钢丝钳的构造及用途

(a) 构造；(b) 弯绞导线；(c) 紧固螺母；(d) 剪切导线；(e) 铡切钢丝

2) 使用电工钢丝钳的安全知识

① 使用电工钢丝钳以前，必须检查绝缘柄的绝缘是否完好。绝缘如果损坏，进行带电作业时会发生触电事故。

② 用电工钢丝钳剪切带电导线时，不得用刀口同时剪切相线和零线，或同时剪切两根相线，以免发生短路故障。

(4) 尖嘴钳

尖嘴钳的头部尖细，适用于在狭小的工作空间操作。尖嘴钳也有铁柄和绝缘柄两种，绝缘柄的耐压为 500V，其外形如图 1-44 所示。

尖嘴钳的用途：

1）带有刃口的尖嘴钳能剪断细小金属丝。

2）尖嘴钳能夹持较小螺钉、垫圈、导线等元件。

3）在装接控制线路板时，尖嘴钳能将单股导线弯成一定圆弧的接线鼻子。

（5）断线钳

断线钳又称斜口钳，钳柄有铁柄、管柄和绝缘柄三种形式，其中电工用的绝缘柄断线钳的外形如图1-45所示。其耐压为1000V。

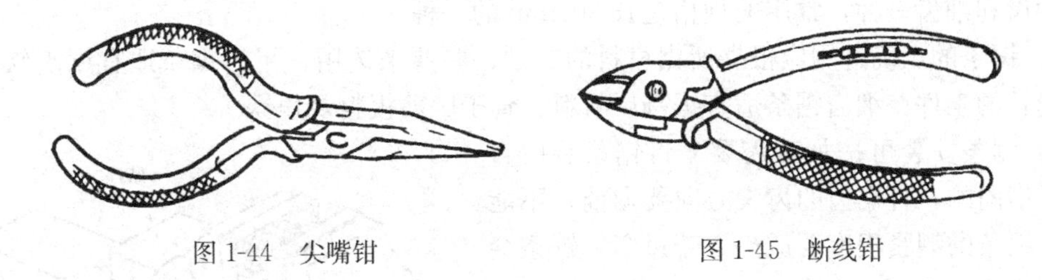

图1-44　尖嘴钳　　图1-45　断线钳

断线钳是专供剪断较粗的金属丝、线材及电线电缆等用。

（6）剥线钳

剥线钳是用于剥削小直径导线绝缘层的专用工具，其外形如图1-46所示。它的手柄是绝缘的，耐压为500V。

使用时，将要剥削的绝缘长度用标尺定好以后，即可把导线放入相应的刃口中（比导线直径稍大），用手将钳柄一握，导线的绝缘层即被割破自动弹出。

（7）电工刀

电工刀是用来剖削电线线头，切割木台缺口，削制木榫的专用工具，其外形如图1-47所示。

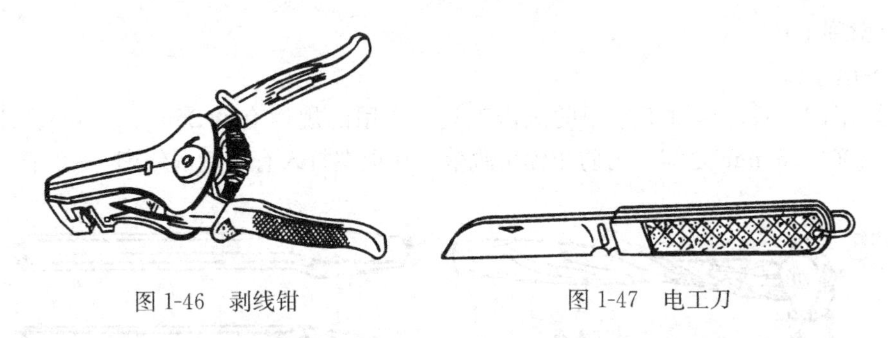

图1-46　剥线钳　　图1-47　电工刀

1）电工刀的使用：使用时，应将刀口朝外剖削，剖削导线绝缘层时，应使刀面与导线成较小的锐角，以免割伤导线。

2）使用电工刀的安全知识

① 电工刀使用时应注意避免伤手；

② 电工刀用毕，随即将刀身折进刀柄；

③ 电工刀刀柄是无绝缘保护的，不能在带电导线或器材上剖削，以免触电。

2. 钳工工具

（1）锯割工具和台虎钳

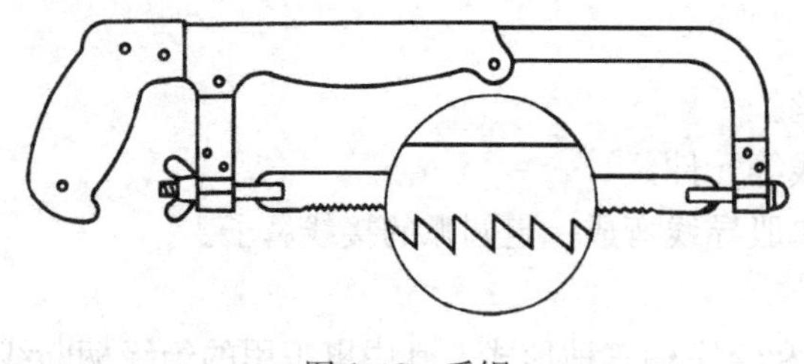

图1-48 手锯

常用的锯割工具是手锯（图1-48），手锯由锯弓和锯条组成。

1）锯弓

锯弓是用来张紧锯条，分固定式和可调式两种。常用的是可调式。

2）锯条

锯条根据锯齿的牙距大小，分有粗齿、中齿和细齿三种，常用的规格是长300mm的一种。

3）锯条的正确选用应根据所锯材料的软硬、厚薄来选用。粗齿锯条适宜锯割软材料或锯缝长的工件；细齿锯条适宜锯割硬材料、管子、薄板料及角铁。

4）锯条安装可按加工需要，将锯条装成直向的或横向的，且锯齿的齿尖方向要向前，不能反装。锯条的绷紧程度要适当，若过紧，锯条会因受力而失去弹性，锯割时稍有弯曲，就会崩断。若安装过松，锯割时不但容易弯曲造成折断，而且锯缝易歪斜。

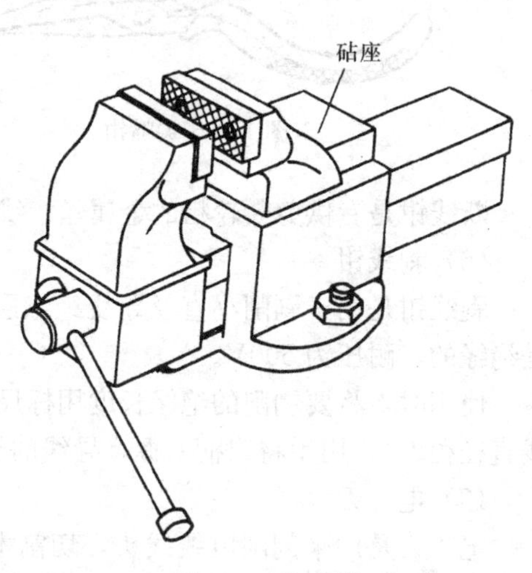

图1-49 台虎钳

5）台虎钳

台虎钳又称台钳（图1-49），是用来夹持工件的夹具，有固定式和回转式两种。台虎钳的规格以钳口的宽度表示，有100、125和150mm等。台虎钳在安装时，必须使固定钳身的工作面处于钳台边缘以外，钳台的高度约800～900mm之间。

（2）凿削工具

1）手锤

手锤（图1-50*a*）是钳工常用的敲击工具，常用的规格有0.25kg、0.5kg、1kg等。锤柄长在300～350mm之间。为防止锤头脱落，在顶端打入有倒刺的斜楔1～2个。

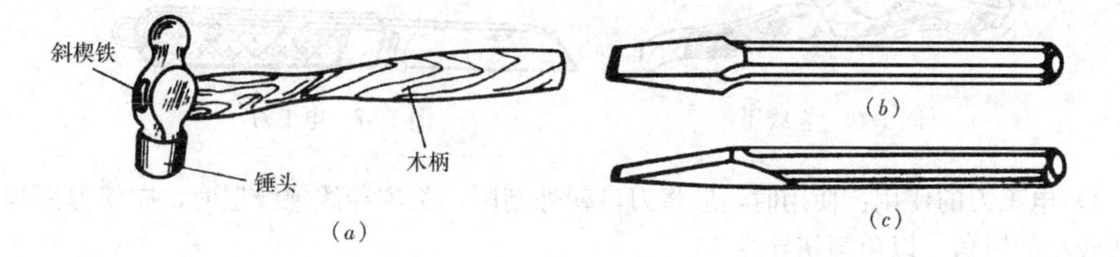

图1-50 凿削工具

（*a*）手锤；（*b*）阔凿；（*c*）狭凿

2）凿子

凿子又称錾子，是凿削的切削工具。它是用工具钢锻打成形后进行刃磨，并经淬火和回火处理而制成。常用的有图1-50（*b*）（*c*）所示的阔（扁）凿和狭凿两种。凿削时，凿子的刃口要根据加工材料性质不同，选用合适的几何角度。

3）电工用凿

电工用凿按用途不同有麻线凿、小扁凿和长凿等，其外形如图 1-51 所示。

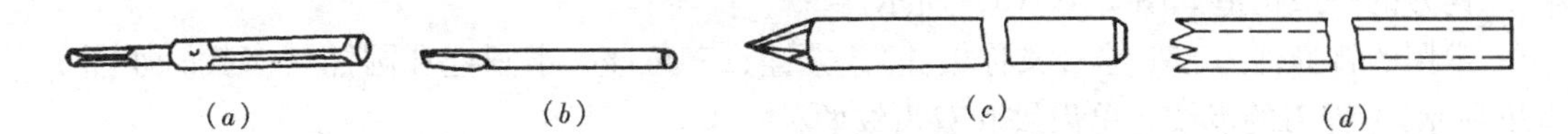

图 1-51 电工用凿

(*a*) 麻线凿；(*b*) 小扁凿；(*c*) 凿混凝土孔用长凿；(*d*) 凿砖墙孔用长凿

① 麻线凿

麻线凿也叫圆榫凿，用来凿打混凝土结构建筑物的木榫孔，电工常用的麻线凿有 16 号和 18 号两种，16 号的可凿直径约 8mm 的木榫孔，18 号的可凿直径约 6mm 的木榫孔，凿孔时，要用左手握住麻线凿，并要不断地转动凿子，使灰沙碎石及时排出。

② 小扁凿

小扁凿是用来凿打砖墙上的方形木榫孔。电工常用的是凿口宽约 12mm 的小扁凿。

③ 长凿

长凿是用来凿打穿墙孔的。用来凿打混凝土穿墙孔的长凿由中碳圆钢制成。如图 1-51（*c*）所示。用来凿打穿砖墙孔的长凿由无缝钢管制成，如图 1-51（*d*）所示。长凿直径分有 19、25 和 30mm，长度通常有 300、400 和 500mm 等多种。使用时，应不断旋转，及时排出碎屑。

（3）活络扳手

活络扳手又称活络扳头，是用来紧固和起松螺母的一种专用工具。

1）活络扳手的构造和规格：活络扳手由头部和柄部组成，头部由活络扳唇、呆扳唇、扳口、蜗轮和轴销等构成，如图 1-52 所示，旋动蜗轮可调节扳口的大小。规格是以长度×最大开口宽度（单位：mm）来表示，电工常用的活络扳手有 150×19（6″）、200×24（8″）、250～30（10″）和 300×36（12″）等四种。“″”表示英寸。

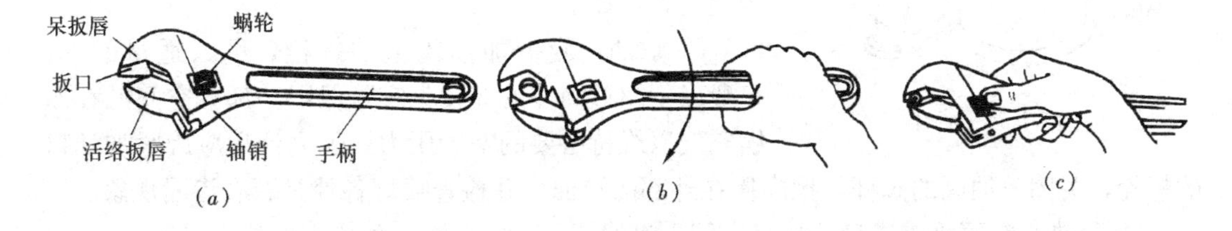

图 1-52 活络扳手

(*a*) 活络扳手构造；(*b*) 扳较大螺母时握法；(*c*) 扳较小螺母时握法

2）活络扳手的使用方法

① 扳动大螺母时，需用较大力矩，手应握在近柄尾处，如图 1-52（*b*）所示。

② 扳动较小螺母时，需用力矩不大，但螺母过小易打滑，故手应握在接近头部的地方，如图 1-52（*c*）所示，可随时调节蜗轮，收紧活络扳唇防止打滑。

③ 活络扳手不可反用，以免损坏活络扳唇，也不可用钢管接长手柄来施加较大的扳

拧力矩。

④ 活络扳手不得当做撬棒和手锤使用。

(4) 锉刀

锉刀的一般构造如图 1-53 (*a*) 所示。

常用的普通锉刀有平锉（又称板锉）、方锉、三角锉、半圆锉和圆锉（横截面如图 1-53*b* 所示）。锉刀的齿纹有单齿纹和双齿纹两种。

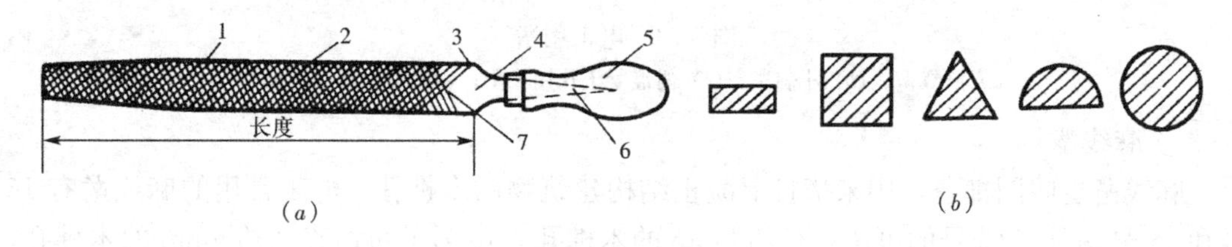

图 1-53　锉刀

(*a*) 结构；(*b*) 普通锉刀截面形状

1—锉刀面；2—锉刀边；3—底齿；4—锉刀尾；5—木柄；6—锉刀舌；7—面齿

锉削软金属用单齿纹，此外都用双齿纹。双齿纹又分粗、中、细等各种齿纹。

粗齿锉刀一般用于锉削软金属材料，加工余量大或精度、光洁度要求不高的工件；细齿锉刀则用在与粗齿锉刀相反的场合。

3. 其他工具

(1) 喷灯

喷灯是一种利用喷射火焰对工件进行加热的工具，常用来焊接铅包电缆的铅包层，大截面铜导线连接处的搪锡，以及其他电连接表面的防氧化镀锡等。

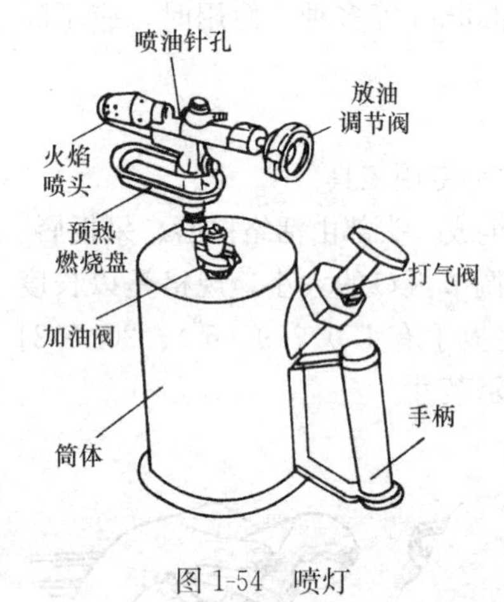

图 1-54　喷灯

1) 喷灯的构造及使用方法

喷灯的构造如图 1-54 所示。按使用燃料的不同，喷灯分煤油喷灯（MD）和汽油喷灯（QD）两种。喷灯的使用方法如下：

① 加油：旋下加油阀上的螺栓，倒入适量的油，一般以不超过筒体的 3/4 为宜，保留一部分空间贮存压缩空气以维持必要的空气压力。加完油后应旋紧加油口的螺栓，关闭放油阀的阀杆，擦净撒在外部的汽油，并检查喷灯各处是否有渗漏现象。

② 预热：在预热燃烧盘（杯）中倒入汽油，用火柴点燃，预热火焰喷头。

③ 喷火：待火焰喷头烧热后，燃烧盘中汽油烧完之前，打气 3～5 次，将放油阀旋松，使阀杆开启，喷出油雾，喷灯即点燃喷火。而后继续打气，到火力正常时为止。

④ 熄火：如需熄灭喷灯，应先关闭放油调节阀，直到火焰熄灭，再慢慢旋松加油口螺栓，放出筒体内的压缩空气。

2) 使用喷灯的安全知识

① 不得在煤油喷灯的筒体内加入汽油。

② 汽油喷灯在加汽油时，应先熄火，再将加油阀上螺栓旋松，听见放气声后不要再

旋出，以免汽油喷出，待气放尽后，方可开盖加油。

③ 在加汽油时，周围不得有明火。

④ 打气压力不可过高，打气完后，应将打气柄卡牢在泵盖上。

⑤ 在使用过程中应经常检查油桶内的油量是否少于筒体容积的 1/4，以防筒体过热发生危险。

⑥ 经常检查油路密封圈零件配合处是否有渗漏跑气现象。

⑦ 使用完毕应将剩气放掉。

(2) 射钉枪

射钉枪是（图 1-55）利用枪管内弹药爆发时的推力，将特殊形状的螺钉（射钉）射入钢板或混凝土构件中，以安装或固定各种电气设备、仪器仪表、电线电缆以及水电管道。它可以代替凿孔、预埋螺钉等手工劳动，提高工程质量，降低成本，缩短施工周期，是一种先进的安装工具。

图 1-55　射钉枪

(3) 电钻

一般工件也可用电钻钻孔。电钻有手枪式和手提式两种（图 1-56*a*）。通常采用的电压为 220V 或 36V 的交流电源。为保证安全，使用电压为 220V 的电钻时，应戴绝缘手套。在潮湿的环境中应采用电压为 36V 的电钻。

常用的钻头是麻花钻如（图 1-56*b*）所示。柄部是用来夹持、定心和传递动力用的，钻头直径为 13mm 以下的一般都制成直柄式（图 1-56*b*），直径为 13mm 以上的一般都制成锥柄式。

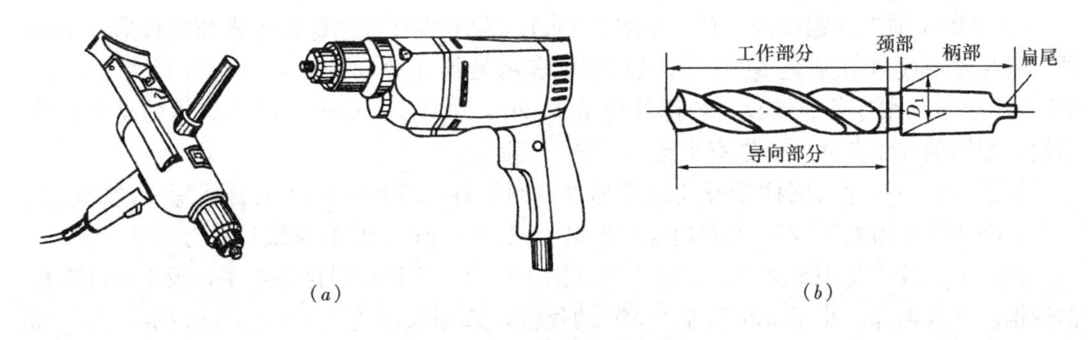

图 1-56　钻孔设备和工具

(*a*) 电钻；(*b*) 麻花钻头

(4) 冲击电钻和电锤

冲击电钻（图 1-57*a*）是一种旋转带冲击的电钻，一般制成可调式结构。当调节环在旋转无冲击位置时，装上普通麻花钻头能在金属上钻孔；当调节环在旋转带冲击位置时，装上镶有硬质合金的钻头，能在砖石、混凝土等脆性材料上钻孔，单一的冲击是非常轻微的，但每分钟 40000 多次的冲击频率可产生连续的力。

电锤（图 1-57*b*）依靠旋转和捶打来工作。钻头为专用的电锤钻头（图 1-57*c*），单个捶打力非常高，并具有每分钟1000～3000的捶打频率，可产生显著的力。与冲击钻相比，电锤需要最小的压力来钻入硬材料，例如石头和混凝土，特别是相对较硬的混凝土。用电锤凿孔并使用膨胀螺栓，可提高各种管线、设备等安装速度和质量，降低施工费用。在使用过程中不要外加很大的力，钻深孔需分几次完成。

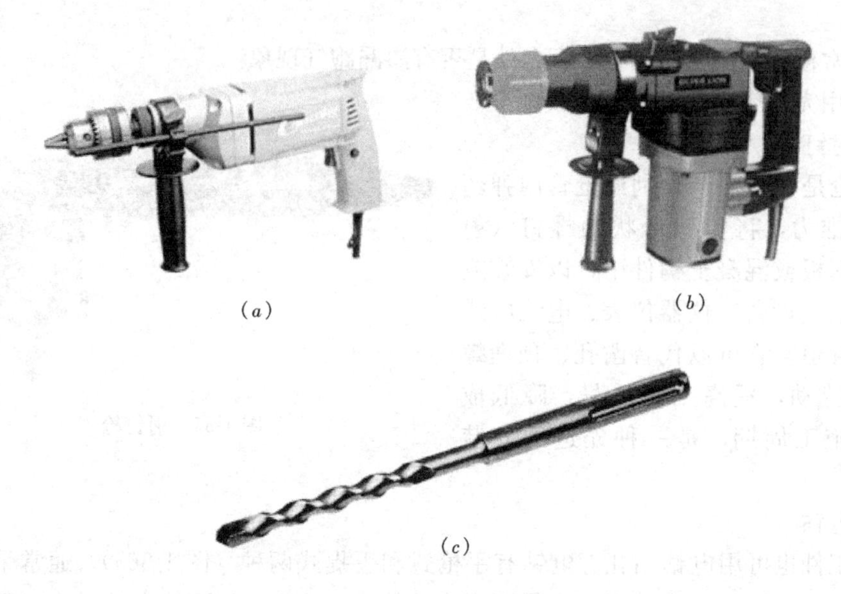

(*a*)　(*b*)　(*c*)

图1-57　冲击电钻和电锤

(*a*) 冲击电钻；(*b*) 电锤；(*c*) 电锤钻头

(5) 代丝（又称套丝、套扣和板牙架）

用丝锥在孔中切削出内螺纹称为攻丝，套扣是利用板牙在圆杆上切削出外螺纹。

1) 攻丝工具

① 丝锥是加工内螺纹的工具（见图1-58*a*）。常用的有普通螺纹丝锥和圆柱形丝锥两种。螺纹牙形代号分别是M和G，如M10表示是粗牙普通螺纹，公称外径为10mm；M16×1表示是细牙普通螺纹，公称外径是16mm，牙距是1mm；G3/4表示的是圆柱管螺纹，配用的3/4英寸。丝锥有头锥、二锥、三锥。

管子内径为英寸（圆柱管螺纹通常都以英制标称）。M6～M14的普通螺纹丝锥两只一套；小于M6和大于M14的普通螺纹丝锥为三只一套；圆柱管螺纹丝锥为两只一套。

②绞手：绞手是用来夹持丝锥的工具（图1-58*b*）。常用的是活络绞手，绞手长度应根据丝锥尺寸来选择。小于M6和等于M6的丝锥，选用长度为150～200mm的绞手；M8～M10的丝锥选用长度为200～250mm的绞手；M12～M14的丝锥，选用长度为250～300mm的绞手；大于和等于M16的丝锥，选用长度为400～450mm的绞手。

③丝锥的使用要求

a. 丝锥选用的内容通常有外径、牙形、精度和旋转方向等。应根据所配用的螺栓大小选用丝锥的公称规格。

b. 攻丝前应确定底孔直径，底孔直径应比丝锥螺纹小径略大，还要根据工件材料性质来考虑，可用下列经验公式计算。

钢和塑性较大的材料　$D \approx d - t$

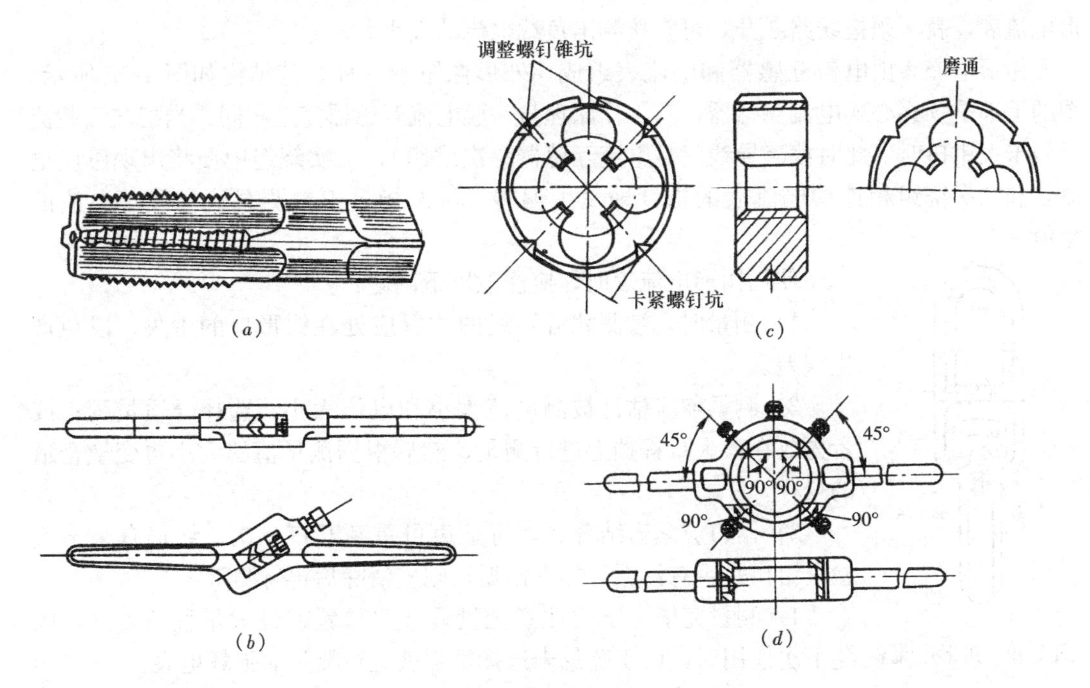

图 1-58　攻丝和套丝工具

(a) 丝锥；(b) 绞手；(c) 圆板牙；(d) 板牙绞手

铸铁等脆性材料　$D \approx d-1.05t$

式中　D——底孔直径，mm；

d——螺纹大径，mm；

t——螺距，mm。

c. 旋向分左旋和右旋，即俗称倒牙和顺牙，通常都只用右旋的一种。

2) 套丝工具

① 板牙

板牙（图 1-58*c*）是加工外螺纹的工具。常用的有圆板牙和圆柱管板牙两种。圆板牙如同一个螺母，在上面有几个均匀分布的排屑孔，并以此形成刀刃。

M3.5 以上的圆板牙，外圆上有四个螺钉坑，借助绞手上的四个相应位置的螺钉将板牙紧固在绞手上。另有一条 V 形槽，当板牙磨损后，可用片状砂轮或锯条沿 V 形槽将板牙磨割出一条通槽，用绞手上方两个调紧螺钉，拧紧顶入板牙上面的两螺钉坑内，即可使板牙的螺纹尺寸变小。

② 板牙绞手

板牙绞手用于安装板牙（图 1-58*d*），与板牙配合使用。板牙外圆上有五只螺钉，其中均匀分布的四只螺钉起紧固板牙作用，上方的两只并兼有调节小板牙螺纹尺寸的作用；顶端一只起调节大板牙螺纹尺寸作用，这只螺钉必须插入板牙的 V 形槽内。

1.2.2.2　常用仪表

1. 钳形电流表

在施工现场临时需要检查电气设备的负载情况或线路流过的电流时，若用普通电流表，就要先把线路断开，然后把电流表串联到电路中，费时费力，很不方便。如果使用钳形电流表，就无须把线路断开，可直接测出负载电流的大小。

钳形电流表由电流互感器和电流表组成，外形像钳子一样，其结构如图1-59所示。图的上部是一穿心式电流互感器，其工作原理与一般电流互感器完全相同。当把被测载流导线卡入钳口时（此时载流导线就是电流互感器一次绕组），二次绕组中便将出现感应电流，和二次绕组相连的电流表的指针即发生偏转，从而指示出被测载流导线上电流的数值。

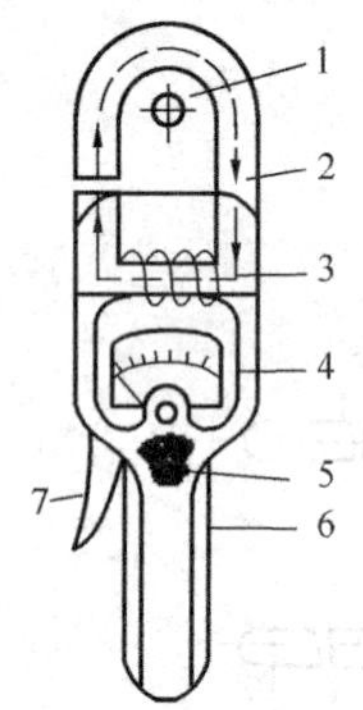

图1-59 钳形电流表

使用钳形电流表时，应注意以下问题：

1）测量时，被测载流导线的位置应处在钳形口的中央，以免产生误差。

2）测量前应估计被测电流大小和电压大小，选择合适量程；或者先放在最大量程挡上进行测量，然后根据测量值的大小再变换合适的量程。

3）钳口应紧密结合。如有杂声可重新开口一次。如仍有杂声应检查钳口是否有污垢，如有污垢，则应清除后再行测量。

4）测量完毕一定要注意把量程开关放置在最大量程位置上，以免下次使用时，由于疏忽未选择量程就进行测量而损坏电表。

2. 万用表

万用表是电工经常使用的一种多用途、多量程便携式仪表。它可以测量直流电流、直流电压、交流电压和电阻，有的还可以测量交流电流、电感、电容等，是电气安装工作中必不可少的测试工具。

万用表根据其读数盘的形式，分为指针式和数字式两种。指针式万用表主要由表头（测量机构）、测量电路和转换开关组成。图1-60所示是施工中常用的国产MF25型万用表的面板结构。表头用以指示被测量的数值；测量电路把各种被测量转换成适合其灵敏度要求的，表头所能接受的直流电流；转换开关用来实现表中各种测量种类及量限的选择。

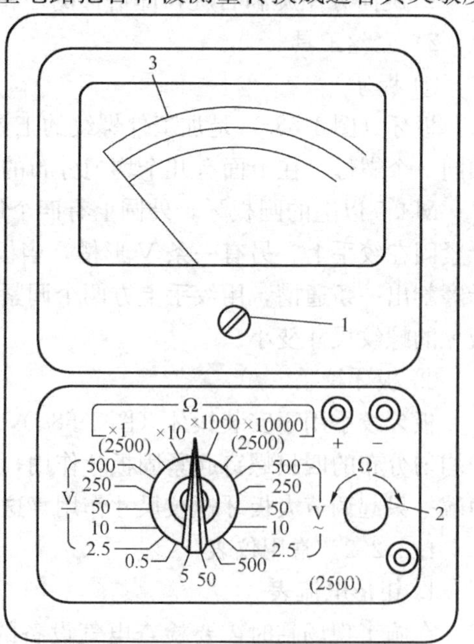

图1-60 MF25型万用表面板

指针式万用表的使用方法及注意事项如下：

1）测量前需检查转换开关是否处在所测挡位上，不能放错。如果被测的是电压而转换开关置于电流或电阻，将会导致仪表损坏。另外还要检查指针是否在机械零位上，如不在零位上，可旋转表盖上的调零旋钮，使指针指示在零位上。

测量前要检查表笔接的位置是否正确，应使表笔红、黑头分别插入“+”、“−”插孔中。如果测量交直流2500V电压或直流5A电流，红表笔应分别插到标有“2500V”或“5A”的插座中。将转换开关转至需要的量程位置上，当测量不详时，先用高挡量程试测，然后再改用合适的量程。测直流时，要注意正、负极性；测电流时，将表笔与电路串联；测电压时，表笔与电路并联。

2）测量直流电流。将选择开关旋至欲测量的直流电流挡，再将测试笔串联在电路中，读数看直流电流刻度。注意切勿跨接在电源两端，使电表过载而烧坏。

3）交直流电压测量。将选择开关转到所需电压挡，若测量未知交直流电压时，应先将选择开关转到最大量限的一挡，根据指示值的大约数，再选择适当的测量挡，使指示值得到最大偏转值，以免损坏电路。

4）直流电阻测量

a. 选择倍率，使被测电阻接近该挡的欧姆中心值。将转换开关旋至欲测的“Ω”挡内。

b. 测量前应首先进行欧姆调零，即将表笔短接，调节欧姆调零器，使指针指在欧姆标尺上的零位。如果旋动“欧姆调零旋钮”也无法使指针到达零位，则说明电池电压太低，已不合要求，这时必须更换新电池。

c. 严禁在被测电阻带电情况下测量，否则不但测量结果无效，而且有可能烧坏表头。

d. 测电阻，尤其是大电阻，不能用手接触表笔的导电部分，以防影响测量结果。

e. 测晶体管参数时，尽量不用×1，×10挡，因为此时电池提供的电流较大，易烧管子；也不要用×10k挡，因为该挡电池电压较高，易使管子击穿。

f. 测非线性元件（如二极管）正向电阻时，若用不同倍率挡，其测量结果会不同。

5）电容测量。将转换开关旋至交流25V挡，被测电容串接于一测试表笔，再跨接于25V交流电压两端，在电容标度上读出电容值。

6）电感测量。将转换开关旋至交流5V挡，被测电感串接于一测试棒，再跨接于5V交流电压两端，读数见电感标度上的指示数值。

7）使用指针式万用表时，不能用手接触测试笔的金属部分，以保证安全。仪表在测试较高电压和较大电流时，不能带电转动转换旋钮。

8）使用万用表后，应将转换开关旋至“关”（OFF）的位置，没有这挡位置，则应置于交流电压的最高挡。这样防止转换开关在欧姆挡时表笔短路，更重要的是在下一次测量时，不注意转换开关的位置去测量电压，易损坏万用表。

3. 兆欧表

兆欧表俗称摇表，是专门用于检查和测量电气设备或线路绝缘电阻的一种可携式仪表。绝缘电阻是不能用万用表检查的，因为绝缘电阻的阻值都比较大，可达几兆欧到几百兆欧。万用表电阻挡对这个范围的到度不准确，更主要的是万用表测量电阻时，所用的电源电压比较低，在低电压下呈现的绝缘电阻值，不能反映在高电压作用下的绝缘电阻的真正数值。因此，绝缘电阻必须用备有高压电源的兆欧表进行测量。

（1）兆欧表的结构和工作原理

兆欧表的种类很多，但其基本结构相同，主要由测量机构、测量线路和高压电源组成。高压电源多采用手摇发电机，其输出电压有500、1000、2500和5000V几种。现又出现了用晶体管直流变换器，代替手摇发电机的兆欧表，如zc30型。兆欧表的外形如图1-61所示，其原理电路图如图1-62所示。

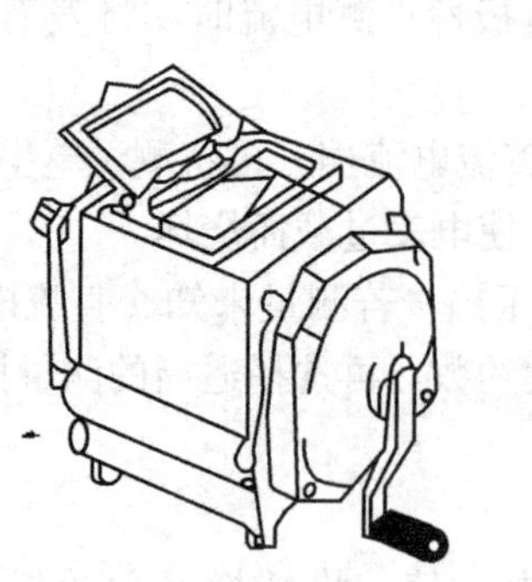

图1-61　兆欧表外形

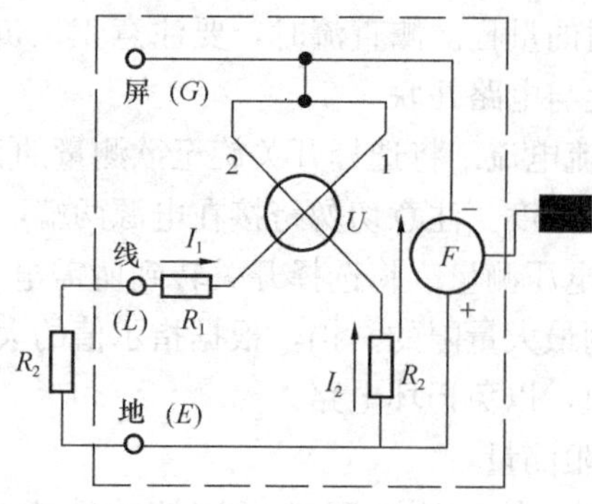

图1-62　兆欧表原理电路图

从图中可以看出，被测绝缘电阻Rx接于兆欧表的“线”与“地”端钮之间，此外在“线”端钮外圈还有一个铜质圆环，叫保护环，又称屏蔽接线端钮，符号为“G”，它与发电机的负极直接相连。

被测绝缘电阻 R_2 与附加电阻 R_1 及比率表中的动圈1串联，流过线圈1的电流 I_1 与 R_2 的大小有关。R_2 越小，I_1 就越大，磁场与 I_1 相互作用而产生的转动力矩 M_1 就越大，使指针向标度尺“0”的方向偏转。I_2 与 R_2 无关，它与磁场相互作用而产生的力矩 M_2 与 M_1 相反，相当于游丝的反作用力矩，使指针稳定。

（2）兆欧表的选择

兆欧表的额定电压应与被测电气设备或线路的额定电压相对应，其测量范围也应与被测绝缘电阻的范围相吻合。根据《电气装置安装工程电气设备交接试验标准》（GB50150—91）规定，测量绝缘电阻时，选用兆欧表的电压等级如下：

① 100V以下的电气设备或回路，采用250V兆欧表；

② 500V以下至100V的电气设备或回路，采用500V兆欧表；

③ 3000V以下至500V的电气设备或回路。采用1000V兆欧表；

④ 10000V以下至3000V的电气设备或回路，采用2500V兆欧表；

⑤ 10000V及以上的电气设备或回路，采用2500V或5000V兆欧表。

（3）兆欧表的使用

①测量前应将被测设备的电源切断，并进行短路放电，以保安全。被测对象的表面应清洁干燥。

②兆欧表与被测设备间的连接线不能用双股绝缘线和绞线，而应用单根绝缘线分开连接。两根连线不可缠绞在一起，也不可与被测设备或地面接触，以免导线绝缘不良而产生测量误差。

③测量前应先将兆欧表进行一次开路和短路试验。将兆欧表上“线”和“地”端钮上的连接开路，摇动手柄达到额定转速，指针应指到“∞”处；然后将“线”和“地”端钮短接，指针应指在“0”处，否则应调修兆欧表。

④在测量线路绝缘电阻时，兆欧表“L”端接芯线，“E”端接大地，所测数值即为芯线与大地间的绝缘电阻。对于电缆线路，除了“E”端接电缆外皮，“L”端接缆芯外，还需将电缆的绝缘层接于保护环端钮“G”上，以消除因表面通电而引起的误差。测量时接线方法如图1-63所示。

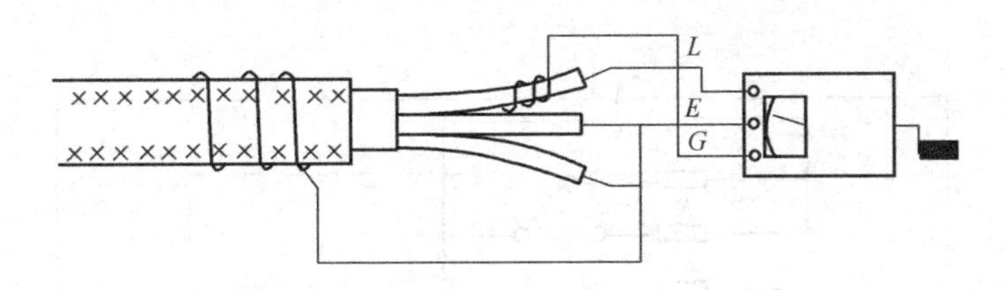

图1-63　兆欧表测量电缆绝缘电阻接线

⑤ 测量时，摇动手柄的速度由慢逐渐加快，并保持匀速（120r/min），不得忽快忽慢。读数以1min以后的读数为准。

⑥ 测量电容器或较长的电缆等设备绝缘电阻后，应将“L”的连接线断开，以免被测设备向兆欧表倒充电而损坏仪表。

⑦ 测量完毕后，在手柄未完全停止转动和被测对象没有放电之前，切不可用手触及被测对象的测量部分和进行拆线，以免触电。

4. 接地电阻测量仪

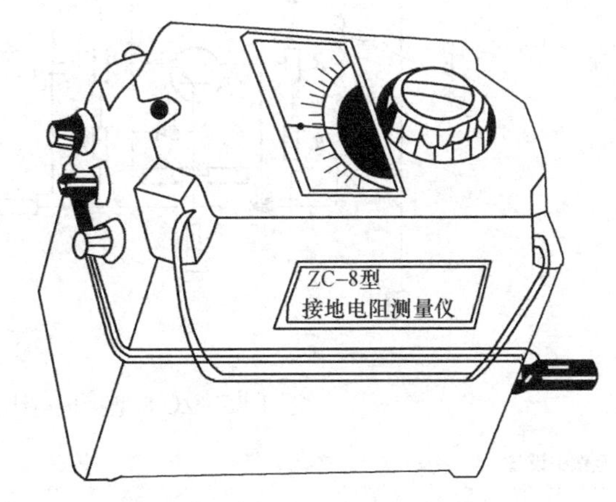

图1-64　ZC-8型接地电阻测量仪外形

接地电阻测量仪俗称接地摇表，图1-64即为ZC－8型接地电阻测量仪外形。它主要由手摇发电机、电流互感器、滑线电阻及零指示器等组成。全部机构都装在铝合金铸造的携带式外壳内。测量仪还配带一个附件袋，装有接地探测针两支，导线3根，其中5m长一根用于接地极，20m长一根用于电位探测针，40m长一根用于电流探测针。

这种仪表是根据电位计的工作原理而设计的，其原理接线图如图1-65所示。当发电机手柄以120r/min的速度转动时，便产生频率为110～115周/s的交流电源。在零指示器中采用由V和V_1、V_2等组成的相敏整流电路，用以避免工频的杂散电流干扰。在零指示器的电路中接人电容器C1，可使测试时不受土壤电解电流的影响。

测量时仪表的接线端钮C_2、P_2（或E）连接于接地极E′，P_1、C_1（或P，C）连接于相应的接地探测针，即电位的P′和电流的C′，如图1-66所示。

电流I_1从发电机流出经过电流互感器TA的一次线圈、接地极E′、大地和电流探测针C′而回到发电机。由电流互感器二次线圈产生的I_2接于电位器R_S。当由相敏整流电路和PA等组成的零指示器有指示时，应通过调节电位器R_S接触点B的位置，使其达到平衡。此时在C_2、P_2和P_1（或E和P）之间的电位差与电位器R_S的0和B之间的电位差相等。于是V截止，由V_1和V_2组成的整流桥不开通，检流计P_A因无电压输入而指零。

具体测量方法如下：

（1）如图1-66所示，沿被测接地极E′，使电位探测针P′和电流探测针C′依直线彼此相距20m，插入地中，且电位探测针P′要插于接地极E′和电流探测针C′之间。

（2）用导线将E′、P′和C′分别接于仪表上相应的端钮E（P_2、C_2）、P（P_1）、C（C_1）上。

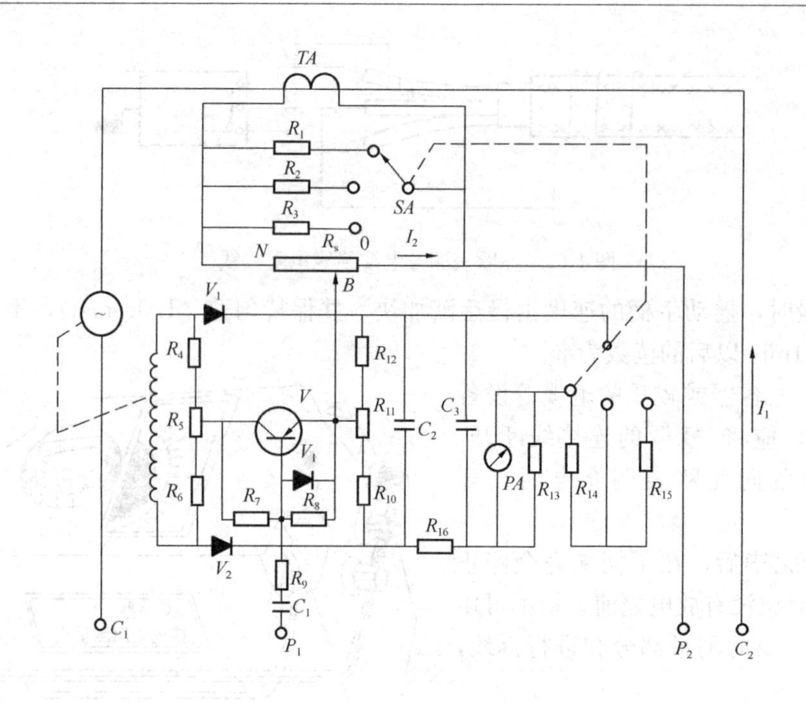

图1-65　ZC-8型接地电阻测量仪原理接线图

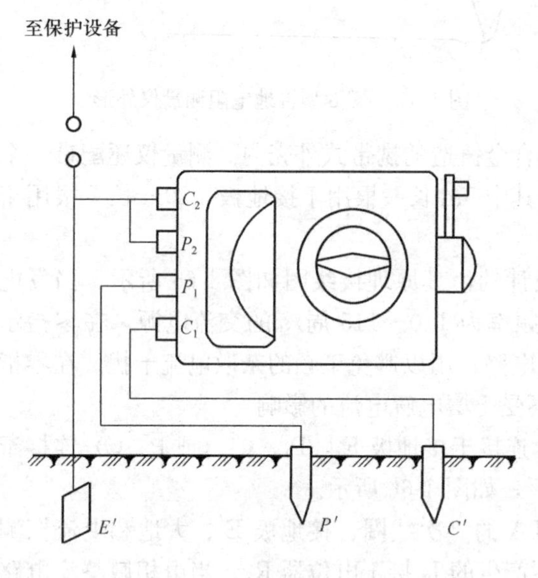

图1-66　接地电阻测量接线

(3) 将仪表放置于水平位置，检查零指示器的指针是否指于中心线上，否则可用零位调整器将其调整指于中心线。

(4) 将"倍率标度"置于最大倍数，慢慢转动发电机的手柄，同时旋动"测量标度盘"，使零指示器的指针指于中心线。当零指示器指针接近平衡时，加快发电机手柄的转速，使其达到120r/min以上，调整"测量标度盘"，使指针指于中心线上。

(5) 如果"测量标度盘"的读数小于1时，应将"倍率标度"置于较小的倍数，再重新调整"测量标度盘"，以得到正确的读数。

(6) 当指针完全平衡在中心线上以后，用"测量标度盘"的读数乘以倍率标度，即为所测的接地电阻值。

使用接地电阻测量仪（接地摇表）时，应注意以下几个问题：

(1) 当"零指示器"的灵敏度过高时，可将电位探测针插入土壤中浅一些；若其灵敏度不够时，可沿电位探测针和电流探测针注水使其湿润。

(2) 测量时，接地线路要与被保护的设备断开，以便得到准确的测量数据。

(3) 当接地极E′和电流探测针C′之间的距离大于20m时，电位探测针P′的位置插在E′、C′之间的直线几米以外时，其测量时的误差可以不计，但E′、C′间的距离小于20m

时，则应将电位探测针 P' 正确地插于 $E'C'$ 直线中间。

（4）当用 0～1/10/100Ω 规格的接地电阻测量仪测量小于 1Ω 的接地电阻时，应将 C_2、P_2 间的连接片打开，分别用导线连接到被测接地体上，以消除测量时连接导线电阻附加的误差。

任务 1-3　电气安装工程对土建工程的要求与配合及质量评定和竣工验收

工程质量的好与坏，直接影响企业的信誉和建筑产品的寿命。学会安装工程质量评定、验收及填写，通过完成下列工作页内容来完成。

《建筑电气施工技术》工作页

姓名：　　　　　　学号：　　　　　　班级：　　　　　　日期：

任务 1-3	电气安装工程对土建工程的要求与配合及质量评定和竣工验收	课时：2 学时	
项目 1	现代建筑电气安装工程简介	课程名称	建筑电气施工技术
任务描述：			
通过讲授，认知建筑电气安装工程与土建工程的配合及要求；认知质量评定的目的、作用、质量评定标准等，让学生对建筑电气安装工程质量评定有明确的了解，学会质量评定和竣工验收的方法			
工作任务流程图：			
播放录像→教师给出质量评定资料并讲授→分组研讨→提交工作页→集中评价→提交认知训练报告			
1. 资讯（明确任务、资料准备）			
（1）提交进行电气安装的房屋应满足哪些条件？ （2）质量评定中质量检查的三大阶段是什么？ （3）电气安装工程质量检验的形式有几种？工程质量评定分为哪几个等级？ （4）建筑电气安装工程竣工验收时，一般应提交哪些技术资料			
2. 决策（分析并确定工作方案）			
（1）分析采用什么样的方式方法了解建筑电气安装工程质量评定方法的组成，通过什么样的途径学会任务知识点，初步确定工程质量评定工作任务方案； （2）小组讨论并完善工作任务方案			
3. 计划（制订计划）			
制定实施工作任务的计划书；小组成员分工合理。 需要通过图片搜集、视频播放、查找资料、参观等形式完成本次任务。 （1）通过查找资料和学习明确建筑电气安装工程质量检查三大阶段、形式、等级等。 （2）通过在实训室练习，增强对质量评定的感性认识，为后续课程的学习打好基础			
4. 实施（实施工作方案）			

续表

(1) 参观记录； (2) 学习笔记； (3) 研讨并填写工作页
5. 检查
(1) 以小组为单位，进行讲解演示，小组成员补充优化； (2) 学生自己独立检查或小组之间互相交叉检查； (3) 检查学习目标是否达到，任务是否完成
6. 评估
(1) 填写学生自评和小组互评考核评价表； (2) 跟老师一起评价认识过程； (3) 与老师深层次的交流； (4) 评估整个工作过程，是否有需要改进的方法
指导老师评语：
任务完成人签字： 日期：　年　月　日
指导老师签字： 日期：　年　月　日

1.3.1　电气安装工程对土建工程的要求

1.3.1.1　预埋的作用与分工

1. 预埋的作用

预埋是指在土建施工过程中，在建筑构件中预先埋入电气工程的固定件及钢管、半硬塑料管等。做好预埋工作，不但可以保持建筑物的美观整洁，避免以后的钻、凿，破坏建筑结构，而且可增强电气装置的安装机械强度。混凝土墙、柱、梁等承重构件，一般不允许钻凿破坏，有的混凝土结构的墙和屋顶还涉及防渗防漏问题，更不允许钻凿，可见配合土建进行预埋是相当重要的工作。

2. 预埋的分工

预埋可分为建筑工人预埋和安装电工预埋两种，具体应按施工图纸决定。

对于一些有规律的混凝土墙、梁、柱、楼板、地面内的预埋件，设计者在施工图上标注出来，由建筑工人预埋。由于建筑工人对这些预埋件的作用往往不太清楚，所以不一定能按电气要求预埋，所以需要安装电工按电气图和土建图的要求，对建筑工人预埋予以督促、核对，以免遗漏和错位。

对于位置不同，没有规律的预埋件，还有暗敷设所有的管、接线盒及灯位盒等在土建施工图中是不标注的，需要安装电工根据施工图的要求进行预埋。

1.3.1.2　电气工程与主体工程的配合

在工业与民用建筑安装工程中，电气安装工程施工与主体建筑工程有着密切的关系。如配管、开关电器及配电箱的安装等都应在土建施工过程中密切配合，做好预留或预埋工作。

对于明配工程，若厂房内支架沿墙敷设时，应在土建施工时预埋好，其他室内明配工程，可在抹灰及表面装饰工作完成后再进行施工。

对于钢筋混凝土建筑物的暗配工程，应当在浇筑混凝土前将一切管路、灯位盒、接线盒、开关盒、插座盒、配电箱箱底等全部预置好，其他工程等混凝土达到安装强度后再施工。

1.3.1.3　提交进行电气安装的房屋应满足的条件

对于提交进行电气安装的房屋，一般应当满足下列条件：

(1) 应结束屋内顶面工作；

(2) 应结束粗制地面的工作，并在墙上标明最后抹光地面的标高，在蓄电池室内及电容器室内，设备的构架及母线的构架安装以后，应做好抹光地面的工作；

(3) 设备的混凝土基础及构架应达到允许进行安装的强度；

(4) 对需要进行修饰的墙壁、间壁、柱子及基础的表面，如在电气装置安装时或安装后，由于进行修饰而可能损坏已装好的装置或安装后不能再进行修饰，则应在电气装置安装前结束修饰工作；

(5) 对电气装置安装有影响的建筑部分的模板、脚手架应拆除，并清除废料，但对于电气装置安装可以利用的脚手架等根据工作需要逐步加以拆除。

1.3.1.4　提交进行电气安装的户外土建工程应满足的条件

(1) 安装电气装置所有的混凝土基础及构架，已达到允许进行安装的规定强度；

(2) 模板与建筑废料等已清除，有足够的安装场地，施工用道路畅通；

(3) 基坑已回填夯实。

1.3.2　电气安装工程的质量评定和竣工验收

1.3.2.1　电气安装工程质量评定

1. 检验评定的目的和作用

安装工程的评定，是以国家技术标准作为统一尺度来评价工程质量的。正确进行质量评定，可以促使企业保证和提高工程质量。

2. 电气安装工程质量检验

电气安装工程质量检验，是按分部、分项电气工程（如裸母线的架设、配电装置安装等）的安装质量进行检验的。检验其是否按照规范、规程或标准施工，能否达到安全用电要求，电气性能是否符合要求等。

质量检验的程序是：先分项工程，再分部工程，最后是单位工程。

(1) 检验的形式

1) 自检

由安装班组自行检查安装方式是否与图纸相符，安装质量是否达到电气规范要求，对于不需要进行试验的电气装置，要由安装人员测试线路的绝缘性能及进行通电检查。

2）互检

由施工技术人员或班组之间相互检查。

3）初次送电前的检查

在系统各项电气性能全部符合要求、安全措施齐全、各用电装置处于断开状态的情况下，进行这项检查。

4）试运前的检查

在电气设备经过试验达到交接试验标准、有关的工艺机械设备均正常的情况下，再进行系统性检查，合格后才能按系统逐项进行初送电和试运转。

（2）三个阶段的质量检查

为了保证工程质量，检查工作应贯穿在施工的各个阶段。

1）施工前的检查

施工前的检查包括图纸会审，对使用的材料和设备质量、合格证及自制加工件进行检查。

2）施工期的检查

在施工过程中，随着工序的推进及时对施工质量进行检查，可有力地制止一些不合规范、错误的施工方法。例如，在钢管配线中，先穿线后放管口护圈、用气割在铁制配电箱上开孔、铝导线焊接后不清洗、铝导线不涂电力复合脂即用螺栓连接的施工做法等，都应该及时纠正。特别是隐蔽工程，应检查是否按规范要求施工。例如，埋地配线钢管应当采用螺纹连接或套管连接，禁止对口焊接；电缆弯曲半径是否符合规范要求；使用柱内钢筋做引下线时，钢筋焊接成电气通路是否连续等。另外，要督促做好隐蔽线路的实际走向和定位、安装项目的增补和修改等记录工作。

3）施工后的检查

按电气安装工程的分项、分部工程进行逐项检查。

3. 工程质量评定

（1）人员组织

工程质量评定需设立专门管理系统，由专职质量检查人员全面负责质量的监督、检查和组织评定工作。检验批应由监理工程师组织施工单位项目质量检查员进行验收。分项工程应由监理工程师组织施工单位项目技术负责人进行验收。分部（子分部）工程应由总监理工程师组织施工单位项目经理和项目技术、质量负责人及施工单位技术、质量部门负责人等进行验收。单位工程完工后，施工单位应自行组织有关人员进行检查评定，并向建设单位提交工程验收报告。建设单位收到工程验收报告后，应由建设单位（项目）负责人组织施工（含分包单位）、设计、监理等单位（项目）负责人进行单位（子单位）工程验收。

（2）检验方法

1）直观检查

用简单工具，如线锤、直尺、水平尺、钢卷尺、筛尺、力矩扳手、普通扳手、试电笔等进行实测及用眼看、手摸、耳听等方法检查。电气管线、配电柜、箱的垂直度、水平度，母线的连接状态等项目，通常采用这种方式。

2）仪器测试

使用专用的测试设备、仪器进行检查。线路绝缘检查、接地电阻测定、电气设备耐压试验等，均采用这种试验方式。

3）工程质量评定

工程质量评定的等级标准为“合格”。在质量评定表中，合格用“√”表示，不合格用“○”表示。分项工程分成一个或若干个检验批来验收。

检验批合格质量应符合下列规定：

① 主控项目和一般项目的质量经抽样检验合格；

② 具有完整的施工操作依据、质量检查记录。

主控项目是保证工程安全和使用功能的重要检验项目，是对安全、卫生、环境保护和公众利益起决定性作用的检验项目，是确定该检验批主要性能的，要求必须达到。

一般项目是除主控项目以外的检验项目，是指保证工程安全和使用功能基本要求的项目，也是应该达到的，只不过对不影响工程安全和使用功能的可以适当放宽一些。

分项工程质量合格的条件是：

① 分项工程所含的检验批均应符合合格质量的规定；

② 分项工程所含的检验批的质量验收记录应完整；

③ 民用住宅照明工程分项工程质量按单元、按户进行质量评定；

④ 工业厂房照明工程分项工程按楼层进行质量评定。

下面以某厂房照明工程为例说明分项工程质量评定方法，电线钢导管暗敷设工程分项工程检验批施工质量验收记录见表1-9。照明配电箱（盘）安装工程检验批施工质量验收记录见表1-10。

分部（子分部）工程质量合格的条件是：

① 分部（子分部）工程所含分项工程的质量均应验收合格；

② 质量控制资料应完整；

③ 电气照明安装、照明装置安装、防雷及接地安装等分部工程有关安全及功能的检验和抽样检测结果应符合有关规定；

④ 观感质量验收应符合要求。

下面以某实验楼工程为例说明分部工程质量评定方法，分部工程质量评定表见表1-11。

单位（子单位）工程质量合格的条件是：

① 单位（子单位）工程所含分部（子分部）工程的质量均应验收合格；

② 质量控制资料应完整；

③ 单位（子单位）工程所含分部工程有关安全和功能的检测资料应完整；

④ 主要功能项目的抽查结果应符合相关专业质量验收规范的规定；

⑤ 观感质量验收应符合要求。

下面以电气动力子分部工程为例说明分部工程观感质量评定方法，观感质量检查评价表见表1-12。

电线钢导管暗敷设工程检验批施工质量验收记录　　表 1-9

<table>
<tr><td>工程名称</td><td colspan="2">实验室工程</td><td>检验部位</td><td colspan="2">厂房</td></tr>
<tr><td>施工单位</td><td colspan="2"></td><td>分包单位</td><td colspan="2"></td></tr>
<tr><td>总包
项目经理</td><td></td><td>分包
项目经理</td><td></td><td>专业工长
(施工员)</td><td>施工
班组长</td></tr>
<tr><td>施工执行
标准名称
及编号</td><td colspan="5">建筑电气工程 DB23/723—2003</td></tr>
<tr><td colspan="3">验收项目及要求</td><td>施工单位检验意见</td><td>合格率（%）</td><td>监理（建设）单位验收意见</td></tr>
<tr><td rowspan="2">主控项目</td><td>※1</td><td>金属导管严禁对口熔焊连接；镀锌和壁厚≤2mm 的钢导管不得套管熔焊连接</td><td>符合要求</td><td></td><td rowspan="2"></td></tr>
<tr><td>2</td><td>钢导管必须与 PE 或 PEN 线有可靠的电气连接；镀锌管螺纹连接处两端用专用接地卡固定跨接接地线；暗敷设的非镀锌管螺纹连接处两端焊跨接接地线；专用黄绿相间色的铜芯软导线，截面不小于 4mm</td><td>符合要求</td><td></td></tr>
<tr><td rowspan="10">一般项目</td><td>1</td><td>钢导管内外壁应防腐处理，埋设于混凝土内的导管内壁应防腐处理，外壁可不防腐处理</td><td>√√√√√√√√√√</td><td></td><td rowspan="10"></td></tr>
<tr><td>2</td><td>钢导管弯曲规定应符合本标准 18.3.2 的规定</td><td>√√√√√√√√√√</td><td></td></tr>
<tr><td>3</td><td>电线钢导管室外埋地敷设的长度不大于 15mm，壁厚≤2mm 的电线钢导管不应埋设于室外土壤内</td><td>√√√√√√√√√√</td><td></td></tr>
<tr><td>4</td><td>室外钢导管管口应设置在盒、箱内。落地配电箱内的管口应排列有序，管口高出基础面 50～80mm</td><td></td><td></td></tr>
<tr><td>5</td><td>室内钢导管进入柜、箱等内的导管管口应排列有序，应高出柜、台、箱、盘的基础面 50～80mm</td><td>√√√√√√√√√√</td><td></td></tr>
<tr><td>6</td><td>管与管采用螺纹连接管端螺纹长度不小于管接头的 1/2，连接后外露 2～3 扣；非镀锌钢管采用焊接时，套管长度不小于管外径 3 倍，管与管对口处在套管中心</td><td>√√√√√√√√√√</td><td></td></tr>
<tr><td>7</td><td>管与盒（箱）采用螺纹连接时，管口螺纹宜外露锁紧螺母 2～3 扣；焊接时，管口宜长出盒（箱）内壁 3～5mm</td><td>√√√√√√√√√√</td><td></td></tr>
<tr><td>8</td><td>导管暗敷设管、盒位置正确，固定可靠，导管敷设路径正确，不出四个弯路，埋设深度与建、构筑物表面的距离≥15mm</td><td>√√√√√√√√√√</td><td></td></tr>
<tr><td>9</td><td>管路中拉线盒设置符合本标准 18.3.9 的规定</td><td>√√√√√√√√√√</td><td></td></tr>
<tr><td>10</td><td>导管在建筑物变形缝处，应设补偿装置</td><td></td><td></td></tr>
<tr><td>施工
单位
检验
结果</td><td colspan="2">项目质量检查员：

年　月　日</td><td>监理
（建设）
单位
验收
结论</td><td colspan="2">监理工程师
（建设单位项目技术负责人）：

年　月　日</td></tr>
</table>

照明配电箱（盘）安装工程检验批施工质量验收记录　　　　**表1-10**

<table>
<tr><td colspan="2">工程名称</td><td colspan="3"></td><td>检验部位</td><td colspan="2">厂房</td></tr>
<tr><td colspan="2">施工单位</td><td colspan="3"></td><td>分包单位</td><td colspan="2"></td></tr>
<tr><td colspan="2">总包
项目经理</td><td></td><td>分包
项目经理</td><td></td><td>专业工长
（施工员）</td><td>施工
班组长</td><td></td></tr>
<tr><td colspan="2">施工执行
标准名称
及编号</td><td colspan="6">建筑电气工程 DB23/723－2003</td></tr>
<tr><td colspan="5">验收项目及要求</td><td>施工单位检验意见</td><td>合格率（%）</td><td>监理（建设）单位验收意见</td></tr>
<tr><td rowspan="7">主控项目</td><td>1</td><td colspan="3">箱（盘）的箱体接地（PE）或接零（PEN）可靠，装有电器的可开启门和箱体的接地端子间应用裸编织铜线或多股软导线连接，且有标识</td><td>符合要求</td><td></td><td rowspan="7"></td></tr>
<tr><td>2</td><td colspan="3">箱（盘）内保护导体最小截面符合本标准9.2.2条的规定</td><td>符合要求</td><td></td></tr>
<tr><td>3</td><td colspan="3">箱体开孔与管径适配，导管进入箱体顺直，与箱连接方法正确，回路数量与排列顺序正确</td><td>符合要求</td><td></td></tr>
<tr><td>4</td><td colspan="3">箱（盘）内，N线和PE线经汇流排配出，无铰接现象；安装牢固，截面与电线截面积大小适配</td><td>符合要求</td><td></td></tr>
<tr><td>5</td><td colspan="3">箱（盘）部件齐全配线整齐、美观；导线在箱（盘）内裕量适当，接线位置正确，接经紧密，不伤芯线，不断股；回路编号齐全，标识正确</td><td>符合要求</td><td></td></tr>
<tr><td>6</td><td colspan="3">同一端子上导线连接不多于2根，螺丝两侧压的导线截面积相同，防松垫圈等零件齐全</td><td>符合要求</td><td></td></tr>
<tr><td>7</td><td colspan="3">箱（盘）内开关动作灵活可靠，带漏电保护的回路，必须做模拟动作试验</td><td>符合要求</td><td></td></tr>
<tr><td rowspan="4">一般项目</td><td>1</td><td colspan="3">箱（盘）采用阻燃材料制作</td><td>√√√√√√√√√√</td><td></td><td rowspan="4"></td></tr>
<tr><td rowspan="2">2</td><td rowspan="2">配电箱（盘）安装</td><td colspan="2">位置正确，暗装（门、盖）紧贴墙面，四周无缝隙，涂层完整，内外清洁</td><td>√√√√√√√√√√</td><td></td></tr>
<tr><td colspan="2">箱（盘）安装高度允许偏差10mm</td><td>√√√√√√√√√√</td><td></td></tr>
<tr><td>3</td><td>箱（盘）安装牢固，垂直度偏差</td><td colspan="2">≤1.5‰</td><td>√√√√√√√√√√</td><td></td></tr>
<tr><td colspan="2">施工单位检验结果</td><td colspan="3">项目质量检查员：

年　月　日</td><td>监理（建设）单位验收结论</td><td colspan="2">监理工程师
（建设单位项目技术负责人）：

年　月　日</td></tr>
</table>

建筑电气分部工程施工质量验收记录　　　　**表 1-11**

工程名称	703所科研实验基地项目可靠性实验室104#工程	结构类型	排架结构	层数	3层
施工单位	黑龙江农垦建工有限公司	技术部门负责人		质量部门负责人	
		项目技术负责人		项目质量负责人	
分包单位		分包单位负责人		分包技术负责人	

序号	子分部工程名称	分项工程名称	施工单位检验意见	验收意见
1	电气照明安装	照明配电箱安装	合格	各分项工程均符合设计及规范要求，资料和报告齐全、合格，观感良好，同意验收
2	电气动力	电线钢导管暗敷设	合格	
3	电气照明安装	电线电缆穿线工程	合格	
4	照明装置安装	普通灯具安装	合格	
5		专用灯具防爆灯安装	合格	
6		照明开关安装	合格	
7		插座安装接线	合格	
8	防雷及接地安装	接地装置安装	合格	
9		防雷引下线敷设	合格	
10		接闪器安装	合格	
11	电气动力	低压电气动力设备试验和试运行	合格	
12				
13				
14				
施工质量控制资料核查				
安全和功能检验资料核查及主要功能抽查				
施工观感质量检查评价				

检验验收单位		
	施工单位	项目经理：　　　　(公章) 年　月　日
	监理（建设）单位	总监理工程师　　　　(公章) (建设单位项目负责人)：　　　　年　月　日

观感质量检查评价表　　　　**表1-12**

<u>　变配电室　</u>子分部工程施工质量验收记录

<table>
<tr><td>工程名称</td><td colspan="2"></td><td>结构类型</td><td>排架结构</td><td>层数</td><td>3层</td></tr>
<tr><td rowspan="2">施工单位</td><td colspan="2" rowspan="2"></td><td>技术部门负责人</td><td></td><td>质量部门负责人</td><td></td></tr>
<tr><td>项目技术负责人</td><td></td><td>项目质量负责人</td><td></td></tr>
<tr><td>分包单位</td><td colspan="2"></td><td>分包单位负责人</td><td></td><td>分包技术负责人</td><td></td></tr>
<tr><td>序号</td><td colspan="2">分项工程名称</td><td>检验批数</td><td>施工单位检验意见</td><td colspan="2">验收意见</td></tr>
<tr><td>1</td><td colspan="2">照明配电箱安装</td><td>4</td><td>符合标准DB23/723和设计要求</td><td colspan="2" rowspan="9">各分项工程均符合设计及规范要求，资料和报告齐全、合格，观感良好，同意验收</td></tr>
<tr><td>2</td><td colspan="2">电线钢导管暗敷设</td><td>4</td><td>符合标准DB23/723和设计要求</td></tr>
<tr><td>3</td><td colspan="2">电线电缆穿线工程</td><td>4</td><td>符合标准DB23/723和设计要求</td></tr>
<tr><td>4</td><td colspan="2">电缆头制作、接线和线路绝缘测试</td><td>4</td><td>符合标准DB23/723和设计要求</td></tr>
<tr><td>5</td><td colspan="2">普通灯具安装</td><td>6</td><td>符合标准DB23/723和设计要求</td></tr>
<tr><td>6</td><td colspan="2">专用灯具（防爆灯）安装</td><td>2</td><td>符合标准DB23/723和设计要求</td></tr>
<tr><td>7</td><td colspan="2">照明开关安装</td><td>3</td><td>符合标准DB23/723和设计要求</td></tr>
<tr><td>8</td><td colspan="2">插座安装接线</td><td>3</td><td>符合标准DB23/723和设计要求</td></tr>
<tr><td>9</td><td colspan="2">建筑照明通电试运行</td><td>5</td><td>符合标准DB23/723和设计要求</td></tr>
<tr><td colspan="4">子分部工程施工质量控制</td><td colspan="3" rowspan="2"></td></tr>
<tr><td colspan="4">资料核查记录</td></tr>
<tr><td colspan="4">子分部工程安全和功能检</td><td colspan="3" rowspan="2"></td></tr>
<tr><td colspan="4">验资料核查及主要功能抽查记录</td></tr>
<tr><td colspan="4">子分部工程施工观感质量</td><td colspan="3" rowspan="2"></td></tr>
<tr><td colspan="4">检查评价</td></tr>
<tr><td rowspan="3">检验验收单位</td><td colspan="2">分包单位</td><td colspan="4">项目经理：　　　　　　　　（公章）
年　月　日</td></tr>
<tr><td colspan="2">施工单位</td><td colspan="4">项目经理：　　　　　　　　（公章）
年　月　日</td></tr>
<tr><td colspan="2">监理（建设）单位</td><td colspan="4">总监理工程师
（建设单位项目负责人）：　　　　（公章）
年　月　日</td></tr>
</table>

分户验收是以每户作为一个子单位工程，组织专门验收。当该户或规定的公共部位所包含的分户检验批项目及内容符合分户验收合格标准时，该户或规定的公共部位验收合格。分户验收由建设单位组织，参加单位有建设单位、监理单位、施工单位和物业单位。分户验收适用于住宅工程，分户验收是在开工后至住宅工程竣工验收前完成，分户验收合格是住宅工程进行竣工验收的必备条件，竣工验收是施工单位完成分户验收并提交竣工报告后单位工程质量的最终验收。单位工程质量验收合格后，建设单位应在规定时间内将工程竣工验收报告和有关文件，报建设行政管理部门备案。

4. 建筑电气工程尺寸偏差及限值实测评分表

(1) 建筑电气工程质量记录应检查的项目包括

1) 材料、设备出厂合格证及进场验收记录

① 材料及元件出厂合格证及进场验收记录；

② 设备及器件出厂合格证及进场验收记录。

2) 施工记录

① 电气装置安装施工记录；

② 隐蔽工程验收记录；

③ 检验批、分项、分部（子分部）工程质量验收记录。

3) 施工试验

① 导线、设备、元件、器具绝缘电阻测试记录；

② 电气装置空载和负载运行实验记录。

质量记录检查评价方法应符合下列规定

检查标准：材料、设备合格证（出厂质量证明书）、进场验收记录、施工记录、施工试验记录等资料完整、数据齐全并能满足设计及规范要求，真实、有效、内容填写正确，分类整理规范，审签手续完备的为一档，实得分取100%的标准分值；资料完整、数据齐全并能满足设计要求及规范要求，真实、有效、整理基本规范、审签手续基本完备的为二档，实得分取85%的标准分值；资料基本完整并能满足设计及规范要求，真实、有效，内容审签手续基本完备的为三档，实得分取70%的标准分值。

检查方法：检查资料的数量及内容。

(2) 建筑电气工程观感质量评定

建筑电气工程尺寸偏差及限值实测检查项目见表1-13。

建筑电气工程尺寸偏差及限值实测检查项目表　　表1-13

序号	项　　目	允许偏差
1	柜、屏、台、箱安装垂直度	1.5‰
2	同一场所成排灯具中心线偏差	5mm
3	同一场所得同一墙面，开关、插座面板的高度差	5mm

尺寸偏差及限值实测检查评价方法应符合下列规定：检查项目为允许偏差项目时，项目各测点实测值均达到规范规定值，且有80%及其以上的测点平均实测值小于等于规范规定值0.8倍的为一档，实得分取100%的标准分值；检查项目各测点实测值均达到规范规定值，且有50%及其以上，但不足80%的测点平均实测值小于等于规范规定值0.8倍

的为二档，实得分取 85%的标准分值；检查项目各测点实测值均达到规范规定的为三档，实得分取 70%的标准分值。

检查项目为单向限值时，项目各测点实测值均能满足规范规定值的为一档，实得分取 100%的标准分值。凡有测点经过处理后达到规范规定的为三档，实得分取 70%的标准分值。

检查方法：在各相同类检验批或分项工程中，随机抽取 10 个检验批或分项工程，不足 10 个的取全部进行计算，必要时，可进行现场抽测。建筑电气工程尺寸偏差及限值实测评分表见表 1-14，建筑电气工程观感质量评分表见表 1-15。

建筑电气工程尺寸偏差及限值实测评分表　　　　**表 1-14**

<table>
<tr><td colspan="2">工程名称</td><td></td><td>施工阶段</td><td></td><td>检查日期</td><td colspan="3">年　月　日</td></tr>
<tr><td colspan="2">施工单位</td><td colspan="3"></td><td>评价单位</td><td colspan="3"></td></tr>
<tr><td rowspan="2">序号</td><td colspan="2" rowspan="2">检查项目</td><td rowspan="2">应得分</td><td colspan="3">判定结果</td><td rowspan="2">实得分</td><td rowspan="2">备注</td></tr>
<tr><td>100%</td><td>85%</td><td>70%</td></tr>
<tr><td>1</td><td colspan="2">柜、屏、台、箱安装垂直度</td><td>30</td><td></td><td></td><td></td><td></td><td></td></tr>
<tr><td>2</td><td colspan="2">同一场所成排灯具中心线偏差</td><td>30</td><td></td><td></td><td></td><td></td><td></td></tr>
<tr><td>3</td><td colspan="2">同一场所的同一墙面，开关、插座面板的高度差</td><td>40</td><td></td><td></td><td></td><td></td><td></td></tr>
<tr><td>检查结果</td><td colspan="8">权重值 10 分。
应得分合计：
实得分合计：

建筑电气工程尺寸偏差及限值实际评分＝实得分/应得分×10＝

评价人员：

年　月　日</td></tr>
</table>

建筑电气工程观感质量评分表　　**表 1-15**

<table>
<tr><td>工程名称</td><td></td><td>施工阶段</td><td></td><td colspan="2">检查日期</td><td colspan="2">年　月　日</td></tr>
<tr><td>施工单位</td><td colspan="3"></td><td colspan="2">评价单位</td><td colspan="2"></td></tr>
<tr><td rowspan="2">序号</td><td rowspan="2">检查项目</td><td rowspan="2">应得分</td><td colspan="3">判定结果</td><td rowspan="2">实得分</td><td rowspan="2">备注</td></tr>
<tr><td>100%</td><td>85%</td><td>70%</td></tr>
<tr><td>1</td><td>电线管、桥架、母线槽及其支吊架安装</td><td>20</td><td></td><td></td><td></td><td></td><td></td></tr>
<tr><td>2</td><td>导线及电缆敷设（含色标）</td><td>10</td><td></td><td></td><td></td><td></td><td></td></tr>
<tr><td>3</td><td>接地，接零、跨接、防雷装置</td><td>20</td><td></td><td></td><td></td><td></td><td></td></tr>
<tr><td>4</td><td>开关、插座安装及接线</td><td>20</td><td></td><td></td><td></td><td></td><td></td></tr>
<tr><td>5</td><td>灯具及其他电器具安装及接线</td><td>20</td><td></td><td></td><td></td><td></td><td></td></tr>
<tr><td>6</td><td>配电箱、柜安装及接线</td><td>10</td><td></td><td></td><td></td><td></td><td></td></tr>
<tr><td>检查结果</td><td colspan="7">权重值20分。
应得分合计：
实得分合计：

建筑电气工程观感质量评分＝实得分/应得分×20＝

评价人员：
年　月　日</td></tr>
</table>

1.3.2.2　电气安装工程的竣工验收

建筑电气工程验收是检验评价工程质量的重要环节，是施工的最后阶段，是必须履行的法定手续。

1. 工程验收的依据

(1) 甲、乙双方签订的工程合同；

(2) 国家现行的施工验收规范；

(3) 上级主管部门的有关文件；

(4) 施工图纸、设计文件、设备技术说明及产品合格证；

（5）对从国外引进的新技术或成套设备项目，还应按照签订的合同和国外提供的设计文件等资料进行验收。

2. 须验收的工程应达到的标准

（1）设备调试、试运转达到设计要求，运转正常；

（2）施工现场清理完毕；

（3）施工项目按合同和设计图纸要求全部施工完毕，达到国家规定的质量标准；

（4）交工时需资料齐全。

3. 验收检查内容

（1）交工工程项目一览表；

（2）图纸会审记录；

（3）质量检查记录；

（4）材料、设备的合格证；

（5）施工单位提出的有关电气设备使用注意事项文件；

（6）工程结算资料、文件和签证单；

（7）交（竣）工工程验收证明书；

（8）根据质量检验评定标准要求，进行质量等级评定。

最后办理签证手续。

知识归纳与总结

电气安装工程施工技术是一门重要的专业课。建筑电气技术发展很快，新技术、新材料、新工艺不断涌现，所以需要不断学习新知识、新技术，并在提高操作技能上多下功夫，尽快把自己塑造成一个懂专业，会操作的应用型人才。

电气工程施工分为三大阶段，即施工准备阶段，施工阶段和竣工验收阶段。在电气安装施工阶段，电气工程与土建工程配合是非常重要的工作，做好预埋、预留即能保证建筑物的美观，又能保证电气装置的安装强度。

为了保证导线接头质量，当设计无特殊规定时，应采用焊接、压板压接或套管连接。导线连接应符合下列要求。

1. 接触紧密，使接头处电阻最小；

2. 连接处的机械强度与非连接处相同；

3. 耐腐蚀；

4. 接头处的绝缘强度与非连接处导线绝缘强度相同。

对于绝缘导线的连接，其基本步骤为：剥切绝缘层、线芯连接（焊接或压接）、恢复绝缘层。

铜导线采用绞接法、绑接法连接好后，均应用焊锡焊牢。

建筑电气工程中常用的管材有金属管和塑料管。金属管有厚壁钢管、薄壁钢管、金属波纹管和普利卡套管四类。常用的塑料管有硬质塑料管（PVC 管）、半硬质塑料管和软塑料管。管卡有 U 形管卡、鞍形管卡、塑料管卡等。

常用的固结材料除一般常见的圆钉、扁头钉、自攻螺丝、铝铆钉及各种螺丝钉外，还有直接固定于硬质基体上所采用的水泥钉、射钉、塑料胀管和膨胀螺栓。使用膨胀螺栓、塑料胀管固定设备时应注意膨胀螺栓、塑料胀管的使用要求。

电工绝缘材料一般分有机绝缘材料和无机绝缘材料。常用的电工绝缘材料有绝缘油、树脂、绝缘漆、橡胶和橡皮、玻璃丝（布）、绝缘包带等。

建筑电气工程中常用的工具有电工工具、钳工工具和其他工具。电工工具包括验电器、螺丝刀、钢丝钳、尖嘴钳、断线钳、剥线钳、电工刀。钳工工具包括锯弓和锯条、台虎钳、手锤、凿子、活络扳手、电工用凿、锉刀。其他工具包括喷灯、射钉枪、电钻、冲击电钻和电锤、攻丝工具和套丝工具。建筑电气施工中常用测量仪表有钳形电流表、万用表、兆欧表、接地电阻测量仪等，熟练掌握它们的使用方法。正确、安全使用上述工具是保证施工质量的前提之一。

电气安装工程在施工过程中，应将质量评定资料填写好，应认真检查，详细填写，不应在工程竣工后突击填写。质量检验的程序是：先分项工程，再分部工程，最后是单位工程。质量检查分为三个阶段，即施工前检查，施工期的检查和施工后的检查，其中施工期的检查尤为重要，对于不按施工验收规范施工的做法应严加制止并及时纠正。

工程质量评定的等级为合格、不及格。通过工程质量评定的不合格工程，应返工限期整改，整改后的工程才能评为合格工程，所以在质量评定前应做好自检、互检、专检工作。

工程竣工后，应及时做好竣工验收工作，准备好各种交工验收资料。

习题与思考题

一、单项选择题

1. 电气工程的三大阶段为（　　）。

A. 施工阶段、竣工阶段决算阶段

B. 准备阶段、施工阶段、竣工阶段

C. 准备阶段、施工阶段、结算阶段

2. 按工作范围分，施工准备工作可分为（　　）。

A. 安装前施工准备、安装中施工准备

B. 阶段性施工准备、作业条件施工准备

C. 安装前不需要准备、安装中随时准备

3. 为保证工程质量，检查工作应贯穿在施工的各个阶段，主要包括施工前检查、施工期的检查和（　　）。

A. 施工后的检查　　B. 施工中的检查　　C. 交工后的检查

4. 工程质量评定的等级标准划分为（　　）两个等级。

A. 合格与优良　　B. 合格与不合格　　C. 不合格与优良

5. 质量检验的程序是（　　）。

A. 先单位工程、再分项工程、最后是分部工程

B. 先分项工程、再分部工程、最后是单位工程

C. 先分部工程、再分项工程、最后是单位工程

6. 电气工程的质量检验方法包括（　　）和仪器测试。

A. 抽样检查　　B. 定期检查　　C. 直观检查

7. 主控项目是保证工程安全和（　　）的重要检验项目。

A. 使用安全　　B. 使用功能　　C. 质量要求

8. 在施工现场进行气焊、使用喷灯、电炉或现场用火等，均应有（　　）及防护措施。

A. 防火　　　　B. 消防　　　　C. 报警

9. 施工用的梯子使用前应进行外观检查，立梯的倾斜角度一般与地面保持（　　）。

A. 30°　　　　B. 消防 45°　　　　C. 报警 60°

10. 使用钻床钻孔时，严禁（　　）或端着工件进行钻孔。

A. 戴手套操作　　　　B. 用铁件压着

二、思考题

1. 绝缘导线连接的基本要求是什么?
2. 导线并接连接有哪些方法?
3. 导线分支连接和并接连接采用压接法时，应如何进行压接?
4. 铜导线的连接后进行焊锡的目的是什么?
5. 导线压接法有哪些方法?
6. 管材有哪些种类? 分别有什么适用条件?
7. 膨胀螺栓和塑料胀管使用上分别有什么要求?
8. 低压测电笔有什么用途?
9. 常用的电工工具和钳工工具分别有哪些?
10. 使用喷灯时应注意什么问题?
11. 冲击电钻和电锤有什么不同?
12. 丝锥使用上有什么要求?
13. 如何正确使用钳形电流表检测线路中的电流?
14. 简述万用表的功能。使用万用表应主要注意哪些事项?
15. 如何使用兆欧表测试绝缘电阻?
16. 测试电气设备或线路的绝缘电阻时，应如何选择兆欧表?
17. 测量绝缘电阻时，摇动手摇发电机的速度应是多少?
18. 简述使用接地摇表测试接地电阻的方法。
19. 为什么要特别重视施工期的质量检查?
20. 工程质量评定分为哪两个等级?
21. 分项工程质量合格的条件是什么?
22. 分部（子分部）工程质量合格的条件是什么?
23. 单位（子单位）工程质量合格的条件是什么?
24. 建筑电气安装工程竣工验收时，一般应提交哪些技术资料?

项目2　建筑电气识图训练

【课程概要】

学习目标	常用建筑电气图例、文字代号和标注格式；学会识读电气工程图纸、电气照明与动力工程图识读；具有识读电气系统图的能力；具有识读电气平面图的能力
教学内容	任务2-1　常用建筑电气图例、文字代号和标注格式 任务2-2　建筑电气工程施工图基本内容及识图方法 任务2-3　电气照明与动力工程图识读
项目知识点	了解常用的电器图例符号，清楚文字代号和文字标注格式的含义，学会识读电气工程图纸。
项目技能点	具有识读电气系统图的能力；具有识读电气平面图的能力
教学重点	电气识图
教学难点	电气工程图纸识读
教学资源与载体	多媒体网络平台，教材、PPT和视频等，工作页、评价表等
教学方法建议	演示法，参与型教学法
教学过程设计	下发电气施工图纸→分组练习→分组研讨识图方法→指导学生练习
考核评价 内容和标准	图纸标注；识图方法； 沟通与协作能力；工作态度；任务完成情况与效果

任务2-1　常用建筑电气图例、文字代号和标注格式

学好建筑电气识图，应首先熟悉电气图例、文字代号及标注格式等，通过完成下列工作页来完成。

《建筑电气施工技术》工作页

姓名：　　　　学号：　　　　班级：　　　　日期：

<table>
<tr><td>任务2-1</td><td>常用建筑电气图例、文字代号和标注格式</td><td colspan="2">课时：2学时</td></tr>
<tr><td>项目2</td><td>建筑电气识图训练</td><td>课程名称</td><td>建筑电气施工技术</td></tr>
<tr><td colspan="4">任务描述：</td></tr>
<tr><td colspan="4">通过讲授，认知常用建筑电气图例、文字代号和标注格式的组成、含义等，让学生对常用建筑电气图例、文字代号和标注格式有明确的了解，为学好建筑电气识图打下一个良好基础</td></tr>
<tr><td colspan="4">工作任务流程图：</td></tr>
<tr><td colspan="4">播放录像→教师播放课件并讲授→分组研讨→提交工作页→集中评价→提交认知训练报告</td></tr>
<tr><td colspan="4">1. 资讯（明确任务、资料准备）</td></tr>
</table>

续表

(1) BV-（5×4）MR30-WS (2) BV-（4×6）SC-FC (3) BLV-（3×2.5）FPC15-WC (4) BV-（3×2.5）CP15-SCE
2. 决策（分析并确定工作方案）
(1) 分析采用什么样的方式方法了解常用建筑电气图例、文字代号和标注格式的组成，通过什么样的途径学会任务知识点，以什么方法学会常用建筑电气图例、文字代号和标注格式 (2) 小组讨论并完善工作任务方案
3. 计划（×制×订计划）
制定实施工作任务的计划书；小组成员分工合理 需要通过图片搜集、视频播放、查找资料、参观等形式完成本次任务。 (1) 通过查找资料和学习明确常用建筑电气图例、文字代号和标注格式等； (2) 通过熟悉电气工程图纸，增强对常用建筑电气图例的感性认识，为后续课程的学习打好基础。
4. 实施（实施工作方案）
(1) 参观记录； (2) 学习笔记； (3) 研讨并填写工作页
5. 检查
(1) 以小组为单位，进行讲解演示，小组成员补充优化； (2) 学生自己独立检查或小组之间互相交叉检查； (3) 检查学习目标是否达到，任务是否完成
6. 评估
(1) 填写学生自评和小组互评考核评价表； (2) 跟老师一起评价认识过程； (3) 与老师深层次的交流； (4) 评估整个工作过程，是否有需要改进的方法
指导老师评语：
任务完成人签字： 日期：　年　月　日
指导老师签字： 日期：　年　月　日

2.1.1　常用的电气图例符号

建筑电气工程图常用的电气图例符号见表 2-1。

常用电气图例符号 **表 2-1**

图例	名称	图例	名称
	双绕组变压器		接触器（在非动作位置触点断开）
	电源自动切换箱（屏）		断路器
	隔离开关		熔断器
	三绕组变压器		熔断器式开关
	电流互感器		熔断器式隔离开关
	脉冲变压器		避雷器
TV TV	电压互感器	MDF	总配线架
	屏、台、箱柜	IDF	中间配线架
	动力或照明配电箱		壁龛交接箱
	照明配电箱（屏）		分线盒的一般符号
	事故照明配电箱（屏）		单极开关（暗装）
	室内分线盒		双极开关
	室外分线盒		双极开关（暗装）
	灯的一般符号		三极开关
	球型灯		三极开关（暗装）
	顶棚灯		三管荧光灯
	花灯	5	五管荧光灯
	弯灯		壁灯
	荧光灯		广照型灯
			防水防尘灯
			开关一般符号
			单极开关
		V	指示式电压表
		$\cos\varphi$	功率因数表

续表

图　例	名　称	图　例	名　称
Wh	有功电能表（瓦时计）		带接地插孔的三相插座
	单极限时开关		带接地插孔的三相插座（暗装）
	调光器	A	指示式电流表
	钥匙开关		匹配终端
	电铃		传声器一般符号
	天线一般符号		扬声器一般符号
	放大器一般符号		感烟探测器
	分配器，两路，一般符号		感光火灾探测器
	三路分配器		气体火灾探测器（点式）
	四路分配器	CT	缆式线型定温探测器
	单相插座		感温探测器
	暗装	 3 n	电线、电缆、母线、传输通路一般符号 三根导线 三根导线 n 根导线
	密闭（防水）		
	防爆		
	带保护接点插座		接地装置 （1）有接地极 （2）无接地极
	带接地插孔的单相插座（暗装）		
	密闭（防水）		
	防爆	F	电话线路

续表

图　例	名　称	图　例	名　称
V	视频线路		火灾报警控制器
B	广播线路		火灾报警电话机（对讲电话机）
	消火栓	EEL	应急疏散指示标志灯
	手动火灾报警按钮	EL	应急疏散照明灯
	水流指示器		

2.1.2　常用的文字代号

建筑电气工程图常用文字代号见表 2-2～表 2-4。

线路敷设方式文字代号　　**表 2-2**

敷设方式	新代号	旧代号	敷设方式	新代号	旧代号
穿硬塑料管敷设	PC	VG	混凝土管敷设	CE	
穿焊接钢管敷设	SC	G	电缆桥架敷设	CT	
穿金属软管敷设	CP		金属线槽敷设	MR	GC
穿电线管敷设	MT	DG	穿扣压式薄壁钢管敷设	KBG	
直埋敷设	DB		穿阻燃半硬聚氯乙烯管敷设	FPC	ZYG
电缆沟敷设	TC		穿聚氯乙烯塑料波纹管敷设	KPC	
钢索敷设	M		塑料线槽敷设	PR	XC

线路敷设部位文字代号　　**表 2-3**

敷设方式	新代号	旧代号	敷设方式	新代号	旧代号
沿墙面敷设	WS	QM	地板或地面下敷设	F	DA
吊顶内敷设	SCE		屋面或顶板内暗敷设	CC	PA
墙内暗敷设	WC	QA	沿或跨柱敷设	AC	ZM
梁内暗敷设	BC	LA	沿或跨梁敷设	AB	LM
柱内暗敷设	CLC	ZA	沿顶棚或顶板敷设	CE	PM

标注线路用途文字代号　　**表 2-4**

名称	常用文字代号			名称	常用文字代号		
	单字母	双字母	三字母		单字母	双字母	三字母
插座线路		WX		直流线路		WD	
电力线路		WP		应急照明线路		WE	WEL
控制线路	W	WC		广播线路	W	WS	
电话线路		WF		电视线路		WV	
照明线路		WF					

2.1.3　常用的文字标注格式

1. 线路的标注格式。线路的文字标注基本格式为 a-b（c×d＋e×f）g-i。其中，a 表示线缆编号；b 表示型号；c 表示线缆线芯数；d 表示线芯截面面积，mm^2；e 表示 PE、

N 线芯数；f 表示线芯截面面积，mm^2；g 表示线路敷设方式；i 表示线路敷设部位。

例：3-BV（3×70+1×50）SC70-FC，表示系统中编号为 3 的线路，敷设 4 根导线，其中有三根 $70mm^2$ 和一根 $50mm^2$ 的聚氯乙烯绝缘铜芯导线，穿过直径为 70mm 的焊接钢管，沿地暗敷设。

2. 用电设备的标注格式。用电设备的文字标注格式为 $\frac{a}{b}$。其中，a 表示设备编号；b 表示额定功率，kW。

例：$\frac{1}{4}$ 表示设备编号为 1 号，容量 4kW。

3. 动力和照明配电箱的标注格式。动力和照明配电箱的文字标注格式为 a - b - c。或 a b c。其中，a 表示设备编号；b 表示设备型号；c 表示设备功率，kW。

例：2-PX-6A-3.76，表示 2 号配电箱，型号为 PX-6A，设备功率 3.76kW。

4. 桥架的标注格式。桥架的文字标注格式为：$\frac{a\times b}{c}$。其中，a 表示桥架的宽度，mm；b 表示桥架的高度，mm；c 表示安装高度，m。

例：$\frac{800\times 200}{3.5}$ 表示电缆桥架的高度是 200mm，宽度是 800mm，安装高度为 3.5m。

5. 照明灯具的标注格式。照明灯具的文字标注格式为：$a-b\,\frac{c\times d\times L}{e}f$。其中，a 表示同一个平面内同种型号灯具的数量；b 表示灯具的型号；c 表示每盏照明灯具中光源的数量；d 表示每个光源的容量，W；e 表示安装高度，当吸顶或嵌入安装时用“-”表示；f 表示安装方式；L 表示光源种类（常省略不标）。

例：$10-\text{PKY }501\,\frac{2\times 40}{2.7}\text{Ch}$ 表示共有 10 套 PKY501 型双管荧光灯，容量 2×40W，安装高度 2.7m，采用吊链式安装。

6. 开关及熔断器的标注格式。开关及熔断器的标注格式为 a - b - c/I。a 表示设备编号；b 表示设备型号；c 表示额定电流，A；I 表示整定电流，A。

例：2-DZ20-100/40 表示 2 号设备，DZ20 为空气开关型号，100 为额定电流，整定电流 40A。

任务 2-2　建筑电气工程施工图基本内容及识图方法

《建筑电气施工技术》工作页

姓名：　　　　学号：　　　　班级：　　　　日期：

任务 2-2	建筑电气工程施工图基本内容及识图方法	课时：2 学时	
项目 2	建筑电气识图训练	课程名称	建筑电气施工技术
任务描述：			
通过讲授，认知建筑电气工程施工图基本内容及识图方法等，让学生对常用的建筑电气施工图识图方法有明确的了解，为学好建筑电气工程识图打下基础			
工作任务流程图：			

续表

播放录像→教师播放课件并讲授→分组研讨→提交工作页→集中评价→提交认知训练报告
1. 资讯（明确任务、资料准备）
（1）常用的建筑电气工程图有几类？ （2）电气施工图按图纸的内容一般包括哪些内容？ （3）一套建筑电气工程图所包括的内容比较多，一般应按什么顺序阅读
2. 决策（分析并确定工作方案）
（1）分析采用什么样的方式方法了解任务内容，通过什么样的途径学会任务知识点，以什么方法学会建筑电气工程识图。 （2）小组讨论并完善工作任务方案
3. 计划（制订计划）
制定实施工作任务的计划书；小组成员分工合理。 需要通过图片搜集、视频播放、查找资料、参观等形式完成本次任务。 （1）通过查找资料和学习明确施工图中的电气图例符号、文字代号和标注格式等。 （2）通过熟悉电气工程图纸，掌握建筑电气施工图基本内容，提高识图水平的。为今后施工打好基础
4. 实施（实施工作方案）
（1）参观记录； （2）学习笔记； （3）研讨并填写工作页
5. 检查
（1）以小组为单位，进行讲解演示，小组成员补充优化； （2）学生自己独立检查或小组之间互相交叉检查； （3）检查学习目标是否达到，任务是否完成
6. 评估
（1）填写学生自评和小组互评考核评价表； （2）跟老师一起评价认识过程； （3）与老师深层次的交流； （4）评估整个工作过程，是否有需要改进的方法
指导老师评语：
任务完成人签字： 日期：　年　月　日
指导老师签字： 日期：　年　月　日

2.2.1　施工图概念

施工图又称蓝图。电气施工图是表达设计人员对工程内容构思的工程语言。它是以统一的图形符号辅以简要的文字说明，把电气设备的安装位置、管线敷设方式、灯具、开关、插座等内容表示出来的一种图纸。

施工图的图面需简明，符合设计规范和施工要求，图纸规格要准确，应满足施工需要。

2.2.2 建筑电气施工图的组成和内容

建筑电气工程图可以表明建筑电气工程的构成规模和功能，详细描述电气装置的工作原理，提供安装技术数据和施工方法。建筑物的规模和要求不同，建筑电气工程图的种类和图纸数量也不同，常用的建筑电气工程图有以下几类：照明工程施工图、动力工程施工图、消防工程施工图、防雷接地工程施工图、架空线路工程施工图和弱电工程施工图（电视工程施工图、安全防范施工图、通讯广播施工图、电话工程施工图）等。

电气施工图按图纸的内容一般分为目录、设计说明、系统图、平面图、控制原理图、设备材料表、立剖面图、大样图和标准图，它们各包含的内容如下：

1. 设计说明

一般把目录、设计说明、设备材料表以及图例都放在整套图纸的首页。设计说明主要阐述电气工程设计依据、工程要求、电气安装标准、安装方法、工艺要求及对图纸没能表明的内容的补充说明等。

2. 系统图

电气系统图是用单线图表示电气工程的供电方式、电能分配、控制和设备运行状况的图纸。从系统图中可以了解系统的回路名称、个数、容量，电气元件的规格、数量、型号和控制方式，导线的数量、型号、敷设方式和穿管管径率。

3. 平面图

电气平面图是表示各种电气设备、元件、装置和线路平面布置的图。它根据建筑平面图绘制出电气设备、元件等的安装位置、安装方式、型号、规格、数量等，是电气安装的主要依据。常用的电气平面图有变配电所平面图、室外供电线路平面图、照明平面图、动力平面图、防雷平面图、接地平面图、火灾报警平面图、综合布线平面图等。

4. 控制原理图

主要是用来表现某一电气设备或系统的工作原理的图纸，它是按照各个部分的动作原理图采用分开表示法展开绘制的。通过对电路图的分析，可以清楚地看出整个系统的动作顺序。电路图可以用来指导电气设备和器件的安装、接线、调试、使用与维修。

5. 设备材料表

设备材料表列出本项电气工程所需要的设备和材料的名称、型号、规格和数量，供施工预算及设备订货时参考。

6. 大样图和标准图

大样图对安装部位都标注了详细尺寸，一般不绘制，只是在没有标准图可选用且又有特殊情况下绘出。标准图是通用的详图，表示的是一组设备或部件的具体图形和详细尺寸。

7. 立剖面图

一般在变配电工程图中才有，它是为了清楚地表示变配电设备垂直方向的布置而绘制的。一般看图时，立剖面图与平面图配合使用。从立剖面图上可以看出设备的高度和线路的垂直长度。

2.2.3 电气照明施工图的识读方法

阅读建筑电气工程图，应先熟悉该建筑物的功能、结构特点等，然后再按照一定顺序进行阅读，才能比较迅速全面地读懂图纸，以完全实现读图的意图和目的。

一套建筑电气工程图所包括的内容比较多，图纸往往有很多张，一般应按以下顺序依次阅读和做必要的相互对照阅读。

1. 看标题栏及图纸目录。

了解工程名称、项目内容、设计日期及图纸数量和内容等。

2. 看总说明。

了解工程总体概况及设计依据，了解图纸中未能表达清楚的各有关事项。如供电电源的来源、电压等级、线路敷设方法、设备安装高度及安装方式、补充使用的非国标图形符号、施工时应注意的事项等。

3. 看系统图。

各分项工程的图纸中都包含有系统图。如变配电工程的供电系统图、电力工程的电力系统图、照明工程的照明系统图以及电视系统图等。看系统图的目的是了解系统的基本组成，主要电气设备、元件等连接关系及它们的规格、型号、参数等，掌握该系统的基本概况。

4. 看平面布置图。

平面布置图是建筑电气工程图纸中的重要图纸之一，如变配电所电气设备安装平面图、电力平面图、照明平面图、防雷、接地平面图等，都是用来表示设备安装位置、线路敷设方法及所用导线型号、规格、数量、管径大小的。通过阅读系统图，了解了系统组成概况之后，就可依据平面图编制工程预算和施工方案，组织施工了。

5. 看电路图和接线图。

了解各系统中用电设备的电气自动控制原理，用来指导设备的安装和控制系统的调试工作。因电路图多是采用功能图法绘制的，看图时应根据功能关系从上至下或从左至右一个回路、一个回路的阅读。在进行控制系统的配线和调校工作中，还可配合阅读接线图和端子图。

6. 看安装详图。

安装详图是用来详细表示设备安装方法的图纸，也是用来指导安装施工和编制工程材料计划的重要依据图纸。

7. 看设备材料表。

设备材料表给我们提供了该工程使用的设备、材料的型号、规格和数量，是我们编制购置主要设备、材料计划的重要依据之一。

阅读图纸的顺序没有统一的规定，可以根据需要自己灵活掌握，并应有所侧重。有时一张图纸可反复阅读多遍。为更好地利用图纸指导施工，使之安装质量符合要求，阅读图纸时，还应配合阅读有关施工及验收规范、质量检验评定标准以及全国通用电气装置标准图集，以详细了解安装技术要求及具体安装方法等。

任务2-3 电气照明与动力工程图识读

建筑电气识图应掌握识图方法和步骤，通过完成下列工作页来完成。

《建筑电气施工技术》工作页

姓名：　　　　　　学号：　　　　　　班级：　　　　　　日期：

任务 2-3	电气照明与动力工程图识读	课时：4 学时	
项目 2	建筑电气识图训练	课程名称	建筑电气施工技术

任务描述：

通过讲授，认知建筑电气工程施工图基本内容及识图方法等，让学生对常用的建筑电气施工图识图方法有明确的了解，为学好建筑电气工程识图打下基础

工作任务流程图：

播放录像→教师播放课件并讲授→分组研讨→提交工作页→集中评价→提交认知训练报告

1. 资讯（明确任务、资料准备）

（1）常用的建筑电气工程图有几类？

（2）电气施工图按图纸的内容一般包括哪些内容？

（3）一套建筑电气工程图所包括的内容比较多，一般应按什么顺序阅读

2. 决策（分析并确定工作方案）

（1）分析采用什么样的方式方法了解任务内容，通过什么样的途径学会任务知识点，以什么方法学会建筑电气工程识图；

（2）小组讨论并完善工作任务方案

3. 计划（制订计划）

制定实施工作任务的计划书；小组成员分工合理。

需要通过图片搜集、视频播放、查找资料、参观等形式完成本次任务。

（1）通过查找资料和学习明确施工图中的电气图例符号、文字代号和标注格式等 ；

（2）通过熟悉电气工程图纸，掌握建筑电气施工图基本内容，提高识图水平的。为今后施工打好基础

4. 实施（实施工作方案）

（1）参观记录；

（2）学习笔记；

（3）研讨并填写工作页

5. 检查

（1）以小组为单位，进行讲解演示，小组成员补充优化；

（2）学生自己独立检查或小组之间互相交叉检查；

（3）检查学习目标是否达到，任务是否完成

6. 评估

（1）填写学生自评和小组互评考核评价表；

（2）跟老师一起评价认识过程；

（3）与老师深层次的交流；

（4）评估整个工作过程，是否有需要改进的方法

指导老师评语：

任务完成人签字：

日期：　年　月　日

指导老师签字：

日期：　年　月　日

2.3.1　电气照明平面图识读

某办公试验楼是一幢两层带地下室的平顶楼房。图2-1、图2-2和图2-3分别为该楼地下室照明平面图、一层照明平面图、二层照明平面图并附有施工说明。

施工说明：

1. 电源为三相四线380/220V，进户导线采用BBX-500-4×16 mm²，自室外架空线路引来，室外埋设接地极引出接地线作为PE线随电源引入室内；

2. 化学实验室、危险品仓库为Q-2级防爆，导线采用BV-500-2.5 mm²。

3. 一层配线：插座电源导线采用BV-500-4×2.5 mm²，穿直径为20mm普通水煤气管埋地暗敷；化学试验室和危险品仓库为普通水煤气管明敷；其余房间为电线管暗敷设。

二层配线：采用阻燃半硬塑料管暗敷设在现浇楼板内，导线采用BV-500-2.5mm²。

地下室：采用钢管暗敷设。

楼 梯：均采用钢管暗敷设。

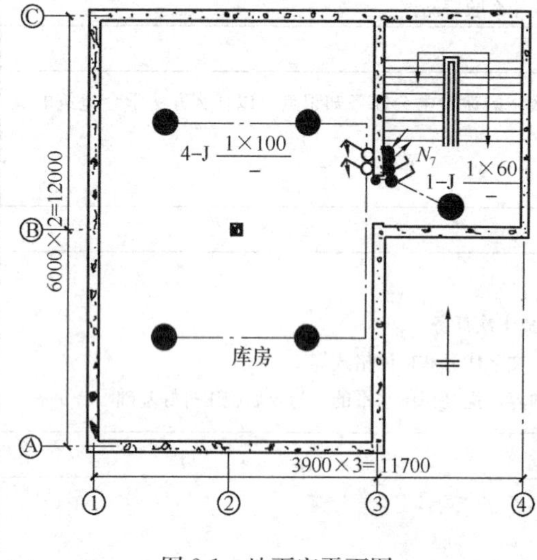

图2-1　地下室平面图

4. 灯具代号说明：G-隔爆灯；J-乳白玻璃球型灯；Ww-无磨砂玻璃罩万能型灯；H-花灯；F-防水防尘灯；B-壁灯；Y-荧光灯。

以该工程为例，说明阅读电气照明平面图的一般规律。通常情况下，可按电流入户方向依次阅读，即进户点、配电箱、支路、支路上的用电设备。下面详细阅读该工程图。

1. 照明设备布置情况

由于楼内各房间的用途不同，所以各房间布置的灯具形式和数量也不同。一层物理实验室装有4套无磨砂玻璃灯罩的万能型灯，每套灯装有一只100W白炽灯泡，采用管吊暗装，安装高度为3.5m；4套灯用两只暗装单联开关控制；另外有2只暗装三相插座。化学实验室有防爆要求，装有4套隔爆灯，每套装一只150W白炽灯泡，管吊式安装高度为3.5m，4套灯用两只防爆式单级开关控制；另外还装有密闭防爆三相插座二个。危险品仓库有防爆要求，装有一套隔爆灯，灯泡功率为150W，采用管吊式安装，安装高度为3.5m，由一只单级防爆开关控制。分析室要求光色较好，装有一套三管荧光灯，每只灯管功率为40W，采用链吊式安装，安装高度为3m，用两只暗装单极开关控制，另有暗装三相插座两个。由于浴室内水汽较多，较潮湿，装有两套防水防尘灯，每套灯装有一只100W白炽灯泡，采用管吊式安装，安装高度为3.5m，两套灯用一个单极开关控制。化学实验室两门前走廊内装有两套防水防尘灯，内装60W白炽灯泡，采用吸顶安装，用一个单极开关控制。男厕所，男女更衣室，③至⑥轴线走廊内及东、西出口门处都装有乳白玻璃球形灯。一层门厅安装的灯具主要起装饰作用，厅内装有一套花灯，装有9个60W白炽灯泡，采用链吊安装，安装高度为3.5m，进门雨棚顶安装一套乳白玻璃球形灯，内装一个60W灯泡，吸顶安装。大门两侧分别装有一套壁灯，内装2个40W白炽

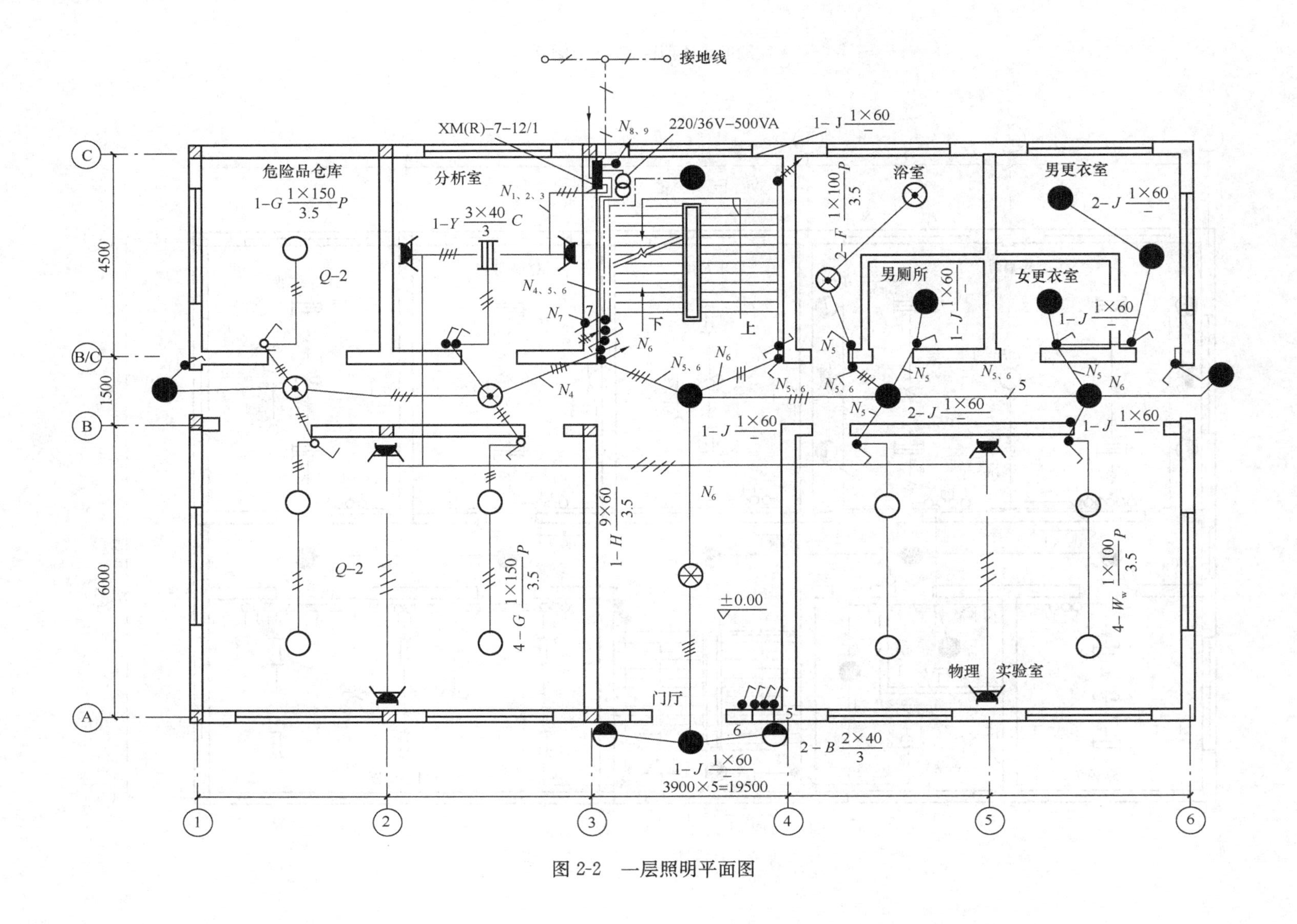
接地线
220/36V-500VA
XM(R)-7-12/1
男更衣室
女更衣室
浴室
男厕所
分析室
危险品仓库
物理　实验室
门厅
上
下
±0.00
3900×5=19500
4500
1500
6000
Q-2

图 2-2　一层照明平面图

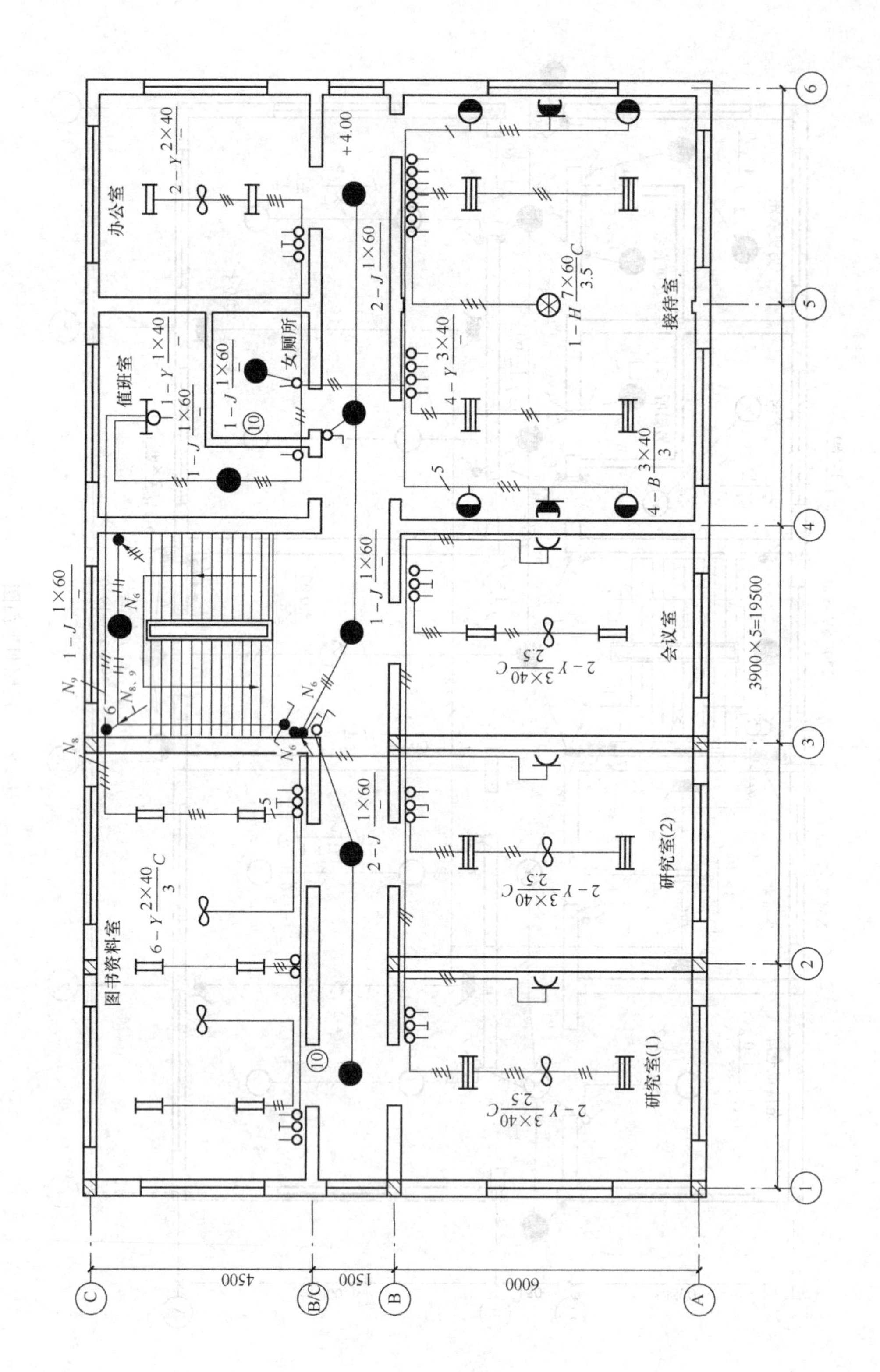

办公室
值班室
女厕所
接待室
会议室
研究室(2)
研究室(1)
图书资料室
+4.00
3900×5=19500
4500
1500
6000

图 2-3 二层照明平面图

灯泡，安装高度为3m，花灯、壁灯和吸顶灯的控制开关均装在大门右侧，共4个单极开关。

二层接待室安装了三种灯具。花灯一套，装有7个60W白炽灯泡，链吊式安装，安装高度为3.5m；3管荧光灯4套，灯管功率40W，采用吸顶安装；壁灯4套，每套装有40W白炽灯泡3只，安装高度为3m；单相带接地孔的插座2个，暗装。总共9套灯由11个单极开关控制。会议室装有双管荧光灯2套，灯管功率为40W，采用链吊式安装，安装高度2.5m，均用2个拉线开关控制；另有吊扇一台，单相带接地插孔明装插座一个。图书资料室装有双管荧光灯6套，灯管功率为40W，链吊式安装，安装高度3m；吊扇2台；6套荧光灯由6个拉线开关分别控制；还装有吊扇一台。值班室装有一套单管荧光灯，吸顶安装，灯管功率为40W；还装有一套乳白玻璃球形灯，内装一只60W白炽灯泡；各自用一个拉线开关控制。女厕所、走廊和楼梯均安装有乳白玻璃球形灯，每套一个60W的白炽灯泡共7套。

地下室为库房，照明采用36V安全电压，吸顶安装4套乳白玻璃球形灯，每套灯安装一只100W白炽灯泡，地下室门前装有一套60W乳白玻璃球形灯，吸顶安装。

2. 各配线支路的分配与接线

由施工说明知本大楼电源进线采用4根16 mm^2 玻璃丝编织铜芯橡皮绝缘导线，自室外架空线路引至照明配电箱（XMR-7-12/1型）。该照明配电箱引出12条线路，现使用9条（N1～N9），3条备用，9条线路使用情况见图2-4。

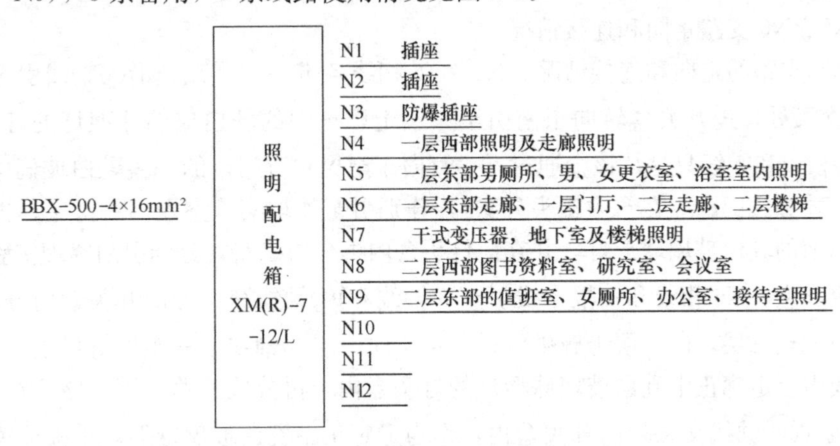

图2-4 各配线支路的分配与接线图

考虑到三相负荷应均匀分配的原则，N1～N9支路应分别接在A、B、C三相上，N4、N5、N8和N9各为同一层楼的照明线路，应尽量不要接在同一相上。因此，可以将N1、N4、N6接在A相上；将N2、N5、N8接在B相上；将N3、N7、N9接在C相上，使得A、B、C三相负荷比较接近。

3. 线路的连接情况

下面对各支路的连接情况逐一阅读：

(1) N1、N2、N3支路组成一条回路，再加一根PE线，共4根线，引向一层的各三相插座。导线在插座盒内作共头连接。

(2) N4支路的走向和连接情况如下：N4、N5、N6三根相线，各带一根零线，再加加一根PE线（防爆灯外壳）共7根线，自配电箱沿③轴线引出，其中N4在③轴线和Ⓑ/Ⓒ轴线交叉处转引向一层西部几个房间，其连接情况如图2-5所示。

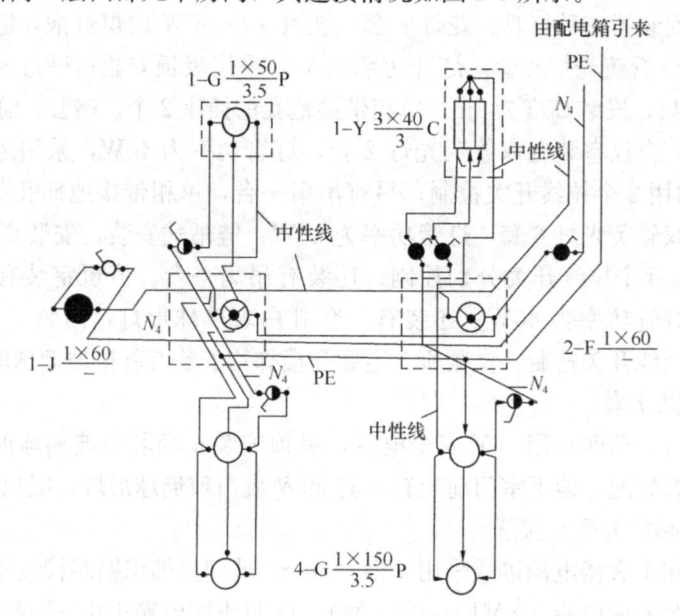

图2-5　N4分支连接情况示意图

（3）N5、N6支路走向和连接情况

N5、N6支路的走向和连接情况。N5、N6相线各带一根零线，沿③轴线引至③轴线和Ⓑ/Ⓒ轴线交叉处，进开关盒转向东南引至一层走廊正中的乳白玻璃球型灯的灯头盒内。但N5支路相线和零线只是从该盒通过，一直向东至男厕所门口的一盏乳白玻璃球型灯的灯头盒内，才分成四路（在盒内接头分支），分别引至物理实验室左门、浴室、男厕所和女更衣室门前的乳白玻璃球形灯，并在此灯头盒内再分成二路，分别引向物理实验室右门和男、女更衣室。N6相线和一根零线引至3轴线和Ⓑ/Ⓒ轴线交叉处的开关盒内分成两路；一路由此引上至二层，向二层走廊供电；另一路向一层③轴线以东走廊灯供电。该路N6相线和零线引至走廊正中乳白玻璃球型灯的灯头盒内，再分成三路，第一路往东北方向，引至4轴线和Ⓑ/Ⓒ轴线交叉处的开关盒内，作为走廊正中乳白玻璃球形灯单极开关和一层至二层楼梯灯双控开关的电源线。第二路往南引至门厅花灯的灯头盒内，中性线在此断开接头，引至花灯9个灯泡的灯座上，并继续往南引至大门雨棚下乳白玻璃球形灯的灯头盒内，接入该灯座，并同时分支引入大门二侧壁灯灯头盒。N6相线通过花灯灯头盒，经大门雨棚下乳白玻璃球形灯灯头盒，再转向东北方向，直引至大门右侧墙内开关盒，作为4只开关的电源线。此处的4只开关，有两只开关分别控制花灯的三只和六只灯泡，这样能实现分别开亮三只、六只和九只灯泡的方案。另两只开关，一只控制雨棚下乳白玻璃球形灯，一只控制两盏壁灯。连接示意如图2-6所示。

（4）N7支路的走向和连接情况

N7相线和零线经一台220/36V-500VA的干式变压器，将220 V电压回路变成36V电压的低压回路，该回路沿③轴向南引至③轴和Ⓑ/Ⓒ轴交叉点处开关盒附近，向下穿过一

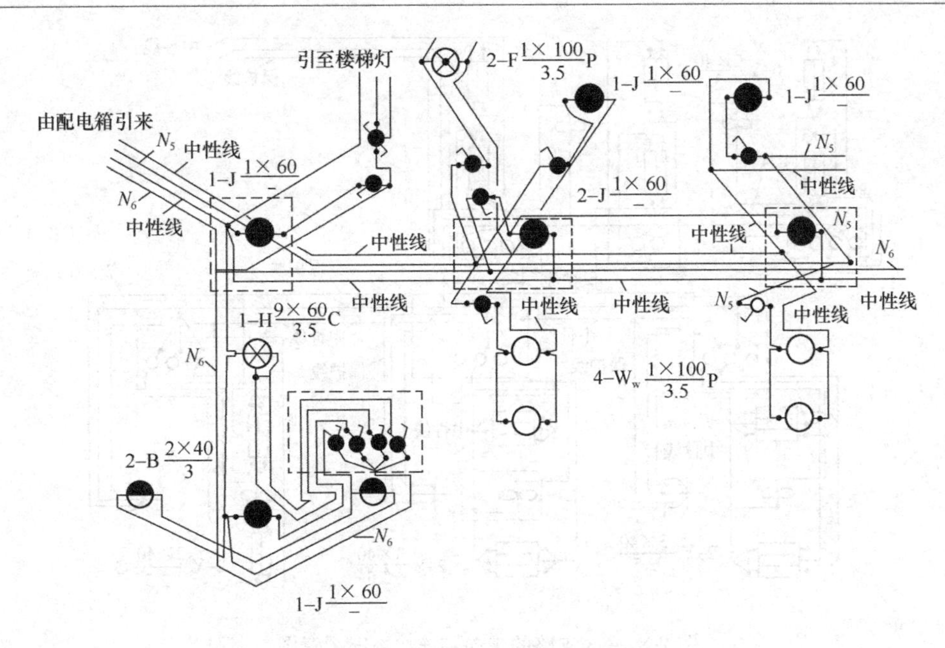

图 2-6　N5、N6 支路导线连接图

层地坪，进入地下室门外的二联开关盒内，接入开关，并进入地下室内二联开关盒，作为地下室内两只开关的电源线。具体连接情况如图 2-7 所示。

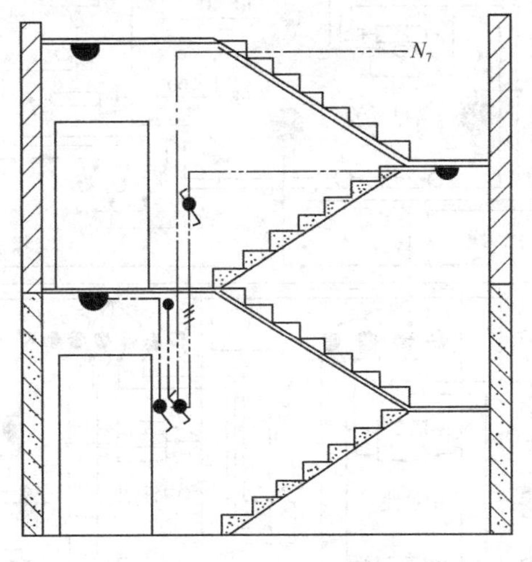

图 2-7　N7 支路导线连接图（立面）

（5）N8 相线的走向和连接情况

N8 相线和零线再加一根 PE 线，共三根线穿钢管由配电箱旁（③轴线和Ⓒ轴线交叉处）引向二层，并穿过穿墙保护管进入二层西侧图书资料室，向 4 轴线西侧房间供电，线路连接情况如图 2-8 所示。

（6）N9 支路的走向和连接情况

N9 相线、零线和 PE 线共三根同 N8 支路三根线一样引上二层后沿Ⓒ轴线向东引至值班室，先经荧光灯开关盒，然后再往南引至接待室。具体连接情况见图 2-9。前面几条支路分析的顺序是从开关到灯具，反过来也可以从灯具到开关来阅读。

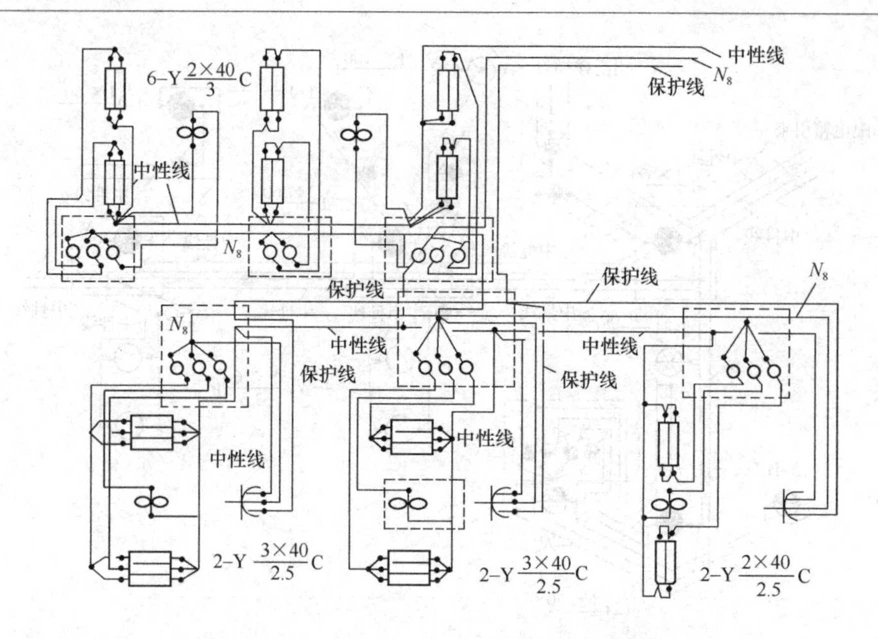

图 2-8　N8 支路的走向和连接情况示意图

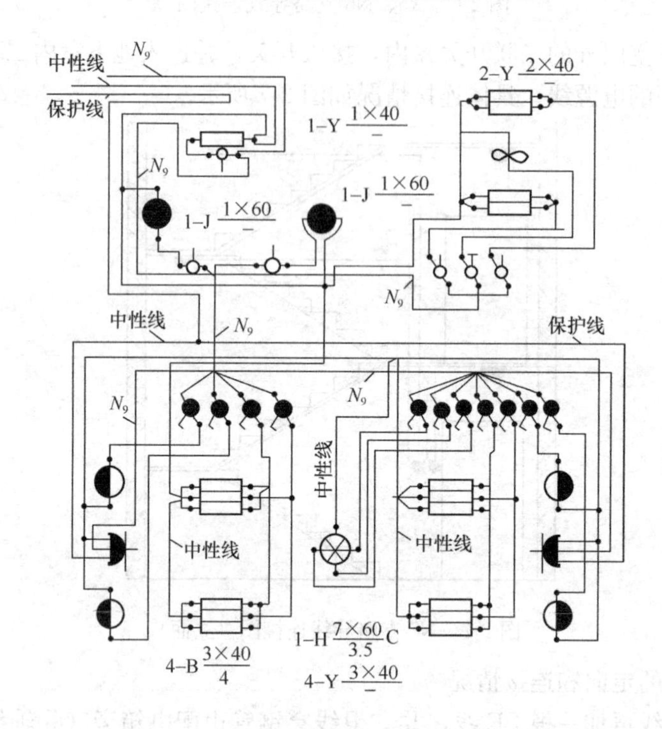

图 2-9　N9 支路导线连接情况示意图

2.3.2　动力工程图识读

图 2-10 为某住宅楼锅炉房电力平面图；图 2-11 为某住宅楼锅炉房电力系统图。动力平面图是住宅楼电力线路工程图的一个重要组成部分，也是安装施工最主要的依据之一，本任务主要以图 2-10、图 2-11 为例介绍动力平面图的阅读方法。锅炉房电力平面图如图 2-10 所示。锅炉房电力系统图如图 2-11 所示。

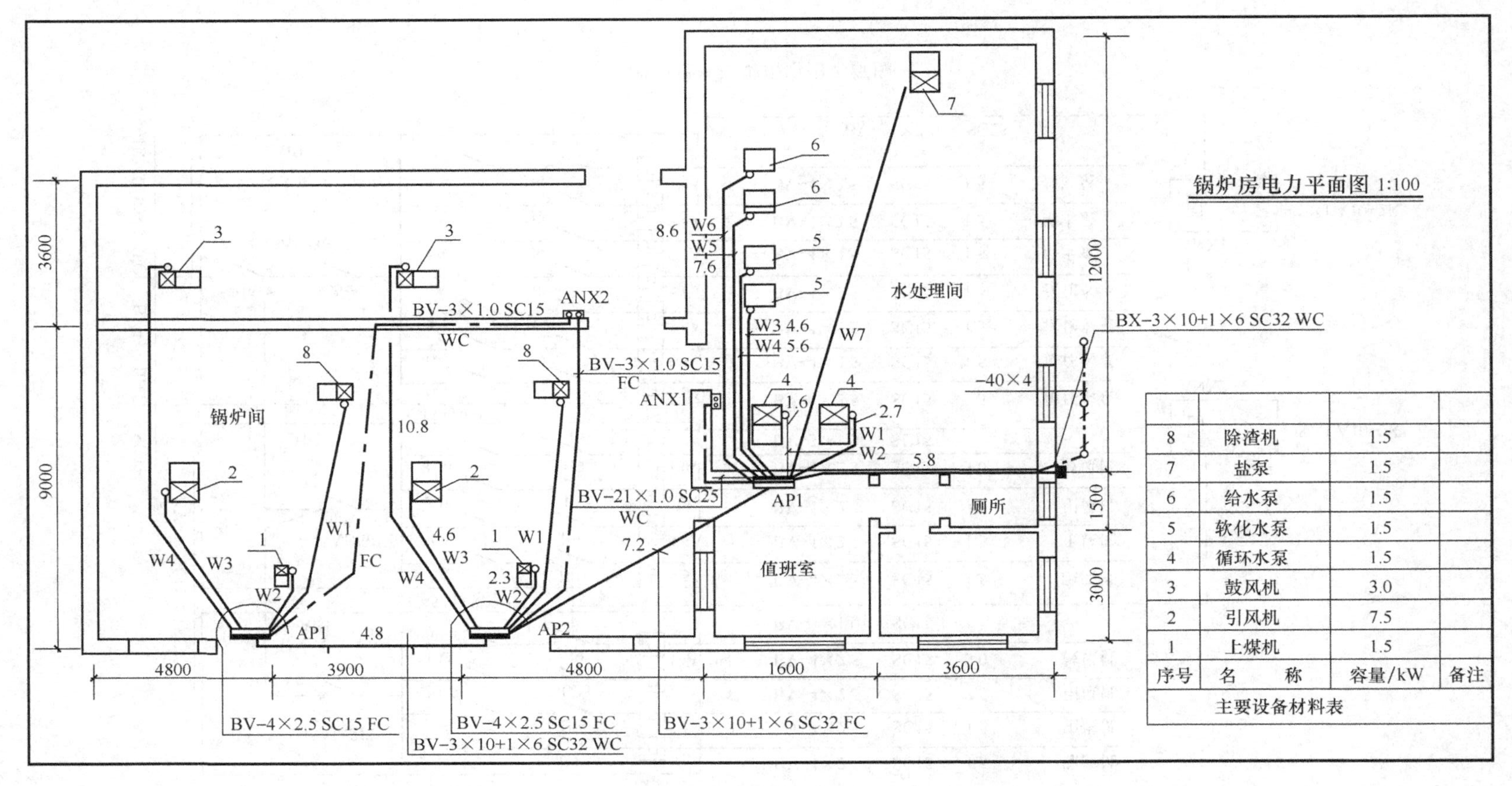

序号	名　称	容量/kW	备注
8	除渣机	1.5	
7	盐泵	1.5	
6	给水泵	1.5	
5	软化水泵	1.5	
4	循环水泵	1.5	
3	鼓风机	3.0	
2	引风机	7.5	
1	上煤机	1.5	

主要设备材料表

图 2-10　锅炉房电力平面图

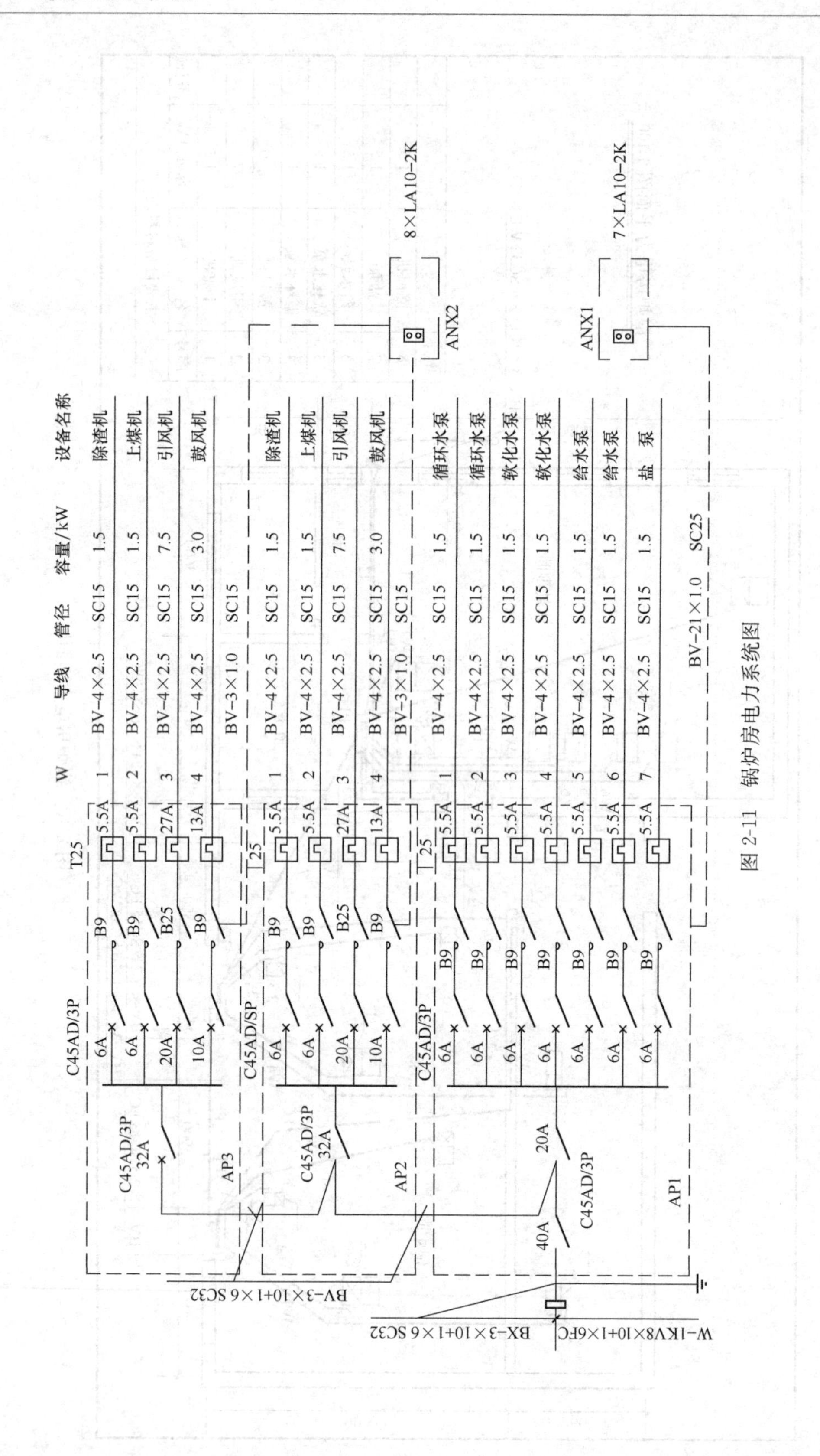

图 2-11　锅炉房电力系统图

2.3.2.1　配电情况说明

电力电缆引至小区院内箱式变，箱式变距锅炉35m，电力电缆直埋引入室外电缆接转箱，接转箱内采用橡皮绝缘3根$10mm^2$加1根$6mm^2$绝缘导线穿直径32mm钢管沿地沿墙暗敷设引入锅炉房值班室动力配电箱AP1，再通过AP1动力箱内7只空气自动开关向循环水泵、软化水泵、给水泵和盐泵供电；由AP2动力箱内的四只空气自动开关向上煤机、引风机、鼓风机和除渣机供电，AP3动力箱同AP2动力箱，AP1动力箱至AP2动力箱采用铜芯聚氯乙烯绝缘3根$10mm^2$加1根$6mm^2$的导线进行连接，AP2动力箱至AP3动力箱的连接同上。

2.3.2.2　设计说明

1. 本工程电源采用电缆直埋引入室外电缆接转箱，电压380V/220V三相四线式配电。电缆引至小区箱式变，箱式变距锅炉35m。

2. 配电线均采用铜芯绝缘导线，均穿钢管保护，沿地沿墙暗敷设。

3. 动力配电箱采用固定型标准铁制箱，底边距地1.5m嵌墙安装。动力配电箱外形尺寸AP1为800mm×800mm×120mm，AP2、AP3为800mm×400mm×120mm。

4. 按钮箱采用厂家加工的非标准铁箱，底边距地1.5m嵌墙安装，按钮箱外型尺寸ANX1为800mm×250mm×100mm；ANX2为200mm×250mm×100mm。

5. 电源进户处做重复接地，接地电阻值不大于10Ω。

6. 接地母线为40×4镀锌扁钢，接地极为Φ50镀锌钢管，接地母线埋深1m。

2.3.2.3　电源进线说明

本锅炉房电缆进线采用电力电缆进线，由此马上想到电缆线路施工所包括的主要内容，并结合本工程所用的电缆的型号规格以及敷设方式确定施工方法。

1. 本锅炉房电源进线所用的电力电缆型号

本锅炉房电源进线所用的电力电缆型号为：VV-1000（3×10+1×6）。其含义为：电缆为铜芯聚氯乙烯绝缘、聚氯乙烯护套、电力电缆；额定电压为1000V；电缆为3芯截面为$10mm^2$加1芯截面$6mm^2$的。

2. 电缆头制作

本工程室外、室内均制作热缩式电缆头。电缆头制作所用成套材料可到电工商店购买，施工方法见本教材电缆终端头制作。

3. 电缆交接试验

电缆线路施工完毕，须经试验合格后方才能投入运行。主要试验项目为绝缘电阻测量和直流耐压试验。测量绝缘电阻一般使用兆欧表，虽然对绝缘电阻值不做具体规定，但要求三相不平衡系数一般不应大于2.5。本工程所用电缆为额定电压1kV的电力电缆，可不做直流耐压试验，只测量绝缘电阻即可，其数值要求不大于0.5MΩ。

2.3.2.4　动力回路配电

WP1回路负荷主要由7个回路W1～W7进行配电。W1回路接在循环水泵上，循环水泵电动机接线盒中心距地0.3m；W2回路同W1回路；W3、W4回路接在软化水泵上，电动机接线盒中心距地0.3m；W5、W6回路接在给水泵上，电动机接线盒中心距地0.3m；W7回路接在盐泵上，电动机接线盒中心距地0.3m；电源管均采用直径15mm钢管沿地暗敷设，钢管引出地面，管内导线穿金属软管后接到接线盒接线端子上。AP1动力箱到按钮箱采用BV-21×1.0导线穿直径25mm钢管沿地沿墙暗敷设。

WP2回路负荷主要由4个回路W1～W4进行配电。W1回路接在除渣机上，电动机中心距地面0.5m；W2回路接在上煤机上，电动机中心距地0.8m；W3回路接在引风机上，电动机中心距地0.3m；W4回路接在鼓风机上，电动机中心距地0.3m；电源管均采用直径15mm钢管沿地暗敷设，钢管引出地面，管内导线穿金属软管后接到接线盒端子上，AP2动力箱到ANX2按钮箱采用BV-3×1.0绝缘导线穿直径15mm钢管沿地沿墙暗敷设。W3回路配管、接设备、穿线同W2回路。

2.3.2.5　重复接地

本工程电源进户做重复接地，在进户处做一组接地装置，接地装置由接地极和接地母线组成。接地极采用Φ50镀锌钢管3根，接地母线采用40×4镀锌扁钢，接地极端部加工成尖形，用大锤将其砸入地下，沟深0.9m，端部留150mm，用电焊将40×4镀锌扁钢焊接在接地极顶端，用接地电阻测试仪测量接地电阻值，接地电阻值不应小于规范允许值。

以上只对本工程主要配电线和配电设备的安装工作介绍，限于篇幅，其他内容留给读者结合施工、验收规范图集去详细阅读。

知识归纳总结

本项目详细介绍了建筑电气图例、文字、代号和标注格式、施工图基本内容及识图方法、电气和动力工程的识读方法。目的是培养学生具有电气施工图的能力，达到会看图，懂施工。

电气施工图的识读方法是按顺序依次阅读和做必要的相互对照阅读。一般识读顺序是看图纸目录、总说明、系统图、平面图。平面图应逐层详细看，看平面图时按电流流入方向依次阅读，即进户点、配电箱、支路、支路上的用电设备。识图能力和识图水平只有在实践中反复练习，才能逐步提高。

技能训练2　建筑电气识图

（一）实训目的

1. 能识读电气工程图纸；

2. 明白施工图中进线的标注的含义及图中导线、灯具的标注方法；

3. 正确识读工程图纸，为安装施工打下基础。

（二）实训内容

1. 照明识图：某6层住宅楼照明配电系统图和一层照明平面图。识读并简述照明工程情况。

2. 动力识图：某锅炉房配电平面图，图中设备编号为：1、7炉排电机，2、8上煤机，3、9除渣机，4、10鼓风机，5、11引风机，18/1、18/2锅炉房上水泵，19/1、19/2循环水泵，20/1、20/2补给水泵。阅读该图。

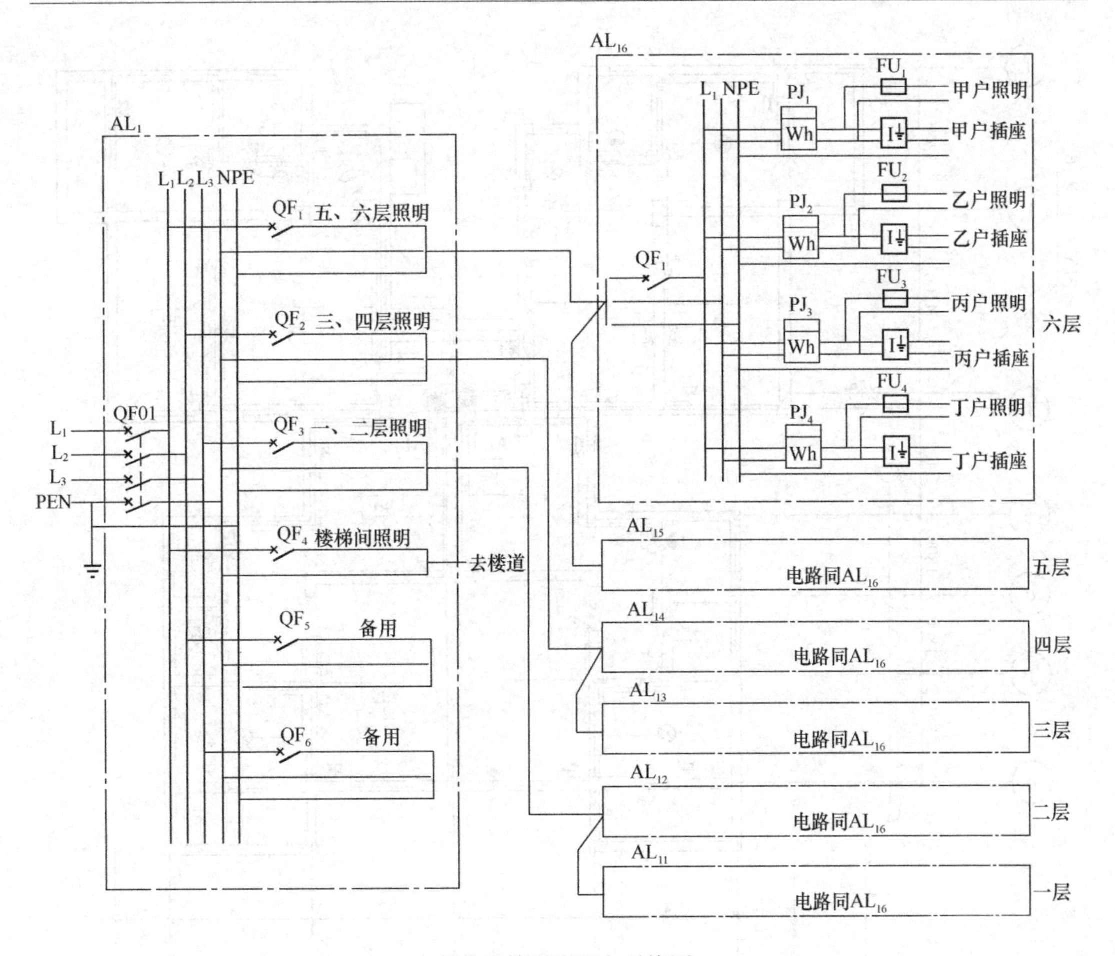

某住宅楼照明配电系统图

（三）实训步骤

1. 教师活动

（1）老师讲解实训内容、要求；

（2）检查和指导学生实训操作情况；

（3）对学生实训完成情况进行点评。

2. 学生活动

（1）学生熟悉施工图纸

（2）5～6 人一组，选组长；

（3）分组讨论要完成的实训任务及要求；

（4）选择所需的实训设备、工具及材料；

（5）组长做好工作分工；

（6）分别完成实训任务；

（7）对实训中的问题、产生的原因、解决的方法进行分析和讨论；

（8）对完成的实训任务进行自评、互评、填写实训报告。

（四）报告内容

1. 描述所识图的内容、照明（动力）设备布置情况、线路的连接情况；

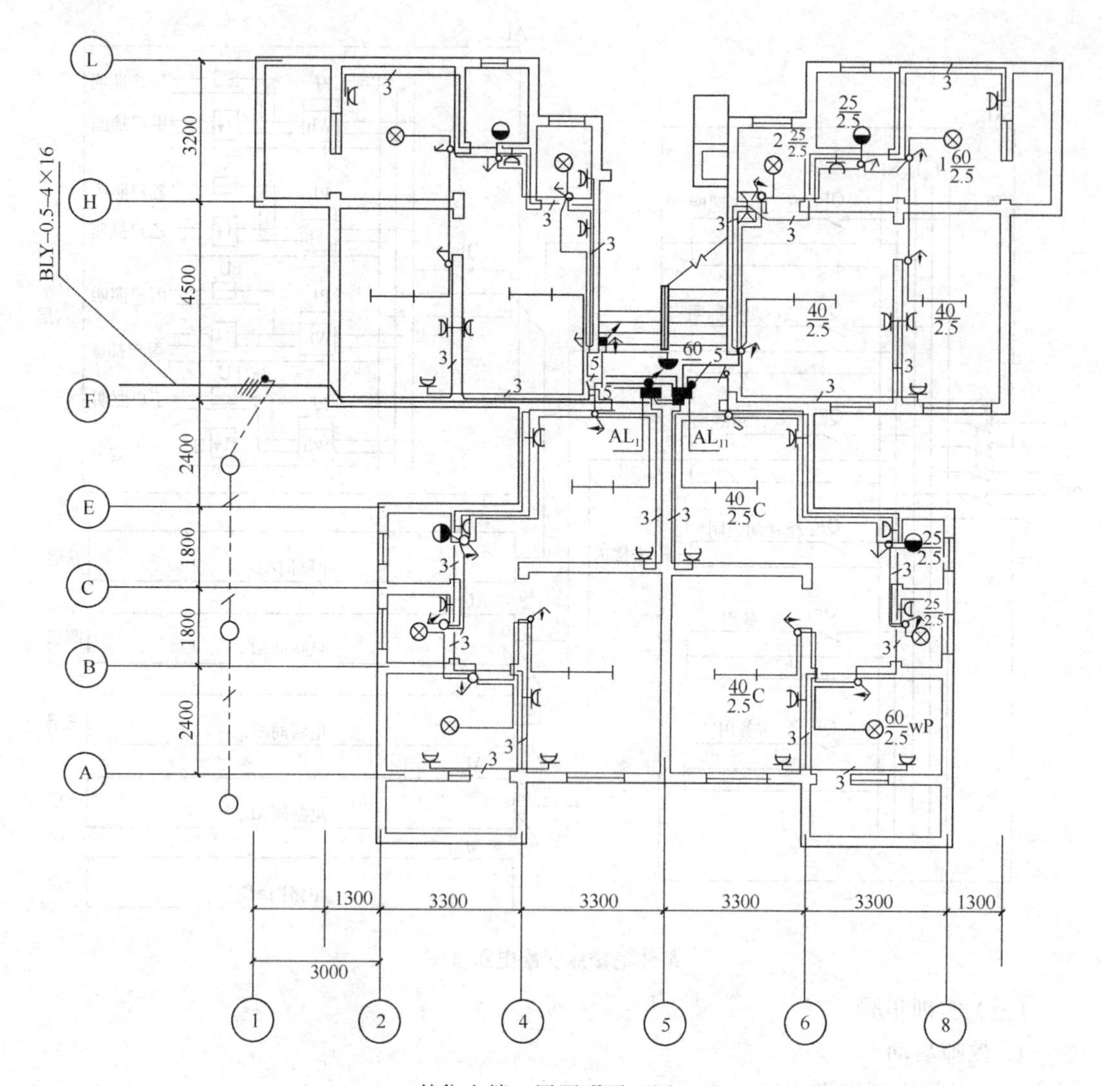

某住宅楼一层照明平面图

2. 总结识图的方法及识图技巧。

（五）实训记录与分析实训记录与分析表

序号	材料、设备名称	安装高度（m）	安装方式　敷设方式　数量

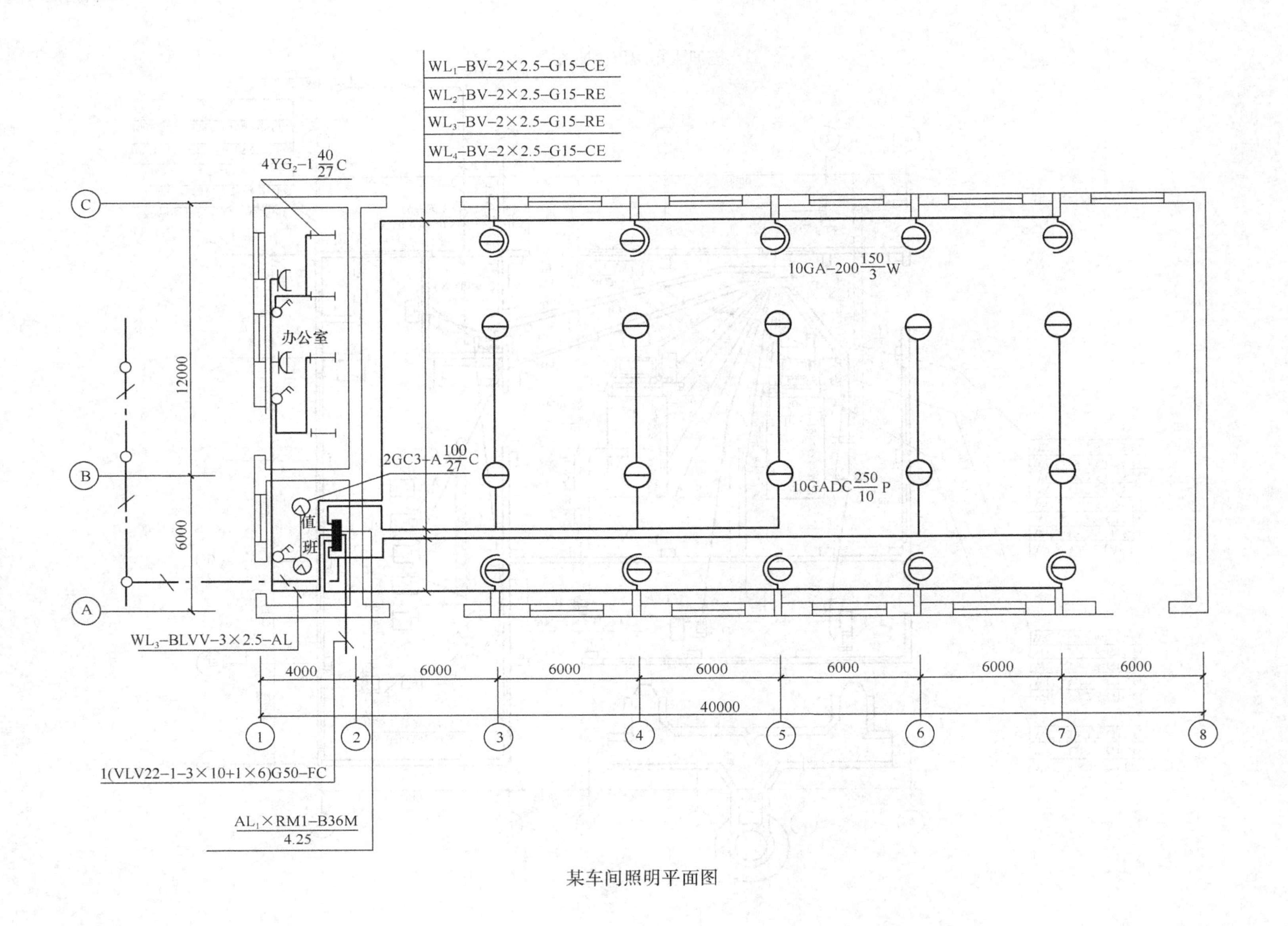
WL1-BV-2×2.5-G15-CE
WL2-BV-2×2.5-G15-RE
WL3-BV-2×2.5-G15-RE
WL4-BV-2×2.5-G15-CE
4YG2-1 40/27 C
10GA-200 150/3 W
办公室
2GC3-A 100/27 C
10GADC 250/10 P
值
班
WL3-BLVV-3×2.5-AL
12000
6000
4000
6000
6000
6000
6000
6000
6000
40000
A
B
C
1
2
3
4
5
6
7
8
1(VLV22-1-3×10+1×6)G50-FC
AL1×RM1-B36M
4.25

某车间照明平面图

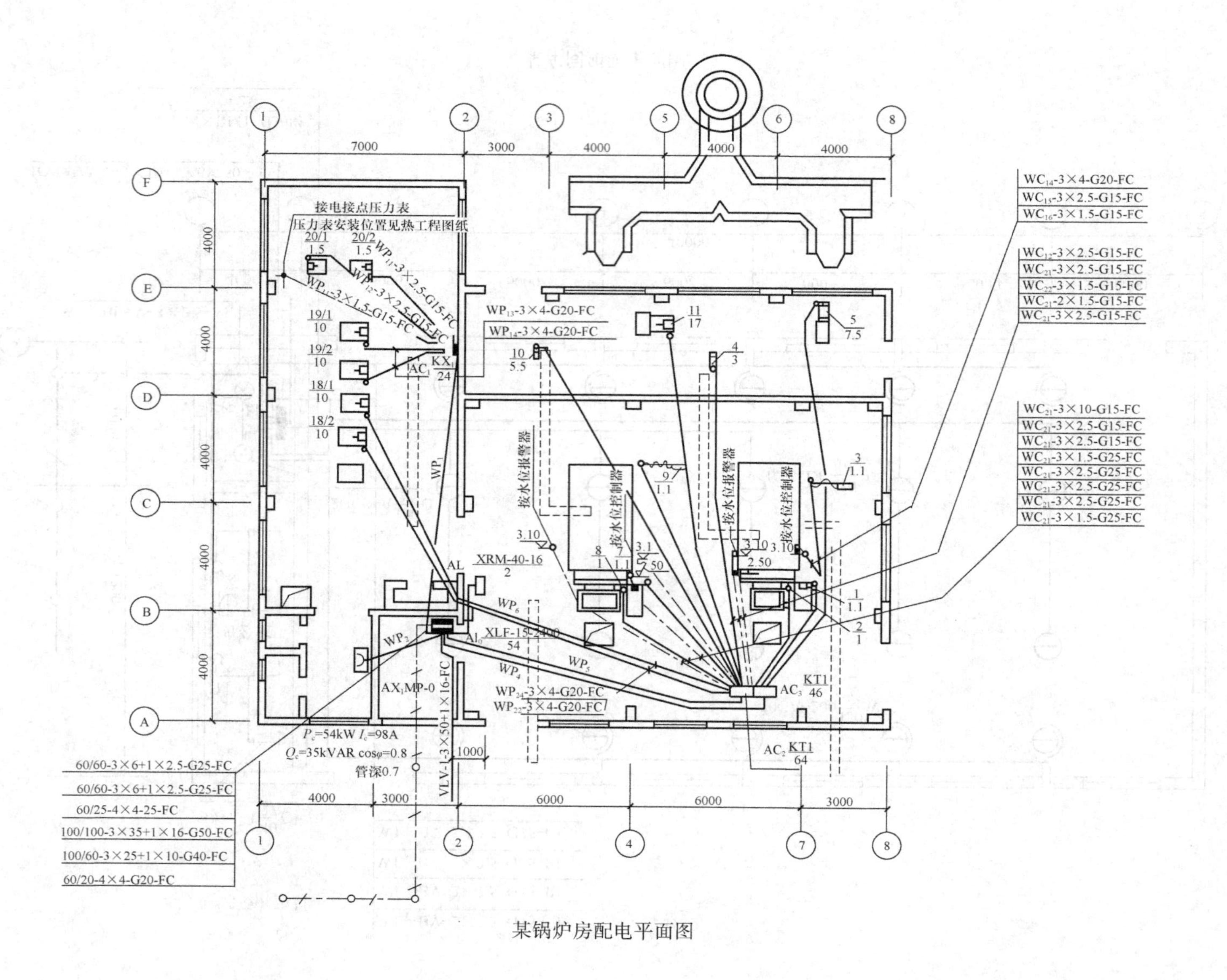
接电接点压力表
压力表安装位置见热工程图纸
WC14-3×4-G20-FC
WC15-3×2.5-G15-FC
WC16-3×1.5-G15-FC
WC21-3×10-G15-FC
WC21-3×2.5-G15-FC
WC21-3×2.5-G15-FC
WC21-3×1.5-G25-FC
WC21-3×2.5-G25-FC
WC21-3×2.5-G25-FC
WC21-3×2.5-G25-FC
WC21-3×1.5-G25-FC
WP13-3×4-G20-FC
WP14-3×4-G20-FC
WP24-3×4-G20-FC
WP22-3×4-G20-FC
XRM-40-16
XLF-15-2400
AX1MP-0
AC3 KT1 46
AC2 KT1 64
Pc=54kW Ic=98A
Qc=35kVAR cosφ=0.8
管深0.7
VLV-1-3×50+1×16-FC
60/60-3×6+1×2.5-G25-FC
60/60-3×6+1×2.5-G25-FC
60/25-4×4-25-FC
100/100-3×35+1×16-G50-FC
100/60-3×25+1×10-G40-FC
60/20-4×4-G20-FC
某锅炉房配电平面图

（六）问题讨论

1. 照明及动力平面图的用途和特点是什么？

2. 识读照明及动力平面图时应注意什么？

（七）技能考核（教师）

1. 熟练说明各种材料规格型号标注表示的含义；

2. 快速指明各种材料、工具、设备。

优____　良____　中____　及格____　不及格____

习题与思考题

一、单项选择题

1. 在施工图配电线路标注中用瓷瓶或瓷珠敷设的线路敷设方式代号为（　　）。

A. XG　　B. CP　　C. SD

2. BV-500（4×2.5）FPC20-WC型号中FPC20表示为（　　）。

A. 直径20mm的钢管

B. 直径20mm的阻燃型半硬塑料罐

C. 直径20mm的金属软管

3. 在照明平面图中，铜芯聚氯乙烯绝缘导线的型号表示为（　　）。

A. BV　　B. RV　　C. BX

4. 金属软管的标注文字符号是（　　）。

A. CH　　B. CP　　C. CT

5. 沿柱或跨柱敷设的标注符号是（　　）。

A. CLE　　B. CE　　C. CLC

二、思考题

1. 什么是施工图？

2. 一套建筑电气工程图所包括的内容较多，一般应按什么顺序阅读？

3. 常用的建筑电气工程图有几类？

4. 什么是平面图？平面图是根据什么绘制的？电气平面图包括哪些内容？

5. 什么是控制原理图？

项目3　电气照明工程安装

【课程概要】

学习目标	认知室内配线工程内容、原则；清楚线管在不同场所的应用；学会线管的加工、敷设方法和室内照明装置安装方法及防雷、接地的安装方法；具有线管的加工、安装能力；具有照明装置、防雷和接地装置的安装能力
教学内容	任务3.1　室内配线的基本原则和一般要求 任务3-2　线管及钢索配线 任务3-3　室内照明装置安装 任务3-4　防雷与接地装置安装
项目知识点	了解室内配线工程内容，清楚线管在不同场所的应用；学会线管的加工、敷设方法和室内照明装置安装方法及防雷、接地的安装方法
项目技能点	具有线管的加工、安装能力；具有照明装置、防雷和接地装置的安装能力
教学重点	电气照明安装工程
教学难点	线管配线
教学资源与载体	多媒体网络平台、教材、PPT课件、一体化实训室、电气照明图纸、工作页、评价表等
教学方法建议	演示法，参与型教学法
教学过程设计	播放施工录像→下发施工图纸→布置实训任务→分组研讨施工方法→指导学习施工图纸方法→安装方法→指导安装训练
考核评价内容和标准	照明工程图纸识读与操作；导线、开关、插座、灯具的选用；沟通与协作能力；工作态度；任务完成情况与效果

任务3-1　室内配线的基本原则和一般要求

《建筑电气施工技术》工作页

姓名：　　　　　学号：　　　　　班级：　　　　　日期：

任务3-1	室内配线的基本原则和一般要求	课时：2学时	
项目3	电气照明工程安装	课程名称	建筑电气施工技术
任务描述：			
通过讲授，让学生了解室内配线应符合电气装置安装的基本原则；了解室内配线与管道间的最小距离，掌握室内配线的一般要求			
工作任务流程图：			

续表

教师讲授→分组研讨→提交工作页→集中评价→提交认知训练报告
1. 资讯（明确任务、资料准备）
（1）室内配线的一般要求是什么？若不符合这些要求会怎样？ （2）室内配线的基本原则是什么？为什么要符合这些原则？ （3）室内配线与蒸汽管最小距离是怎么规定的
2. 决策（分析并确定工作方案）
（1）分析采用什么样的方式方法了解室内配线的基本原则、室内配线的一般规定，通过什么样的途径学会任务知识点，初步确定完成任务方案。 （2）小组讨论并完善工作任务方案
3. 计划（制订计划）
制定实施工作任务的计划书；小组成员分工合理 需要通过图片搜集、视频播放、查找资料、参观等形式完成本次任务。 （1）通过查找资料和学习明确室内配线应符合电气装置安装的基本原则等。 （2）通过在实训室练习，增强对室内配线的一般要求的理解，为后续课程的学习打好基础
4. 实施（实施工作方案）
（1）参观记录； （2）学习笔记； （3）研讨并填写工作页
5. 检查
（1）以小组为单位，进行讲解演示，小组成员补充优化； （2）学生自己独立检查或小组之间互相交叉检查； （3）检查学习目标是否达到，任务是否完成
6. 评估
（1）填写学生自评和小组互评考核评价表； （2）跟老师一起评价认识过程； （3）与老师深层次的交流； （4）评估整个工作过程，是否有需要改进的方法
指导老师评语：
任务完成人签字： 日期：　　年　　月　　日
指导老师签字： 日期：　　年　　月　　日

敷设在建筑物内的配线，统称室内配线，也称为室内配线工程。根据房屋建筑结构及要求的不同，室内配线又分为明配和暗配两种。明配是敷设于墙壁、顶棚的表面及桁架等处，暗配是敷设于墙壁、顶棚、地面及楼板等处的内部，按配线敷设方式，有线管配线、普利卡金属套管配线、金属线槽配线及钢索配线等。

3.1.1 室内配线的基本原则

室内配线，首先应符合电气装置安装的基本原则。

(1) 安全。室内配线及电器设备必须保证安全运行。因此，施工时选用的电器设备和材料应符合图纸要求，必须是合格产品。施工中对导线的连接、接地线的安装以及导线的敷设等均应符合质量要求，以确保运行安全。

(2) 可靠。室内配线是为了给用电设备供电而设置的。有的室内配线由于不合理的设计与施工，造成很多隐患，给室内用电设备运行的可靠性造成很大影响。因此，必须合理布局，安装牢固。

(3) 经济。在保证安全可靠运行和发展的可能条件下，应该考虑其经济性，选用最合理的施工方法，尽量节约材料。

(4) 方便。室内配线应保证操作运行可靠，使用和维修方便。

(5) 美观。室内配线施工时，配线位置及电器安装位置的选定，应注意不要损坏建筑物的美观，且应有助于建筑物的美化。

配线施工除考虑以上几条基本原则外，还应使整个线路布置合理、整齐、安装牢固。在整个施工过程中，还应严格按照其技术要求，进行合理的施工。

3.1.2 室内配线的一般要求

室内配线一般要求如下

(1) 所用导线的额定电压应大于线路的工作电压。导线的绝缘应符合线路的安装方式和敷设环境的条件。导线截面应能满足供电质量和机械强度的要求，导线允许最小截面见表3-1所列数值。

(2) 导线敷设时，应尽量避免接头。因为常常由于导线接头质量不好而造成事故。若必须接头时，应采用压接或焊接。

(3) 导线在连接和分支处，不应受机械力的作用，导线与电器端子连接时要牢靠压实。

线芯允许最小截面 **表3-1**

敷设方式及用途	线芯最小截面（mm^2）		
	铜芯软线	铜线	铝线
一、敷设在室内绝缘支持件上的裸导线		2.5	4
二、敷设在绝缘支持件上的绝缘导线其支持点间距为：			
(1) 1m及以下 室内		1.0	1.5
室外		1.5	2.5
(2) 2m及以下 室内		1.0	2.5
室外		1.5	2.5
(3) 6m及以下		2.5	4
(4) 12m及以下		2.5	6

续表

敷设方式及用途	线芯最小截面（mm^2）		
	铜芯软线	铜线	铝线
三、穿管敷设的绝缘导线	1.0	1.0	2.5
四、槽板内敷设的绝缘导线		1.0	1.5
五、塑料护套线敷设		1.0	1.5

（4）穿在管内的导线，在任何情况下都不能有接头，必须接头时，可把接头放在接线盒或灯头盒、开关盒内。

（5）各种明配线应垂直和水平敷设，要求横平竖直，导线水平高度距地不应小于2.5m，垂直敷设不低于1.8m，否则应加管、槽保护，以防机械损伤。

（6）导线穿墙时应装过墙管保护，过墙管两端伸出墙面不小于10mm，当然太长也不美观。

（7）当导线沿墙壁或天花板敷设时，导线与建筑物之间的最小距离：瓷夹板配线不应小于5mm，瓷瓶配线不小于10mm。在通过伸缩缝的地方，导线敷设应稍有松弛。对于线管配线应设补偿盒，以适应建筑物的伸缩性。

当导线互相交叉时，为避免碰线，应在每根导线上套以塑料管，并将套管固定，避免窜动。

（8）为确保用电安全室内电气管线与其他管道间应保持一定距离，见表3-2。施工中，如不能满足表中所列距离时，则应采取如下措施。

室内配线与管道间最小距离　　表 3-2

管道名称		配线方式		
		穿管配线	绝缘导线明配线	裸导线配线
		最小距离（mm）		
蒸汽管	平行	1000/500	1000/500	1500
	交叉	300	300	1500
暖、热水管	平行	300/200	300/200	1500
	交叉	100	100	1500
通风、上下水压缩空气管	平行	100	200	1500
	交叉	50	100	1500

注：表中分子数字为电气管线敷设在管道上面的距离、分母数字为电气管线敷设在管道下面的距离。

1）电气管线与蒸汽管不能保持表中距离时，可在蒸汽管外包以隔热层，这样平行净距可减到200mm，交叉距离须考虑施工维修方便，但管线周围温度应经常在35℃以下。

2）电气管线与暖水管不能保持表中距离时，可在暖水管外包隔热层。

3）裸导线应敷设在管道上面，当不能保持表中距离时，可在裸导线外加装保护网或保护罩。

任务3-2　线管及钢索配线

《建筑电气施工技术》工作页

姓名：　　　　学号：　　　　班级：　　　　日期：

任务3-2	线管及钢索配线	课时：6学时	
项目3	电气照明工程安装	课程名称	建筑电气施工技术
任务描述：			
通过讲授、视频录像及现场参观等形式认知线管配线的种类、作用等，让学生对线管配线有明确的了解，学会线管配线方法			
工作任务流程图：			
播放录像→教师下发照明图纸并结合图纸讲授→分组研讨→提交工作页→集中评价→提交认知训练报告			
1. 资讯（明确任务、资料准备）			
（1）何谓室内配线？ （2）管内穿线的技术要求是什么？ （3）荧光灯安装有哪些工艺方法？ （4）什么是总等电位联结？如何联结			
2. 决策（分析并确定工作方案）			
分析采用什么样的方式、方法了解线管配线的要求和分类等，通过什么样的途径学会任务知识点，初步确定工作任务方案			
3. 计划（制订计划）			
制定实施工作任务的计划书；小组成员分工合理 需要通过实物认识、图片搜集、视频播放、查找资料、参观等形式完成本次任务。 （1）通过查找资料和学习线管配线的分类、应用场合等。 （2）通过PPT讲解，认知线管配线的施工方法。 （3）通过一体化实训室认知线管的种类、规格、弯管器、套丝工具等，为后续课程的学习打好基础			
4. 实施（实施工作方案）			
（1）参观记录； （2）学习笔记； （3）研讨并填写工作页			
5. 检查			
（1）以小组为单位，进行讲解演示，小组成员补充优化； （2）学生自己独立检查或小组之间互相交叉检查； （3）检查学习目标是否达到，任务是否完成			
6. 评估			
（1）填写学生自评和小组互评考核评价表； （2）跟老师一起评价认识过程； （3）与老师深层次的交流； （4）评估整个工作过程，是否有需要改进的方法			
指导老师评语：			
任务完成人签字： 日期：　　年　　月　　日			

把绝缘导线穿在管内敷设，称为线管配线。这种配线方式比较安全可靠，可避免腐蚀性气体的侵蚀和机械损伤，更换电线方便。普遍应用于重要公用建筑和工业厂房中，以及易燃、易爆及潮湿的场所。

线管配线通常有明配和暗配两种。明配是把线管敷设于墙壁、桁架等表面明露处，要求横平竖直、整齐美观。暗配是把线管敷设于墙壁、地坪或楼板内等处，要求管路短、弯曲少，以便于穿线。

线管配线常使用的线管有低压流体输送钢管（又称焊接钢管，分镀锌和不镀锌两种，其管壁较厚，管径以内径计），电线管（管壁较薄，管径以外径计）、硬塑料管、半硬塑料管、塑料波纹管、软塑料管和软金属管（俗称蛇皮管）等。

线管配线施工包括线管选择、线管加工、线管敷设和穿线等几道工序。

3.2.1　线管选择

线管的选择，首先应根据敷设环境决定采用哪种管子，然后再决定管子的规格。一般明配于潮湿场所和埋于地下的管子，均应使用厚壁钢管；明配或暗配于干燥场所的钢管，宜使用薄壁钢管。硬塑料管适用于室内或有酸、碱等腐蚀介质的场所。但不得在高温和易受机械损伤的场所敷设。半硬塑料管和塑料波纹管适用于一般民用建筑的照明工程暗敷设，但不得在高温场所敷设。软金属管多用来作为钢管和设备的过渡连接。

管子规格的选择应根据管内所穿导线的根数和截面决定，一般规定管内导线的总截面积（包括外护层）不应超过管子截面积的 40%。可参照表 3-3 选择线管的外径。

所选用的线管不应有裂缝和扁折、无堵塞。钢管管内应无铁屑及毛刺，切断口应锉平，管口应刮光。

3.2.2　线管加工

需要敷设的线管，应在敷设前进行一系列的加工，如除锈、切割、套丝和弯曲。

1. 除锈涂漆

对于钢管，为防止生锈，在配管前应对管子进行除锈、刷防腐漆。管子内壁除锈，可用圆形钢丝刷，两头各绑一根铁丝，穿过管子，来回拉动钢丝刷，把管内铁锈清除干净。管子外壁除锈，可用钢丝刷打磨，也可用电动除锈机。除锈后，将管子的内外表面涂以防锈漆。但钢管外壁刷漆要求与敷设方式与钢管种类有关

（1）埋入混凝土内的钢管不刷防腐漆；

（2）埋入到垫层和土层内的钢管应刷两道沥青或使用镀锌钢管；

（3）埋入砖墙内的钢管应刷红丹漆等防腐漆；

单芯导线穿管选择表　　**表 3-3**

<table>
<tr><th rowspan="2">线芯截面（mm^2）</th><th colspan="9">焊接钢管（管内导线根数）</th><th colspan="9">电线管（管内导线根数）</th><th>线芯截面（mm^2）</th></tr>
<tr><th>2</th><th>3</th><th>4</th><th>5</th><th>6</th><th>7</th><th>8</th><th>9</th><th>10</th><th>10</th><th>9</th><th>8</th><th>7</th><th>6</th><th>5</th><th>4</th><th>3</th><th>2</th><th></th></tr>
<tr><td>1.5</td><td colspan="3">15</td><td colspan="2">20</td><td colspan="4">25</td><td colspan="4">32</td><td colspan="2">25</td><td colspan="3">20</td><td>1.5</td></tr>
<tr><td>2.5</td><td colspan="2">15</td><td colspan="3">20</td><td colspan="4">25</td><td colspan="4">32</td><td colspan="3">25</td><td colspan="2">20</td><td>2.5</td></tr>
<tr><td>4</td><td>15</td><td colspan="3">20</td><td colspan="3">25</td><td colspan="2">32</td><td colspan="5">32</td><td colspan="2">25</td><td colspan="2">20</td><td>4</td></tr>
<tr><td>6</td><td colspan="3">20</td><td colspan="3">25</td><td colspan="3">32</td><td colspan="3">40</td><td colspan="3">32</td><td colspan="2">25</td><td>20</td><td>6</td></tr>
</table>

续表

线芯截面（mm²）	焊接钢管（管内导线根数）									电线管（管内导线根数）									线芯截面（mm²）
	2	3	4	5	6	7	8	9	10	10	9	8	7	6	5	4	3	2	
10	20	25		32		40		50						40		32		25	10
16	25		32		40	50									40		32		16
25	32		40		50		70										40	32	26
35	32	40	50			70		80									40		35
50	40	50			70			80											
70	50		70		80														
95	50	70			80														
120	70		80																
150	70		80																
185	70	80																	

（4）钢管明敷时，焊接钢管应刷一道防腐漆，一道面漆（若设计无规定颜色，一般用灰色漆）；

（5）埋入有腐蚀的土层中的钢管，应按设计规定进行防腐处理。电线管一般因为已刷防腐黑漆，故只需在管子焊接处和连接处以及漆脱落处补刷同样色漆。

2. 切割套丝

在配管时，应根据实际情况对管子进行切割。管子切割时严禁用气割，应使用钢锯或电动无齿锯进行切割。

管子和管子连接，管子和接线盒、配电箱的连接，都需要在管子端部进行套丝。焊接钢管套丝，可用管子铰板（俗称代丝）或电动套丝机，常用的有1/2—2″和$2^1/_4$—4″两种。电线管和硬塑料管套丝，可用圆丝板。

套丝时，先将管子固定在管子压力上压紧，然后套丝。如利用电动套丝机，可提高工效。电线管和硬塑料管的套丝与此类似，比较方便。套完丝后，应随即清扫管口，将管口以免割破导线绝缘。

3. 弯曲

根据线路敷设的需要，线管改变方向需要将管子弯曲。但在线路中，管子弯曲多会给穿线和维护换线带来困难。因此，施工时要尽量减少弯头。为便于穿线，管子的弯曲后的角度，一般不应小于90°见图3-1。管子弯曲半径，明配时，一般不小于管外径的6倍，只有一个弯时，可不小于管外径的4倍；暗配时，不应小于管外径的6倍；埋于地下或混凝土楼板内时，不应小于管外径的10倍。为了穿线方便，在电线管路长度和弯曲超过下列数值时，中间应增设接线盒。

（1）管子长度每超过30m，无弯曲时；

（2）管子长度每超过20m，有一个弯时；

（3）管子长度每超过15m，有两个弯时；

（4）管子长度每超过8m，有三个弯时。

管子弯曲，可采用弯管器，弯管机或用热煨法。一般直径小于50mm的管子，可用弯管器，这种方法比较简单方便。见图 3-2，操作时，先将管子需要弯曲部位的前段放在弯管器内，管子的焊缝放在弯曲方向的背面或侧面，以防管子弯扁，然后用脚踩住管子，手扳弯管器柄，稍加一定的力，使管子略有弯曲，再逐点移动弯管器，使管子弯成所需的弯曲半径和角度。小口径的厚壁钢管也可用氧乙炔焰加热，弯制。

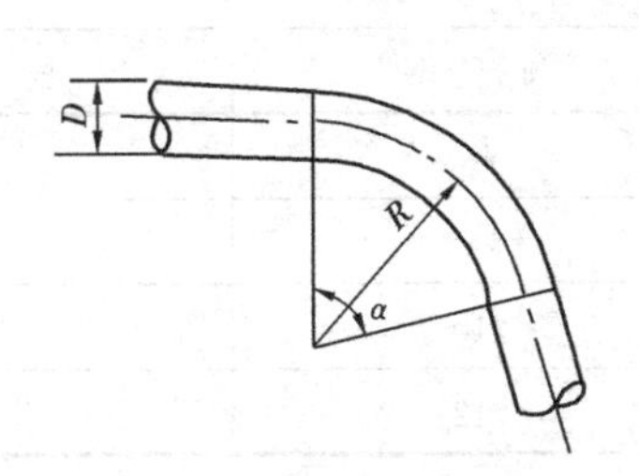

图 3-1　钢管的弯曲半径

D—管子直径；α—弯曲角度；R—弯曲半径

图 3-2　用弯管器弯管的情况

管径 50mm 以上的管子，可用弯管机或热煨法，用弯管机时，要根据管子弯曲半径的要求选择模具的规格。使用热煨法时，为防止管子弯扁，可先在管内填满砂子（烘干的砂子）。在装填砂子时，要边装砂子边敲打管子，使其填实，然后用木塞堵住两端。进行局部加热时，管子应慢慢转动，使管子的加热部位均匀受热，然后在胎具内弯曲成型。成型后浇水冷却，倒出砂子。管子的加热长度可根据下式计算：

$$L=\frac{\pi\cdot a\cdot R}{180^{\circ}}$$

式中　a——弯曲角度，°；

R——弯曲半径，mm。

当 a 为 90°时，煨弯加热长度 $L=1.57R$。如 G80 钢管，弯曲半径 R 为管外径 D（88.5mm）的 6 倍，则 $L=1.57\times6\times88.5\approx834$mm。由于弯头冷却后角度往往要回缩 2°～3°，所以在弯制时宜比预定弯曲角度略大 2°～3°。

硬塑料管的弯曲，可用热煨法。将塑料管放在电烘箱内加热或放在电炉上加热，待至柔软状态时，把管子放在胎具内弯曲成型。

3.2.3　线管连接

3.2.3.1　钢管连接

无论是明敷还是暗敷，一般都采用管箍连接，特别是潮湿场所，以及埋地和防爆线管。为了保证管接口的严密性，管子的丝扣部分应涂以铅油缠上麻丝，用管钳子拧紧，使两管端间吻合。不允许将管子对焊连接。在干燥少尘的厂房内对于直径 50mm 及以上的管端也可采用套管焊接的方式，套管长度为连接管外径的 1.5～3 倍，焊接前，先将管子两端插入套管，并使连接管的对口处在套管的中心，然后在两端焊接牢固。钢管采用

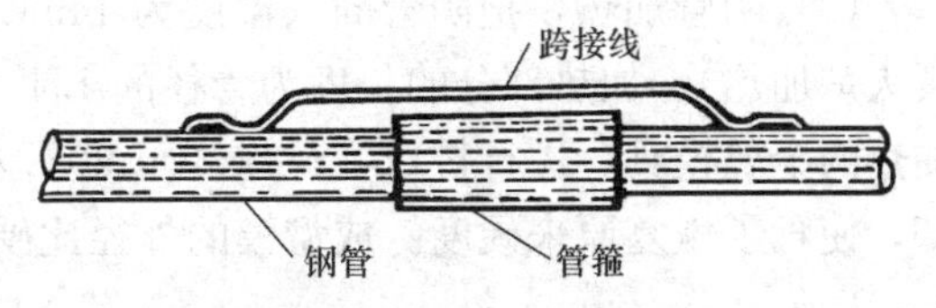

图 3-3　钢管连接处接地

管箍连接时，要用圆钢或扁钢作跨接线焊在接头处，使管子之间有良好的电气连接，以保证接地的可靠性。见图3-3。跨接线焊接应整齐一致，焊接面不得小于接地线截面的6倍。但不得将管箍焊死。跨接线的规格可参照表3-4来选择。

跨接线选择表（mm） **表3-4**

公称直径		跨接线	
电线管	钢管	圆钢	扁钢
≤32	≤25	$\phi6$	
40	32	$\phi8$	
50	40～50	$\phi10$	
70～80	70～80	$\phi12$	25×4

钢管进入灯头盒、开关盒、接线盒及配电箱时，暗配管可用焊接固定，管口露出盒（箱）应小于5mm，明配管应锁紧螺母或用护帽固定，露出锁紧螺母的丝扣为2～4扣。

3.2.3.2 硬塑料管连接

硬塑料管连接通常有两种方法。第一种方法叫插入法。插入法又分为一步插入法和二步插入法。一步插入法适用于ϕ50mm及以下的硬塑料管；二步插入法适用于ϕ65mm及以上的硬塑料管。第二种方法叫套接法。

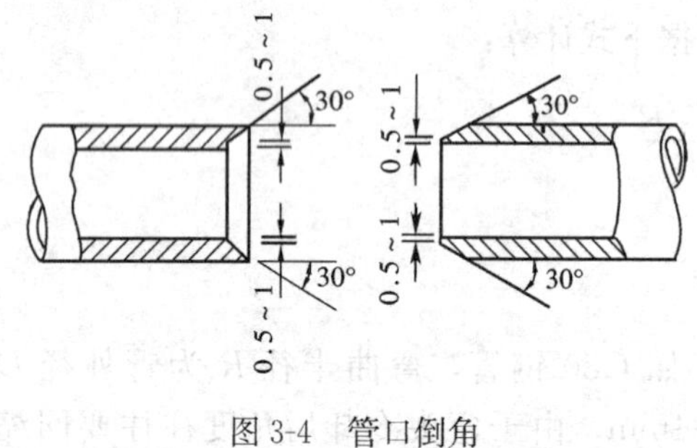

图3-4 管口倒角

1. 一步插入法

（1）将管口倒角，见图3-4。将需要连接的两个管端，一个加工成内斜角（作阴管），一个加工成外斜角（作阳管），角度均为30°。

（2）将阴管、阳管插接段的尘埃等杂物除净。

（3）将阴管插接段（插接长度为管径的1.1～1.8倍），放在电炉上加热数分钟，使其呈柔软状态，加热温度为145℃左右。

（4）将阳管插入部分涂上胶合剂（如过氧乙烯胶水等），厚薄要均匀，然后迅速插入阴管，待中心线一致时，立即用湿布冷却，使管口恢复原来硬度。插接后情况见图3-5。

2. 二步插入法

（1）将管口倒角，如一步插入法。

（2）清理插接段，如一步插入法。

（3）阴管加热，把阴管插入温度为145℃的热甘油或石蜡中（也可采用喷灯、电炉、炭火炉加热），加热部分的长度为管径的1.1～1.3倍，待至柔软状态后，即插入已被甘油加热的金属模具，进行扩口，待冷却至50℃左右时取下模具，再用冷水内外浇，继续冷却，使管子恢复原来硬度。成型模的外径比硬管内径大2.5%左右。成型模插入情况如图3-6所示。

（4）在阴管、阳管插接段涂以胶合剂，然后把阳管插入阴管内加热阴管使其扩大部分收缩，然后急加水冷却。

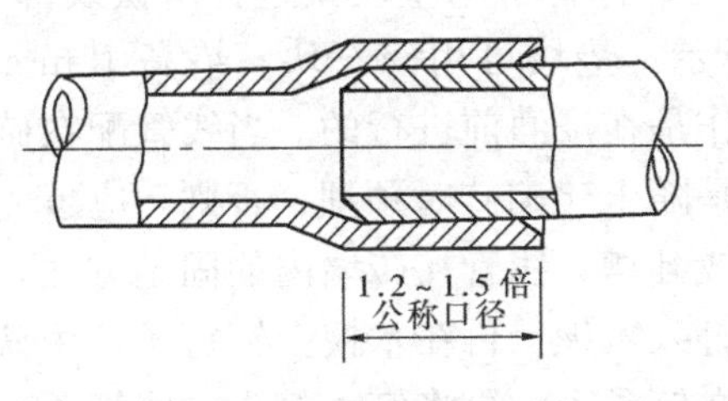

图 3-5　插接情况

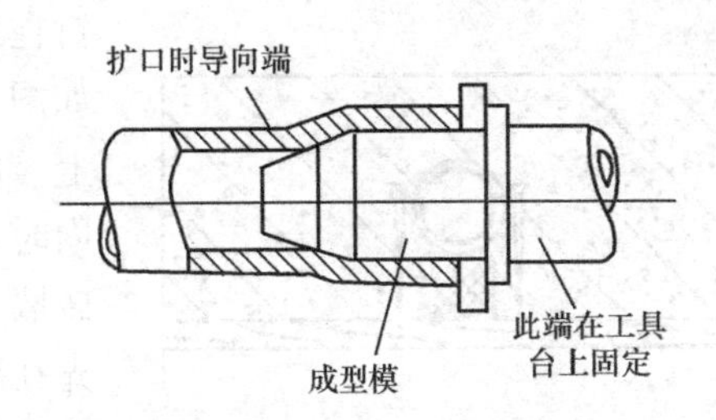

图 3-6　成型模插入情况

此道工序也可改为焊接连接，即将阳管插入阴管后，用聚氯乙烯焊条在接合处焊 2～3 圈，以保证密封。焊接情况如图 3-7 所示。

3. 套接法

先把同直径的硬塑料管加热扩大成套管，然后把需要连接的两管端倒角，并用汽油或酒精将插接端擦干净，待汽油挥发后，涂以胶合剂，迅速插入热套管中，并用湿布冷却。套接情况如图 3-8 所示，也可以用焊接方法予以焊牢密封。

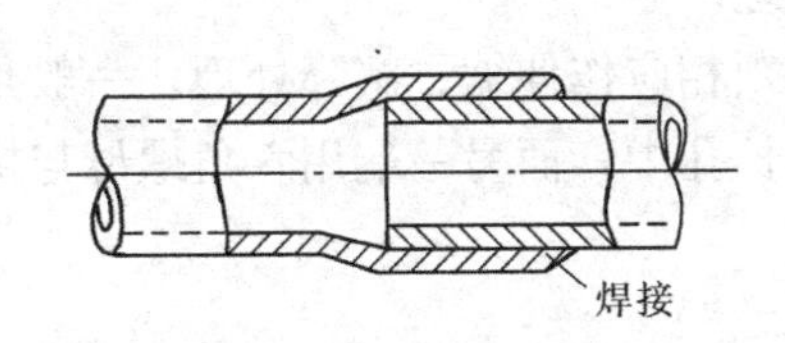

图 3-7　焊接连接情况

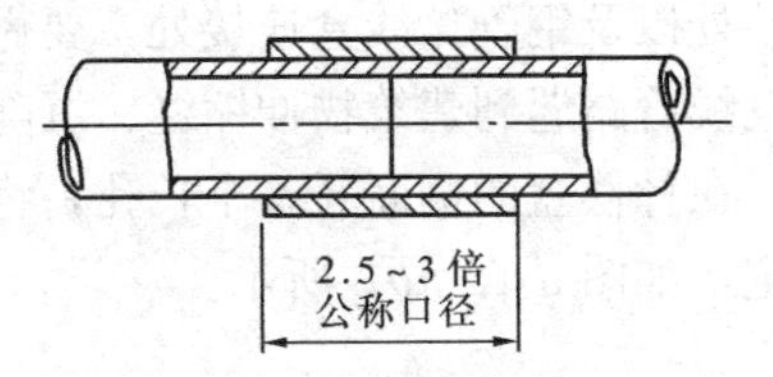

图 3-8　塑料管套接法连接

半硬塑料管应使用套管粘接法连接，套管的长度不应小于连接管外径的 2 倍，接口处应用胶合剂粘接牢固。

塑料波纹管一般情况下很少需要连接。当必须连接时，应采用管接头连接。图 3-9 为管接头示意图。

当波纹管进入接线盒操作步骤如图 3-10 所示。

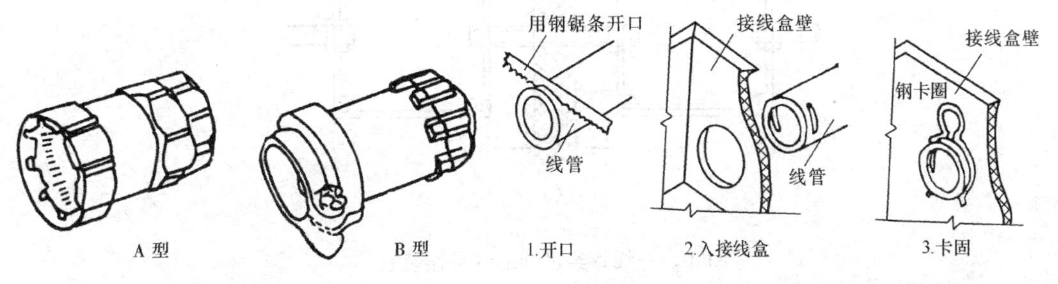

图 3-9　管接头示意图　　图 3-10　线管入接线盒操作步骤示意图

3.2.4　线管敷设

线管敷设（俗称配管）。配管工作一般从配电箱开始，逐段配至用电设备处，有时也可以从用电设备端开始，逐段配至配电箱处。

3.2.4.1　暗配管

在现浇混凝土构件内敷设管子，可用铁丝将管子绑扎在钢筋上，也可以用钉子将管子

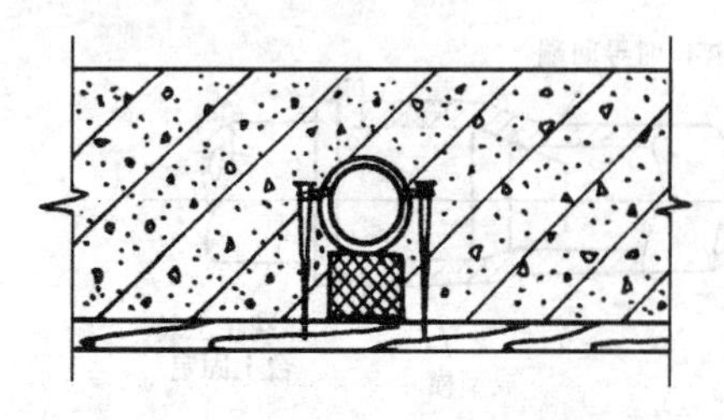

图 3-11　木模板上管子的固定方法

钉在木模板上，将管子用垫块垫起，用铁线绑牢，如图 3-11 所示。垫块可用碎石块，垫高 15mm 以上，此项工作是在浇灌前进行的。当线管配在砖墙内时，一般是随土建砌砖时预埋，否则，应事先在砖墙上留槽或开槽。线管在砖墙内的固定方法，可先在砖缝里打入木楔，再在木楔上钉钉子，用铁线将管子绑扎在钉子上，再将钉子打入，使管子充分嵌入槽内，应保证管子离墙表面净距不小于 15mm。在地坪内，须在土建浇制混凝土前埋设，固定方法可用木桩或圆钢等打入地中，用铁丝将管子绑牢。为使管子全部埋设在地坪混凝土层内，应将管子垫高，离土层 15～20mm，这样，可减少地下湿土对管子的腐蚀作用。埋于地下的电线管路不宜穿过设备基础，在穿过建筑物基础时，应加保护管保护。当许多管子并排敷设在一起时，必须使其各个离开一定距离，以保证其间也灌上混凝土。进入落地式配电箱的管子应排列整齐，管口应高出基础面不小于 50mm。为避免管口堵塞影响穿线，管子配好后应将管口用木塞或牛皮纸堵好。管子连接处以及钢管接线盒连接处，要做好接地处理。

当电线管路遇到建筑物伸缩缝、沉降缝时，必须相应作伸缩、沉降处理。一般是装设补偿盒。在补偿盒的侧面开一个长孔，将管端穿入长孔中，而另一端用六角螺母与接线盒拧紧固定，如图 3-12（*b*）所示。

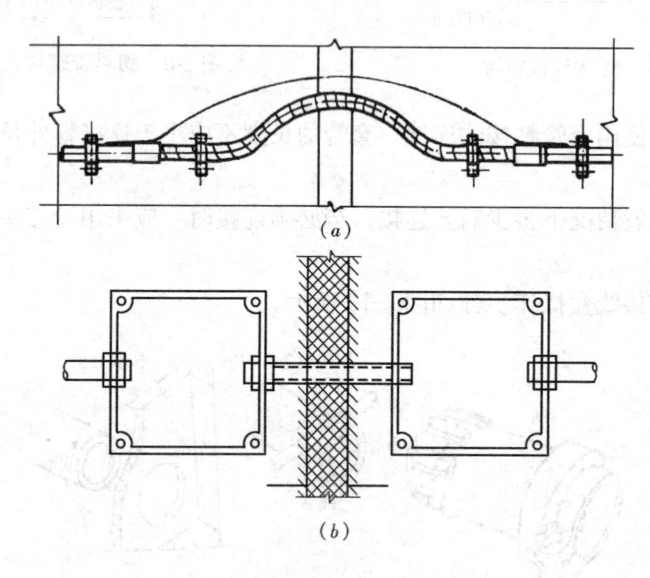

图 3-12　线管经过伸缩缝补偿装置

（*a*）软管补偿；（*b*）装设补偿盒补偿

波纹管由地面引至墙内时安装见图 3-13。

3.2.4.2　明配管

明配管应排列整齐、美观，固定点间距均匀。一般管路应沿建筑物结构表面水平或垂直敷设，其允许偏差在 2m 以内均为 3mm，全长不应超过管子内径的二分之一。当管子沿墙、柱和屋架等处敷设时，可用管卡固定。管卡的固定方法，可用膨胀栓或弹簧螺丝直接固定在墙上，也可以固定在支架上。支架形式可根据具体情况按照国家标准图集 D463（二）选择，如图 3-14 所示。当管子沿建筑物的金属构件敷设时，若金属构件允许点焊，可把厚壁管点焊在钢构件上。对于薄壁管（电线管）和塑料管只能应用支架和管卡固定。管卡与终端、转弯中点、电气器具或接线盒边缘的距离为 150～500mm；中间管卡最大间距应符合表 3-5 的规定。管子贴墙敷设进入开关、灯头、插座等接线盒内时，要适当将管子煨成双弯（鸭脖弯），如图 3-15 所示。不能使管子斜穿到接线盒内。同时要使管子平整地紧贴建筑物上，在距接线盒 300mm 处，用管卡将管子固定。在有弯头的地方，弯头两边也应用管卡固定。

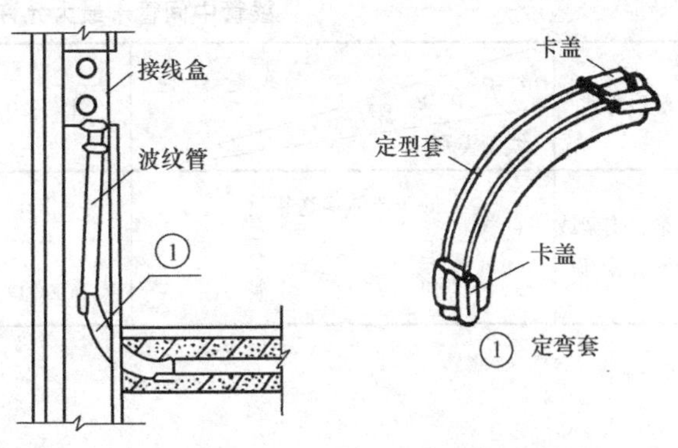

图 3-13　波纹管引至墙内作法

明配钢管经过建筑物伸缩缝时，可采用软管进行补偿。将软管套在线管端部，如图 3-16 所示，并使金属软管略弧度，以便基础下沉时，借助软管的弹性而伸缩，如图 3-12（*a*）所示。

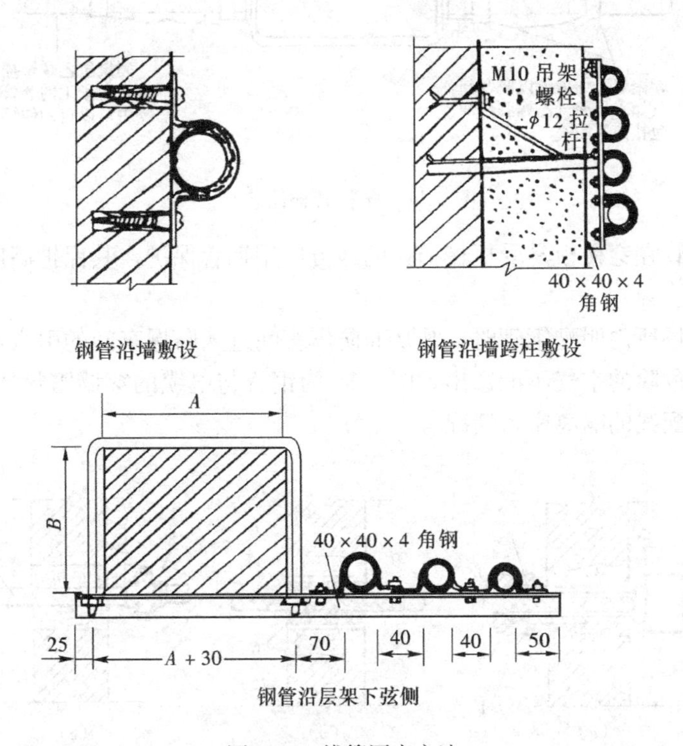

图 3-14　线管固定方法

硬塑料管沿建筑物表面敷设时，在直线段上每隔 30m 要装设一只温度补偿装置，以适应其膨胀性，如图 3-17 所示。在支架上空敷设在硬塑料管中，因可以改变其挠度来适应长度的变化，所以，可不装设补偿装置。

线管中间管卡最大允许距离（mm）　　表 3-5

敷设方式	最大允许距离 \ 线管直径 \ 线管类别	15～20	25～30	40～50	65～100
吊梁、支架或沿墙敷设	低压流体输送钢管	1500	2000	2500	3500
	电线管	1000	1500	2000	
	塑料管	1000	1500	2000	

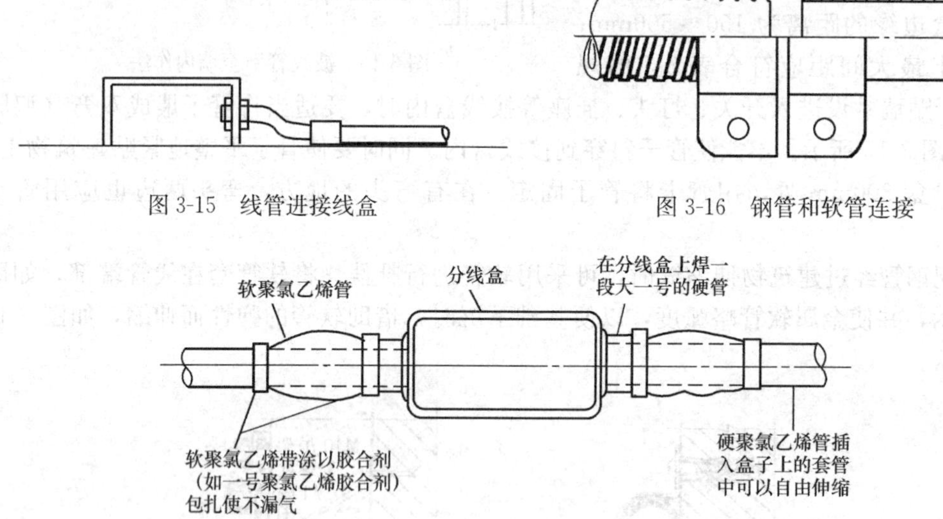

图 3-15　线管进接线盒

图 3-16　钢管和软管连接

图 3-17　塑料管补偿装置

明配硬塑料管在穿楼板易受机械损伤的地方应用钢管保护，其保护高度距离楼板面不应低于 500mm。

在爆炸危险场所内明配钢管时，凡从非防爆车间进入防爆车间的引入口均应采用密封措施，使有爆炸危险的空气不能逸出，图 3-18 为钢管与电缆的穿墙密封情况。图 3-19 为防爆电动机钢管配线的隔离密封情况 。

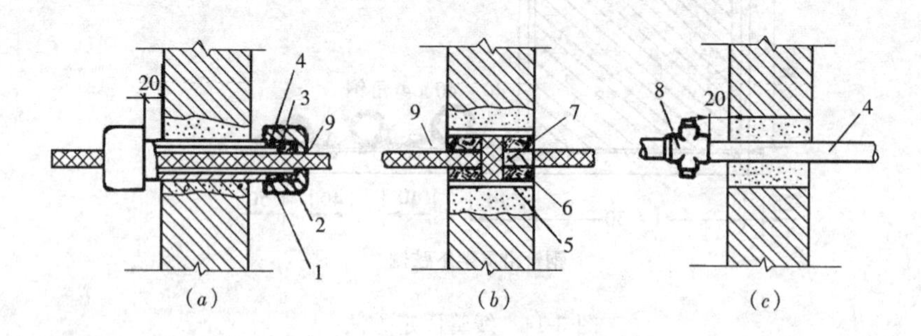

图 3-18　钢管与电缆穿墙密封情况

(*a*) 单根非铠装电缆的穿墙作法；(*b*) 单根铠装电缆的穿墙作法；(*c*) 单根管子穿墙作法

1—密封接头（成套）；2—橡皮封垫（成套）；3—垫圈（成套）；4—钢管；5—水泥预制管；6—黏土填充物；7—料堵（浸胶麻绳）；8—四通隔离密封；9—电缆

钢管明配线，应在电机的进线口，管路与电气设备连接困难处、管路通过建筑物的伸缩缝、沉降缝处装设防爆挠性连接管，防爆挠性连接管弯曲半径不应小于管外径的5倍。

管子间及管子与接线盒、开关盒之间都必须用螺纹连接，螺纹处必须用油漆麻丝或四氟乙烯带缠绕后旋紧，保证密封可靠。麻丝及四氟乙烯带缠绕方向应和管子旋紧方向一致，以防松散。

引入电机或其他用电设备的电源线连接点，应用防止松脱的措施，并应放在密封的接线盒或接线罩内。动力电缆不许有中间接头。

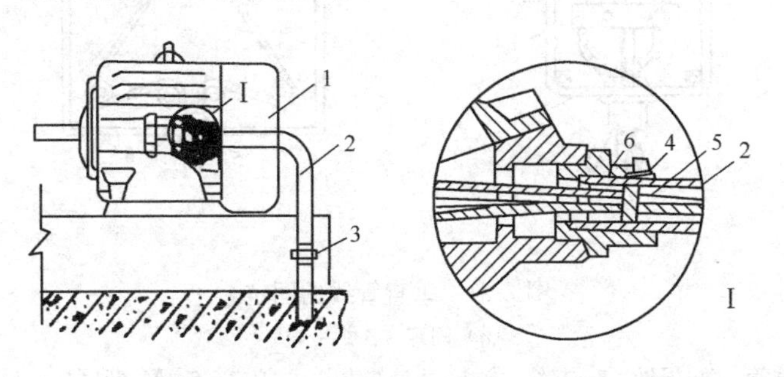

图 3-19　防爆电动机钢管配线的隔离密封

1—防爆电动机；2—钢管；3—活接头；4—压板；5—料堵（细棉绳）；6—密封填料（沥青混合物）

3.2.4.3　线管穿线

管内穿线工作一般应在管子全部敷设完毕及土建地坪和粉刷工程结束后进行。在穿线前应将管中的积水及杂物清除干净。

导线穿管时，应先穿一根钢线作引线。当管路较长或弯曲较多时，应在配管时就将引线穿好。一般在现场施工中对于管路较长，弯曲较多，从一端穿入钢引线有困难时，多采用从两端同时穿钢引线，且将引线头弯成小钩，当估计一根引线端头超过另一根引线端头时，用手旋转较短的一根，使两根引线绞在一起，然后把一根引线拉出，此时就可以将引线的一头与需穿的导线结扎在一起。在所穿电线根数较多时，可以将电线分段结扎，如图 3-20 所示。

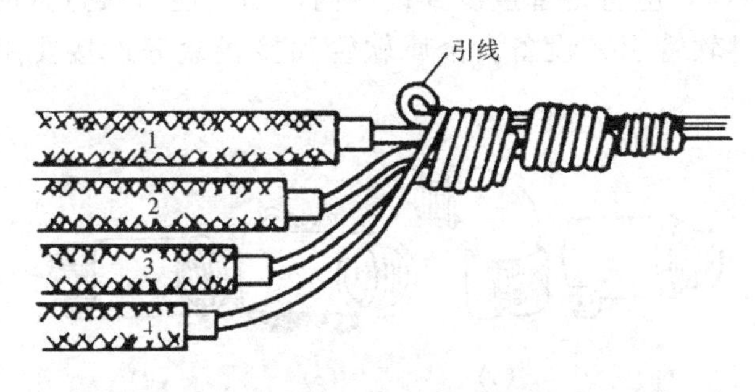

图 3-20　多根导线的绑法

拉线时，应由两人操作，较熟练的一人担任送线，另一人担任拉线，两人送拉动作要配合协调，不可硬送硬拉。当导线拉不动时，两人应反复来回拉 1～2 次再向前拉，不可过分勉强而将引线或导线拉断。

在较长的垂直管路中，为防止由于导线的本身自重拉断导线或拉松接线盒中的接头，导线每超过下列长度，应在管口处或接线盒中加以固定：当 $50mm^2$ 以下的导线，长度为 30m 时；$70 \sim 95mm^2$ 导线，长度为 20m 时；$120 \sim 240mm^2$ 导线，长度为 18m 时。导线在接线盒内的固定方法如图 3-21 所示。

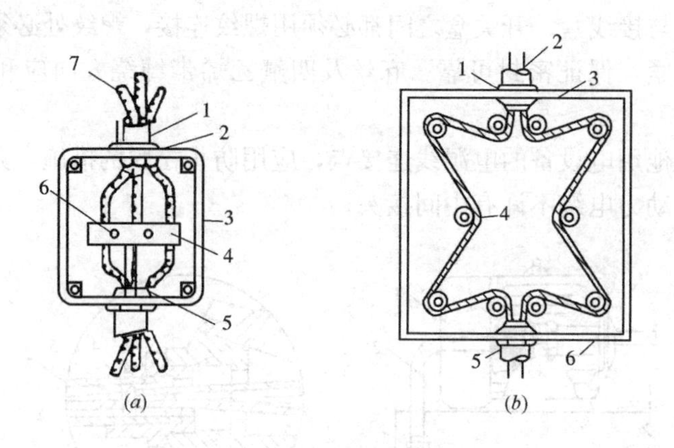

图 3-21　垂直管线的固定

(a) 固定方法之一；

1—电线管；2—根母；3—接线盒；4—木制线夹；5—护口；6—M_6 机螺栓；7—电线

(b) 固定方法之二

1—根母；2—电线；3—护口；4—瓷瓶；5—电线管；6—接线盒

穿线时应严格按照规范要求进行，不同回路、不同电压和交流与直流的导线，不得穿入同一根管子内。但下列回路可以除外

(1) 电压为 65V 以下的回路；

(2) 同一台设备的电机回路的和无抗干扰要求的控制回路；

(3) 照明花灯的所有回路；

(4) 同类照明的几个回路，但管内导线总数不应多于 8 根。对于同一交流回路的导线必须穿于同一根钢管内。不论何种情况，导线的管内都不得有接头和扭结，接头应放在接线盒内。

钢管与设备连接时，应将钢管敷设到设备内，如不能直接进入时，可在钢管出口处加金属软管或塑料软管引入设备。金属软管和接线盒等连接要用软管接头，如图 3-22所示。

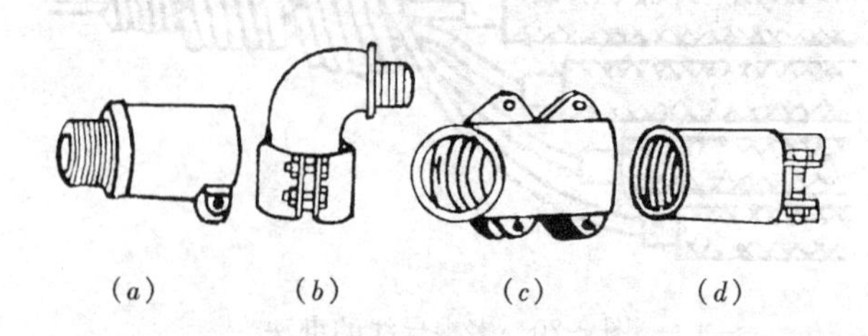

图 3-22　金属软管的各种管接头

(a) 外螺丝接头；(b) 弯接头；(c) 软管接头；(d) 内螺丝接头

穿线完毕，即可进行电器安装和导线连接。

3.2.5　钢索吊管配线

钢索配线一般适用于屋架较高，跨距较大，灯具安装高度要求较低的工业厂房内。特别是纺织工业用得较多，因为厂房内没有起重设备，生产所要求的亮度大，标高又限制在一定的高度。

钢索配线就是在钢索上吊瓷瓶配线、吊钢管（或塑料）配线或吊塑料护套线配线，同时灯具也吊装在钢索上，配线方法除安装钢索外，其余与前面讲的基本相同。钢索两端用穿墙螺栓固定，并用双螺母紧固，钢索用花篮螺栓拉紧。

1. 钢索安装

钢索安装如图 3-23 所示。其终端拉环应固定牢固，并能承受钢索在全部负载下的拉力。当钢索长度在 50m 及以下时，可在一端装花篮螺栓，超过 50m 时，两端均应装花篮螺栓，每超过 50m 应加装一个中间花篮螺栓。钢索在终端固定处，钢索卡不应少于两个。钢索的终端头应用金属线扎紧。

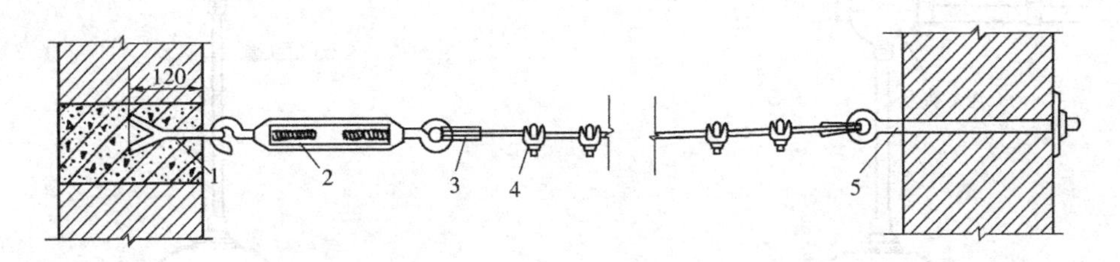

图 3-23　钢索安装做法

1—起点端耳环；2—花篮螺栓；3—鸡心环；4—钢索卡；5—终点端耳环

钢索长度超过 12m，中间可加吊钩作辅助固定。一般中间吊钩间距不应大于 12m，中间吊钩宜使用直径不小于 8mm 的圆钢。

钢索配线所使用的钢索一般应符合下列要求

（1）宜使用镀锌钢索，不得使用含油芯的钢索；

（2）敷设在潮湿或有腐蚀性的场所应使用塑料护套钢索；

（3）钢索的单根钢丝直径应小于 0.5mm 并不应有扭曲和断股现象；

（4）选用圆钢作钢索时，在安装前就调直预伸和刷防腐漆。

钢索安装前，可先将钢索两端固定点和钢索中间的吊钩装好，然后将钢索的一端穿入鸡心环的三角圈内，并用两只钢索卡一反一正夹牢。钢索一端装好后，再装另一端，先用紧线钳把钢索收紧，端部穿过花篮螺栓处的鸡心环。见图 3-24。用上述同样的方法把钢索折回固定。花篮螺栓的两端螺杆均应旋进螺母，并使其保持最大距离，以备作钢索弛度调整。将中间钢索固定在吊钩上后，即可进行配线等工作。

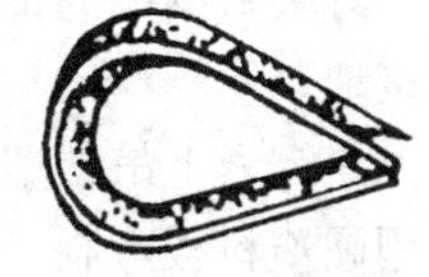

图 3-24　鸡心环

钢索配线敷设的弛度不应大于 100mm，当用花篮螺栓调节后，弛度仍不能达到时，应增设中间吊钩。这样既可保证对弛度的要求，又可减小钢索的拉力。

钢索上各种配线支持件之间，支持件与灯头盒间，以及瓷瓶配线的线间距离应符合表 3-6 的规定。

钢索配线线间距离及支持件间距（mm）　　表 3-6

配线类别	支持件最大间距	支持件与灯头盒间最大距离	线间最小
钢管	1500	200	—
硬塑料管	1000	150	—
塑料护套线	200	100	—
瓷柱配线	1500	100	35

2. 钢索吊管配线

这种配线就是在钢索上进行管配线。在钢索上每隔 1.5m 设一个扁钢吊卡，再用管卡将管子固定在吊卡上。在灯位处的钢索上，安装吊盒钢板，用来安装灯头盒。安装做法如图 3-25 所示。

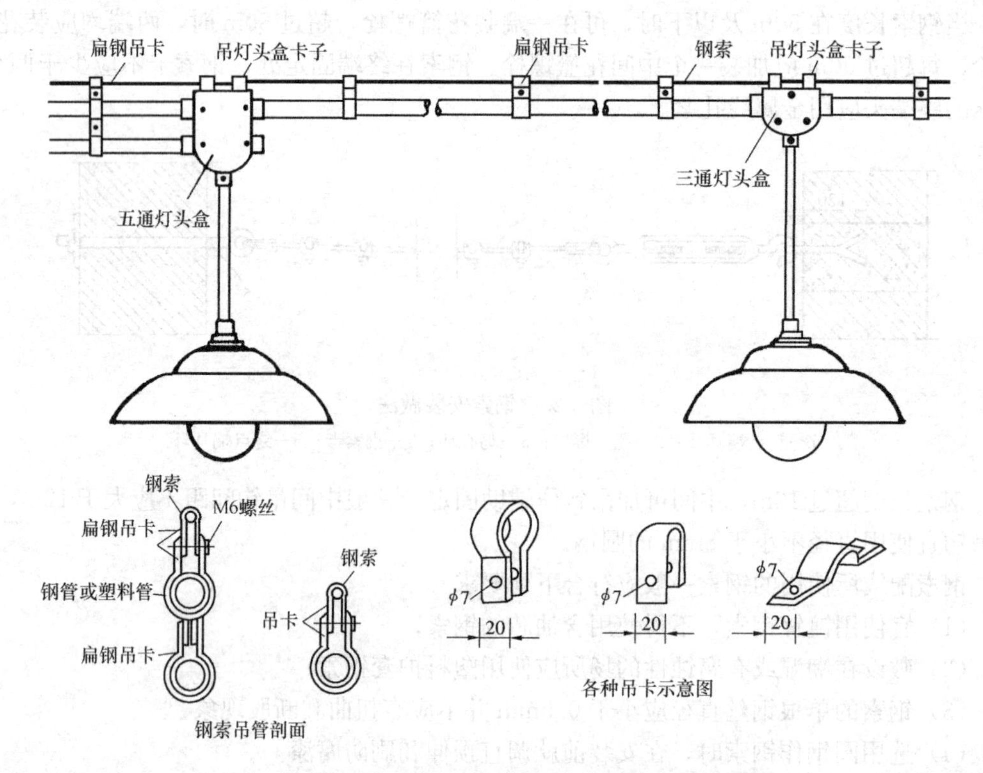

图 3-25　钢索吊管灯具安装作法图

灯头盒两端的钢管，应焊接跨接地线，以保证管路连成一体，接地可靠，钢索亦应可靠接地。

当钢索上吊硬塑料管配线时，灯头盒可改为塑料盒，管卡也可改为塑料管卡。吊卡也可用硬塑料板弯制。

任务 3-3　室内照明装置安装

照明装置安装施工中使用的电器设备及器材，均应符合国家或部颁的现行技术标准，并具有合格证件，设备应有铭牌。所有电气设备和器材到达现场后，应做仔细的验收检查，不合格或有损坏的均不能用以安装。

《建筑电气施工技术》工作页

姓名：　　　　　　学号：　　　　　　班级：　　　　　　日期：

任务 3－3	室内照明装置安装	课时：8 学时	
项目 3	电气照明工程安装	课程名称	建筑电气施工技术
任务描述：			
通过讲授、视频录像及现场参观等形式认知线管配线的种类、作用等，让学生对线管配线有明确的了解，学会线管配线方法			
工作任务流程图：			
播放录像→教师下发照明图纸并结合图纸讲授→分组研讨→提交工作页→集中评价→提交认知训练报告			
1. 资讯（明确任务、资料准备）			
(1) 室内灯具安装的要求是什么？ (2) 高压水银灯和碘钨灯在安装时，它的主要区别是什么？ (3) 在混凝土顶棚上如何安装灯具，预埋铁件时要注意什么？ (4) 在柱子上如何安装灯具			
2. 决策（分析并确定工作方案）			
分析采用什么样的方式、方法了解灯具的安装要求和分类等，通过什么样的途径学会任务知识点，初步确定工作任务方案			
3. 计划（制订计划）			
制定实施工作任务的计划书；小组成员分工合理 需要通过实物认识、图片搜集、视频播放、查找资料、参观等形式完成本次任务。 (1) 通过查找资料和学习灯具安装的分类、应用场合等。 (2) 通过 PPT 讲解，认知灯具安装的施工方法。 (3) 通过一体化实训室认知灯具的种类、规格、安装所用的辅助材料等，为后续课程的学习打好基础			
4. 实施（实施工作方案）			
(1) 参观记录； (2) 学习笔记； (3) 研讨并填写工作页			
5. 检查			
(1) 以小组为单位，进行讲解演示，小组成员补充优化； (2) 学生自己独立检查或小组之间互相交叉检查； (3) 检查学习目标是否达到，任务是否完成			
6. 评估			
(1) 填写学生自评和小组互评考核评价表； (2) 跟老师一起评价认识过程； (3) 与老师深层次的交流； (4) 评估整个工作过程，是否有需要改进的方法			
指导老师评语：			
任务完成人签字： 日期：　年　月　日			

3.3.1　灯具安装

照明灯具安装要求

1. 安装的灯具应配件齐全、无机械损伤和变形，油漆无脱落，灯罩无损坏。

2. 螺口灯头接线必须将相线接在中心端子上，零线接在螺纹的端子上，灯头外壳不能有破损和漏电。

3. 照明灯具使用的导线按机械强度最小允许线芯截面应符合表3-7的规定。

线芯最小允许截面　　**表3-7**

安装场所及用途	线芯最小截面（mm^2）		
	铜芯软线	铜　线	铝　线
照明灯头线：1. 民用建筑室内	0.4	0.5	1.5
2. 工业建筑室内	0.5	0.8	2.5
3. 室外	1.0	1.0	2.5
移动式用电设备：1. 生活用	0.4		
2. 生产用	1.0	—	—

4. 灯具安装高度：按施工图纸设计要求施工，若图纸无要求时，室内一般在2.5m左右，室外在3m左右。

5. 地下建筑内的照明装置，应有防潮措施。

6. 嵌入顶棚内的装饰灯具应固定在专设的框架上，电源线不应贴近灯具外壳，灯线应留有余量，固定灯罩的框架边缘应紧贴在顶棚上，嵌入式日光灯管组合的开启式灯具、灯管应排列整齐，金属间隔片不应有弯曲扭斜等缺陷。

7. 配电盘及母线的正上方不得安装灯具，事故照明灯具应有特殊标志。

3.3.1.1　吊灯安装

吊灯安装根据吊灯体积和重量及安装场所分为在混凝土顶棚上安装和在吊顶上安装。

1. 在混凝土顶棚上安装：要事先预埋铁件或放置穿透螺栓，还可以用胀管螺栓紧固，如图3-26所示。安装时要特别注意吊钩的承重力，按照国家标准规定，吊钩必须能挂超过灯具重量14倍的重物，只有这样，才能被确认是安全的。大型吊灯因体积大、灯体重，必须固定在建筑物的主体棚面上（或具有承重能力的构架上），不允许在轻钢龙骨吊棚上直接安装。采用胀管螺栓紧固时，胀管螺栓规格，最小不宜小于M6，螺栓数量至少要2个，不能采用轻型自攻型胀管螺钉。

在楼板里预埋铁件时要注意几点

（1）在混凝土未浇筑时，绑扎钢筋的同时，把预埋件按灯具的位置固定好，防止位移。

（2）在浇筑混凝土时，浇筑预埋件的部位不能移动，还要防止在振动混凝土时，预埋件产生位移。

2. 在吊顶上安装

小型吊灯在吊棚上安装时，必须在吊棚主龙骨上设灯具紧固装置。可将吊灯通过连接件悬挂在紧固装置上，其紧固装置与主龙骨上的连接应可靠，有时需要在支持点处对称加设与建筑物主体棚面间的吊杆，以抵消灯具加在吊棚上的重力，使吊棚不至于下沉、变

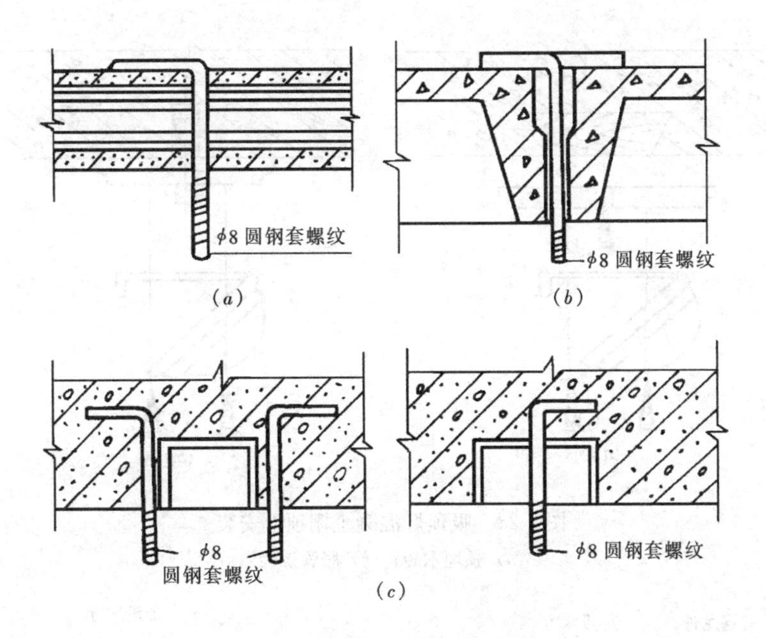

图 3-26　混凝土板里预埋螺栓

(a) 预制板吊挂螺栓；(b) 楼板缝里放置螺栓；(c) 现浇板里预埋螺栓

形。其安装如图 3-27 所示，吊杆出顶棚面最好加套管，这样可以保证顶棚面板的完整，安装时一定要注意牢固性和保证可靠性。

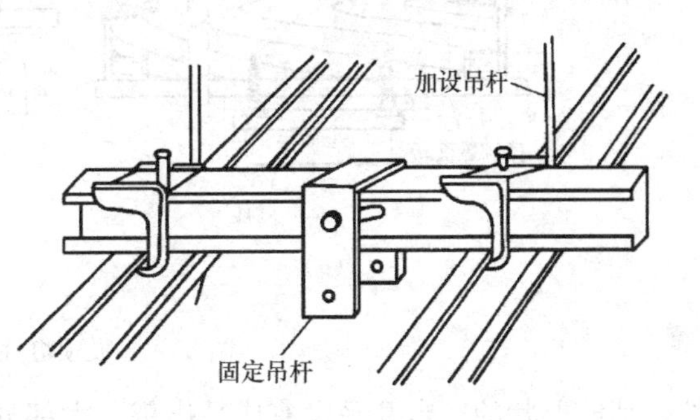

图 3-27　吊灯在吊棚上安装

3.3.1.2　吸顶灯安装

1. 吸顶灯在混凝土棚顶上安装

可以在浇筑混凝土前，根据图纸要求把木砖预埋在里面，也可以安装金属胀管螺栓，吸顶灯混凝土棚顶上安装如图 3-28 所示。在安装灯具时，把灯具的底台用木螺钉安装在预埋木砖上，或者用紧固螺栓将底盘固定在混凝土棚顶的金属胀管螺上，吸顶灯再与底台、底盘固定。如果灯具底台直径超过 100mm，往预埋木砖上固定时，必须用 2 个螺钉。圆形底盘吸顶灯紧固螺栓数量不得少于 3 个，方形或矩形底盘吸顶灯紧固螺栓不得少于 4 个。

2. 吸顶灯在顶棚上安装

小型、轻体吸顶灯可以直接安装在吊顶棚上，但不得用吊顶棚的罩面板作为螺钉的紧固基面。安装时应在罩面板的上面加装木方，木方规格为 60mm×40mm，木方要固定在吊棚的主龙骨上。安装灯具的紧固螺钉拧紧在木方上，安装情况如图 3-29 所示。较大型吸顶灯安装，原则是不让吊棚承受更大的重力。可以用吊杆将灯具底盘等附件装置悬吊固定在建筑物主体顶棚上，或者固定在吊棚的主龙骨上，也可以采用在轻钢龙骨上紧固灯具附件，而后将吸顶灯安装至顶棚上。

3.3.1.3　壁灯安装

(1) 壁灯安装，先固定底台，然后再将灯具螺钉紧固在底台上。壁灯底台除正圆形以

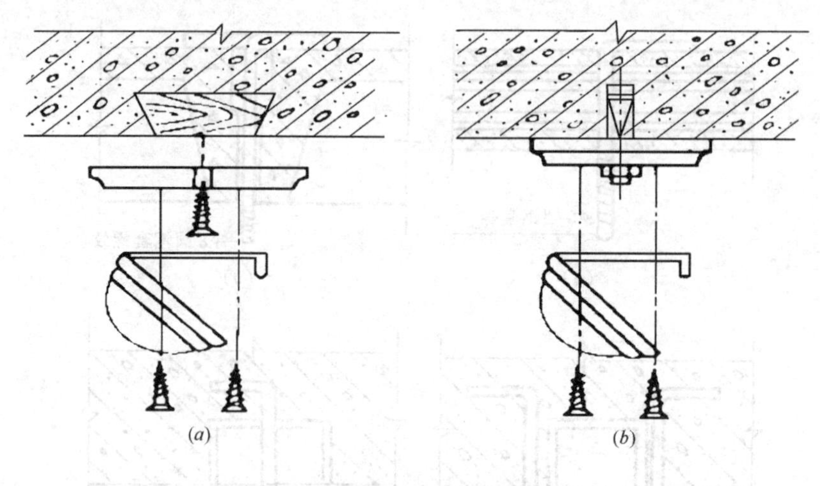

图 3-28 吸顶灯混凝土棚顶上安装

(a) 预埋木砖；(b) 胀管螺栓

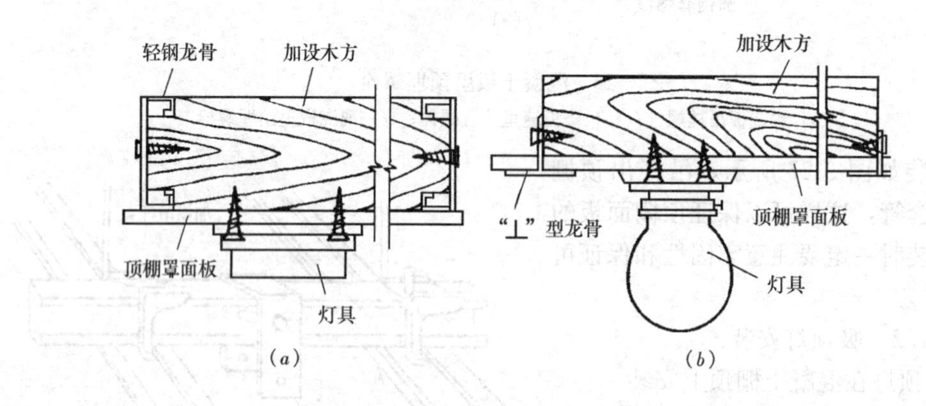

图 3-29 吸顶灯在吊棚上安装

外，其他形状的底台几乎没有成品出售，大部分需根据台灯底座的形状在现场制作，制作底台的材料可用松木、锻木板材。板材厚度应不小于 15mm，木底台必须刷饰面油漆，既增加美观，又可防止吸潮变形。

(2) 在墙面、柱面上安装壁灯，可以用灯位盒的安装螺孔旋入螺丝来固定，也可在墙面上打孔置入金属或塑料胀管螺丝。壁灯底台固定螺丝一般不少于 2 个。体积小、重量轻、平衡性较好的壁灯可以用 1 个螺栓，采取挂式安装。在直径较小的柱子上安装时，也可以在柱子上预埋金属构件或用抱箍将金属构件固定在柱子上，然后固定灯具。

(3) 壁灯安装高度一般为灯具中心距地面 2.2m 左右，床头壁灯以 1.2～1.4m 高度较适宜。壁灯安装如图 3-30 所示。

3.3.1.4 荧光灯安装

荧光灯（日光灯）安装方式有吸顶、吊链和吊管三种。安装时应按电路图正确接线，开关应装在镇流器侧，镇流器、启辉器、电容器要相互匹配。

1. 荧光灯电路的组成

荧光灯（日光灯）电路由三个主要部分组成：灯管、镇流器和启辉器，如图 3-31 所示。

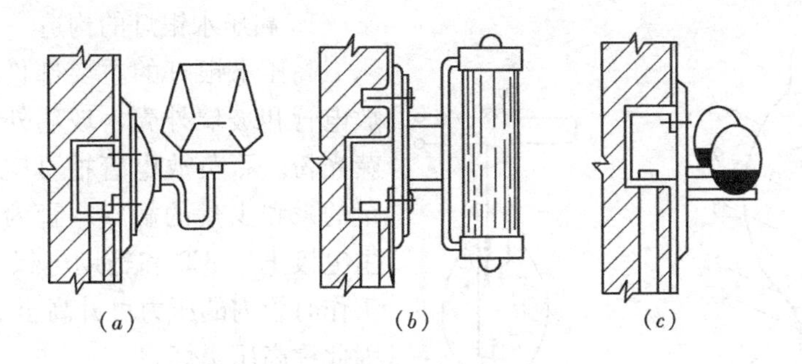

图 3-30　壁灯安装

(a) 利用灯位盒螺孔固定灯具；(b) 用胀管螺丝固定灯具；(c) 1 个螺栓将灯具悬挂固定

2. 荧光灯的安装

荧光灯的安装工艺主要有两种。一种是吸顶式安装，另一种是吊链式安装。

(1) 吸顶荧光灯安装

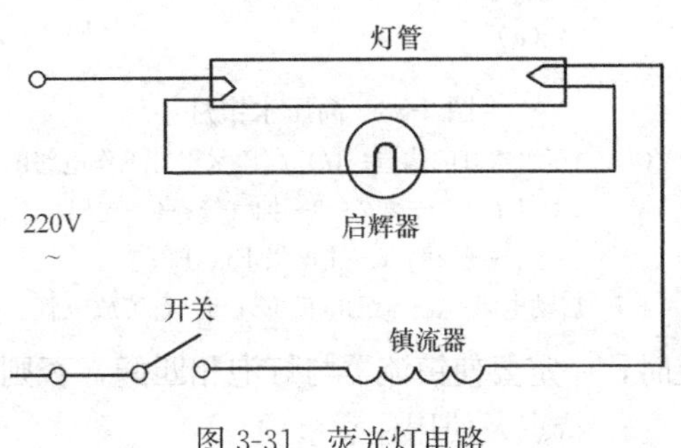

图 3-31　荧光灯电路

根据设计图确定出日光灯的位置，将日光灯贴紧建筑物表面，日光灯的灯架应完全遮盖住灯头盒，对着灯头盒的位置打好进线孔，将电源线甩入灯架，在进线孔处应套上塑料管以保护导线。找好灯头盒螺孔的位置，在灯架的底板上用电钻打好孔，用机螺丝拧牢固，在灯架的另一端应使用胀管螺栓加以固定。如果日光灯是安装在吊顶上的，应该将灯架固定在龙骨上。灯架固定好后，将电源线压入灯架内的端子板上。把灯具的反光板固定在灯架上，并将灯架调整顺直，最后把日光灯管装好，如图 3-32 所示。

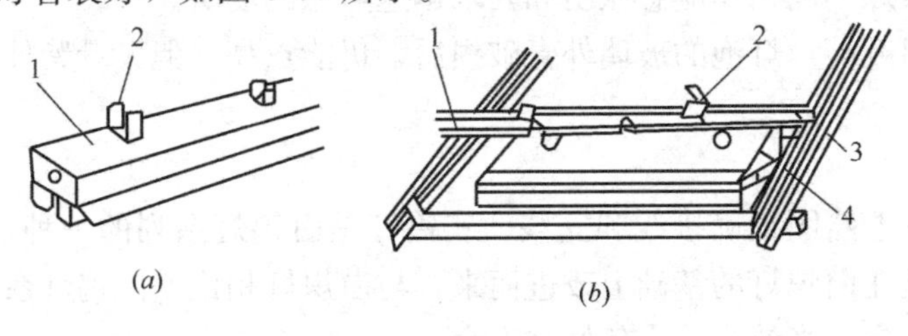

图 3-32　吸顶荧光灯安装

(a) 用方抱卡固定
1—荧光灯；2—方抱卡

(b) 用横担支架固定
1—龙骨连接卡；2—吊杆螺栓；
3—轻钢龙骨；4—控制型荧光灯

(2) 吊链荧光灯安装

在建筑物顶棚上用冲击钻钻孔后，安装塑料胀管，灯架吊钩拧在塑料胀管内，根据灯具的安装高度，将吊链编好挂在灯架挂钩上，并且将导线编叉在吊链内，并引入灯架，吊链下端固定在灯具方抱卡上。在灯架的进线孔处应套上软塑料管以保护导线，压入灯架内的端子板内。将灯具导线和灯头盒中甩出的导线连接，并用绝缘胶布分层包扎紧密，理顺接头扣于塑料（木）台上的吊线盒内，吊线盒的中心应与塑料（木）台的中心对正，用木螺丝将其拧牢。将灯具的反光板用机螺丝固定在灯架上。最后，调整好灯脚，将灯管装好。

3.3.1.5　高压水银灯安装

高压水银灯又称高压汞灯，是一种较新型的电光源。它的主要优点是发光效率较高，寿命长、省电、耐振。广泛应用于街道、广场、车间、工厂等场所的照明。

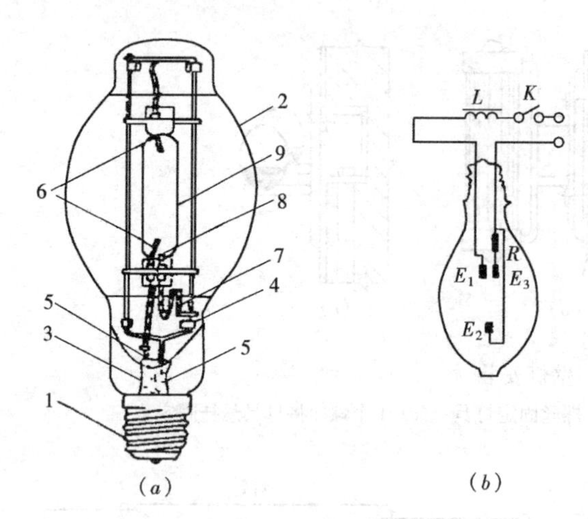

图 3-33　高压水银灯
(a) 高压水银灯的构造；(b) 高压水银灯工作电路图
1—灯头；2—玻璃壳；3—抽气管；4—支架；
5—导线；6—主电极 E1、E2；
7—启动电阻；8—辅助电极 E3；9—石英放电管

1. 高压水银灯的构造

高压水银灯的主要部件有灯头、石英放电管和玻璃外壳，玻璃外壳的内壁涂有荧光粉。石英放电管抽真空后，充有一定量的汞和少量的氩气。管内封装有钨制的主电极 E1、E2 和辅助电极 E3 见图 3-33。工作时管内的压力可升高至 0.2～0.6MPa，因此称高压汞灯。

2. 高压水银灯安装

高压水银灯应垂直安装。因为水平安装时，光通量减少约 70%，而且容易自熄灭。镇流器应安装在灯具附近人体接触不到的地方，并应在镇流器上覆盖保护物。高压水银灯功率在 125W 以下应配用 E29 型瓷质灯座；功率在 175W 及以上应配用 E40 型瓷质灯座。外镇流型高压水银灯安装时，一定要使镇流器与灯泡相匹配，否则，会烧坏灯泡。

3. 特点及使用注意事项

(1) 电压偏移对高压水银灯的正常工作影响较大，当电压突然降低超过额定电压 5%时，灯泡可能会自行熄灭。所以在电路中接有电动机时，应考虑电动机启动时电压波动的影响。另外，电压变化对其光通量也有较大影响，电压增高，光通量增加，反之，光通量减少。

(2) 高压水银灯寿命可达 5000h 以上，但频繁开关对寿命有影响。另外，由于启动时间和再启动时间长，所以高压水银灯不能用作应急照明和要求迅速点燃的场所。

(3) 高压水银灯玻璃外壳的温度高，灯泡的玻璃外壳破损后，仍能点亮，但大量紫外线射出，会灼伤人眼和皮肤。

3.3.1.6　碘钨灯的安装

碘钨灯安装时应按产品要求及电路图正确接线和安装。碘钨灯是卤钨灯系列的一种，是一种新型的热辐射式光源。它是在白炽灯的基础上改进而来，与白炽灯相比，卤钨灯系列有以下特点：体积小、光通量稳定、光效高、光色好、寿命长。

1. 碘钨灯的构造

碘钨灯主要由电极、灯丝和石英灯管组成。管内抽真空后充以微量的碘蒸气和氩气。由于灯管尺寸小，机械强度高，充入的惰性气体压力较高，这样大大抑制灯丝的挥发，所以其使用寿命较长。

2. 碘钨灯的安装

安装碘钨灯，要求灯管装在配套的灯架上，如图 3-34 所示。灯架距可燃物的净具不得小于 1m，离地垂直高度不宜少于 6m。并且必须使灯管保持水平，其水平线偏离应小于 ±4°，否则将会严重缩短灯管寿命。灯管温度约 250℃，室外安装应有防雨措施。

3. 特点及使用注意事项

(1) 由于灯丝温度高，碘钨灯比白炽灯辐射的紫外线要多；

(2) 灯管管壁温度高达 600℃左右，故不能与易燃物接近，也不允许用任何人工冷却；

(3) 碘钨灯耐振性差，不应在有振动的场所使用，也不能作移动式局部照明；

(4) 碘钨灯要配用专用的照明灯具；

(5) 碘钨灯功率在 1000W 以上时，应使用胶盖瓷底刀开关。

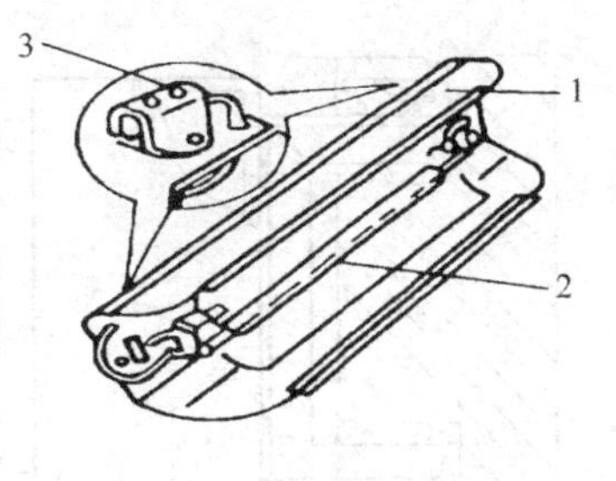

图 3-34　碘钨灯安装

1—配套支架；2—灯管；3—接线桩

3.3.2　照明配电箱安装

照明配电箱有标准和非标准型两种。标准配电箱可向生产厂家直接订购或在市场上直接购买，非标准配电箱可自行制作。照明配电箱的安装方式有明装、嵌入式暗装和落地式安装。下面就配电箱安装的要求及三种安装方法的实施作简单介绍。

照明配电箱安装要求

1. 在配电箱内，有交、直流或不同电压时，应有明显的标志或分设在单独的板面上；

2. 导线引出板面，均应套设绝缘管；

3. 配电箱安装垂直偏差不应大于 3mm。暗设时，其面板四周边缘应紧贴墙面，箱体与建筑物接触的部分应刷防腐漆；

4. 照明配电箱安装高度，底边距地面一般为 1.5m，配电板安装高度，底边距地面不应小于 1.8m；

5. 三相四线制供电的照明工程，其各相负荷应均匀分配；

6. 配电箱内装设的螺旋式熔断器（RL1），其电源线应接在中间触点的端子上，负荷线接在带螺纹的端子上；

7. 配电箱上应标明用电回路名称。

3.3.2.1　悬挂式配电箱的安装

悬挂式配电箱可安装在墙上或柱子上。直接安装在墙上时，应先埋设固定螺栓，固定螺栓的规格和间距应根据配电箱的型号和重量以及安装尺寸决定。螺栓长度应为埋设深度（一般为 120～150mm）加箱壁厚度以及螺帽和垫圈的厚度，再加上 3～5 扣螺纹的余量长度。

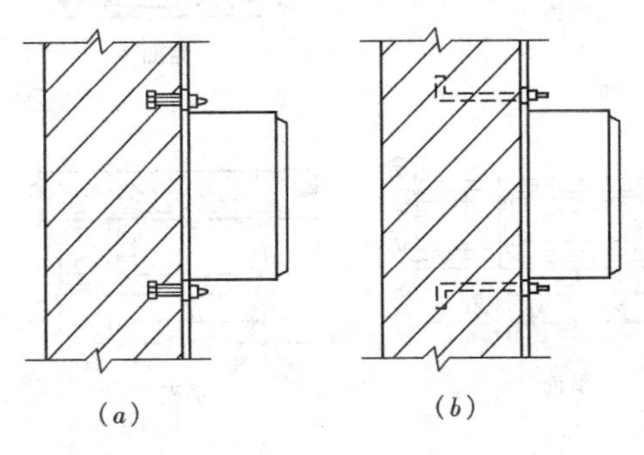

图 3-35　悬挂式配电箱安装

(a) 墙上胀管螺栓安装；(b) 墙上螺栓安装

悬挂式配电箱安装见图 3-35。

施工时，先量好配电箱安装孔尺寸，在墙上划好孔位，然后打洞，埋设螺栓（或用金属膨胀螺栓）。待填充的混凝土牢固后，即可安装配电箱。安装配电箱时，要用水平尺校正其水平度。同时要校正其安装的垂直度。

配电箱安装在支架上时，应先将支架加工好然后将支架埋设固定在墙上，或用抱箍固定在柱子上，再用螺栓将配电箱安装在支架上，并调整其水平和垂直。图 3-36 为配电箱在支架上固定示意图。

配电箱安装高度按施工图纸要求。配电箱上回路名称也按设计图纸给予标明。

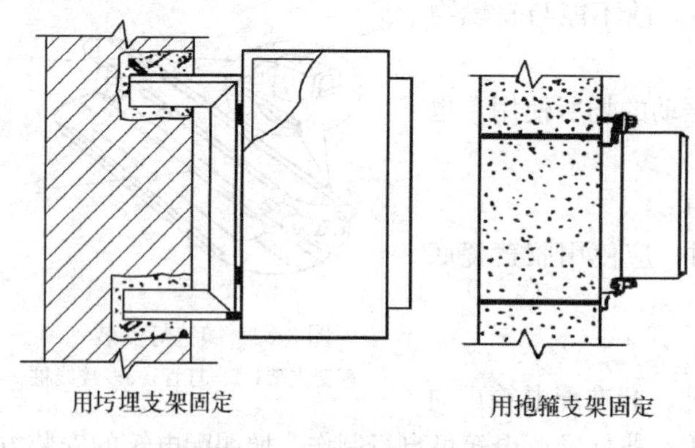

图3-36 支架固定配电箱

3.3.2.2 嵌入式暗装配电箱的安装

嵌入式暗装配电箱安装，通常是按设计指定的位置，在土建砌墙时先把配电箱底预埋在墙内。预埋前应将箱体与墙体接触部分刷防腐漆，按需要砸下敲落孔压片，有贴脸的配电箱，把贴脸卸掉。一般当主体工程砌至安装高度时，就可以预埋配电箱，配电箱应加钢筋过梁，避免安装后变形，配电箱底应保持水平和垂直，应根据箱体的结构形式和墙面装饰厚度来确定突出墙体的尺寸。预埋时应做好线管与箱体连接固定，箱内配电盘安装前，应先清除杂物，补齐护帽，零线要经零线端子连接。配电盘安装后，应接好接地线。照明配电箱安装高度按施工图纸要求，配电板的安装高度，一般底边距地面不应小于1.8mm。安装的垂直误差不大于3mm。

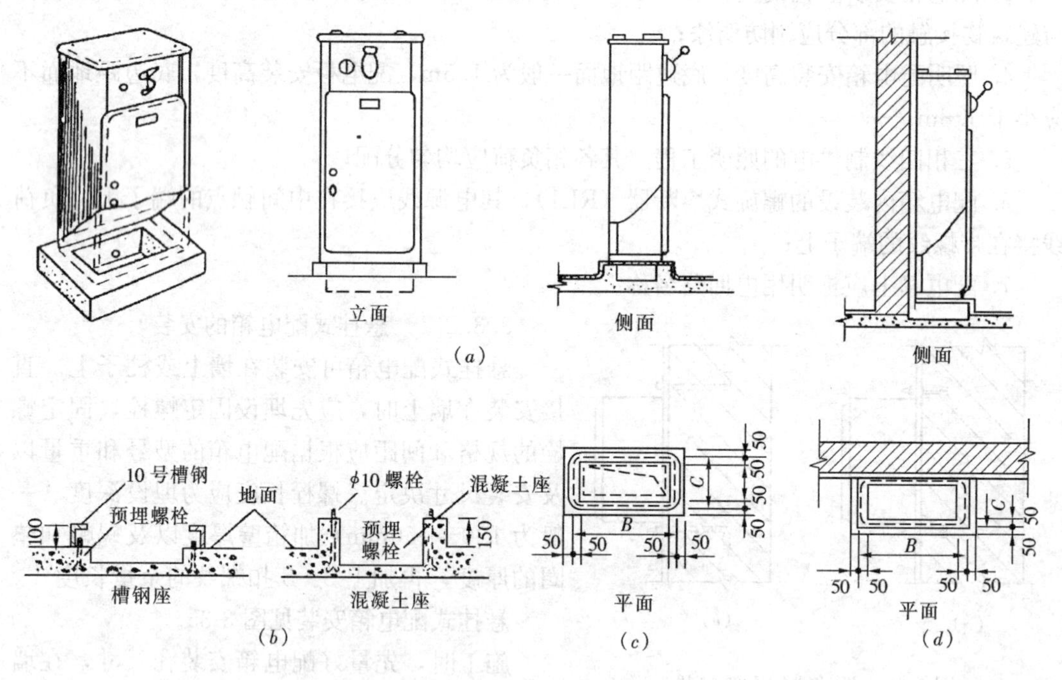

图3-37 配电箱的落地式安装

(a) 安装示意图；(b) 配电箱基座示意图；(c) 独立式安装；(d) 靠墙面安装

当墙壁的厚度不能满足嵌入式要求时，可采用半嵌入式安装，使配电箱的箱体一半在墙面外，一半嵌入墙内，其安装方法与嵌入式相同。

3.3.2.3 配电箱的落地式安装

配电箱落地安装时，在安装前先要预制1个高出地面一定高度的混凝土空心台，如图3-37所示。这样可使进出线方便，不易进水，保证运行安全。进入配电箱的钢管应排列整齐，管口高出基础面 50mm 以上。

3.3.3 开关、插座及吊扇安装

3.3.3.1 开关和插座的安装

开关的作用是接通或断开照明灯具电源的器件。根据安装形式分为明装式和暗装式两种。明装式有扳把开关，暗装式多采用扳把开关或跷板式开关。插座的作用是为移动式电器和设备提供电源。有单相三极三孔插座、三相四极四孔插座等种类。开关、插座安装必须牢固、接线要正确，容量要合适。它们是电路的重要设备，直接关系到安全用电和供电。

1. 开关安装的要求

(1) 同一场所开关的切断位置应一致，操作应灵活可靠，接点应接触良好；

(2) 开关安装位置应便于操作，各种开关距地面一般为 1.3m，距门框为 0.15～0.2m；

(3) 成排安装的开关高度应一致，高低差不大于 2mm；

(4) 电器、灯具的相线应经开关控制，民用住宅禁止装设床头开关；

(5) 跷板开关的盖板应端正严密，紧贴墙面；

(6) 在多尘、潮湿场所和户外应用防水拉线开关或加装保护箱；

(7) 在易燃、易爆场所，开关一般应装在其他场所控制，或用防爆型开关；

(8) 明装开关应安装在符合规格的圆木或方木上。

2. 插座安装的要求

(1) 交、直流或不同电压的插座应分别采用不同的形式，并有明显标志，且其插头与插座均不能互相插入。

(2) 单相电源一般应用单相三极三孔插座，三相电源就用三相四极四孔插座，在室内不导电地面可用两孔或三孔插座，禁止使用等边的圆孔插座。

(3) 插座的安装高度应符合下列要求

1) 一般距地面高度为 1.3m，在托儿所、幼儿园、住宅及小学等场所不应低于 1.8m，同一场所安装的插座高度应尽量一致。

2) 车间及试验的明、暗插座一般距地面高度不低于 0.3m，特殊场所暗装插座一般不应低于 0.15m，同一室安装的插座高低差不应大于 5mm，成排安装的插座不应大于 2mm。

(4) 舞台上的落地插座应有保护盖板。

(5) 在特别潮湿、有易燃、易爆气体和粉尘较多的场所，不应装设插座。

(6) 明装插座应安装在符合规格的圆木或方木上。

(7) 插座的额定容量应与用电负荷相适应。

(8) 单相二孔插座接线时，面对插座左孔接工作零线，右孔接相线；单相三孔插座接线时，面对插座左孔接工作零线，右孔接相线，上孔接保护零线或接地线，严禁将上孔与左孔用导线相连；三相四孔插座接线时，面对插座左、下、右三孔分别接 A、B、C 相线，上孔接保护零线或接地线。

(9) 暗装的插座应有专用盒、盖板应端正、紧贴墙面。

3. 开关和插座的安装

明装时，应先在定位处预埋木砖或安装塑料胀管以固定木台，然后在木台上安装开关或插座。暗装时，应设有专用接线盒，一般是先行预埋，再用水泥砂浆填充抹平，接线盒口应与墙面粉刷层平齐，等穿线完毕后再安装开关或插座，其盖板或面板应端正，紧贴墙面。

安装开关的一般方法如图3-38所示。所有开关均应串接在电源的相线上。各只翘板开关的通断位置应一致（翘板上面凸出为开灯）。

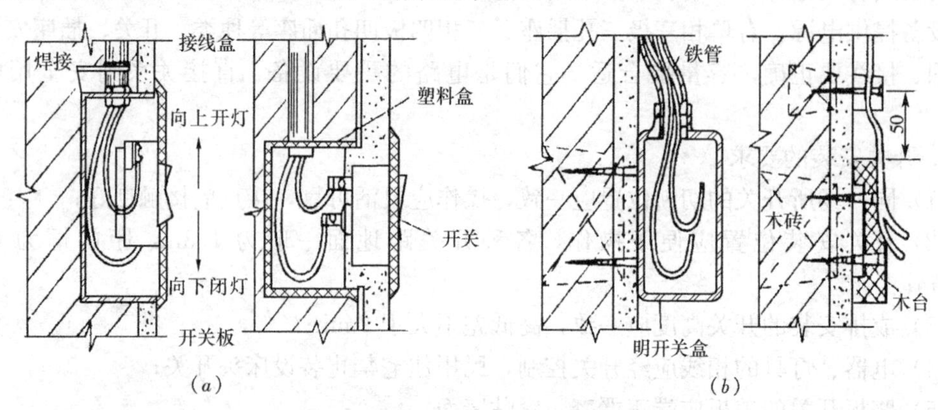

图3-38　开关和插座的安装

(a) 暗装翘板开关；(b) 明装开关或插座

插座安装方法与开关安装方法基本相似。接线必须符合规定，不能乱接。例如一般规定单相三孔插座接线时，应面对插座左孔接零线，右孔接相线，上孔接地。三相四孔插座面对插座左孔接A相、下孔接B相、右孔接C相、上孔接保护零线或接地。

3.3.3.2　吊扇的安装

吊扇安装需在土建施工中预埋吊钩。吊钩的选择和安装很重要，造成电扇坠落，往往由于吊钩选择不当或安装不牢造成的。

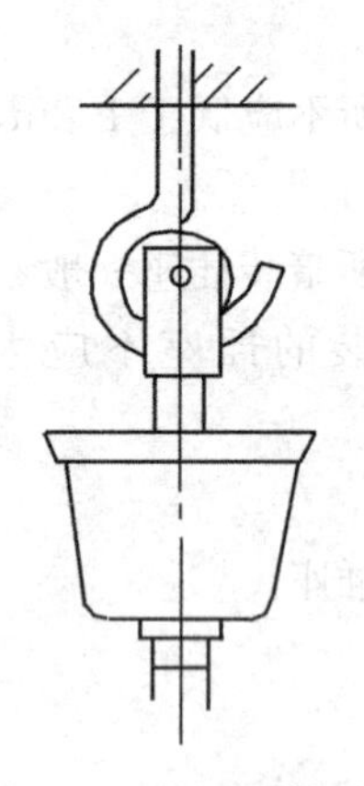

图3-39　吊钩弯制尺寸和安装要求

1. 对吊钩的要求

(1) 吊钩应能可靠承受吊扇重量，吊扇的重心和吊钩垂直部分要在同一直线上，如图3-39所示。

(2) 吊钩伸出建筑物的长度应以盖上电扇吊杆上护罩后能将整个吊钩全部罩住为宜。

(3) 现场弯制的吊钩，其直径不应小于吊扇悬挂销钉的直径，且不得小于10mm。

(4) 预埋混凝土中的挂钩应与主筋相焊接。如无条件焊接时，可将挂钩末端部分弯曲后与主筋绑扎，固定牢固。

2. 吊扇安装

(1) 扇叶距地面高度不应低于2.5m。

(2) 吊杆上的悬挂销钉必须装设防振橡皮垫及防松装置。

(3) 吊扇组装时，应符合下列要求

1) 严禁改变扇叶角度；

2) 扇叶的固定螺钉应有防松装置。

(4) 接线正确，运转时扇叶不应有显著颤动。

任务 3-4　防雷与接地装置安装

《建筑电气施工技术》工作页

姓名：　　　　学号：　　　　班级：　　　　日期：

任务 3-4	防雷与接地装置安装	课时：2 学时	
项目 3	电气照明工程安装	课程名称	建筑电气施工技术
任务描述：			
通过讲授、视频录像及现场参观等形式认知防雷、接地装置的作用、分类等，让学生对防雷和接地装置有明确的了解，学会防雷与接地装置的安装方法			
工作任务流程图：			
播放录像→教师下发防雷和接地图纸并结合图纸讲授→分组研讨→提交工作页→集中评价→提交认知训练报告			
1. 资讯（明确任务、资料准备）			
（1）防雷装置由什么组成的？ （2）避雷带的安装方法是什么？ （3）接地装置由什么组成的？ （4）人工接地装置如何施工？			
2. 决策（分析并确定工作方案）			
分析采用什么样的方式、方法了解防雷与接地装置的组成，通过什么样的途径学会任务知识点，初步确定防雷与接地装置安装的工作任务方案			
3. 计划（制订计划）			
制定实施工作任务的计划书；小组成员分工合理 需要通过实物认识、图片搜集、视频播放、查找资料、参观等形式完成本次任务。 （1）通过教材、查找资料学习防雷与接地装置的组成、特点、应用场合等。 （2）通过 PPT 讲解，认知施工方法。 （3）通过一体化实训室认知防雷与接地装置所用的材料、设备			
4. 实施（实施工作方案）			
（1）参观记录； （2）学习笔记； （3）研讨并填写工作页			
5. 检查			
（1）以小组为单位，进行讲解演示，小组成员补充优化； （2）学生自己独立检查或小组之间互相交叉检查； （3）检查学习目标是否达到，任务是否完成			
6. 评估			
（1）填写学生自评和小组互评考核评价表； （2）跟老师一起评价认识过程； （3）与老师深层次的交流； （4）评估整个工作过程，是否有需要改进的方法			
指导老师评语：			
任务完成人签字： 日期：　　年　　月　　日			

3.4.1 防雷装置安装

雷电是雷云之间或雷云对地面放电的一种自然现象。

在雷雨季节里，地面上的一部分水，受热蒸发变成水蒸气，随热空气上升，在空中与冷空气相遇，凝结成水滴或冰晶，形成积云。水滴受强烈气流摩擦发生带电，带电的雷云在大地表面感应出与云块异号的电荷，当电场较强时，即发生雷云与大地之间的放电；两块带异性电荷的雷云，相互接近到一定程度时，会发生空气击穿而产生强烈的空中放电，这就是雷电。

雷电流流过地面的被击物时，具有极大的破坏性，其电压可达数百万伏。电流可高达数万安培至数十万安培，雷击放电时，温度可高达20000℃。造成人畜伤亡、建筑物击毁或燃烧、线路停电及电气设备损坏等严重事故。因此，必须根据被保护物的不同要求，雷电的不同形式，采取可靠的防雷措施，装设各种防雷装置，保护人民生命财产和电气设备安全。

1. 防直击雷

雷电直接击中建筑物或其他物体，对其放电，这种雷击称为直击雷。

第一、二、三类工业建筑物和构筑物及第一、二类民用建筑物和构筑物的易受雷击部位，都必须采取防直击雷措施。建筑物和构筑物分类见表3-8。

建筑物和构筑物分类　　表3-8

A 第一类工业建筑物和构筑物	由于使用或贮存大量爆炸危险物质（如火药、炸药、起爆药等），电火花会引起强烈爆炸，造成巨大破坏和人身伤亡。如制造火药的建筑物、乙炔站、电石库、汽油提炼车间等。 凡划为Q-1级和G-1级爆炸危险场所者均属于这类建筑物和构筑物
B第二类工业建筑物和构筑物	虽然使用和贮存爆炸危险物质，但电火花不易引起爆炸，或不致造成巨大破坏和人身伤亡。如油漆制造车间、氧气站、易燃品库等。 凡划为Q-2级和G-2级爆炸危险场所者均属于这类建筑物和构筑物
C第三类工业建筑物和构筑物	除以上两类外，凡属需要防雷的工业建筑物和构筑物，包括依其遭受雷击的可能性和依其遭受雷击后影响生产的程度确定需要防雷的Q-3级爆炸危险场所和H-1级、H-2级、H-3级火灾危险场所的建筑物和构筑物；包括多雷地区较重要的建筑物和构筑物，包括高度超过15～20m的烟囱、水塔等建筑物和构筑物
D第一类民用建筑物	系指具有重大政治意义的建筑物，如国家重要机关办公室、迎宾馆、国际机场、大会堂、大型火车站、大型体育馆、大型展览馆等
E第二类民用建筑物和构筑物	包括重要的公共建筑物（如大型百货公司、大型影剧院等）及与第三类工业建筑物和构筑物相当的民有建筑物和构筑物

防直击雷的主要措施是装设避雷针、避雷带、避雷网、避雷线。这些设备又称接闪器，即在防雷装置中用以接收雷云放电的金属导体。

2. 防感应雷

由于雷电的静电感应或电磁感应引起的危险过电压称为感应雷。感应雷产生的感应过电压可高达数十万伏。

防止静电感应产生的高压，我们一般是在建筑物内，将金属设备、金属管道、结构钢筋予以接地，使感应电荷迅速入地，避免雷害。根据建筑物的不同屋顶，采取相应的防止静电感应措施，例如金属屋顶，将屋顶妥善接地；对于钢筋混凝土屋顶，将屋面钢筋焊成

6～12m 网格，连成通路，并予以接地；对于非金属屋顶，在屋顶上加装边长 6～12m 金属网格，并予接地。屋顶或屋顶上的金属网格的接地不得少于 2 处，其间距不得大于 18～30m。

防止电磁感应引起的高电压，一般采取以下措施：对于平行金属管道相距不到 100m 时，每 20～30m 用金属线跨接；交叉金属管道不到 100m 时，也用金属线跨接；管道与金属设备或金属结构之间距离小于 100m 时，也用金属线跨接；在管道接头、弯头等连接部位也用金属线跨接，并可靠接地。

3. 防雷电侵入波

由于输电线路上遭受雷击，高压雷电波便沿着输电线侵入变配电所或用户，击毁电气设备或造成人身伤害，这种现象称雷电波侵入。据统计资料，电力系统中由于雷电波侵入而造成的雷害事故占整个雷害事故近一半。因此，对雷电波侵入应予以相当重视，要采取措施，严加防护。避雷器就是防止雷电波侵入，造成雷害事故的重要电气设备。

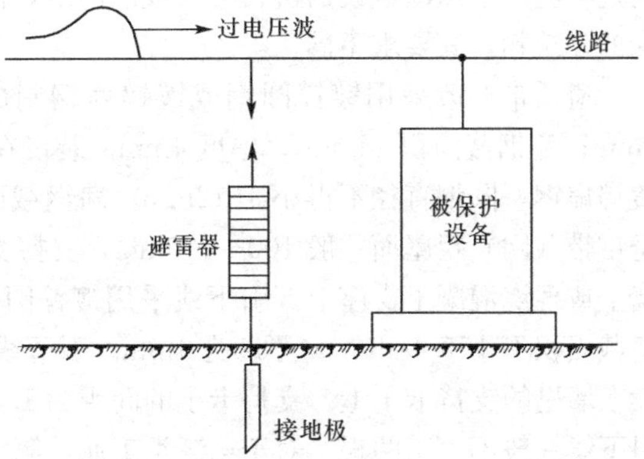

图 3-40　避雷器的连接

避雷器用来防护雷电波的高电压沿线路侵入变、配电所或其他建筑物内，损坏被保护设备的绝缘。它与被保护设备并联。如图 3-40 所示。

当线路上出现危及设备绝缘的过电压时，避雷器就对地放电，从而保护了设备。避雷器有：阀型避雷器、管型避雷器、氧化锌避雷器。

3.4.1.1　避雷针安装

避雷针通常采用镀锌圆钢或镀锌钢管制成，上部制成针尖形状。所采用的圆钢或钢管的直径不小于下列数值：

当针长为 1m 以下时：圆钢为 12mm，钢管为 20mm；

当针长为 1～2m 时：圆钢为 16mm，钢管为 25mm；

烟囱顶上的避雷针：圆钢为 20mm。

避雷针一般安装在支柱（电杆）上或其他构架、建筑物上。避雷针下端必须可靠地经引下线与接地体连接，可靠接地。接地电阻不大于 10Ω（详见有关规范）。装设避雷针的构架上不得架设低压线或通讯线。

引下线一般采用圆钢或扁钢，其尺寸不小于下列数值：圆钢直径 8mm；扁钢截面 $48mm^2$，厚度 4mm。所用的圆钢或扁钢均需镀锌。引下线的安装路径应短直，其紧固件及金属支持件均应镀锌。引下线距地面 1.7m 处开始至地下 0.3m 一段应加塑料管或钢管保护。

避雷针的作用原理是能对雷电场产生一个附加电场（这附加电场是由于雷云对避雷针产生静电感应引起的），使雷电场发生畸变，将雷云放电的路径，由原来可能从被保护物通过的方向吸引到避雷针本身，由它经引下线和接地体把雷电流泄放到大地中去，使被保护物免受直击雷击。所以实质上避雷针是引雷针，它是把雷电流引来入地，从而保护了其他物体免受雷击。

避雷针及其接地装置不能装设在人、畜经常通行的地方，距道路应3m以上，否则要采取保护措施。与其他接地装置和配电装置之间要保持规定距离：地面上不小于5m；地下不小于3m。

3.4.1.2　避雷带、避雷网安装

避雷带、避雷网普遍用来保护建筑物免受直击雷和感应雷。

避雷带是沿建筑物易受雷击部位（如屋脊、屋檐、屋角等处）装设的带形导体。避雷网是将屋面上纵横敷设的避雷带组成的网络，网格大小按有关规范确定，对于防雷等级不同的建筑物，其要求不同。

避雷带一般采用镀锌圆钢或镀锌扁钢制成，其尺寸不小于下列数值：圆钢直径为8mm；扁钢截面积48mm²，厚度4mm。装设在烟囱顶端的避雷环，一般采用镀锌圆钢或镀锌扁钢，圆钢直径不得小于12mm；扁钢截面不得小于100mm²，厚度不得小于4mm。避雷带（网）距屋面一般100～150mm，支持支架间隔距离一般为1～1.5m。支架固定在墙上或现浇混凝土支座上。引下线采用镀锌圆钢或镀锌扁钢。圆钢直径不小于8mm；扁钢截面积不小于48mm²，厚度为4mm。引下线沿建（构）筑物的外墙明敷设，固定于埋设在墙里的支持卡子上。支持卡子的间距为1.5m。也可以暗敷，但引下线截面积应加大。引下线一般不少于两根，对于第三类工业，第二类民用建（构）筑物，引下线的间距一般不大于30m。

采用避雷带时，屋顶上任何一点距离避雷带不应大于10m。当有3m及以上平行避雷带时，每隔30～40m宜将平行的避雷带连接起来。屋顶上装设多支避雷针时，两针间距离不宜大于30m。屋顶上单支避雷针的保护范围可按60°保护角确定。

表3-9列出了防雷装置接闪器、引下线、接地体的最小尺寸，供设计、安装时参考。

3.4.1.3　避雷器安装

1. 阀型避雷器

阀型避雷器由火花间隙和阀电阻片组成，装在密封的套管内。火花间隙一般采用多个单位间隙串联而成，阀电阻片是非线性电阻，加在上面的电压愈高其电阻值愈小，加在上面的电压低时，其电阻值很大，一般用金刚砂（碳化硅）颗粒和结合剂制成。如图3-41所示。

接闪器、引下线和接地体的最小尺寸　　表3-9

名称		接闪器						引下线		接地体	
		针长（m）		烟囱顶上	避雷线	避雷网带	烟囱顶上避雷环	一般处所	装在烟囱上	水平埋地	垂直埋地
		1以下	1～2								
圆钢直径（mm）		12	16	20	—	8	12	8	12	10	10
钢管直径（mm）		20	25	—	—	—	—	—	—	—	—
扁钢	截面（mm²）	—	—	—	—	43	100	48	100	100	—
	厚度（mm）	—	—	—	—	4	4	4	4	4	—
角钢厚度（mm）		—	—	—	—	—	—	—	—	—	4
钢管壁厚（mm）		—	—	—	—	—	—	—	—	—	3.5
镀锌钢绞线（mm²）		—	—	—	35	—	—	—	25	—	—

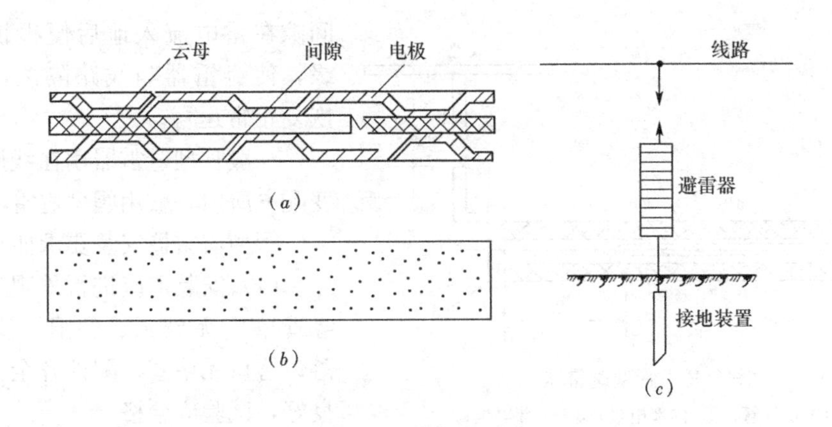

图 3-41　阀型避雷器

(a) 避雷器的单位火花间隙；(b) 避雷器的阀电阻片；(c) 避雷器的连接

正常情况下，火花间隙阻止线路工频电流通过，但在线路上出现高电压雷电波时，火花间隙就被击穿，阀电阻片在高电压作用下电阻值变得很小，这样雷电流便通畅地向大地泄放，保护了被保护设备不被击坏。当过电压一旦消失，线路上恢复工频电压时，阀电阻片以呈现很大的电阻，火花间隙绝缘也迅速恢复，恢复正常运行。

阀型避雷器安装应注意：

(1) 安装前应检查其型号规格是否与设计相符；瓷件应无裂纹、破损；瓷套与铁法兰间的结合应良好；组合元件应经试验合格，底座和拉紧绝缘子的绝缘应良好。(FS 型避雷器绝缘电阻应大于 2500MΩ)。

(2) 阀型避雷器应垂直安装，每个元件的中心线与避雷器安装点中心线的垂直偏差不应大于该元件高度的 1.5%，如有歪斜，可在法兰间加金属片校正，但应保证其导电良好，并把缝隙垫平后涂以油漆。均压环应安装水平，不能歪斜。

(3) 拉紧绝缘子串必须紧固，弹簧应能伸缩自如，同相绝缘子串的拉力应均匀。

(4) 放电记录器应密封良好、动作可靠、安装位置应一致，且便于观察安装时，放电记录器要恢复至零位。

(5) 10kV 以下变配电所常用的阀型避雷器，体积较小，当安装在墙上时，应有金属支架固定；安装在电杆上时，应有横担固定。金属支架、横担应根据设计要求加工制作，并固定牢固。避雷器的上部端子一般用镀锌螺栓与高压母线连接，下部端子接到接地引下线上，接地引下线应尽可能短而直，截面积应按接地要求和规定选择。

2. 管型避雷器

管型避雷器由产气管、内部间隙和外部间隙三部分组成。如图 3-42 所示。

产气管由纤维、有机玻璃或塑料制成。内部间隙装在产气管内，一个电极为棒形，另一电极为环形。图8-3中 S_1 为管型避雷器的内部间隙，S_2 是装在管型避雷器与带电的线路之间的外部间隙。

当线路上遭到雷击或发生感应雷时，雷电过电压使管型避雷器的外部间隙和内部间隙击穿，强大的雷电流能穿过接地装置入地。同时，随之而来的工频续流也很大，这时雷电流和工频续流在管子内部间隙产生强烈电弧，使管内壁的材料燃烧、产生大量气体，由于管子容积很小，使管内气体压力很大，把电弧从管口喷出，使电弧熄灭。外部

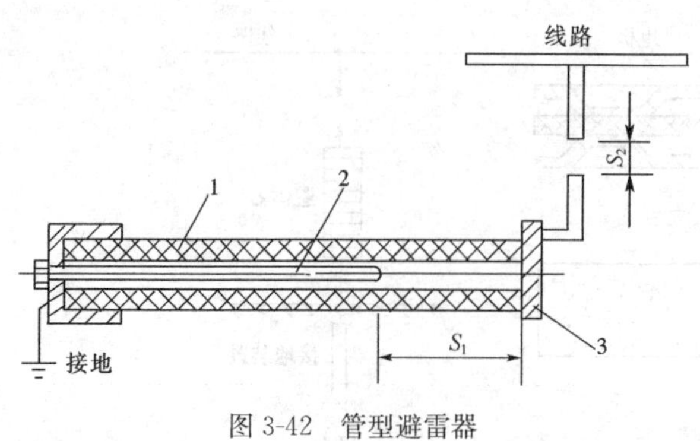

图3-42　管型避雷器

1—产气管；2—内部电极；3—外部电极；

S_1—内部间隙；S_2—外部间隙

间隙在雷电流入地后便很快恢复绝缘，使避雷器与线路隔离，线路便恢复正常运行。

一般管型避雷器用在线路上，在变配电所内一般用阀型避雷器。

管型避雷器安装要求如下：

(1) 安装前应进行外观检查：绝缘管壁应无破损、裂痕；漆膜无脱落；管口无堵塞；配件齐全；绝缘应良好，试验应合格。

(2) 灭弧间隙不得任意拆开调整，其喷口处的灭弧管内径应符合产品技术规定。

(3) 安装时应在管体的闭口端固定，开口端指向下方。倾斜安装时，其轴线与水平方向的夹角：普通管型避雷器应不小于15°；无续流避雷器应不小于45°；装在污秽地区时，还应增大倾斜角度。

(4) 避雷器安装方位，应使其排出的气体不致引起相间或对地短路或闪络，也不得喷及其他电气设备。避雷器的动作指示盖向下打出。

(5) 避雷器及其支架必须安装牢固，防止反冲力使其变形和移位，同时应便于观察和检修。

(6) 无续流避雷器的高压引线与被保护设备的连接线长度应符合产品的技术规定。

3. 氧化锌避雷器

氧化锌避雷器是20世纪70年代初期出现的压敏避雷器，它是以金属氧化锌微粒为基体，与精选过的能够产生非线性特性的金属氧化物（如氧化铋等）添加剂高温烧结而成的非线性电阻。其工作原理是：在正常工作电压下，具有极高的电阻，呈绝缘状态；当工作电压超过其启动值时（如雷电过电压，或操作过电压等），氧化锌阀片电阻变为极小，呈“导通”状态，将雷电流向大地泄放。待过电压消失后，氧化锌阀片电阻以呈现高阻状态，使“导通”终止，恢复原始状况。氧化锌避雷器动作迅速，通流量大，伏安特性好，残压低，无续流，因此，使用很广，其安装要求与阀型避雷器相同。

3.4.2　接地装置安装

电气接地一般可分成二大类：工作接地和保护接地。所谓工作接地是指为了保证电气设备在系统正常运行和发生事故情况下能可靠工作而进行的接地。如380/220V配电网络中的配电变压器中性点接地就是工作接地，这种配电变压器假如中性点不接地，那当配电系统中一相导线断线，其他二相电压就会升高3倍，即220V变为380V，这样就会损坏用电设备；还有像避雷针、避雷器的接地也是工作接地，假如避雷针、避雷器不接地或接地不好，则雷电流就不能向大地通畅泄放，这样避雷针、避雷器就不能起防雷保护作用。所以工作接地是指为了保证电气设备安全可靠工作、必须的接地。所谓保护接地是指为了保证人身安全和设备安全，将电气在正常运行中不带电的金属部分可靠接地。这样可防止电气设备绝缘损坏或其他原因使外壳等金属部分带电时发生人身触电事故。

钢接地体和接地线的最小规格　　表 3-10

种类规格及单位		地上		地下
		室内	室外	
圆钢直径（mm）		5	6	8 (10)
扁钢	截面（mm²）	24	48	48
	厚度（mm）	3	4	4 (6)
角钢厚度（mm）		2	2.5	4 (6)
钢管管壁厚度（mm）		2.5	2.5	3.5 (4.5)

注：1. 表中括号内的数值系指直流电力网中经常流过电流的接地线和接地体的最小规格。

2. 电力线路杆塔的接地体引出线的截面不应小于 50mm²，引出线应热镀锌。

无论哪种接地，接地必须良好，接地电阻必须满足规定要求。一般接地是通过接地装置来实施。接地装置包括接地体和接地线两部分。其中，接地体是埋入地下，直接与土壤接触的金属导体。有自然接地体和人工接地体两种。自然接地体是指兼作接地用的直接与大地接触的各种金属管道（输送易燃、易爆气体或液体的管道除外）、金属构件、金属井管、钢筋混凝土基础等。人工接地体是指人为埋入地下的金属导体，如 50mm×50mm×5mm 镀锌角钢、ϕ50mm 镀锌钢管等。接地线是指电气设备需接地的部分与接地体之间连接的金属导线。它有自然接地线和人工接地线两种。自然接地线如建筑物的金属结构（金属梁、柱等）、生产用的金属结构（吊车轨道、配电装置的构架等）、配线的钢管、电力电缆的铅皮、不会引起燃烧、爆炸的所有金属管道。人工接地线一般都采用扁钢或圆钢制作。钢接地体和接地线的最小规格见表 3-10。

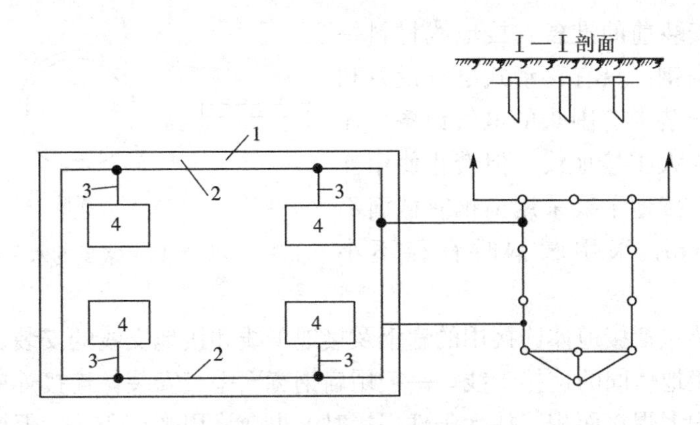

图 3-43　接地装置示意图

1—接地体；2—接地干线；3—接地支线；4—电气设备

图 3-43 是接地装置示意图。其中接地线分接地干线和接地支线。电气设备接地的部分就近通过接地支线与接地网的接地干线相连接。

接地装置的导体截面，应符合热稳定和机械强度的要求，且不应小于表 8-3 所列规格。

3.4.2.1 接地装置安装前的准备

(1) 接地体安装前的准备：垂直接地体一般采用镀锌角钢或钢管制作。角钢厚度不小于4mm，钢管壁厚不小于3.5mm，有效截面积不小于$48mm^2$。所用材料不应有严重锈蚀，弯曲的材料必须矫直后方可使用。一般用50mm×50mm×5mm镀锌角钢或ϕ50mm镀锌钢管制作。垂直接地体的长度一般为2.5m，其下端加工成尖形。用角钢制作时，其尖端应在角钢的角脊上，且两个斜边要对称（见图3-44*a*）；用钢管制作时要单边斜削（见图3-44*b*）。

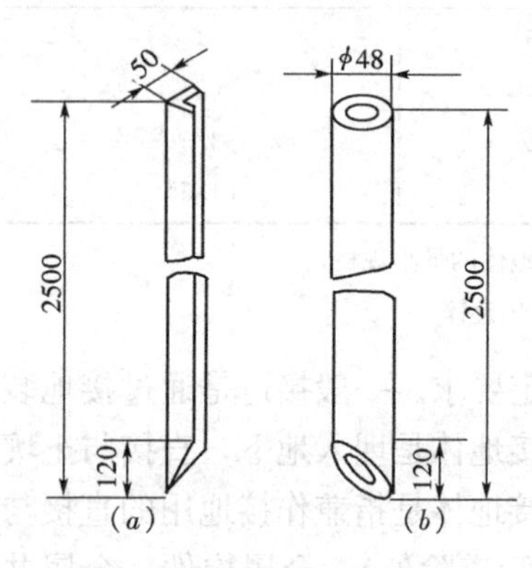

图3-44 垂直接地体图

(*a*) 角钢；(*b*) 钢管

装设接地体前，需沿设计图规定的接地网的线路先挖沟。由于地的表层容易冰冻，冰冻层会使接地电阻增大，且地表层容易被挖掘，会损坏接地装置。因此，接地装置需埋于地表层以下，一般埋设深度不应小于0.6m。一般挖沟深度0.8～1m。

水平接地体多采用ϕ16mm的镀锌圆钢或40mm×4mm镀锌扁钢。常见的水平接地体有带形、环形和放射形，如图3-45所示。埋设深度一般在沟深0.6～1m之间，不能小于0.6m。

带形接地体多为几根水平安装的圆钢或扁钢并联而成，埋设深度不小于0.6m，其根数及每根长度按设计要求。

环形接地体是用圆钢或扁钢焊接而成，水平埋设于地下0.7m以上。其直径大小按设计规定。

放射形接地体的放射根数一般为3根或4根，埋设深度不小于0.7m，每根长度按设计要求。

(2) 接地线安装前的准备：接地线材料一般都采用圆钢或扁钢。只有移动式电气设备和采用钢质导线在安装上有困难的电气设备，才采用有色金属作为人工接地线，但禁止使用裸铝导线作接地线。接地干线采用扁钢时截面不小于4mm×12mm，采用圆钢时直径不小于6mm。

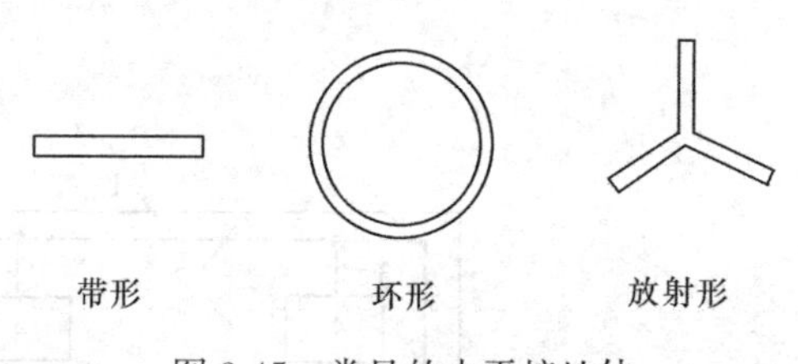

图3-45 常见的水平接地体

接地线的安装包括接地体连接用的扁钢及接地干线和接地支线的安装。

接地网中各接地体间的连接干线，一般用扁钢宽面垂直安装，连接处应尽可能采用焊接并加镶块，以增大焊接面积。如无条件焊接时，也允许用螺钉压接，但要先在接地体上端装设接地干线连接板，如图3-46所示。连接板须经镀锌处理，螺钉也要采用镀锌螺钉。安装时，接触面应保持平整、严密，不可有缝隙，螺钉要拧紧。在有振动的地方，螺钉上应加弹簧垫圈。

3.4.2.2 接地装置安装

1. 接地体安装

沟挖好后应尽快敷设接地体，接地体长度一般为2.5m，按设计位置将接地体打入地

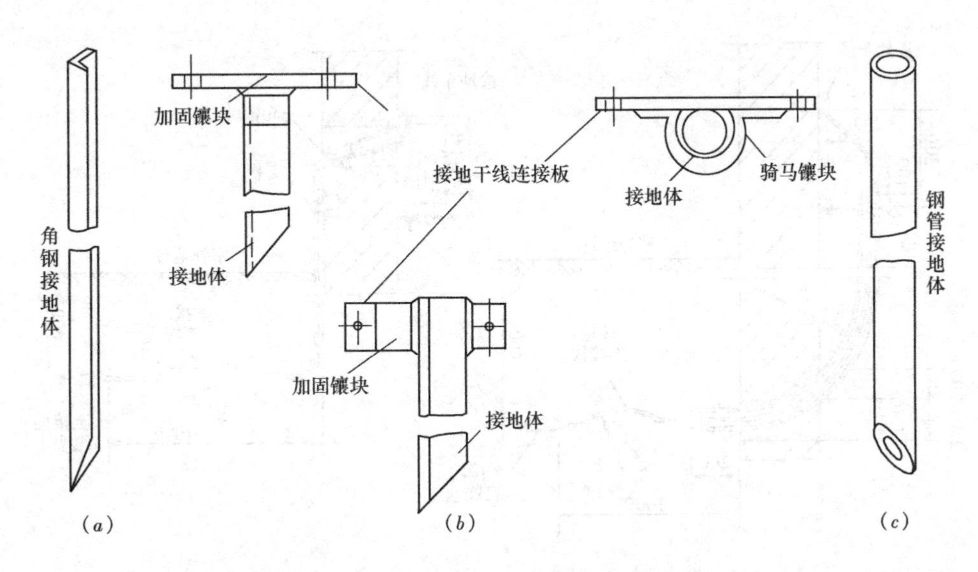

图 3-46　垂直接地体焊接接地干线连接板

(*a*) 角钢顶端装连接板；(*b*) 角钢垂直面装连接板；(*c*) 钢管垂直面装连接板

下，当打到接地体露出沟底的长度为 150～200mm（沟深 0.8～1m）时，停止打入。然后再打入相邻一根接地体，相邻接地体之间间距不小于接地体长度的 2 倍，接地体与建筑物之间距离不能小于 1.5m。接地体应与地面垂直。接地体间连接一般用镀锌扁钢，扁钢规格和数量以及敷设位置应按设计图规定，扁钢与接地体用焊接方法连接（搭接焊，焊接长度符合规定）。扁钢应立放，这样既便于焊接，也可减小接地流散电阻。

接地体连接好后，经过检查确认接地体的埋设深度、焊接质量等均已符合要求后，即可将沟填平。填沟时应注意回填土中不应夹有石块、建筑碎料及垃圾，回填土应分层夯实，使土壤与接地体紧密接触。

2. 接地干线安装

安装时要注意以下问题：接地干线应水平或垂直敷设，在直线段不应有弯曲现象。安装位置应便于检修，并且不妨碍电气设备的拆卸与检修。接地干线与建筑物或墙壁间应有 15～20mm 间隙。水平安装时离地面距离一般为 200～600mm（具体按设计图纸）。接地线支持卡子之间的距离，在水平部分为 1～1.5m，在垂直部分为 1.5～2m，在转角部分为 0.3～0.5m。在接地干线上应做好接线端子（位置按设计图纸）以便连接接地支线。接地线由建筑物内引出时，可由室内地坪下引出，也可由室内地坪上引出，其做法如图 3-47 所示。接地线穿过墙壁或楼板，必须预先在需要穿越处装设钢管，接地线在钢管内穿过，钢管伸出墙壁至少 10mm，在楼板上面至少要伸出 30mm，在楼板下至少要伸出 10mm，接地线穿过后，钢管两端要做好密封（见图 3-48）。

采用圆钢或扁钢作接地干线时，其连接必须用焊接（搭接焊），圆钢搭接时，焊缝长度至少为圆钢直径的 6 倍，如图 3-49（*a*）、(*b*)、（*c*）所示；两扁钢搭接时，焊缝长度为扁钢宽度的 2 倍，如图 3-49（*d*）所示。如采用多股绞线连接时，应采用接线端子，如图 3-49（*e*）所示。

接地干线与电缆或其他电线交叉时，其间距应不小于 25mm；与管道交叉，应加保护

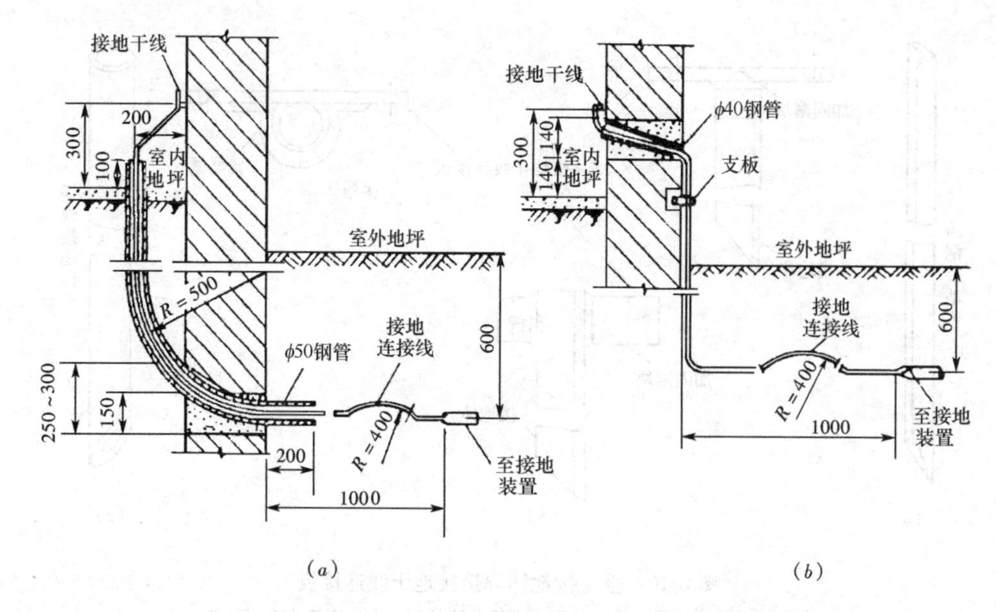

图3-47 接地线由建筑物内引出安装

(a) 接地线由室内地坪下引出；(b) 接地线由室内地坪上引出

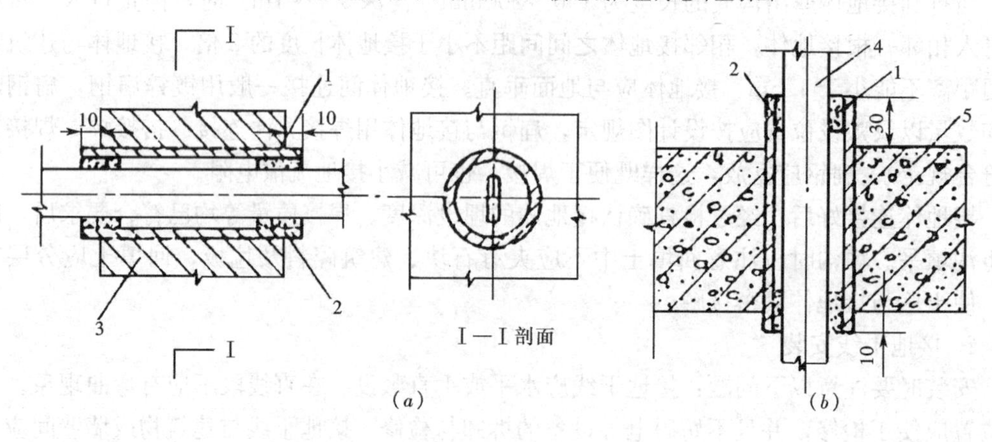

图3-48 接地线穿越墙壁、楼板的安装

(a) 穿墙；(b) 穿楼板

1—沥青棉纱；2—Φ40钢管；3—砖管；4—接地线；5—楼板

钢管；跨越建筑物伸缩缝时，应有弯曲，以便有伸缩余地，防止断裂。

3. 接地支线安装

接地支线安装时应注意，多个设备与接地干线相连接，需每个设备用1根接地支线，不允许几个设备合用1根接地支线，也不允许几根接地支线并接在接地干线的1个连接点上。接地支线与电气设备金属外壳、金属构架连接时，接地支线的两头焊接接线端子，并用镀锌螺钉压接。

明设的接地支线在穿越墙壁或楼板时应穿管保护；固定敷设的接地支线需要加长时，连接必须牢固，用于移动设备的接地支线不允许中间有接头；接地支线的每一个连接处，都应置于明显处，以便于检修。

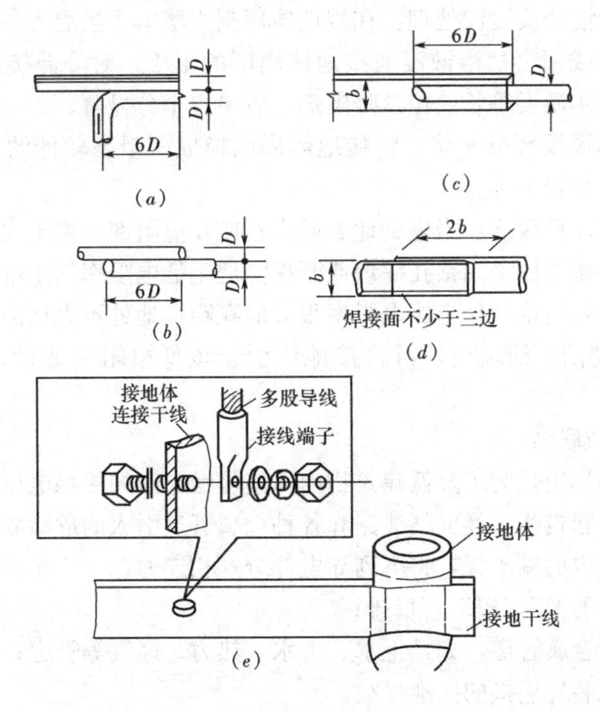

图 3-49　接地干线的连接

(a) 圆钢直角搭接；(b) 圆钢与扁钢搭接；(c) 圆钢与扁钢搭接；(d) 扁钢直接搭接；(e) 扁钢与钢绞线的连接

4. 接地装置的涂色

接地装置安装完毕后，应对各部分进行检查，尤其是焊接处更要仔细检查焊接质量，对合格的焊缝应按规定在焊缝各面涂漆。

明敷的接地线表面应涂黑漆，如因建筑物的设计要求，需涂其他颜色，则应在连接处及分支处涂以宽为 15mm 的两条黑带，间距为 150mm。中性点接至接地网的明敷接地导线应涂紫色带色条纹。在三相四线网络中，如接有单相分支线并零线接地时，零线在分支点应涂黑色带以便识别。

在接地线引向建筑物内的入口处，一般在建筑物外墙上标以黑色接地记号，以引起维护人员的注意。在检修用临时接地点处，应刷白色底漆后标以黑色接地记号。

5. 接地电阻测量

无论是工作接地还是保护接地，其接地电阻必须满足规定要求，否则就不能安全可靠地起到接地作用。

接地电阻是指接地体电阻、接地线电阻和土壤流散电阻三部分之和。其中主要是土壤流散电阻。接地电阻的数值等于接地装置对地电压与通过接地体流入地中电流的比值。测量接地电阻的方法很多，目前用得广的是用接地电阻测量仪、接地摇表测量。

6. 降低接地电阻的措施

流散电阻与土壤的电阻有直接关系。土壤电阻率愈低，流散电阻也就愈低，接地电阻就愈小。所以在遇到电阻率较高的土壤，如砂质、岩石以及长期冰冻的土壤，装设人工接地体，要达到设计所要求的接地电阻，往往要采取适当的措施。常用的方法如下：

（1）对土壤进行混合或浸渍处理：在接地体周围土壤中适当混入一些木炭粉、炭黑等以提高土壤的导电率或用食盐溶液浸渍接地体周围的土壤，对降低接地电阻也有明显效果。近年来还有采用木质素等长效化学降阻剂，效果也十分显著。

（2）改换接地体周围部分土壤：将接地体周围换成电阻率较低的土壤，如黏土、黑土、砂质黏土、加木炭粉土等。

（3）增加接地体埋设深度：当碰到地表面岩石或高电阻率土壤不太厚，而下部就是低电阻率土壤时，可将接地体采用钻孔深埋或开挖深埋至低电阻率的土壤中。

（4）外引式接地：当接地处土壤电阻率很大而在距接地处不太远的地方有导电良好的土壤或有不冰冻的湖泊、河流时，可将接地体引至该低电阻率地带，然后按规定做好接地。

3.4.2.3 等电位联结

总等电位联结的作用是为了降低建筑物内间接接触点间的接触电压和不同金属部件间的电位差，并消除自建筑物外经电气线路和各种金属管道引入的危险故障电压的危害，通过等电位联结端子箱内的端子板，将下列导电部分互相连通。

（1）进线配电箱的PE（PEN）母排；

（2）共用设施的金属管道，如：上水、下水、热力、燃气等管道；

（3）与室外接地装置连接的接地母线；

（4）与建筑物连接的钢筋。

1. 总等电位联结

每一建筑物都应设总等电位联结线，对于多路电源进线的建筑物，每一电源进线都须做各自的总等电位联结，所有总等电位联结系统之间应就近互相连通，使整个建筑物电气装置处于同一电位水平。总等电位联结系统如图3-50所示。等电位联结线与各种管道连接时，抱箍与管道的接触表面应清理干净，管箍内径等于管道外径，其大小依管道大小而定，安装完毕后测试导电的连续性，导电不良的连接处焊接跨接线。跨接线及抱箍连接处应刷防腐漆。与各种管道的等电位联结，如图3-51所示。金属管道的连接处一般不需焊接跨接线。给水系统的水表需加接跨接线，以保证水管的等电位联结和接地的有效。装有金属外壳的排风机、空调器的金属门、窗框或靠近电源插座的金属门、窗框以及距外露可导电部分伸臂范围内的金属栏杆、天花龙骨等金属体须做等电位联结。为避免用燃气管道做接地极，燃气管道入户后应插入一绝缘段（例如在法兰盘间插入绝缘板）以与户外埋地的燃气管隔离，为防雷电流在燃气管道内产生电火花，在此绝缘段两端应跨接火花放电间隙，此项工作由燃气公司确定。一般场所地所离人站立不超过10m的距离内如有地下金属管道或结构即可认为满足地面等电位的要求，否则应在地下加埋等电位带，游泳池之类特殊电击危险场所须增大地下金属导体密度。等电位联结内，各连接导体间的联结可采用焊接，焊接处不应有夹渣、咬边、气孔及未焊透情况；也可采用螺栓连接，这时注意接触面的光洁、足够的接触压力和面积。在腐蚀性场所应采取防腐措施，如热镀锌或加大导线截面等。等电位联结端子板应采取螺栓连接，以便拆卸进行定期检测。当等电位联结线采用钢材焊接时，应采用搭接焊并满足如下要求。

（1）扁钢的搭接长度应不小于其宽度的2倍，三面施焊（当扁钢宽度不同时，搭接长度以宽的为准）。

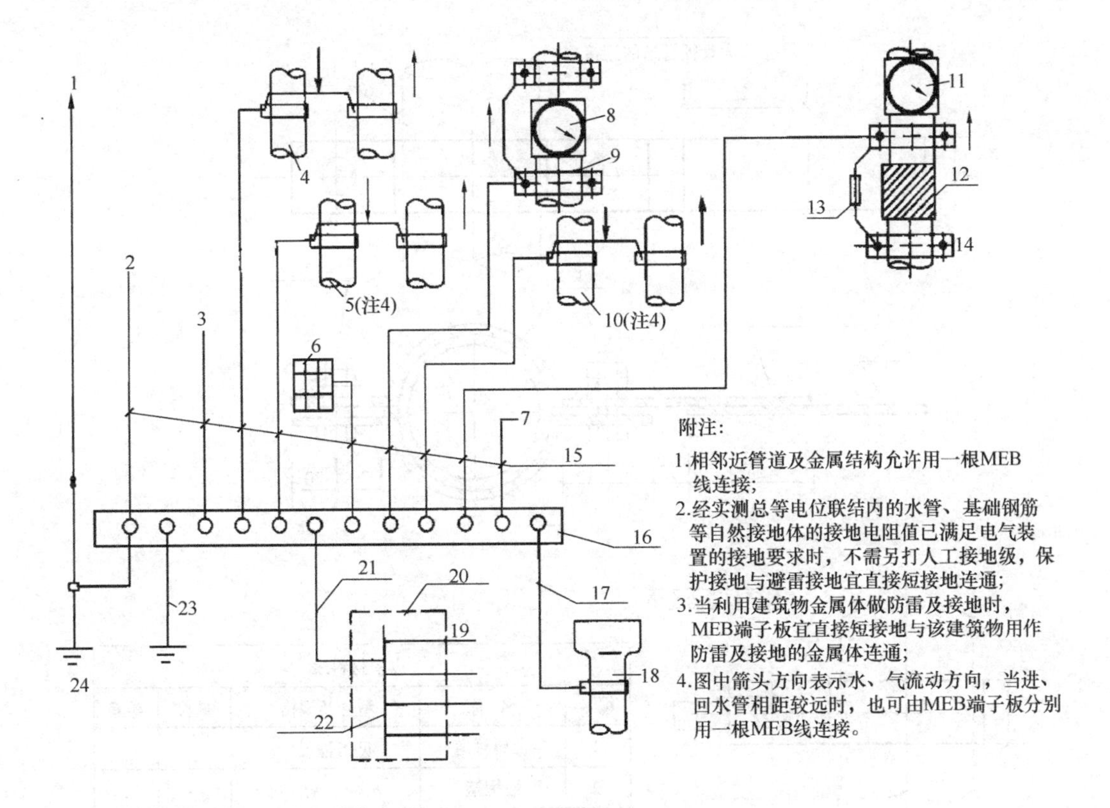

图 3-50　总等电位联结系统图

1—避雷接闪器；2—天线设备；3—电信设备；4—采暖管（注 4）；5—空调管（注 4）；6—建筑物金属结构；7—其他需要连接的部件；8—水表；9—总给水管；10—热水管（注 4）；11—煤气表；12—绝缘段（煤气公司确定）；13—火花放电间隙（煤气公司确定）；14—煤气表；15、17、21—MEB 线；16—MEB 端子板（接地母排）；18—地下总水管；19、22—PE 母线；20—总进线配盘；23—接地（注 2）；24—避雷接地（注 3）

（2）圆钢的搭接长度应不小于其直径的 6 倍双面施焊（当直径不同时，搭接长度以直径大的为准）。

（3）圆钢与扁钢连接时，其搭接长度应不小于圆钢直径的 6 倍。

（4）扁钢与钢管（或角钢）焊接时，除应在其接触部位两侧进行焊接外，并应焊以由扁钢弯成的弧形面（或直角形）与钢管（或角钢）焊接。

等电位联结用的螺栓、垫圈、螺母等应进行热镀锌处理。等电位联结线应有黄绿相间的色标。在等电位联结端子板上应刷黄色底漆并标以黑色记号，其符号为“▽”对于暗敷的等电位联结线及其联结处，电气施工人员应做隐检记录及检测报告。

对于隐蔽部分的等电位联结线及其联结处，应在竣工图上注明其实际走向和部位。为保证等电位联结的顺利施工，电气、土建、水暖等施工和管理人员需密切配合。

2. 辅助等电位联结

在一个装置或部分装置内，如果作用于自动切断供电的间接接触保护不能满足规范规定的条件时，则需要设置辅助等电位联结。辅助等电位联结包括所有可能同时触及的固定式设备的外露部分，所有设备的保护线，水暖管道、建筑物构件等装置外导体部分。

用于两电气设备外露导体间的辅助等电位联结线的截面为两设备中较小 PE 线的截

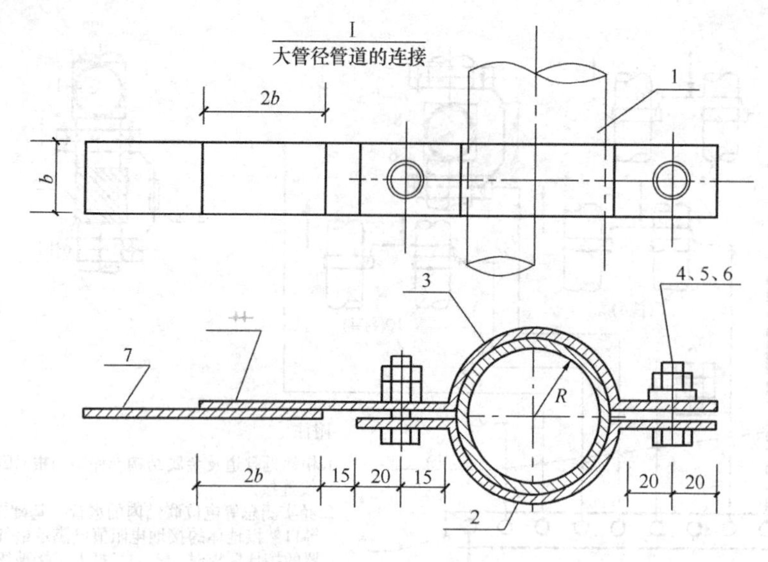

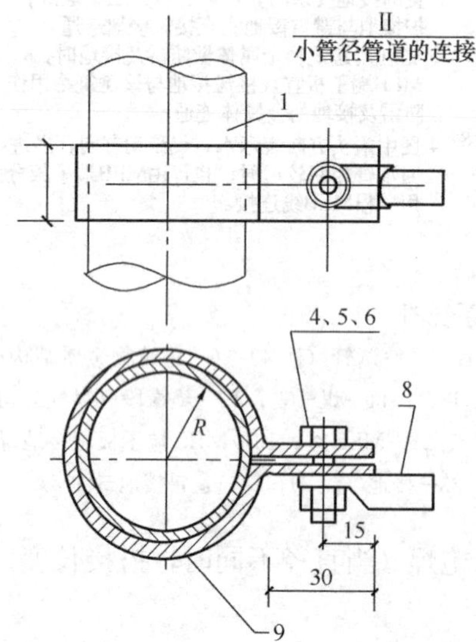

设备材料表

编号	名　称	型号及规格	单位	数量
1	金属管道	见工程设计		
2	短抱箍	$b\times 4L=\pi R+88$	个	1
3	长抱箍	$b\times 4L=\pi R+2b+103$	个	1
4	螺栓	M10×30	个	
5	螺母	M10	个	
6	垫圈	10	个	
7	等电位联结线	见工程设计	个	
8	接线鼻子	见工程设计	个	1
9	圆抱箍	$b\times 4L=2\pi R+68$	m	

图 3-51　与各种管道的等电位联结

面；电气设备与装置外可导电部分间辅助等电位联结线的截面为该电气设备 PE 线截面的一半。辅助等电位联结线的最小截面，有机械保护时，采用铜导线为 2.5mm^2，采用铝导线时为 4mm^2，无机械保护时，铜（铝）导线均为 4mm^2；采用镀锌材料时，圆钢为 $\phi 10\text{mm}$，扁钢为 20×4mm。

3. 局部等电位联结

当需在一局部场所范围内作多个辅助等电位联结时，可通过局部等电位联结端子板将 PE 母线或 PE 干线或公用设备的金属管道等互相连通，以简便地实现该局部范围内的多个辅助等电位联结被称为局部等电位联结。通过局部等电位联结端子板将 PE 母线或 PE 干线、公用设施的金属管道、建筑物金属结构等部分互相连通。

在如下情况下须做局部等电位联结：网络阻抗过大，使自动切断电源时间过长；不能满足防电击要求；TN 系统内自同一配电箱供电给固定式和移动式两种电气设备，而固定式设备保护电气切断电源时间不能满足移动式设备防电击要求；为满足浴室、游泳池、医院手术室、农牧业等场所对防电击的特殊要求；为满足防雷和信息系统抗干扰的要求。卫生间局部等电位联结如图 3-52 所示。

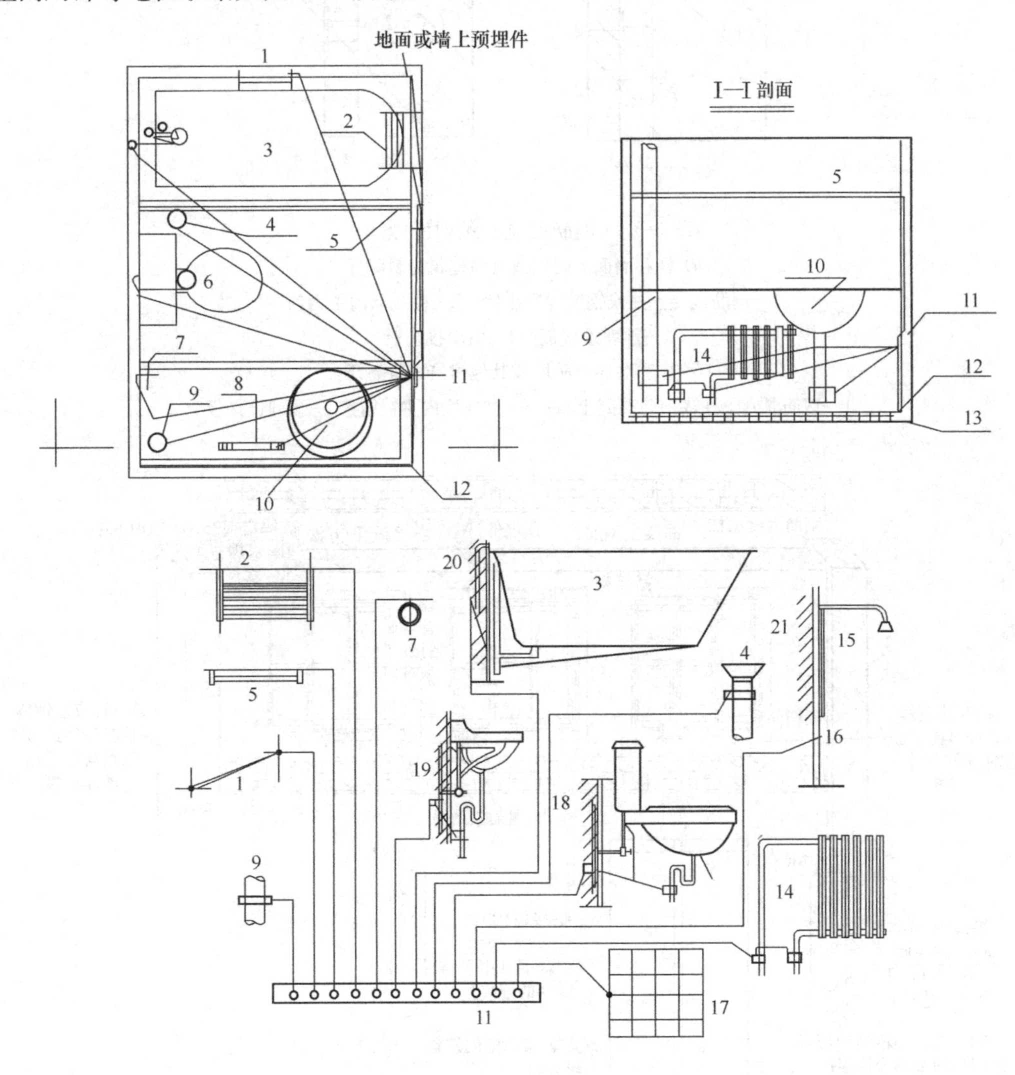

图 3-52　卫生间局部等电位联结

1—金属扶手；2—浴巾架；3—浴盆；4—金属地漏；5—浴帘杆；6—便器；7—毛巾环；8—散热器；9—水管；10—洗脸盆；11—LEB 端子板；12—地面上预埋件；13—钢筋；14—采暖管；15—淋浴；16—给水管；17—建筑物侧箍间；18、19、20、21—墙

当预埋件埋在钢筋混凝土柱内时，预埋连接板应设于柱角处。柱或墙内预埋件在钢筋混凝土中的做法，如图 3-53 所示。

高层建筑 6 层以上的金属门、窗一般要求接地，金属门、窗的等电位联结如图 3-54 所示。连接导体宜暗敷，并应在门、窗框定位后，墙面装饰层或抹灰层施工前将 $\phi10$ 圆钢预埋好，将 $\phi10$ 圆钢焊接在金属门框上（或焊接在与金属窗连接的铁板上），焊接长度不小于 100mm，搭接板应事先预埋好，具体部位由设计确定，与门框连接可采用螺栓连接

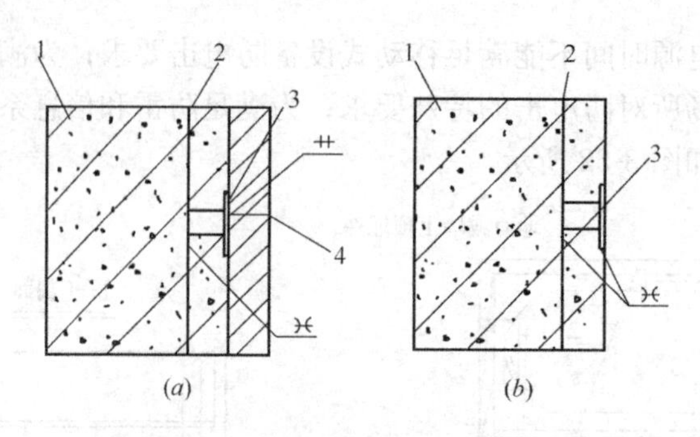

图 3-53 钢筋混凝土预埋件做法

(a) 柱和墙面无砖墙或其他建筑材料隔开

1—钢筋混凝土柱或钢筋混凝土墙；2—柱或墙内主钢筋；

3—预埋连接板；4—引出接线板

(b) 柱和墙面有砖墙或其他建筑材料隔开

1—钢筋混凝土柱或钢筋混凝土墙；2—柱或墙内主钢筋；3—预埋连接板

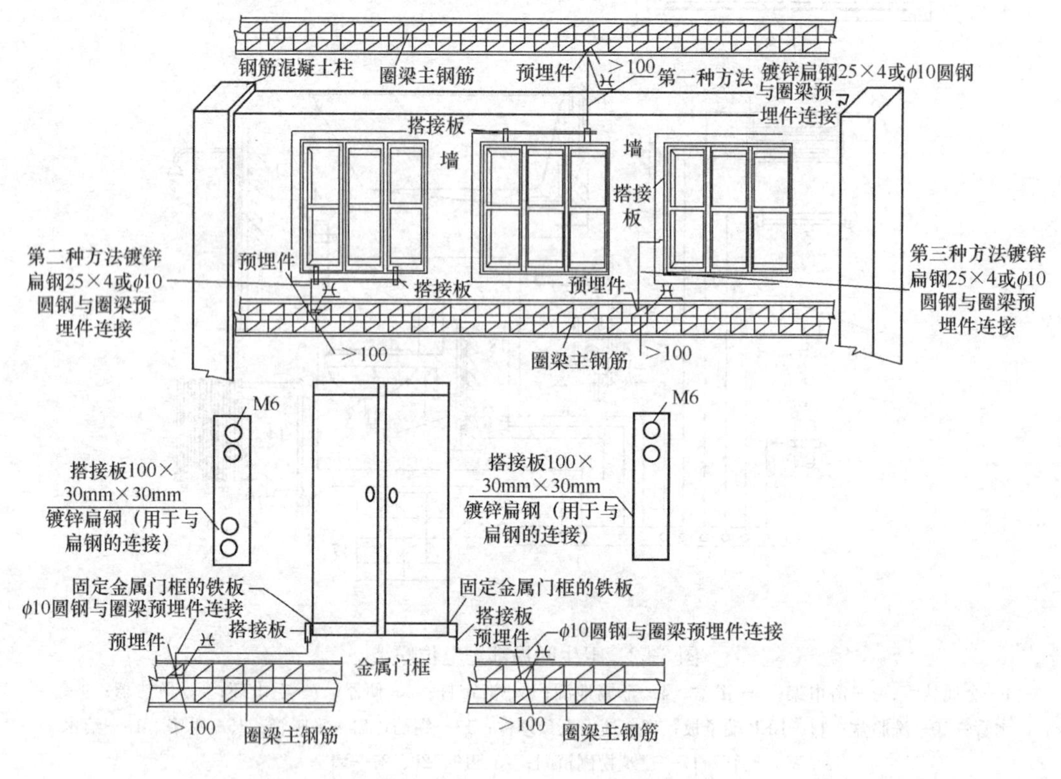

图 3-54 金属门、窗的等电位

或焊接连接。

3.4.2.4 等电位联结导通的测试

等电位联结安装完毕后应进行导通性测试，测试用电源可采用空载电压为 4～24V 的直流或交流电源。测试电流不应小于 0.2A。当测得等电位联结端子板与等电位联结范围内的金属管道等金属体末端之间的电阻不超过 3Ω 时，可认为等电位联结是有效的。如发现导通不良的管道连接处，应做跨接线，在投入使用后应定期作测试。

知识归纳总结

本项目介绍了室内配线的基本原则和一般要求、钢管及钢索配线、室内照明装置安装和防雷接地装置安装。室内配线的基本原则是安全、可靠、经济，方便和美观。除考虑以上原则外，还应使整个线路布置合理、安装牢固。在整个施工过程中，都应符合室内配线的要求。

在室内配线工程应用较多的是线管配线，钢管弯曲后的角度不应小于90°，否则会给穿线造成困难。管子的弯曲半径应符合要求，明配时，一般不小于管外径的6倍，只有1个弯时，不小于管外径的4倍；暗配时，一般不小于管外径的6倍，埋于地下或混凝土内时，不小于管外径的10倍。钢管连接应采用管箍连接，管箍两端应焊接地线，使钢管成为一可靠导体。管径大于50mm的钢管可用套管连接，套管长度为连接管外径的1.5～3倍。钢管暗敷设时，应保证管子与墙或地面表面净距不小于15mm。明配管应排列整齐、美观、固定点均匀。无论线管明配或暗配，在经过伸缩缝时，都有应保证线管能自然伸缩。管内穿线时应严格按规范要求进行，不同回路、不同电压的导线，交流与直线的导线不得穿在同一根管内，但同一交流回路的导线必须穿在同一根钢管内，否则随着电流的增大，钢管发热现象越严重，容易损坏导线绝缘，造成相间短路，损坏设备。

钢索配线适用于纺织、印染等行业的生产厂房内。钢索长度超过规定时，应加装花篮螺栓，钢索终端固定处，钢索卡子不应少于两个，钢索的终端头应用金属线扎紧。

钢索长度超过12m，中间应加吊钩作辅助固定，中间吊钩间距不应大于12m，吊钩直径不应小于8mm。

钢索吊管配线敷设后，弛度不应大于100mm，用花篮螺栓调节后，弛度仍达不到要求时，应增设中间吊钩。接线盒两端的钢管应焊接跨接地线，钢索应可靠接地。在室内照明装置安装中主要介绍了各种灯具的安装方法和技术要求、照明配电箱安装方法、开关插座及风扇安装方法及要求。配电箱安装垂直偏差不应大于3mm；暗装时，面板四周边缘应紧贴墙面；安装高度应符合设计要求。开关插座安装高度应符合设计要求，单相二孔插座接线时，面对插座左接零线、右接相线；单相三孔插座上孔接保护接地线。所有开关均应串接在电源的相线上，开关的通断位置应一致。在防雷与接地装置安装中主要介绍了避雷针、避雷带、避雷器等设施选用的材料、尺寸、安装工艺、技术要求和接地装置安装的具体方法及等电位联结的方法等。等电位联结采用钢材焊接时，应采用搭接焊满足要求。扁钢的搭接长度应不小于宽度的2倍，三面施焊；圆钢的搭接长度应不小于直径的6倍，双面施焊；圆钢与扁钢连接时，搭接长度应不小于圆钢直径的6倍；扁钢与钢管或角钢焊接时，除应在其接触部位两侧进行焊接外，并应将圆钢弯成弧形面与钢管或角钢焊接。等电位联结线与各种管道连接时管箍与管道的接触面应清理干净，管箍大小依管道大小而定，导电不良的连接处焊接跨接线，跨接线及抱箍连接处应刷防腐漆。

技能训练3　电气照明工程安装

（一）实训目的

1. 在实训室模拟施工现场进行钢管连接、灯具安装、接闪器、引下线安装，培养学生的实际操作能力。

2. 学生通过实际操作掌握常用的施工方法；

3. 让学生在实际操作中掌握相应的施工设备、工具的使用方法。

（二）实训内容及设备

1. 实训内容：

（1）水煤气钢管连接；

（2）钢管沿墙明敷设；

（3）吸顶式荧光灯安装；

（4）明装开关安装；

（5）管内穿线；

（6）接闪器、防雷引下线安装。

2. 实训设备

（1）弯管器；

（2）冲击钻；

（3）电焊机；

（三）实训步骤

1. 教师活动

（1）老师讲解实训内容、要求；

（2）检查和指导学生实训操作情况；

（3）对学生实训完成情况进行点评。

2. 学生活动

（1）学生设计照明平面图、防雷平面图（材料：钢管、开关、插座明敷设，荧光灯吸顶安装，配电箱明装，2.5mm² 铜芯塑料绝缘导线、Φ8 圆钢。）

（2）5～6 人一组，选组长；

（3）分组讨论要完成的实训任务及要求；

（4）选择所需的实训设备、工具及材料；

（5）组长做好工作分工；

（6）分别完成实训任务；

（7）对实训中的问题、产生的原因、解决的方法进行分析和讨论；

（8）对完成的实训任务进行自评、互评、填写实训报告。

（四）报告内容

1. 描述所安装工作内容的施工方法及技术要求；

2. 说明施工的安全注意事项。

（五）实训记录与分析实训记录与分析表

序号	遇到的问题	产生的原因	解决的方法

（六）问题讨论

1. 说明钢管明装与暗装的区别？弯曲半径有什么区别？

2. 简述暗装防雷引下线与明装防雷引下线区别？金属搭接长度有什么要求？

（七）技能考核（教师）

1. 熟练说明各种材料表示的含义；

2. 快速指明各材料、工具、设备。

优____　良____　中____　及格____　不及格____

习题与思考题

一、单项选择题

1. 钢管暗配时，弯曲半径应不小于管子外径的（　　）。

A. 4倍　　B. 6倍　　C. 10倍

2. 采用钢索配线时，钢索驰度不应大于（　　）。

A. 50mm　　B. 100mm　　C. 200mm

3. 电线管路沿建筑物表面明敷设，其允许偏差在全长内不应超过管子内径的（　　）。

A. 1/2　　B. 1/4　　C. 1/8

4. 钢管采用套管焊接连接时，套管的长度为连接管外径的（　　）。

A. 1～2倍　　B. 1.5～3倍　　C. 3～5倍

5. 钢索配线中的中间吊钩是用直径不小于8mm的圆钢制作的，其中间吊钩间距不应大于（　　）。

A. 5m　　B. 8m　　C. 12m

6. 一般明配于潮湿场所和埋于地下的管子，均应使用（　　）。

A. 厚壁钢管　　B. 薄壁钢管　　C. 硬塑料管

7. 在同一场所安装的插座其高低偏差不应超过（　　）。

A. 2mm　　B. 3mm　　C. 5mm

8. 高压水银灯应（　　）。

A. 水平安装　　B. 垂直安装

9. 配电箱安装垂直偏差不应大于（　　）。

A. 3mm　　B. 4mm　　C. 5mm

10. 防雷引下线一般采用（　　）制作。

A. 圆钢或扁钢　　B. 扁钢或角钢　　C. 圆钢或钢管

二、思考题

1. 何为室内配线？

2. 常用低压配线方式有几种？

3. 室内配线的基本原则是什么？

4. 室内配线的一般要求是什么？

5. 何为线管明配和暗配？基本要求是什么？

6. 简述明配管、暗配管施工有哪些规定？

7. 钢管配线时，对管子弯曲半径的大小是如何规定的？

8. 钢管的连接通常采用哪些方法？

9. 管内穿线有哪些要求和规定？

10. 简述普利卡金属套管敷设方法及要求。
11. 简述金属线槽配线施工方法。
12. 钢索配线适用于什么场合?
13. 钢索配线完成后的弛度要求是如何规定的?如果超过要求值,应采用什么方法解决?

项目4　电动机及其控制设备安装

【课程概要】

学习目标	认知电动机安装内容、调试方法；学会配线方法；学会交流电动机启动控制设备安装方法；具有电动机安装、调试的能力；具有动力配线的能力；具有安装启动控制设备的能力
教学内容	任务4-1　电动机安装 任务4-2　动力配线工程 任务4-3　交流电动机启动控制设备安装
项目知识点	了解电动机安装内容，掌握安装、调试方法；学会配线方法；学会交流电动机启动控制设备安装方法。
项目技能点	具有电动机安装、调试的能力；具有动力配线的能力；具有安装启动控制设备的能力。
教学重点	电动机安装。
教学难点	电动机绕组接线及电动机干燥方法。
教学资源与载体	多媒体网络平台，教材、PPT和视频等，一体化实训室，工作页、评价表等。
教学方法建议	演示法，参与型教学法。
教学过程设计	教师下发实训任务书→分组练习→分组研讨评定方法→指导学生练习。
考核评价内容和标准	质量评定表格填写；竣工验收标准和方法； 沟通与协作能力；工作态度；任务完成情况与效果。

任务4-1　电动机安装

《电气安装工程设计与施工》工作页

姓名：　　　　学号：　　　　班级：　　　　日期：

任务4-1	电动机安装	课时：4学时	
项目4	电动机及其控制设备安装	课程名称	建筑电气施工技术

任务描述：

通过讲授、视频录像及现场参观等形式认知电动机安装工作内容的组成、电动机安装前的检查内容、安装要求等，让学生对典型的电动机安装有明确的了解，学会识别中、小型电动机，掌握其安装方法

工作任务流程图：

播放录像→教师给出工程图纸并结合图纸讲授→参观→分组研讨→提交工作页→集中评价→提交认知训练报告

1. 资讯（明确任务、资料准备）

（1）电动机安装的工作内容主要包括哪些内容？

（2）中、小型电动机是如何划分的？

（3）电动机安装方法是什么？

（4）电动机校正的方法是什么？

（5）电动机带负荷启动时应注意什么

续表

2. 决策（分析并确定工作方案）
（1）分析采用什么样的方式方法了解电动机安装的工作内容的组成及中、小型电动机分类等，通过什么样的途径学会任务知识点，初步确定工作任务方案； （2）小组讨论并完善工作任务方案
3. 计划（制订计划）
制定实施工作任务的计划书；小组成员分工合理 需要通过实物认识、图片搜集、视频播放、查找资料、参观等形式完成本次任务。 （1）通过查找资料和学习明确电动机安装的工作内容和分类等。 （2）通过录像认知电动机安装和校正的方法。 （3）通过对实训室设备或学院锅炉房的参观增强对电动机安装的感性认识，为以后参加工作打好基础
4. 实施（实施工作方案）
（1）参观记录； （2）学习笔记； （3）研讨并填写工作页
5. 检查
（1）以小组为单位，进行讲解演示，小组成员补充优化； （2）学生自己独立检查或小组之间互相交叉检查； （3）检查学习目标是否达到，任务是否完成
6. 评估
（1）填写学生自评和小组互评考核评价表； （2）跟老师一起评价认识过程； （3）与老师深层次的交流； （4）评估整个工作过程，是否有需要改进的方法
指导老师评语：
任务完成人签字： 日期：　　年　　月　　日
指导老师签字： 日期：　年　月　日

电动机的安装质量直接影响它的安全运行，如果安装质量不好，不仅会缩短电动机的寿命，严重时还会损坏电动机和被拖动的机器，造成损失。电动机安装的工作内容主要包括设备的起重、运输、定子、转子、轴承座和机轴的安装调整等钳工装配工艺，以及电动机绕组接线，电动机干燥等工序。根据电动机的容量大小，其安装工作内容也有所区别。对于使用最广泛的三相鼠笼型异步电动机，凡中心高度为80～315mm、定子铁芯外径为120～500mm的称为小型电动机；凡中心高度为355～630mm、定子铁芯外径为500～1000mm的称为中型电动机，凡中心高度大于630mm，定子铁芯外径大于1000mm的称

为大型电动机。本节主要介绍中小型电动机的安装。

4.1.1 电动机的搬运和安装前的检查内容

搬运电动机时，应注意不应使电动机受到损伤，受潮或弄脏。

如果电动机由制造厂装箱运来，在没有运到安装地点前，不要打开包装箱，宜将电动机存放在干燥的仓库内，也可以放置室外，但应有防潮、防雨、防尘等措施。

中小型电动机从汽车或其他运输工具上卸下来时，可用起重机械。如果没有这些机械设备时，可在地面与汽车间搭斜板，将电动机平推在斜板上，慢慢地滑下来。但必须用绳子将机身重心拖住，以防滑动太快或滑出木板。

重量在100kg以下的小型电动机，可以用铁棒穿过电动机上的吊环，由人力搬运。但不能用绳子套在电动机上的皮带轮或转轴上，也不要穿过电动机的端盖孔来抬电动机。所用各种索具，必须结实可靠。

4.1.1.1 电动机就位之前应进行检查的内容

1. 检查电动机的功率、型号、电压等应与设计相符。

2. 检查电动机的外壳应无损伤，风罩风叶完好，转子转动灵活，无碰卡声，轴向窜动不应超过规定的范围。

3. 拆开接线盒，用万用表测量三相绕组是否断路。引出线鼻子的焊接或压接应良好，编号应齐全。

4. 使用兆欧表测量电动机的各相绕组之间以及各相绕组与机壳之间的绝缘电阻，其绝缘电阻值不得低于0.5MΩ，如不能满足应对电动机进行干燥。

5. 对于绕线式电动机需检查电刷的提升装置，提升装置应标有“启动”，“运行”的标志，动作顺序是先短路集电环，然后提升电刷。

建筑电气工程中电动机容量一般不大，其启动控制也不甚复杂，所以交接试验内容也不多，主要是绝缘电阻检测和大电动机的直流电阻检测。

4.1.1.2 需进行抽芯检查的电动机

1. 出厂时间已超过制造厂保证期限，无保证期限的已超过出厂时间一年以上的电动机；

2. 外观检查、电气试验、手动盘转和试运转，有异常情况的电动机。

如电动机随带技术文件说明不允许在施工现场抽芯检查的话，不必对电动机进行抽芯检查。

4.1.1.3 电动机抽芯检查的合格要求

1. 线圈绝缘层完好、无伤痕，端部绑线不松动，槽楔固定、无断裂，引线焊接饱满，内部清洁，通风孔道无堵塞；

2. 轴承无锈斑，注油（脂）的型号、规格和数量正确，转子平衡块紧固，平衡螺丝锁紧，风扇叶片无裂纹；

3. 连接用紧固件的防松零件齐全完整；

4. 其他指标符合产品技术文件的特有要求。

检查过后的电动机应将机身上的尘土打扫干净。

4.1.2 电动机安装前的要求

1. 按基础尺寸做好混凝土基础

电动机通常安装在机座上，机座固定在基础上，电动机的基础一般用混凝土或砖砌成。采用水泥基础时，如无设计要求，基础重量一般不小于电动机重量的3倍。基础各边应超出电动机底座边缘100～150mm。

由于混凝土基础的养护期为15天，所以，混凝土基础要在安装前15天做好，砖砌基础要在安装前7天做好。基础面应平整，基础尺寸应符合设计要求。

2. 预埋地脚螺栓或预留孔洞

安装10kW以下的电动机前，一般是在基础上预埋地脚螺栓。根据电动机安装尺寸，将地脚螺栓固定在定型板上，并和钢筋绑在一起，然后浇灌混凝土，待混凝土达到标准强度后，再拆去定型板。地脚螺栓和垫片的表面不作任何涂层，应涂上油脂，保证螺纹清晰且保持垂直，螺母能自由旋紧。

安装10kW以上的电动机前，一般是根据安装孔尺寸在现浇混凝土上或砖砌基础上预留孔洞（100mm×100mm），以便电动机底座安装完毕后进行二次灌浆，而地脚螺栓的根部做成弯钩形或做成燕尾形。电动机安装前应检查基础上地脚螺栓预留孔相互位置，铲平基础，用水平尺测量其水平度应≤1000：1。

固定在基础上的电动机，一般应有不小于1.2m的维护通道。

4.1.3　电动机的安装

1. 电动机的安装

电动机就位时，重量在100kg以上的电动机，可用滑轮组或手拉葫芦将电动机吊装就位。较轻的电动机，可用人工抬到基础上就位。

安装电动机时，若地脚螺栓已固定在基础上，则将地脚螺栓穿过机座用螺母紧固；若基础上有预留孔洞，则在地脚螺栓孔旁，放置楔形垫铁，然后把电动机放在垫铁上，穿入地脚螺栓，地脚螺栓埋设不可倾斜，用1：1的水泥砂浆浇灌。经5～7天养护后，抽去楔形垫铁，再用水平尺在电动机的上部进行纵向、横向找平，当其水平度符合要求时拧紧地脚螺栓。待电动机紧固后地脚螺栓应高出螺母3～5扣。整个基础要求不应有裂纹。

2. 电动机的校正

电动机就位后，即可进行纵向和横向的水平找正。如果不平，可用0.5～5mm的垫铁垫在电动机机座下，找平找正直到符合要求为止。

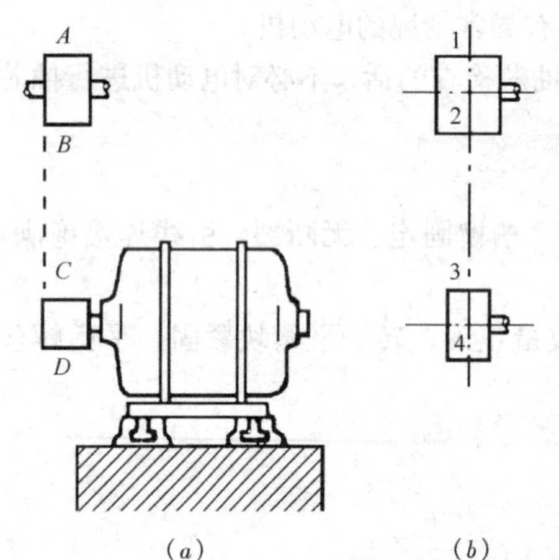

图4-1　皮带轮的校正

(a) 两皮带轮宽度相同；(b) 两皮带轮宽度不同

在电动机与被驱动的机械通过传动装置互相连接之前，必须对传动装置进行校正。由于传动装置的种类不同，校正的方法也各有差异。

(1) 皮带传动的校正。以皮带传动时，为了使电动机和它所驱动的机器正常运行，就必须使电动机皮带轮的轴和被驱动机器的皮带轮的轴保持平行，同时还要使两个皮带轮宽度的中心线在同一直线上。

如果两皮带轮宽度相同，校正时在皮带轮的侧面进行，如图4-1 (*a*) 所示。利用一根细绳来测量，当*A*、*B*、*C*、*D*在同一直线上时，即已找正。

如果两皮带轮宽度不同，应先找出皮带轮的中心线，并画出记号，如图4-1（*b*）中1、2和3、4两条线，然后拉一根线绳，对准1、2这条线，并将线拉直。如果两轴平行，则线绳必然同3、4那根线重合。

（2）联轴器的找正

联轴器也称靠背轮。当电动机与被驱动的机械采用联轴器连接时，必须使两轴的中心线保持在一条直线上，否则，电动机转动时将产生很大的振动，严重时会损坏联轴器，甚至扭弯，扭断电动机轴或被驱动机械的轴。

另外，由于电动机转子的重量和被驱动机械转动部分重量的作用，使轴在垂直平面内有一挠度，发生弯曲，如图4-2（*a*）所示。假如两相连机器的转轴安装绝对水平，那么联轴器的两接触平面将不会平行，而处于如图4-2（*a*）所示的位置。在这种情况下用螺栓将联轴器连接起来，使联轴器两接触面互相接触，电动机和机器的两轴承就会受到很大的应力，使之在转动时产生振动。

为了避免这种现象，必须将两端轴承装得比中间轴承高一些，使联轴器的两平面平行，如图4-2（*b*）所示。同时，还要使这对转轴的轴线在联轴器处重合。校正联轴器通常是用钢板尺进行，如图4-3所示。校正时首先取下螺栓，用钢板尺测量径向间隙和轴向间隙b，测量后把联轴器旋转180°再测。如果联轴器平面是平行的，并且轴心也是对准的。那么在各个位置所测的a值和b值都是一样的。否则，要继续校正，直到正确为止。测量时必须仔细，多次重复进行。但是有的联轴器表面的加工情况不好，也会出现a值和b值在各个位置上不等，这就需要细心地分析，找出其规律，才能鉴别是否已经校正。

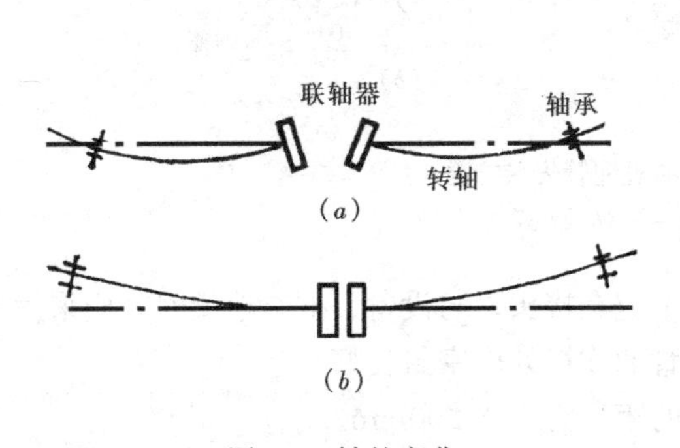

图4-2 轴的弯曲

（*a*）接触面不平行；（*b*）接触面平行

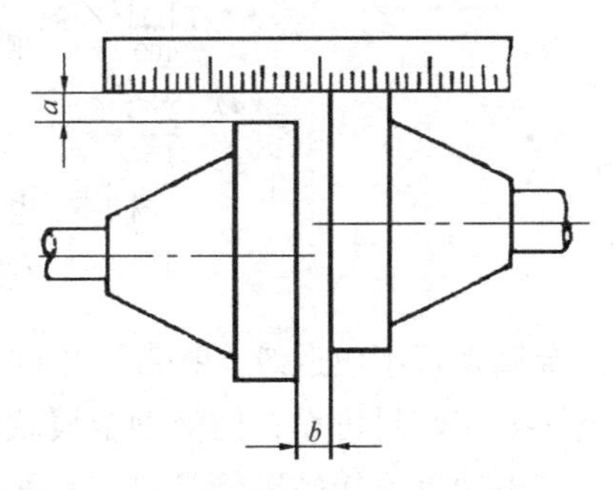

图4-3 用钢板尺校正联轴器

（3）齿轮传动校正

齿轮传动必须使电动机的轴与被驱动机器的轴保持平行。大小齿轮啮合适当。如果两齿轮的齿间间隙均匀，则表明两轴达到了平行，间隙大小可用塞尺进行检查。

3. 电动机的配管配线

电动机的配线施工是动力配线的一部分，是指由动力配电箱至电动机的这部分配线，通常是采用管内穿线埋地敷设的方法，如图4-4所示。

（1）当钢管与电动机间接连接时，对室内干燥场所，钢管端部宜增设电线保护软管或可挠金属电线保护管后引入电动机的接线盒内，且钢管管口应包扎紧密，如图4-5（*a*）

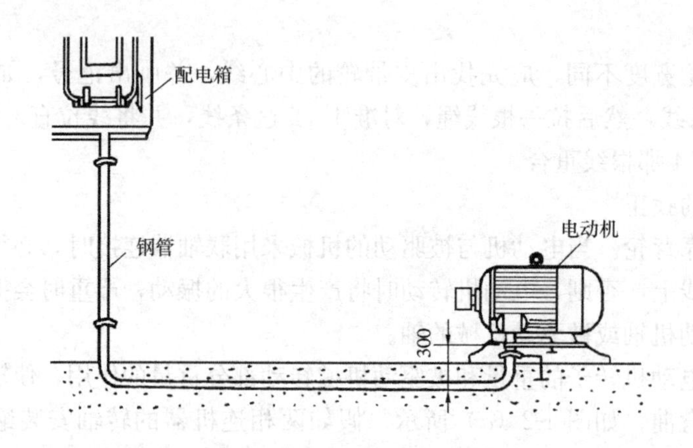

图4-4　钢管埋入混凝土内安装方法

所示。对室外或室内潮湿场所，钢管端部应增设防水弯头，导线应加套保护软管，经弯成滴水弧状后再引入电动机的接线盒，如图4-5（*b*）所示。

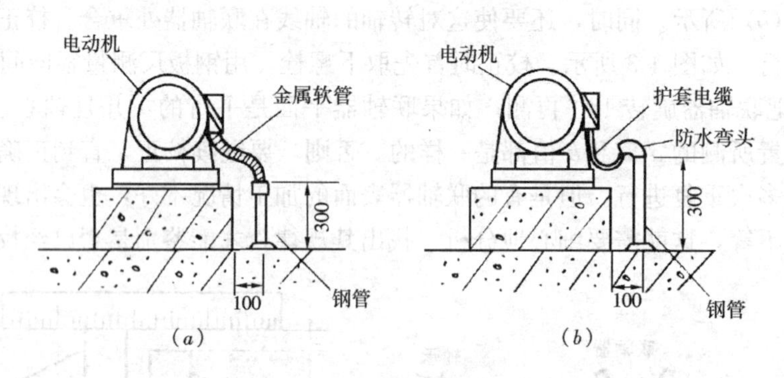

图4-5　电动机配管安装方法

（*a*）方式一；（*b*）方式二

（2）金属软管不应退绞、松散，中间不应有接头；与设备、器具连接时，应采用专用接头，连接处应密封可靠；防液型金属软管的连接处应密封良好。

（3）与电动机连接的钢管管口与地面的距离宜大于200mm。

（4）电动机外壳需做接地连接。

4. 电动机的接线

电动机接线在电动机安装中是一项非常重要的工作，如果接线不正确，不仅电动机不能正常运行，还可能造成事故。接线前应查对电动机铭牌上的说明或电动机接线板上接线端子的数量与符号，然后根据接线图接线。在电动机接线盒内裸露的不同相导线间和导线对地间最小距离应大于8mm，否则应采取绝缘防护措施。

三相感应电动机共有三个绕组，有六个端子，各相的始端用U_1、V_1、W_1表示，终端用U_2、V_2、W_2表示。标号U_1—U_2为第一相，V_1—V_2为第二相，W_1—W_2为第三相。

如果三相绕组接成星形，U_2、V_2、W_2连在一起，U_1、V_1、W_1接电源线，如果接成三角形，U_1 和 W_2，V_1 和 U_2，W_1 和 V_2 相连，如图 4-6 所示。

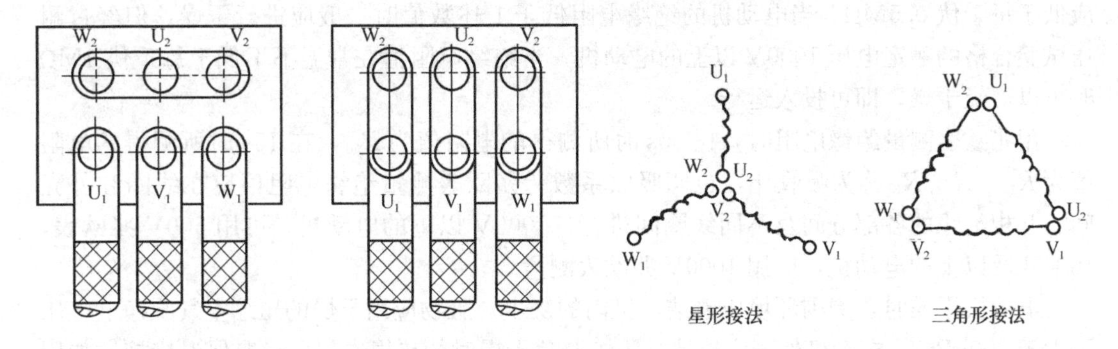

图 4-6　电动机接线

当电动机没有铭牌，或端子标号不清楚时，应先用仪表或其他方法进行检查，然后再确定接线方法。

区分电动机三相绕组头尾的方法有：

(1) 万用表法

首先将万用表的转换开关放在欧姆挡上，利用万用表分出每相绕组的两个出线端，然后将万用表的转换开关转到直流毫安档上，并将三相绕组接成图 4-7 所示的线路。接着，用手转动电动机的转子，如果万用表指针不动，则说明三相绕组的头尾区分是正确的，如果万用表指针动了，说明有一相绕组的头尾反了，应一相一相分别对调后重新试验直到万用表指针不动为止。该方法是利用转子铁芯中的剩磁在定子三相绕组内感应出电动势的原理进行的。

(2) 绕组串联法

用万用表分出三相绕组之后，先假定每相绕组的头尾，并接成如图 4-8 所示线路。将一组绕组接通 36V 交流电，另外两相绕组串联起来接上灯泡，如果灯泡发亮，说明相连两相绕组头尾假定是正确的。如果灯泡不亮，则说明相连两相绕组不是头尾相连。这样，这两相绕组的头尾便确定了。然后，再用同样方法区分第三相绕组的头尾。

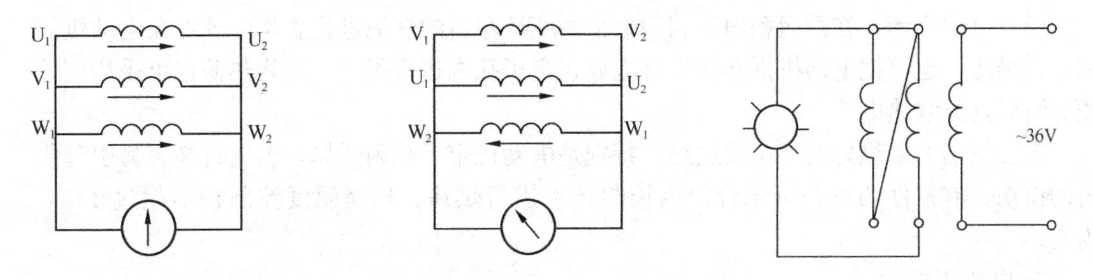

图 4-7　用万用表区分绕组头尾方法　　图 4-8　用绕组串联法区分绕组头尾

4.1.4　电动机的几种干燥方法

电动机经过运输和保管，容易受潮，安装前应检查绝缘情况，根据规范要求，对于新安装的额定电压为 1000V 以下的电动机，其线圈绝缘电阻在常温下应不低于 0.5MΩ。额定电压为 1000V 及以上的电动机，在接近运行温度时定子线圈绝缘电阻应不低于每千伏 1MΩ 且其吸收比一般不应低于 1.2（运行温度时的绝缘电阻与常温下的绝缘电阻的换算.

对热塑绝缘一般按温度每下降10℃绝缘电阻值增加为一倍考虑），转子绕组的绝缘电阻不应低于每千伏0.5MΩ。当电动机的绝缘电阻低于上述数值时一般应进行干燥。但经过耐压试验合格的额定电压1000V以上的电动机，当绝缘电阻值在常温下不低于每千伏1MΩ时可以不经干燥，即可投入运行。

用兆欧表测量绝缘电阻时，在60s时所测得的电阻值为R_{60}，在15s时所测得的电阻值为R_{15}，R_{60}/R_{15}称为吸收比，也叫吸收系数。兆欧表测量绝缘电阻值应在线圈和外壳间、互相绝缘的各部分间及不同线圈间进行。1000V以下的电动机，可用500V兆欧表，1000V及以上的电动机，应用1000V兆欧表测量。

电动机干燥时，周围环境应清洁，机内的灰尘、脏物应用干燥的压缩空气吹净（气压不大于200kPa）。电动机外壳应接地。为了避免干燥时的热损失，可采取保温措施，如用帆布遮盖。但应有必要的通风口，以便排除电动机绝缘中的潮气。

电动机干燥时，其铁芯或绕组的温度应逐渐缓慢上升，一般每小时允许温升为5～8℃。温度计可用酒精温度计、电阻温度计或温度热电偶，不准使用水银温度计测量电动机温度，以防打破后水银流入电动机绕组，破坏绝缘。

在干燥过程中，应定期测量绝缘电阻值，并应做好记录，所使用的兆欧表不应更换。一般干燥开始时，每隔半小时测一次绝缘电阻值，温升稳定后，可每隔1h测一次。干燥过程中绕组绝缘电阻的变化，一般是开始时温度上升，潮气蒸发，绝缘电阻值有所下降，随着潮气的逐步蒸发，绝缘电阻值又逐步上升，直至一稳定值。当吸收比及绝缘电阻符合要求，并在同一温度下经过5h稳定不变时，方可认为干燥完毕。

电动机的干燥方法较多，有外部加热法、铜损干燥法、短路电流法、铁损法等。各种干燥方法，应根据当时的具体条件及可能性，根据对象及绝缘受潮的程度而定。有时，当采用某一种方法不能获得预期效果时，也可联合采用两种干燥方法同时进行，以加快干燥速度。

电动机干燥处理常用的方法有外部干燥法、电流干燥法和两者同时进行的联合干燥法。

1. 外部干燥法

外部干燥即利用外部热源进行干燥处理，常用的措施有：

（1）吹送热风：利用加装电热器的鼓风机进行吹送热风以达到干燥处理的目的；

（2）灯泡烘烤：在密闭箱内，利用数个200W左右的灯泡进行烘烤，既可在电动机周围进行烘烤，也可把电动机拆开，将灯泡放在定子孔内进行烘烤。烘烤热源也可采用红外线灯泡或红外线热电管。

需要指出的是烘烤温度不要过热，特别是电动机定子孔内烘烤，温度过高容易引起绕组的损伤。有条件的场合可结合恒温控制技术进行烘烤。烘烤温度控制在不超过125℃为宜。

2. 电流干燥法

电流干燥也称内部干燥法或短路干燥法。可根据电动机的阻抗和电源的大小将电动机三相绕组串联或并联，然后接入一可变电阻器，调整电流至额定电流值的60%左右，通电进行干燥。

需要注意的是：被水浸泡的电动机不能采用电流干燥法，应采用外部干燥法，或先采用外部干燥法至安全范围后，再结合采用电流干燥法。

电动机在干燥期间，应特别注意安全。值班人员不得离开工作岗位，必须随时监视温度及绝缘情况的变化，以免损坏绕组和发生火灾。应有防火措施及防火工具，如灭火器（要能绝缘的，如四氯化碳灭火器），砂子、水等。干燥过程中不得在附近进行电焊和气焊。

4.1.5 电动机试运行

电动机试运行是电动机安装工作的最后一道工序，也是对安装质量的全面检查。一般电动机的第一次启动要在空载情况下进行。空载运行时间为 2h，记录空载电流，且检查机身和轴承的温升，一切正常后方可带负荷试运转。

交流电动机在空载状态下（不带负荷）可启动次数及间隔时间应符合产品技术条件的要求，无要求时，连续启动两次的时间间隔不应小于 5min，再次启动应在电动机冷却至常温下。空载状态（不带负荷）运行，应记录电流、电压、温度、运行时间等有关数据，且应符合建筑设备或工艺装置的空载状态运行（不带负荷）要求。

大容量（630A 及以上）导线或母线连接处，在设计计算负荷运行情况下应做温度抽测记录，温升值稳定且不大于设计值。

电动机的空载电流一般为额定电流的 30%（指异步电动机）以下，机身的温升经 2h 空载试运行不会太高，重点是考核机械装配质量，尤其要注意噪声是否太大或有异常撞击声响，此外要检查轴承的温度是否正常，如滚动轴承润滑脂填充量过多，会导致轴承温度过高，且试运行中温度上升急剧。

电动机启动瞬时电流要比额定电流大，有的达 6～8 倍，虽然空载无负荷，但因被拖动的设备转动惯量大（如风机等），启动电流衰减的速度慢、时间长。为防止因启动频繁造成电动机线圈过热，而作此规定。调频调速启动的电动机要按产品技术文件的规定确定启动的间隔时间。

为了使试运转一次成功，一般应注意以下事项：

（1）电动机在启动前，应进行检查，确认其符合条件后，才可启动。检查项目如下：

1）安装现场清扫整理完毕，电动机本体安装检查结束；

2）电源电压应与电动机额定电压相符，且三相电压平衡；

3）根据电动机铭牌，检查电动机的绕组接线是否正确，启动电器与电动机的连接应正确，接线端子要求牢固，无松动和脱落现象；

4）电动机的保护、控制、测量、信号、励磁等回路调试完毕，动作正常；

5）检查电动机绕组和控制线路的绝缘电阻应符合要求，一般应不低于 0.5MΩ；

6）电动机的引出线端子与导线（或电缆）的连接应牢固正确，引出线端子与导线间的连接要垫弹簧垫圈，螺帽应拧紧；

7）电动机及启动电器金属外壳接地线应明显可靠；接地螺栓不应有松动和脱落现象；

8）扳动电动机转子时应转动灵活，无碰卡现象；

9）检查传动装置，皮带不能过松过紧、皮带连接螺丝应紧固，皮带扣应完好，无断裂和割伤现象，联轴器的螺栓及销子应紧固；

10）检查电动机所带动的机器是否已做好启动准备，准备妥善后，才能启动。如果电动机所带的机器不允许反转，应先单独试验电动机的旋转方向，使其与机器旋转方向一致后，再进行联机启动。

（2）电动机应按操作程序操作启动，并指定专人操作。空载运行两小时，并记录电动机空载电流。正常后，再进行带负荷运行。交流电动机带负荷启动时，一般在冷态时，可连续启动两次，在热态时，可连续启动一次。

(3) 电动机在运行中应无杂音，无过热现象，电动机振动幅值及轴承温升应在允许范围之内。

(4) 电动机试车完毕，交工验收应提交下列技术资料：

1) 变更设计部分的实际施工图；

2) 变更设计的证明文件；

3) 制造厂提供的产品说明书、试验记录及安装图纸等技术文件；

4) 安装技术记录（包括干燥记录、抽芯检查记录等）；

5) 调整试验记录。

任务 4-2　动 力 配 线 工 程

《建筑电气施工技术》工作页

姓名：　　　　学号：　　　　班级：　　　　日期：

<table>
<tr><td>任务 4-2</td><td>动力配线工程</td><td colspan="2">课时：2 学时</td></tr>
<tr><td>项目 4</td><td>电动机及其控制设备安装</td><td>课程名称</td><td>建筑电气施工技术</td></tr>
<tr><td colspan="4">任务描述：</td></tr>
<tr><td colspan="4">通过讲授、视频录像及现场参观等形式认知动力配线工程方法、特点、组成、动力配线的内容、安装要求等，让学生对动力配线工程有明确的了解，学会识别普利卡金属套管和金属线槽，掌握其敷设方法</td></tr>
<tr><td colspan="4">工作任务流程图：</td></tr>
<tr><td colspan="4">播放录像→教师给出工程图纸并结合图纸讲授→参观→分组研讨→提交工作页→集中评价→提交认知训练报告</td></tr>
<tr><td colspan="4">1. 资讯（明确任务、资料准备）</td></tr>
<tr><td colspan="4">(1) 普利卡金属套管的加工方法是什么？
(2) 普利卡金属套管的敷设方法是什么？
(3) 金属线槽适用何种敷设方式？
(4) 金属线槽安装方法是什么</td></tr>
<tr><td colspan="4">2. 决策（分析并确定工作方案）</td></tr>
<tr><td colspan="4">(1) 分析采用什么样的方式方法了解动力配线工作内容的组成及分类等，通过什么样的途径学会任务知识点，初步确定工作任务方案。
(2) 小组讨论并完善工作任务方案</td></tr>
<tr><td colspan="4">3. 计划（制订计划）</td></tr>
<tr><td colspan="4">制定实施工作任务的计划书；小组成员分工合理
需要通过实物认识、图片搜集、视频播放、查找资料、参观等形式完成本次任务。
(1) 通过查找资料和学习明确动力配线的工作内容和分类等。
(2) 通过录像认知动力配线的方法。
(3) 通过对实训室或学院锅炉房的参观增强对动力配线的感性认识，为以后施工打下基础</td></tr>
<tr><td colspan="4">4. 实施（实施工作方案）</td></tr>
<tr><td colspan="4">(1) 参观记录；
(2) 学习笔记；
(3) 研讨并填写工作页</td></tr>
</table>

续表

5. 检查
(1) 以小组为单位，进行讲解演示，小组成员补充优化； (2) 学生自己独立检查或小组之间互相交叉检查； (3) 检查学习目标是否达到，任务是否完成
6. 评估
(1) 填写学生自评和小组互评考核评价表； (2) 跟老师一起评价认识过程； (3) 与老师深层次的交流； (4) 评估整个工作过程，是否有需要改进的方法
指导老师评语：
任务完成人签字： 日期：　　年　　月　　日
指导老师签字： 日期：　　年　　月　　日

4.2.1　普利卡金属套管敷设

普利卡金属套管是一种可挠性金属套管，具有搬运方便、容易施工等优点。在室内配线工程中广泛应用。

4.2.1.1　普利卡金属套管的加工

普利卡金属套管用专用切割刀切割，也可使用钢锯切割。切割时，用手握住管子就可以切割，要求断面光滑、整齐，如图4-9所示。

切管时，将普利卡金属套管切割刀刃，轴向垂直对准普利卡金属套管螺纹沟，尽量成直角切断，如放在工作台上切割时要用力边压边切。切割后，将切断面内侧用刀柄绞动一下。

普利卡金属套管的弯曲比较方便，可根据弯曲方向的要求，不需任何工具用手自由弯曲，如图4-10所示。

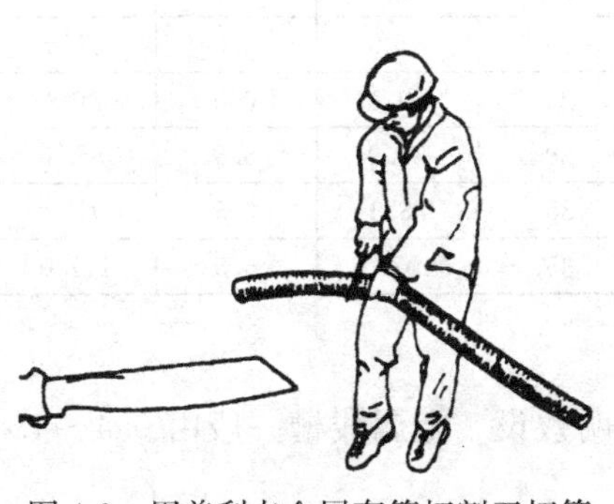

图4-9　用普利卡金属套管切割刀切管

图4-10　普利卡金属管的弯曲

普利卡金属套管的弯曲角度不宜小于90°弯曲半径不应小于管外径的6倍。一般明配管直线段长度超过30m，暗配管直线长度超过15m或直角弯超过3个时，均应装设中间接线盒。

4.2.1.2 普利卡金属套管的敷设

普利卡金属套管接敷设方式分为明敷设和暗敷设两种，目前工程上采用明敷设的方式较多，下面主要介绍一下明敷设的施工方法。

普利卡金属套管室内明敷设，应用套管管卡子普利卡管固定在建筑物表面，与钢管固定方法相同。固定点间距应均匀，其间最大间距应在0.5～1m之间，管卡子与终端、转弯中点、电气器具或设备边缘的距离为150～300mm，允许偏差不应大于30mm。普利卡金属套管管卡子如图4-11所示，普利卡金属套管管卡子规格表如表4-1所示。

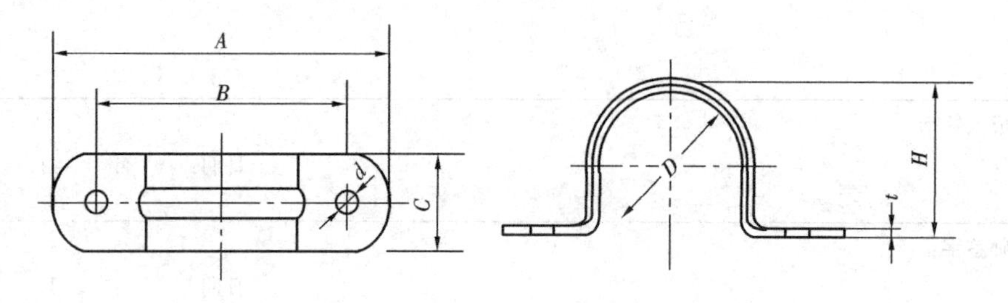

图4-11 普利卡金属套管管卡子

普利卡金属套管在吊顶内敷设时，当管子在24号及以下时，可直接固定在吊顶的主龙骨上，并用卡具安装固定；当管子规格在50号及以下时，允许利用吊顶的吊杆或在吊杆上另设附加龙骨敷设。

普利卡金属套管管卡子规格表（mm） **表4-1**

型　号	普利卡套管规格	*A*	*B*	*C*	*D*	*d*	*H*	*t*
SP-10	PZ-4-10	30	42	15	13.3	4.0	16.3	1.0
SP-12	PZ-4-12	33	45	16	16.1	5.0	18.7	1.0
SP-15	PZ-4-15	36	48	16	19.2	5.0	20.5	1.0
SP-17	PZ-4-17	39	51	18	21.7	5.0	23.0	1.0
SP-24	PZ-4-24	47	59	20	29.0	5.0	30.7	1.0
SP-30	PZ-4-30	58	75	25	34.9	6.0	38.0	1.2
SP-38	PZ-4-38	70	94	25	42.9	6.0	45.1	1.2
SP-50	PZ-4-50	85	100	25	54.9	6.0	57.6	1.2
SP-63	PZ-4-63	123	145	25	69.1	6.0	71.8	1.6
SP-76	PZ-4-76	125	155	30	82.9	6.5	85.5	1.6
SP-83	PZ-4-83	145	165	35	88.1	6.5	91.0	1.6
SP-101	PZ-4-101	181	211	35	107.3	6.5	111.0	1.6

4.2.2 金属线槽敷设

金属线槽一般适用于正常环境的室内场所明敷设。金属线槽一般由0.4～1.5mm的钢板压制而成，具有槽盖的封闭式金属线槽。

1. 定位

金属线槽安装前，首先根据图线确定出电源及箱（盒）等电气设备、器具的安装位置，然后用粉袋弹线定位，分匀挡距标出线槽支、吊架的固定位置。

金属线槽敷设时，吊点及支持点的距离，应根据工程实际情况确定，一般在直线段固定间距不应大于 3m，在线槽的首端、终端、分支、转角、接头及进出接线盒处应不大于 0.5m。

2. 墙上安装

金属线槽在墙上安装时，可采用 8×35 半圆头木螺钉配塑料胀管的安装方式。金属线槽在墙上安装如图 4-12 所示。

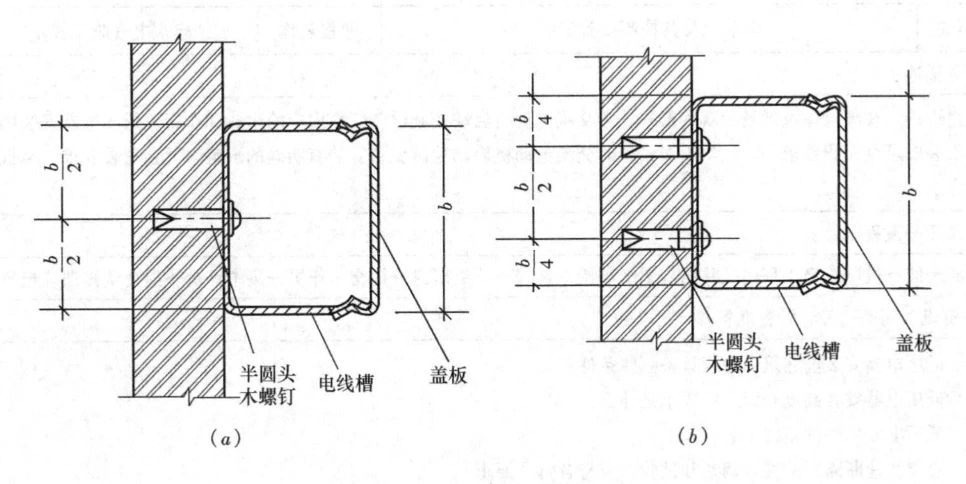

图 4-12　金属线槽在墙上安装

金属线槽在墙上水平架空安装也可使用托臂支撑。金属线槽沿墙在水平支架上安装如图 4-13 所示。

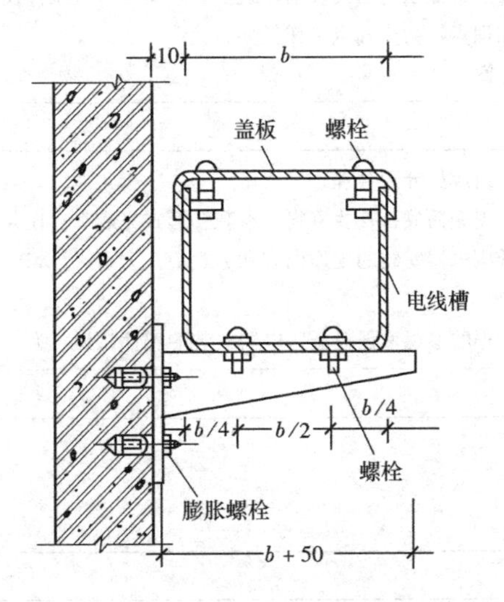

图 4-13　金属线槽在水平支架上安装

金属线槽沿墙垂直敷设时，可采用角钢支架或扁钢支架固定金属线槽，支架的长度应根据金属线槽的宽度和根数确定。

支架与建筑物的固定应采用 M10×80 的膨胀螺栓紧固，或将角钢支架预埋在墙内，线槽用管卡子固定支架上。支架固定点间距为1.5m，底部支架距楼（地）面的距离不应小于0.3m。

任务4-3 交流电动机启动控制设备安装

《建筑电气施工技术》工作页

姓名： 学号： 班级： 日期：

<table>
<tr><td>任务4-3</td><td>交流电动机启动控制设备安装</td><td colspan="2">课时：4学时</td></tr>
<tr><td>项目4</td><td>电动机及其控制设备安装</td><td>课程名称</td><td>建筑电气施工技术</td></tr>
<tr><td colspan="4">任务描述：</td></tr>
<tr><td colspan="4">通过讲授、视频录像及现场参观等形式认知交流电动机启动控制设备工作内容的组成和作用、低压电器安装的规定、安装要求及布线要求等，让学生对典型的交流电动机启动控制设备安装有明确的了解，学会安装要求，掌握其安装方法</td></tr>
<tr><td colspan="4">工作任务流程图：</td></tr>
<tr><td colspan="4">播放录像→教师给出工程图纸并结合图纸讲授→参观→分组研讨→提交工作页→集中评价→提交认知训练报告</td></tr>
<tr><td colspan="4">1. 资讯（明确任务、资料准备）</td></tr>
<tr><td colspan="4">（1）低压电器安装前建筑工程应具备哪些条件？
（2）低压电器安装高度和固定的要求是什么？
（3）低压电器的外部接线要求是什么？
（4）直流快速断路器的安装调整和试验，应符合哪些要求？
（5）常用启动器有哪几种？安装、调整，应符合哪些要求</td></tr>
<tr><td colspan="4">2. 决策（分析并确定工作方案）</td></tr>
<tr><td colspan="4">（1）分析采用什么样的方式方法了解低压电器安装前建筑工程应具备哪些条件及低压电器安装高度和固定的要求等，通过什么样的途径学会任务知识点，初步确定工作任务方案；
（2）小组讨论并完善工作任务方案</td></tr>
<tr><td colspan="4">3. 计划（制订计划）</td></tr>
<tr><td colspan="4">制定实施工作任务的计划书；小组成员分工合理。
需要通过实物认识、图片搜集、视频播放、查找资料、参观等形式完成本次任务。
（1）通过查找资料和学习明确低压电器安装的工作内容和分类等。
（2）通过录像认知低压电器安装方法。
（3）通过对实训室设备或动力工程的参观增强对低压电器安装的感性认识，为以后的实际工作打下基础</td></tr>
<tr><td colspan="4">4. 实施（实施工作方案）</td></tr>
<tr><td colspan="4">（1）参观记录；
（2）学习笔记；
（3）研讨并填写工作页</td></tr>
<tr><td colspan="4">5. 检查</td></tr>
<tr><td colspan="4">（1）以小组为单位，进行讲解演示，小组成员补充优化；
（2）学生自己独立检查或小组之间互相交叉检查；
（3）检查学习目标是否达到，任务是否完成</td></tr>
<tr><td colspan="4">6. 评估</td></tr>
</table>

续表

<table>
<tr><td>（1）填写学生自评和小组互评考核评价表；
（2）跟老师一起评价认识过程；
（3）与老师深层次的交流；
（4）评估整个工作过程，是否有需要改进的方法</td></tr>
<tr><td>指导老师评语：</td></tr>
<tr><td>任务完成人签字：

日期：　　年　　月　　日</td></tr>
<tr><td>指导老师签字：

日期：　　年　　月　　日</td></tr>
</table>

启动控制设备由按钮、低压断路器、接触器、热继电器、熔断器、漏电保护器等低压电器构成，用于控制电动机启动、正反转、停止。

4.3.1　低压电器安装前建筑工程应具备的条件

与低压电器安装有关的建筑物、构筑物的建筑工程质量，应符合国家现行的建筑工程施工及验收规范中的有关规定。当设备或设计有特殊要求时应符合其要求。

低压电器安装前建筑工程应具备的条件：

（1）屋顶、楼板应施工完毕，不得渗漏；

（2）对电器安装有妨碍的模板、脚手架等应拆除场地，应清扫干净；

（3）室内地面基层应施工完毕，并应在墙上标出抹面标高；

（4）环境湿度应达到设计要求或产品技术文件的规定；

（5）电气室、控制室、操作室的门、窗、墙壁、装饰棚应施工完毕，地面应抹光；

（6）设备基础和构架应达到允许设备安装的强度，焊接构件的质量应符合要求，基础槽钢应固定可靠；

（7）预埋件及预留孔的位置和尺寸，应符合设计要求，预埋件应牢固。

4.3.2　低压电器安装的一般规定

4.3.2.1　低压电器安装前的检查内容与要求

（1）设备铭牌型号规格应与被控制线路或设计相符；

（2）外壳漆层手柄应无损伤或变形；

（3）内部仪表、灭弧罩、瓷件、胶木、电器应无裂纹或伤痕；

（4）螺丝应拧紧；

（5）具有主触头的低压电器触头的接触应紧密，采用 0.05×10mm 的塞尺检查接触两侧的压力应均匀；

(6) 附件应齐全完好。

4.3.2.2 低压电器的安装

低压电器的安装，应按已批准的设计进行施工，并应符合《电气装置安装工程低压电器施工及验收规范》CB 50254—96 的规定。

1. 低压电器安装高度的要求

低压电器的安装高度应符合设计规定，当设计无规定时应符合下列要求：

(1) 其底部宜高出地面 50～100mm；

(2) 操作手柄转轴中心与地面的距离，宜为 1200～1500mm；侧面操作的手柄与建筑物或设备的距离，不宜小于 200mm。

2. 低压电器固定的要求

(1) 低压电器安装固定，应根据其不同的结构，采用支架、金属板、绝缘板固定在墙、柱或其他建筑构件上。金属板、绝缘板应平整，当采用卡轨支撑安装时，卡轨应与低压电器匹配，并用固定夹或固定螺栓与壁板紧密固定，严禁使用变形或不合格的卡轨；

(2) 当采用膨胀螺栓固定时，应按产品技术要求选择螺栓规格，其钻孔直径和埋设深度应与膨胀螺栓使用要求相符；

(3) 紧固件应采用镀锌制品，螺栓规格应选配适当，电器的固定应牢固、平稳；

(4) 有防振要求的电器应增加减振装置，其紧固螺栓应采取防松措施；

(5) 固定低压电器时，不得使电器内部受额外应力；

(6) 成排或集中安装的低压电器应排列整齐，器件间的距离，应符合设计要求，并应便于操作及维护。

4.3.2.3 低压电器的外部接线要求

(1) 接线应按接线端头的标志进行；

(2) 接线应排列整齐、清晰、美观，导线绝缘应良好、无损伤；

(3) 电源侧进线应接在进线端，即固定触头接线端；负荷侧出线应接在出线端，即可动触头接线端。为了安全目的，断电后，以负荷侧不带电为原则；

(4) 电器的接线应采用铜质或有电镀金属防锈层的螺栓和螺钉，连接时应拧紧，且应有防松装置；

(5) 外部接线不得使电器内部受到额外应力；

(6) 母线与电器连接时，接触面应平整，无氧化膜，并应涂以电力复合脂。连接处不同相的母线最小电气间隙，应符合表 4-2 的规定；

不同相母线最小电气间隙　表 4-2

额定电压（V）	最小电气间隙（mm）
$V \leqslant 500$	10
$500 < V \leqslant 1200$	14

(7) 电器的金属外壳、框架的接零或接地应符合《建筑电气工程施工质量验收规范》GB 50303—2002 的有关规定。

4.3.3 低压断路器安装

4.3.3.1 低压断路器安装前的检查内容

(1) 衔铁工作面上的油污应擦净；

(2) 触头闭合、断开过程中，可动部分与灭弧室的零件不应有卡阻现象；

(3) 各触头的接触平面应平整开合顺序、动静触头分闸距离等，应符合设计要求或产品技术文件的规定；

（4）受潮的灭弧室，安装前应烘干，烘干时应监测温度。

4.3.3.2　低压断路器的安装要求

（1）低压断路器的安装，应符合产品技术文件的规定，当无明确规定时，宜垂直安装，其倾斜度不应大于5°。

（2）低压断路器与熔断器配合使用时，熔断器应安装在电源侧。目的是为了检修方便，当断路器检修时不必将母线停电，只需将熔断器拔掉即可。

（3）低压断路器操作机构的安装，应符合下列要求：

1）操作手柄或传动杠杆的开、合位置应正确，操作力不应大于产品的规定值。

2）电动操作机构接线应正确；在合闸过程中，开关不应跳跃；开关合闸后，限制电动机或电磁铁通电时间的连锁装置应及时动作；电动机或电磁铁通电时间不应超过产品的规定值。

3）开关辅助接点动作应正确，可靠接触应良好。

4）抽屉式断路器的工作、试验、隔离三个位置的定位应明显，并应符合产品技术文件的规定。

5）抽屉式断路器空载时进行抽、拉数次应无卡阻，机械连锁应可靠。

4.3.3.3　低压断路器的接线要求

（1）裸露在箱体外部且易触及的导线端子，应加绝缘保护。例如，塑料外壳断路器在盘、柜外单独安装时，由于接线端子裸露在外部且很不安全，为此在露出的端子部位包缠绝缘带或做绝缘保护罩作为保护。

（2）有半导体脱扣装置的低压断路器，其接线应符合相序要求，脱扣装置的动作应可靠。

4.3.3.4　直流快速断路器的安装调整和试验

直流快速断路器的安装调整和试验，应符合下列要求：

（1）安装时应防止断路器倾倒、碰撞和激烈震动；基础槽钢与底座间，应按设计要求采取防震措施。

（2）断路器极间中心距离及与相邻设备或建筑物的距离，不应小于500mm。当不能满足要求时，应加装高度不小于单极开关总高度的隔弧板。

在灭弧室上方应留有不小于1000mm的空间；当不能满足要求时，在开关电流3000A以下断路器的灭弧室上方200mm处应加装隔弧板；在开关电流3000A及以上断路器的灭弧室上方500mm处应加装隔弧板。

（3）灭弧室内绝缘衬件应完好，电弧通道应畅通。

（4）触头的压力、开距、分断时间及主触头调整后灭弧室支持螺杆与触头间的绝缘电阻，应符合产品技术文件要求。

（5）直流快速断路器的接线应符合下列要求：

1）与母线连接时，出线端子不应承受附加应力；母线支点与断路器之间的距离，不应小于1000mm。

2）当触头及线圈标有正、负极性时，其接线应与主回路极性一致。

3）配线时应使控制线与主回路分开。

（6）直流快速断路器调整和试验，应符合下列要求：

1）轴承转动应灵活，并应涂以润滑剂。

2）衔铁的吸、合动作应均匀。

3）灭弧触头与主触头的动作顺序应正确。

4）安装后应按产品技术文件要求进行交流工频耐压试验，不得有击穿、闪络现象。

5）脱扣装置应按设计要求进行整定值校验，在短路或模拟短路情况下合闸时，脱扣装置应能立即脱扣。

4.3.4　刀开关、转换开关和倒顺开关安装

HD 系列单投刀开关和 HS 系列双投刀开关，均属板用刀开关。开关极数有 1、2、3 极 3 种。开关有带灭弧室的，也有不带灭弧室的；操作机构有中央手柄式、中央杠杆式、侧面杠杆式、侧面手柄式等；接线方式有板前接线和板后接线等。

1. 刀开关的安装要求

（1）刀开关应垂直安装。刀开关在水平安装时断弧能力差，因此只有在不切断电流、有灭弧装置或用于小电流电路等情况下，可水平安装。水平安装时，分闸后可动触头不得自行脱落，其灭弧装置应固定可靠。

（2）可动触头与固定触头的接触应良好；大电流开关由于操作力大，触头或刀片的磨损也大，因此大电流的触头或刀片宜涂电力复合脂或中性凡士林，以延长使用年限。

（3）双投刀闸开关在分闸位置时，刀片应可靠固定，不得自行合闸。

（4）安装杠杆操作机构时，应调节杠杆长度，使操作到位且灵活；开关辅助接点指示应正确。

（5）开关的动触头与两侧压板距离应调整均匀，合闸后接触面应压紧，刀片与静触头中心线应在同一平面，且刀片不应摆动。

（6）带有灭弧室的刀开关安装完毕，应将灭弧室装牢。

2. 转换开关和倒顺开关安装要求

转换开关和倒顺开关安装后，其手柄位置指示应与相应的接触片位置相对应；定位机构应可靠；所有的触头在任何接通位置上应接触良好。

4.3.5　漏电保护器的安装

漏电保护器是漏电电流动作保护器的简称，是在规定条件下，当漏电电流达到或超过给定值时，能自动断开电路的机械开关电器或组合电器。目前生产的漏电保护器主要为电流动作型。

漏电保护器的安装及调整试验，应符合下列要求：

（1）安装前应注意核对漏电保护器的铭牌数据，应符合设计和使用要求，并进行操作检查，其动作应灵活。

（2）应按漏电保护器产品标志进行电源侧和负荷侧接线。

对需要有控制电源的漏电保护器，其控制电源取自主回路，当漏电开关断电后加在电压线圈的电源应立即断开，如将电源侧与负荷侧接反即将开关进、出线接反，即使漏电开关断开，仍有电压加在电压线圈上，可能将电压线圈烧毁。

对电磁式漏电开关，进、出线接反虽然对漏电脱扣器无影响，但也会影响漏电开关的

接通与分断能力，因此也应按规定接线。

(3) 带有短路保护功能的漏电保护器安装时，应确保有足够的灭弧距离。

漏电保护器在分断短路电流的过程中，开关电源侧排气孔会有电弧喷出，如果排气孔前方有导电性物质，则会通过导电性物质引起短路事故；如果有绝缘物质则会降低漏电开关的分断能力。因此在安装漏电开关时应保证电弧喷出方向有足够的灭弧距离。

(4) 在特殊环境中使用的漏电保护器，应采取防腐、防潮或防热等措施。

在高温场所设置的漏电保护器，例如阳光直射、靠近炉火等，应加装隔热板或调整安装地点；在尘埃多或有腐蚀性气体的场所，应将漏电开关设在有防尘或防腐蚀的保护箱内；如果设置地点湿度很大，则应选用在结构上能防潮的漏电开关，或在漏电开关的外部另加防潮外壳。

(5) 电流型漏电保护器安装后，除应检查接线无误外，还应通过试验按钮检查其动作性能，并应满足要求。即使投入运行后也应经常检查其动作功能，确保漏电开关正常运行。

4.3.6　低压接触器和电动机启动器安装

1. 接触器安装

接触器安装应注意以下几点

(1) 安装前清除衔铁板面上的锈斑、油垢，使衔铁的接触面平整、清洁。因为制造厂为了防止铁芯生锈，出厂时在接触器或启动器等电磁铁的铁芯面上涂以较稠的防锈油脂，如不清除就通电，油垢粘住衔铁而造成接触器在断电后衔铁仍不返回。

接触器可动部分应灵活、无卡阻；灭弧罩之间应有间隙；灭弧线圈绕向应正确。

(2) 触头的接触应紧密，固定主触头的触头杆应固定可靠。

(3) 当带有常闭触头的接触器闭合时，应先断开常闭触点，后接通主触头；当断开时，应先断开主触头，后接通常闭触头，且三相主触头的动作应一致，其误差应符合产品技术文件的要求。

(4) 接触器应垂直安装，其倾斜度不得超过 5°，接线应正确。

(5) 在主触头不带电的情况下，启动线圈间断通电，主触头动作正常，衔铁吸合后应无异常响声。

2. 启动器安装

控制电动机启动与停止或反转的，可有过载保护的开关电器，称为启动器。常用启动器有：电磁启动器（又称磁力启动器）、自耦减压启动器、星—三角启动器等。

可逆电磁启动器除有电气连锁外尚有机械连锁，要求此两种连锁动作均应可靠，防止正、反向同时动作，同时吸合将会造成电源短路，烧毁电器及设备。

电磁启动器热元件的规格应与电动机的保护特性相匹配；热继电器的电流调节指示位置应调整在电动机的额定电流值上，并应按设计要求进行定值校验。

星—三角启动器有手动和自动两种。星—三角启动器检查调整应注意：

(1) 启动器的接线应正确；电动机定子绕组正常工作应为三角形接线。

(2) 手动操作的星—三角启动器，应在电动机转速接近运行转速时进行切换；自动转换的启动器应按电动机负荷要求正确调节延时装置。

自耦减压启动器常用的有手动式和自动式。自耦减压启动器安装、调整，应符合下列要求：

（1）启动器应垂直安装；

（2）油浸式启动器的油面不得低于标定油面线；

（3）减压抽头在65％～80％额定电压下，应按负荷要求进行调整；自耦减压启动器出厂时，其变压器抽头一般接在65％额定电压的抽头上，当轻载启动时，可不必改接；如重载启动，则应将抽头改接制80％位置上。

启动时间不得超过自耦减压启动器允许的启动时间。一般最大启动时间（包括一次或连续累计数）不超过2min。超过2min，按产品规定应冷却4h后方能再次启动。

接触器或启动器均应进行通断检查；用于重要设备的接触器或启动器尚应检查其启动值，并应符合产品技术文件的规定。

4.3.7 熔断器安装

（1）熔断器及熔体的容量，应符合设计要求，并核对所保护电气设备的容量与熔体容量相匹配；对后备保护、限流、自复、半导体器件保护等有专用功能的熔断器，严禁替代。

（2）熔断器安装位置及相互间距离，应便于更换熔体。

（3）有熔断指示器的熔断器，其指示器应装在便于观察的一侧。

（4）瓷质熔断器在金属底板上安装时，其底座应垫软绝缘衬垫。

（5）安装具有几种规格的熔断器，应在底座旁标明规格。

（6）有触及带电部分危险的熔断器，应配齐绝缘抓手。

（7）带有接线标志的熔断器，电源线应按标志进行接线。

（8）螺旋式熔断器的安装，其底座严禁松动，电源应接在熔芯引出的端子上。

知识归纳总结

电动机的安装质量直接影响它的安全运行，如果安装质量不好，不仅会缩短电动机的寿命，严重时还会损坏电动机和被拖动的机器，造成损失。电动机安装的工作内容主要包括设备的起重、运输、定子、转子、轴承座和机轴的安装调整等钳工装配工艺，以及电动机绕组接线，电动机干燥等工序。

电动机接线前应查对电动机铭牌上的说明或电动机接线板上接线端子的数量与符号，然后根据接线图接线。当电动机没有铭牌，或端子标号不清楚时，应先用仪表或其他方法进行检查，然后再确定接线方法。当电动机绕组端子标号脱落或不清时，判断绕组头尾方法有万用表法、绕组串联法。

电动机的干燥方法较多，有外部加热法，铜损干燥法、短路电流法、铁损法等。各种干燥方法，应根据当时的具体条件及可能性，根据对象及绝缘受潮的程度而定。

电动机试运行是电动机安装工作的最后一道工序，也是对安装质量的全面检查。

低压电器的安装，应按已批准的设计进行施工，并应符合有关规范的规定。

普利卡金属套管敷设在车间动力配线中应用广泛，普利卡管连接应紧密牢固。用普利卡金属切割刀将线管切断后，应除净管口处毛刺，防止在敷设管时划伤手臂或损坏导线绝缘层。普利卡金属套管与盒（箱）连接时，应使用线箱连接器进行连接。在管与管及管与盒箱连接处应按规定做好跨接地线。

金属线槽敷设一般适用于正常环境的室内场所明敷设。金属槽敷设应首先确定安装位置，然后定支、吊架的固定位置，一般在直线段固定间距不应大于3m，在线槽的首尾端、分支、转角、接头及进出线槽处不应小于0.5m。

金属线槽沿墙水平敷设可用半圆木螺丝配塑料胀管固定，也可以用托臂支承。

金属线槽沿墙垂直敷设时，常用角钢或扁钢支架，支架固定间距为1.5m，底部支架距楼（地）面的距离不应小于0.3m，线槽用管卡子固定在支架上。

交流电动机启动设备由按钮、低压断路器、接触器漏电保护器等低压电器构成，用于控制电动机启动、正反转。

低压电器安装高度应符合设计要求，固定应牢固，接线应排列整齐、美观，导线绝缘应良好、无损伤。母线与电器连接时，连接处不同相的最小电气间隙应符合规程规定。

技能训练4　电动机及其控制设备安装

（一）实训目的

1. 能识别各种常用建筑电气材料；

2. 明白施工中常用材料的使用及选用方法；

3. 掌握电动机及其控制设备安装技能。

（二）实训内容及设备

1. 实训内容：

（1）电动机安装；

（2）动力配线；

（3）交流电动机启动控制设备安装；

（4）电动机试运行。

2. 实训工具和设备

（1）钢丝钳；

（2）剥线钳；

（3）尖嘴钳；

（4）电工刀；

（5）螺丝刀；

（6）射钉枪；

（7）钳形电流表；

（8）喷灯；

（9）冲击钻；

（10）兆欧表。

（三）实训步骤

1. 教师活动

（1）老师讲解实训内容、要求；

（2）检查和指导学生实训操作情况；

（3）对学生实训完成情况进行点评。

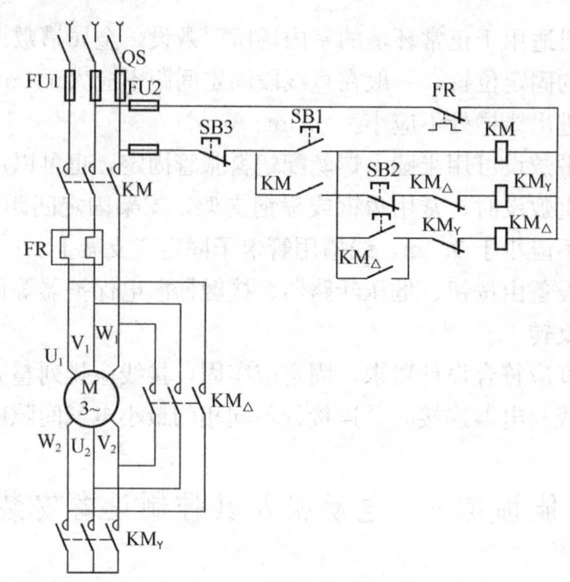

星-三角减压启动控制电路

2. 学生活动

（1）学生熟悉施工图纸

（2）5～6 人一组，选组长；

（3）分组讨论要完成的实训任务及要求；

（4）组长做好工作分工；

（5）分别完成实训任务；

（6）对实训中的问题、产生的原因、解决的方法进行分析和讨论；

（7）对完成的实训任务进行自评、互评、填写实训报告。

（四）报告内容

1. 描述所安装的电动机及控制设备的安装方法；

2. 说明电动机的调试方法。

（五）实训记录与分析表

序号	安装中出现的问题	问题产生的原因	解决的方法

（六）问题讨论

1. 说明电动机空载试验与电动机带负荷试验的区别？

2. 简述自动空气与刀开关的区别？

（七）技能考核（教师）

1. 能熟练说明电动机的安装方法；

2. 能清楚1至2种启动设备的安装方法。

优____ 良____ 中____ 及格____ 不及格____

习题与思考题

一、单项选择题

1. 电动机基座国定在混凝土基础上时，若无设计要求，基础各边应超过电动机底座边缘（　　）。

A. 50～80mm　　B. 100～1500mm　　C. 200～300mm

2. 固定在基础上的电动机，一般应有不小于（　　）的维护通道。

A. 0.5m　　B. 1m　　C. 1.2m

3. 对于新安装的额定电压为1000V以下的电动机，其线圈绝缘电阻在常温下应不低于（　　）。

A. 0.5MΩ　　B. 1MΩ　　C. 1.2MΩ

4. 低压断路器的安装，应符合产品技术文件的规定，当无明确规定时，垂直安装倾斜度不应大于（　　）。

A. 3°　　B. 4°　　C. 5°

5. 在电动机干燥过程中，应定期测量绝缘电阻值并应做好记录。当吸收比及绝缘电阻值符合要求，并在同一温度下经过（　　）稳定不变时，方可认为干燥完毕。

A. 2小时　　B. 3小时　　C. 5小时

6. 电动机的混凝土基础养护期为（　　）。

A. 7天　　B. 15天　　C. 21天

7. 对于使用最广泛的三相鼠笼式异步电动机，凡（　　）的称为中型电动机。

A. 中心高度为630mm、定子铁芯外径大于1000mm

B. 中心高度为355～630mm、定子铁芯外径为500～1000mm

C. 中心高度为80～315mm、定子铁芯外径为120～500mm

8. 无论电动机是星接或三角接都可以使用，启动时可以减少电动机启动电流对输电网络的影响，并可加快电动机转速至额定转数和人为停止电动机运转且对电动机具有过载、断相、短路等保护作用，这种启动方式是（　　）。

A. 星—三角启动法

B. 绕线转子异步电动机启动方式

C. 自耦减压启动控制柜（箱）减压启动

D. 变频启动

9. 电动机第一次启动一般在空载情况下进行，空载运行时间为（　　），并记录电机空载电流。

A. 1h　　B. 2h　　C. 4h

10. 装设过流和短路保护装置保护整定值一般为：采用热元件时，按电动机额定电流的（　　）倍。

A. 1.0　　B. 1.0 ～ 1.25　　C. 1.1 ～1.25

二、思考题

1. 电动机安装前的检查内容有哪些？

2. 在任何情况下对进入施工现场的电动机都进行抽芯检查会有什么后果？

3. 电动机的几种干燥方法有哪些？
4. 电动机安装前应进行哪些检查？
5. 当电动机绕组端子标号脱落或不清时，如何判断绕组头尾？
6. 简述电动机安装校正方法。
7. 低压电器安装前，建筑工程应具备哪些条件？
8. 低压电器安装、接线的一般规定是什么？

项目5　变配电设备安装

【课程概要】

学习目标	认知变配电设备的组成；学会变压器及盘、柜安装方法；学会硬母线加工、安装方法；具有变压器及盘、柜安装能力；具有成套配电柜安装能力；具有高压开关的安装调试能力；具有硬母线安装能力
教学内容	任务5-1　变压器及盘、柜安装 任务5-2　高压户内隔离开关和负荷开关的安装调整 任务5-3　绝缘子与穿墙套管安装及硬母线安装
项目知识点	了解变配电设备的组成；学会变压器及盘、柜安装方法；学会硬母线加工、安装方法
项目技能点	具有变压器及盘、柜安装能力；具有成套配电柜安装能力；具有高压开关的安装调试能力；具有硬母线安装能力
教学重点	变压器安装
教学难点	高压开关调整
教学资源与载体	多媒体网络平台，教材、PPT和视频等，一体化施工实训室，工作页、评价表等
教学方法建议	演示法，参与型教学法
教学过程设计	下发施工图纸→分组练习→分组研讨安装调整方法→指导学生练习
考核评价内容和标准	设备安装前的准备和检查；设备安装、调试方法；沟通与协作能力；工作态度；任务完成情况与效果

任务5-1　变压器及盘、柜安装

《电气安装工程设计与施工》工作页

姓名：　　　　学号：　　　　班级：　　　　日期：

任务5-1	变压器及盘、柜安装	课时：4学时	
项目5	变配电设备安装	课程名称	建筑电气施工技术
任务描述：			
通过讲授，认知变配电设备的种类、作用等，让学生对变配电设备组成有明确的了解，学会变配电设备的安装及调试方法			
工作任务流程图：			
PPT讲解→下发10kV变电所工程图纸→分组研讨→提交工作页→集中评价→提交认知训练报告			

续表

1. 资讯（明确任务、资料准备）
（1）一般小型变电所的安装工作主要包括那些内容？（2）变压器安装前检查包括哪些内容（3）盘、柜的安装方法是什么？（4）如何做变压器的冲击实验
2. 决策（分析并确定工作方案）
采用什么方式方法了解变压器和盘、柜的安装要求和调试方法等；通过什么途径学会任务知识点，初步确定变电所设备安装的工作方案
3. 计划（制订计划）
通过熟悉教材、学习变压器安装规定和规格及应用场合等；通过 PPT 课件学习，认知变压器和盘、柜的施工方法；一体化实训室认知安装注意事项和盘、柜内配、校线方法
4. 实施（实施工作方案）
（1）参观记录； （2）学习笔记； （3）研讨并填写工作页
5. 检查
（1）以小组为单位，进行讲解演示，小组成员补充优化； （2）学生自己独立检查或小组之间互相交叉检查； （3）检查学习目标是否达到，任务是否完成
6. 评估
（1）填写学生自评和小组互评考核评价表； （2）跟老师一起评价认识过程； （3）与老师深层次的交流； （4）评估整个工作过程，是否有需要改进的方法
指导老师评语：
任务完成人签字： 日期：　　年　　月　　日
指导老师签字： 日期：　　年　　月　　日

5.1.1　变压器安装

目前使用比较普遍的10kV配电变压器是油浸变压器，但进入高层建筑内的配电变压器则要求为干式变压器。一般配电变压器单台容量不宜超过1000kVA，均为整体运输，整体安装。

5.1.1.1　变压器安装前的准备工作

1. 清理施工现场，以保证安装和各项试验安全顺利地进行；

2. 准备好变压器就位、吊芯检查及安装所用的工具；

3. 对于容量较大且需要滤油的变压器，应准备好滤油设备及防火用具；

4. 为保证安装和试验顺利进行，应准备好具有足够容量的临时电源。

5.1.1.2　变压器安装前检查

1. 外观检查

(1) 核对变压器铭牌上的型号、规格等有关数据，是否与设计图纸要求相符。

(2) 变压器外部不应有机械损伤，箱盖螺栓应完整无缺，变压器密封良好，无渗油漏油现象。

(3) 油箱表面不得有锈蚀，各附件油漆完好。

(4) 套管表面无破损，无渗漏油现象。

(5) 变压器轮距是否与设计轨距相符。

(6) 变压器油面是否在相应气温的刻度上。

2. 绝缘检查

(1) 用2500V兆欧表测量变压器高压对低压以及对地的绝缘电阻值，阻值在450MΩ以上。

(2) 绝缘油耐压数值在25kV以上。

5.1.1.3　变压器装卸搬运与就位安装

为保证变压器安全地运到工地并顺利地就位，在变压器装卸和运输中应注意以下事项：

1. 变压器装卸搬运

(1) 采用吊车装卸起吊时，应使用油箱壁上的吊耳，严禁使用油箱顶盖上的吊环。吊钩应对准变压器中心，吊索与铅垂线的夹角不得大于30°，若不能满足时，应采用专用横梁挂吊。

(2) 当变压器吊起约30mm时，应停车检查各部分是否有问题，变压器是否平衡等，若不平衡，应重新找正。确认各处无异常，即可继续起吊。

(3) 变压器装到拖车上时，其底部应垫以方木，且应用绳索将变压器固定，防止运输过程中发生滑动或倾倒。

(4) 在运输过程中车速不可太快，特别是上、下坡和转弯时，车速应放慢，一般为10～15km/h，以防因剧烈冲击和严重振动而损坏变压器内部绝缘构件。

(5) 变压器短距离搬运可利用底座滚轮在搬运轨道上牵引，前进速度不应超过0.2km/h，牵引的着力点应在变压器重心以下。

2. 变压器就位安装

变压器就位安装应注意以下事项

(1) 变压器推入室内时，应注意高、低压侧方向与变压器室内的高低压电气设备的装设位置是否一致。

(2) 变压器基础轨道应水平，轨距应与变压器轮距相吻合。装有瓦斯继电器的变压器，应使其顶盖沿瓦斯继电器气流方向有1%～1.5%的升高坡度（制造厂规定不需安装坡度者除外）。

(3) 装有滚轮的变压器，就位后应将滚轮加以固定。

(4) 高、低压母线中心线应与套管中心线一致。母线与变压器套管连接，应防止套管中的连接螺栓跟着转动。

(5) 在变压器的接地螺栓上接上地线。如要变压器的接线组别是 Y/Y_0，则还应将接地线与变压器低压侧的零线端子相连。变压器基础轨道亦应和接地干线连接，并应连接牢固。

(6) 在变压器顶部工作时，不得攀拉变压器的附件上下，严防工具材料跌落，损坏变压器附件。

5.1.1.4 注油与密封试验

1. 补充注油

在施工现场给变压器补充注油应通过油枕进行。为防止过多的空气进入油中，应先将油枕与油箱间联管上的控制阀关闭，把合格的绝缘油从油枕顶部注油孔经净油机注入油枕，至油枕额定油位。让油枕里面的油静止15～30min，使混入油中的空气逐渐逸出。然后，打开联管上的控制阀门，使油枕里面的绝缘油缓慢地流入油箱。重复操作，直到绝缘油充满油箱和变压器的有关附件，并且达到油枕额定油位为止。

补充注油工作全部完成以后，在施加电压之前，应保持绝缘油在电力变压器里面静置24h，再拧开瓦斯继电器的放气阀，检查有无气体积聚，并加以排放，同时，从变压器油箱中取出油样作电气耐压试验。

2. 密封试验

补充注油以后应进行整体密封试验。一般用高于变压器附件最高点的油柱压力来进行。对于一般油浸式变压器，油柱的高应为0.3m，试验持续时间为3h，无渗漏。其检查方法如图5-1所示，用0.3～0.6m长，直径为25mm的钢管，上面装有漏斗，将它拧紧在变压器油枕注油孔上，关闭变压器呼吸孔，往漏斗中加入与变压器油箱中相同标号合格的变压器油。注意检查散热器与油箱接合处、各法兰盘接合处、套管法兰、油枕等处是否有漏油、渗油现象。如有渗漏应及时处理。试验完毕后，应将油面降到正常位置，并打开呼吸孔。

5.1.1.5 变压器投入运行前的检查

1. 通电前的要求

通电前应对变压器进行全面检查，看其是否符合运行条件，如不符合应进行处理。其内容大致如下：

(1) 检查变压器各处应无渗漏油现象；

(2) 油漆完整良好，母线相色正确；

(3) 变压器接地良好；

(4) 套管完整清洁；

(5) 分接开关置于运行要求挡位；

(6) 高、低压引出线连接良好；

(7) 二次回路接线正确，试操作情况良好；

(8) 全部电气试验项目结束并合格；

(9) 变压器上无遗留的工具、材料等。

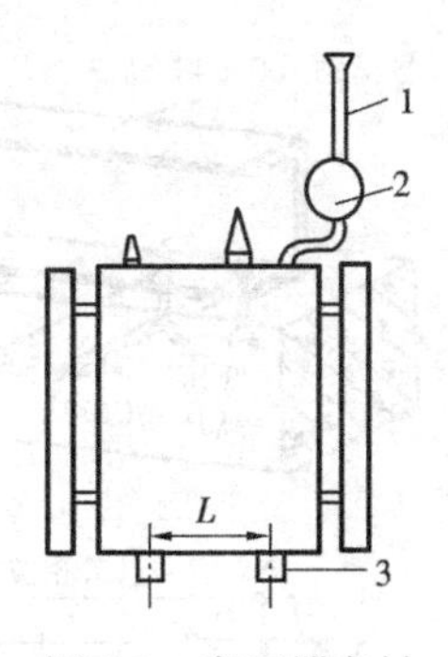

图5-1　变压器密封检查方法

1—铁管；2—油枕；3—滚轮

2. 变压器的冲击试验

全电压冲击试验由高压侧投入，接于中性点接地系统的变压器，在进行冲击合闸时，其中性点必须接地。

变压器第一次通电后，持续时间应不少于10min，变压器无异常情况，即可继续进行。5次冲击应无异常情况，保护装置不应误动作。

空载变压器通电后检查主要是听声音，情况异常时会出现以下几种声音：

(1) 声音比较大而均匀时，可能是电压过高；

(2) 声音比较大而嘈杂时，可能是铁芯结构松动；

(3) 有嗞嗞音响时，可能是芯部或套管有表面闪络；

(4) 有爆裂音响既大又不均匀，可能是芯部有击穿现象。

冲击试验通过后，变压器便可带负荷运行。在试运行中，变压器的各种保护和测温装置均应投入，并定时检查记录变压器的温升、油位、渗漏等情况。

变压器冲击合闸正常，带负荷运行24h，无任何异常情况，可认为试运行合格。

5.1.2　盘、柜安装

各种盘、柜、屏是变配电装置中的重要设备，其安装工序包括：基础槽钢埋设，开箱检查搬运、立柜、开关调整、盘柜校线，控制电缆头制作及压线等。

5.1.2.1　基础槽钢埋设

各种盘、柜、屏的安装通常以角钢或槽钢作基础，其放置方式如图5-2所示。

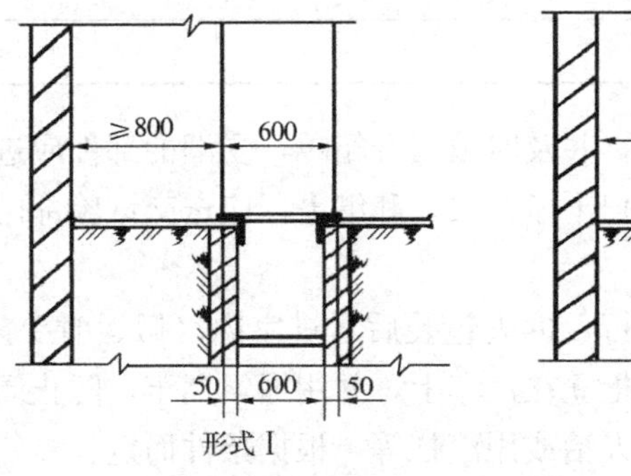

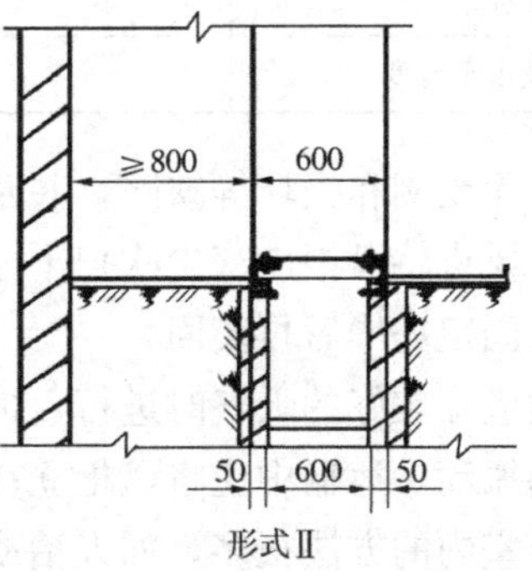

图5-2　配电柜（屏）基础型钢放置方式

型钢的埋设方法，一般有下列两种：

1. 直接埋设法

此种方法是在土建打混凝土时，直接将基础槽钢埋设好。首先将10号或8号槽钢调直、除锈，并在有槽的一面预埋好钢筋钩，按图纸要求的位置和标高在土建打混凝土时放

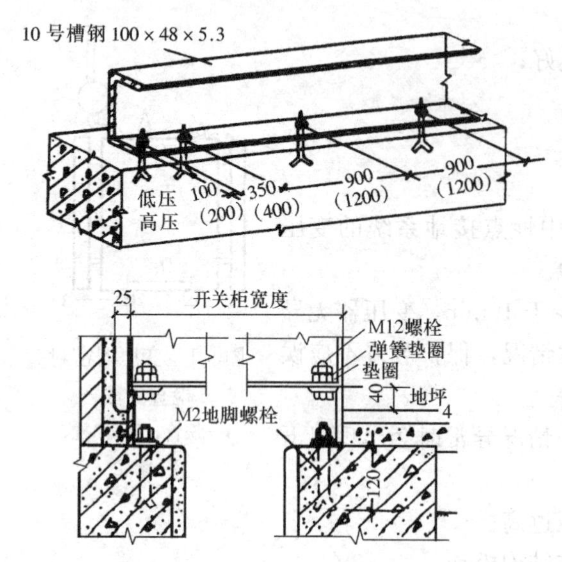

图5-3　基础槽钢安装

置好。在打混凝土前应找平、找正。找平的方法是用钢水平尺调好水平，并应使两根槽钢在同一水平面上，且平行。找正则是按图纸要求尺寸反复测量，确认准确后将钢筋头焊接在槽钢上。

2. 预留槽埋设法

此种方法是随土建施工时预先埋设固定基础槽钢的地脚螺栓，待地脚螺栓达到安装强度后，基础槽钢用螺母固定在地脚螺栓上。基础槽钢安装如图5-3所示。槽钢埋设应符合表5-1的规定。槽钢顶部宜高出室内抹光地面10mm，安装手车式开关柜时，槽钢顶部应与抹光地面一致。

5.1.2.2　开箱检查、清扫与搬运

盘、柜运到施工现场后，应及时进行开箱检查和清扫，查清并核对下列内容：

（1）规格、型号是否与设计图纸相符，通过检查，临时在盘柜上标明盘柜名称，安装编号和安装位置；

（2）盘、柜上零件、备品、文件资料是否齐全；

配电柜（屏）基础槽钢埋设允许偏差　　**表5-1**

项　目	允许偏差	
	mm/m	mm/全长
不直度	<1	<5
水平度	<1	<5
位置误差及不平行度		<5

（3）检查有无受潮和损坏等缺陷，并及时填写开箱单，受潮的部件应进行干燥；

（4）用电吹风机将盘柜内灰尘吹扫干净，仪表和继电器应送交试验部门进行检验和调校，配电柜安装固定完毕后再装回。

盘柜的搬运应在较好的天气时进行，拆去包装后运进室内。搬运时要防止盘柜倾倒，同时避免较大的振动。运输中应将盘柜立在汽车上，并用绳索捆牢，防止倾倒。

由室外运至室内的方法很多，如人抬或用滚扛等，根据条件而定。

5.1.2.3　盘、柜组立

按设计要求用人力将盘或柜搬放在安装位置上，当柜较少时，先从一端精确地调整好第一个柜，再以第一个柜为标准依次调整其他各柜，使其柜面一致、排列整齐、间隙均匀。当柜较多时，宜先安装中间一台，再调整安装两侧其余柜。调整时可在柜的下面加垫铁（同一处不宜超过3块），直到满足表5-2的要求，即可进行固定。安装在振动场所的配电柜，应采取防振措施，一般在柜下加装厚度约10mm的弹性垫。

盘、柜安装的允许偏差 **表5-2**

项次	项目		允许偏差（mm）
1	垂直度（每m）		<1.5
2	水平偏差	相邻两盘顶部	<2
		成列盘顶部	<5
3	盘面偏差	相邻两盘边	<1
		成列盘面	<5
4	盘间接缝		<2

配电柜多用螺栓固定或焊接固定。若采用焊接固定，每台柜的焊缝不应少于4处，每处焊缝长度约100mm左右。为保持柜面美观，焊缝宜放在柜体的内侧。焊接时，应把垫于柜下的垫铁也焊在基础型钢上。对于主控制盘、自动装置盘、继电保护盘不宜与基础型钢焊死，以便迁移。

盘、柜的找平可用水平尺测量，垂直找正可用磁力线锤吊线法或用水平尺的立面进行测量。如果不平或不正，可加垫铁进行调整。调整时既要考虑单块盘柜的误差，又要照顾到整排盘柜的误差。

配电装置的基础型钢应作良好接地，一般采用扁钢将其与接地网焊接，且接地不应少于两处，一般在基础型钢两端各焊一扁钢与接地网相连。基础型钢露出地面的部分应刷一层防锈漆。

5.1.2.4 盘、柜上电器安装

盘、柜上安装的电器应符合下列要求：

（1）规格、型号符合设计要求；

（2）所安装电器单独拆装，而不影响其他电器安装和配线；

（3）盘、柜上所配导线应用铜芯绝缘导线；

（4）端子排应整齐无损，绝缘良好，螺丝及各种垫片齐全；

（5）连接板接触良好可靠，切换相互不影响；

（6）盘、柜上所有带电体与接地体之间应保持至少6mm的距离。

如果遇到设计修改需在盘上增加或更换电气元件，要在盘、柜面上开孔时，首先要选好位置，增加或更换的电器元件不应影响盘面的整齐美观。

钻孔时先测量孔的位置，打上定位孔。打定位孔时应在盘背面孔的位置处用手锤顶住，然后再打，以防止盘面变形或因振动损坏盘上其他电器元件。用手电钻钻孔时，应注意勿使铁屑漏入其他电器里。

开比较大的孔时，先测准位置，然后用铅笔画出洞孔的四边线。在相对的两角内侧钻孔，用锉刀将孔锉大至两侧边线后，用钢锯条慢慢锯割，直至锯出方孔再用锉刀将四周锉齐。切不可用气焊切割，那样会使盘柜面严重变形。

由于更换或减少电器元件而留下的多余的孔洞，应进行修补。其方法是用相同厚度的铁板做成与孔洞相同的形状，但应略小于孔洞缝隙，只要能将其镶入即可。再在背面用电焊点焊固定，在四周点几点就可以，焊点多会使盘面变形。然后用腻子抹平缝隙，用细砂纸磨平后，喷漆即可。

对于小的孔洞可用线头塞入砸平，再用细锉找平，打上腻子用细砂纸磨平喷漆。

5.1.2.5 手车式开关柜安装

手车式开关柜是在普通高压开关柜的基础上改进而来的。它性能完善、安装简易、检修方便，适用于要求较高的变配电所。

6～10kV 高压开关柜有 GFC-1、3、10、15、20 等型号，外有封闭的柜体，内部的主要设备少油断路器装置在小车上，可以推进拉出，同时代替了隔离开关。手车上设有连锁机构，只有在少油断路器断开时，手车才能推进或拉出。少油断路器在闭合状态时，手车不能推进也不能拉出，这样就避免误操作而造成事故。

手车式高压开关柜安装工作量较小，安装时除与一般高压柜有相同的内容外应注意以下几点

(1) 应检查防止电气误操作的五防装置是否齐全、动作是否灵活可靠；

(2) 手车推拉应灵活轻便，无卡阻、碰撞现象；

(3) 手车推入工作位置后，动触头顶部与静触头底部的间隔应符合产品要求；

(4) 手车与柜体间的二次回路连接插件应接触良好；

(5) 安全隔离板应开启灵活，随手车的进出而相应协作；

(6) 柜内控制电缆的位置不应妨碍手车的进出，应牢固；

(7) 手车与柜体间的接地触头应接触紧密，当手车推入柜内时，其接地触头应比主触头先接触，拉出时接地触头比主触头后断开。

5.1.2.6 二次接线安装

电力系统中将电气设备分为两类：一类是一次设备，另一类是二次设备。一次设备是直接生产、输送和分配电能的。在变电所中属于一次设备的有：变压器、断路器、隔离开关、负荷开关、电力电缆等，由这些设备相互连接构成的电路称为一次接线。对一次设备的工作状态进行监视、测量、控制和保护的辅助电气设备称为二次设备。在变电所中的二次设备有测量仪表、继电保护装置、自动控制装置等。用于控制、检测、操作、计量、保护等的全部低压回路的接线，称为二次接线。

变电所中的二次回路安装是依据二次接线图进行的。二次接线图有：原理接线图、展开接线图和屏背面接线图三种。二次接线的安装工作是从看图开始，只有把图纸看懂弄通，并有一定的理论基础才能较好地进行安装工作。

在原理接线图中，用规定的符号画出所表达的二次回路所属各元件及它们之间的联系。利用这种接线图可以直观地研究接线原理，并可列出接线图中所需的设备清单。图5-4为二次保护的原理接线图。

电流继电器 KA1 和 KA2 的线圈分别接于电流互感器 TA1 和 TA2 二次回路内，而它们的接点与时间继电器 KT 相连，后者控制断路器的跳闸。当线圈发生短路时，电流继电器将因流入的电流超过规定值而动作，于是其接点闭合，时间继电器启动，并作用于断路器，使其跳闸。

展开接线图也是原理图的一种。在展开接线图中，交流电流、电压回路和直流回路等分别绘出。在接线中所包括的继电器和其他各元件，如各种线圈和接点被分别画在它们所属的不同回路中，此时属同一个继电器或设备的全部元件注以同一标号，以便于在不同的回路中去查找。在展开接线图中，对属于同一回路的各个分支，同一分支中的各个元件均

按它们在图中工作时的动作顺序，自左到右或从上到下依次排列。这种图由于结构简单，层次分明，对复杂回路设计，研究及安装和运行提供了极大方便。

图5-5表示出上述同一线路保护的展开接线图。继电器KA1和KA2的接点和线圈被分别画在交流和直流回路中，其工作情况看图可知。

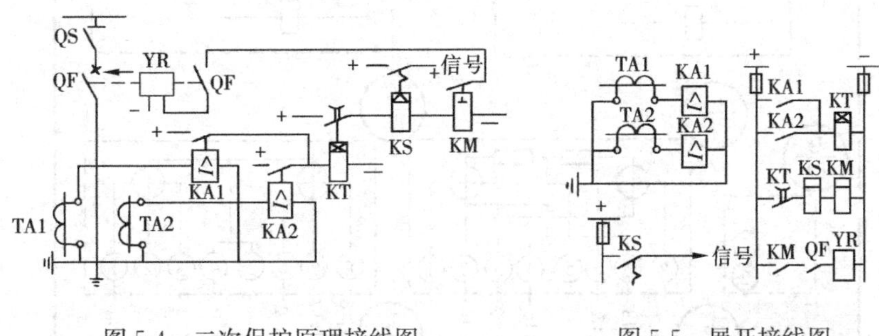

图5-4　二次保护原理接线图　　　　图5-5　展开接线图

屏背面接线图是盘、柜配线使用的图纸，用来指导实际接线，一般端子排接线图也画在这张图上。该图特点是直观性较强，简单易操作。施工现场可做核对二次接线的依据。因为盘柜的二次配线是在背面，图纸也是按照从背面看绘制的。

屏背面接线图是以相对编号法原则绘制的，只要看线端的号牌标号就知道线路的另一端在哪里。如图5-6所示。

屏背面接线图表明二次回路保护的安装接线图及二次回路中各元件的具体连接关系和元件的安装位置，此种图对比例无严格要求，只表明相对位置即可，在屏背面接线图中，元件之间的连接线不用线条画出来，而是采用相对编号法来表达，也就是说该端子旁标明的编号是它所连接端子的标号。首先把接线图中所有元件均给以标号和编号，然后在元件的端子上写出由该端子引入的导线另一端所接元件及其端子的编号。屏背面接线图如图5-7所示。屏背面接线图与展开图配合使用，对于校对盘上配线极为方便。屏背面接线图在施工中应妥善保管，交工时连同其他资料移交给建设单位。

5.1.2.7　盘、柜内校线与配线

1. 盘、柜内校线

校对盘柜配线的目的是检查制造厂所配的二次线是否正确，如有错误应加以改正。校线用屏背面接线图比较容易，但屏背面接线一定要与展开接线图核对无误。也可以用展开接线图校线，但要求有一定的理解能力和经验。

校线的工具用电池灯（又称校线灯），是由两只一号电池和一只2.5V小电珠组成。其接线图如图5-8所示。

将两节一号电池串联后，用塑料包带包缠在有8号铁线弯制的框内，电池的正极焊接在小电珠的尾部，电珠的另一极焊接在8号铁线上。电池的负极焊接一根长约2～3m的软线，软线的另一端焊一鱼嘴夹子。使用时将鱼嘴夹夹在要校对的导线上，手握电池，用带有尖端的8号线去接触要校对的导线的另一端，如灯泡发光，就证明所校对的线上有电流流动，接线正确。接有电流线圈或有常闭接点，以及构成该回路的线有很多段时，应将线头从接线柱上拆开，然后逐段查对。拆开的导线校对后应恢复好。对于校对出来的错误，如导线接错或标号不对等，应加以更正。校线时可用小块永久磁铁将图纸吸附在盘柜

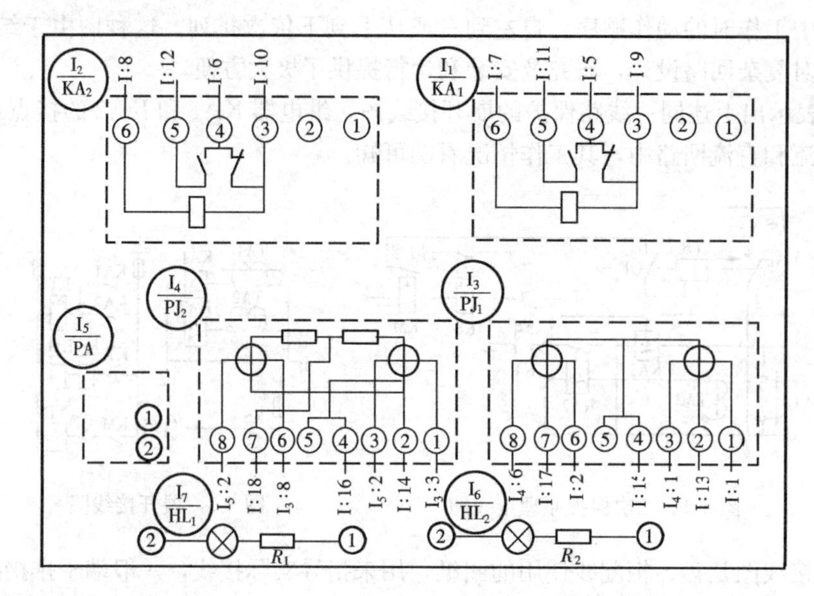

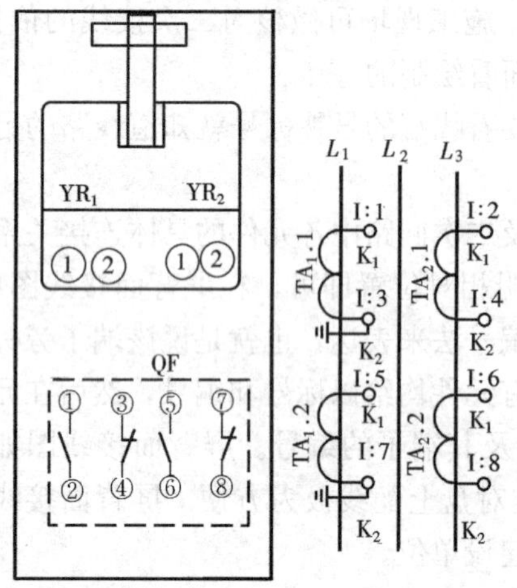

1	10kV 电源进线			X_1
$TA_1.1:K_1$	A111	1	$PJ_1:1$	$I_3:1$
$TA_2.1:K_1$	C411	2	$PJ_1:6$	$I_3:6$
$TA_1.1:K_2$	N411	3	PA:1	$I_5:1$
$TA_2.1:K_2$		4		
$TA_1.2:N_1$	A421	5	$KA_1:4$	$I_1:4$
$TA_2.1:X_1$	C421	6	$KA_2:4$	$I_2:4$
$TA_1.2:K_2$	N421	7	$KA_1:6$	$I_1:6$
$TA_2.2:X_3$		8	$KA_2:6$	$I_2:6$
$YR_1:1$	A424	9	$KA_1:3$	$I_1:3$
$YR_2:1$	C424	10	$KA_2:3$	$I_2:3$
$YR_1:1$	A422	11	$KA_1:5$	$I_1:5$
$YA_2:2$	C422	12	$KA_2:5$	$I_2:5$
WV(A)	A611	13	$PJ_1:2$	$I_3:2$
		14	$PJ_2:2$	$I_4:2$
WV(B)	B611	15	$PJ_1:4$	$I_3:4$
		16	$PJ_2:4$	$I_4:4$
WV(C)	C611	17	$PJ_1:7$	$I_3:7$
		18	$PJ_2:7$	$I_4:7$

图 5-6　二次回路接线安装图

的框架上。

盘柜内配线如需修改，其走线方式、导线型号、规格与颜色应与原来的相同。原有的导线如因长度不够时，应重新换一整根导线，不允许采用接长的办法。每一接线柱上只能压接两根线。端子排一端也只能压两根线，如导线有三根，则应串接到同一回路其他的端子上。

2. 盘柜内配线

盘柜内配线工作是将导线按施工图纸，以一定方式连接起来。既要满足规范和设计要求，又要整齐美观。

盘柜内配线规定用铜芯绝缘线，电压回路的导线应不小于 1.5mm^2，电流回路的导线应不小于 2.5mm^2，引至开启门上的导线，要用多股铜芯绝缘软线。

平行配线法是目前常用的盘柜内配线法。它是将绝缘导线一根根拉直，把相同走向的

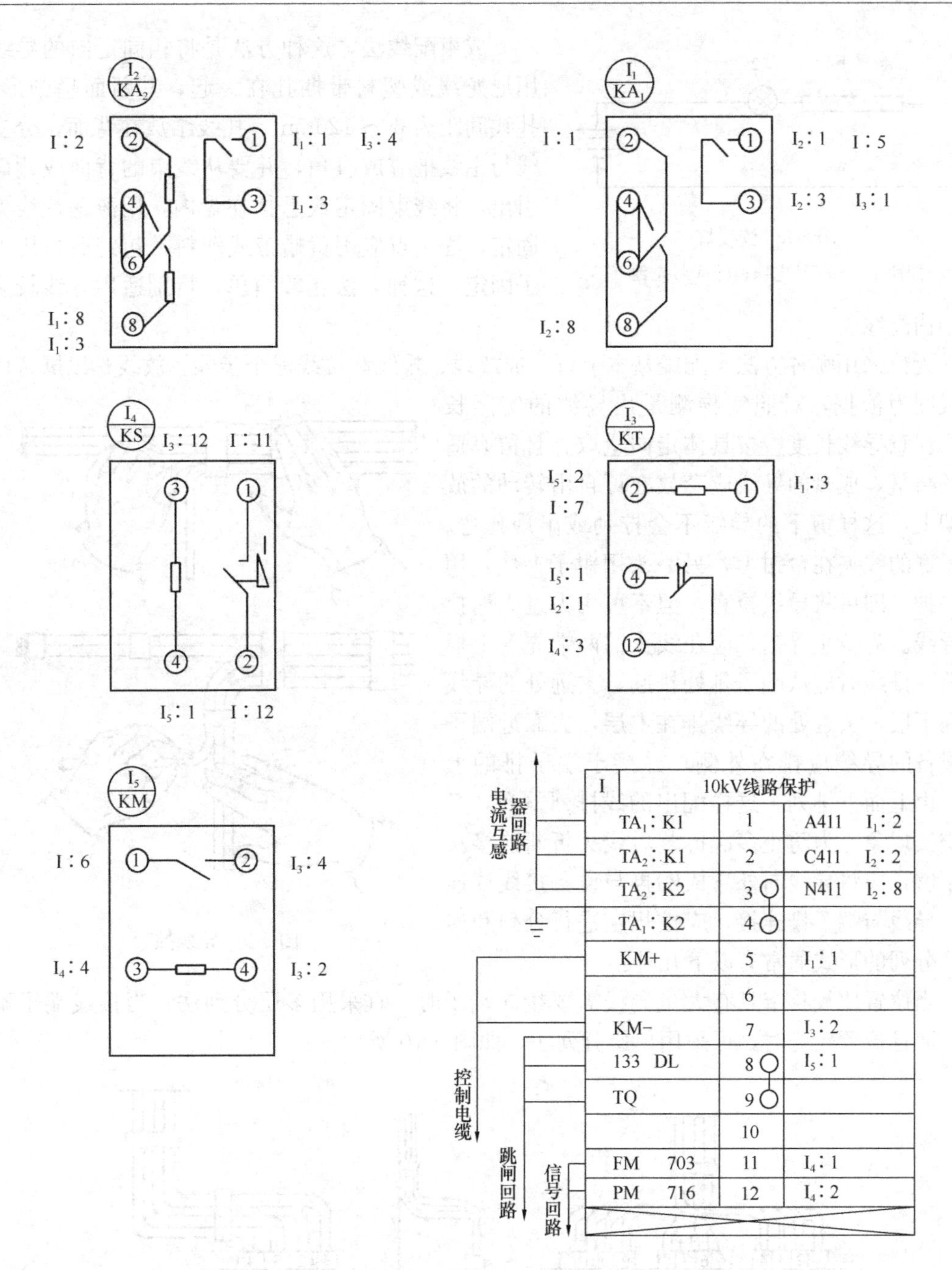

图 5-7 屏背面接线图

导线弯曲与主线把形成直角，应用手弯成小圆角，切不可用钳子夹，这样会损伤导线绝缘。导线揻弯如图 5-9 所示。导线数量少时可走单层，导线根数多时可多层走线。线把要横平竖直，每隔 100～200mm 用尼龙线或铝轧头固定一处，为使线把形状美观，可用钢纸裁成适当的宽度，衬垫在线把中，每层线放一块钢纸条，导线外用黄蜡带或塑料带包缠，再用尼龙线或铝轧头固定好，最后固定在盘上。

配线前应量好所用导线的长度，套上标线箍，并要编排好哪些线在外边，尽量避免交叉和压线，这样配出的线才能整齐美观。

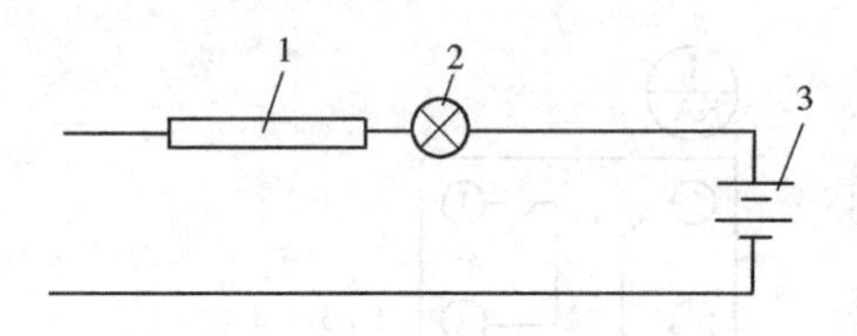

图5-8　校线灯

1—探针；2—2.5V电珠；3—1号电池（3V）

成束配线法，这种方法是将相同走向的导线用尼龙线或塑料带捆扎在一起，其断面呈圆形。扎线间距为60～120mm，扎线结放在背面，分支线与主线把应成直角，并要从线束的背面或侧面引出，将线束固定或悬挂在盘内，用薄钢片线夹固定，固定点应用黄蜡带或塑料带包缠后再用夹子固定。这种方法比较简单，特别适用导线较多的柜内配线。

无论采用哪种方法，配线基本上可分成放线、排线和接线三个步骤。放线是以屏背面接线图为依据，对照实物测量出导线的实际长度，注意导线长度应按具体走向量取并且留有适当的余量，成盘的导线应套放在可自由转动的放线架上，这样剪下的导线不会拧劲或出现死弯。将量好的线夹在台钳上，另一头用钳子夹住，用力一抻，即可将导线拉直，但不可用力过大而拉断导线。为防止弄错，应在线头的两端先套上标线箍。排线时应从端子排处排起，去远处的导线排在下层，去近处的导线排在上层，去靠近端子排设备的导线应排在外侧，并接于端子排的上部，由上而下排列。这样配出的线排列整齐，又无交叉现象。为防止多次拆装后线头折断连接长度不够，应将导线向外弯成圈再与设备接线柱连接。导线与端子排连接，应按规定进行分列和连接。分列的形式通常有以下几种：

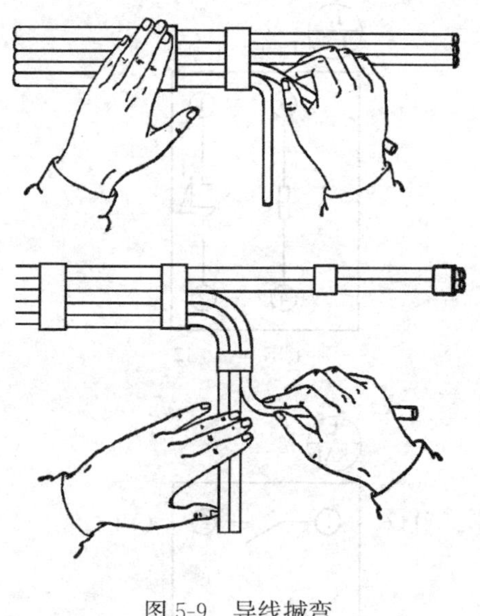

图5-9　导线摵弯

当位置比较狭窄且有大量导线需要接向端子时，宜采用多层分列法；当接线端子不多，而且位置较宽时，可采用单层分列法，如图5-10所示。

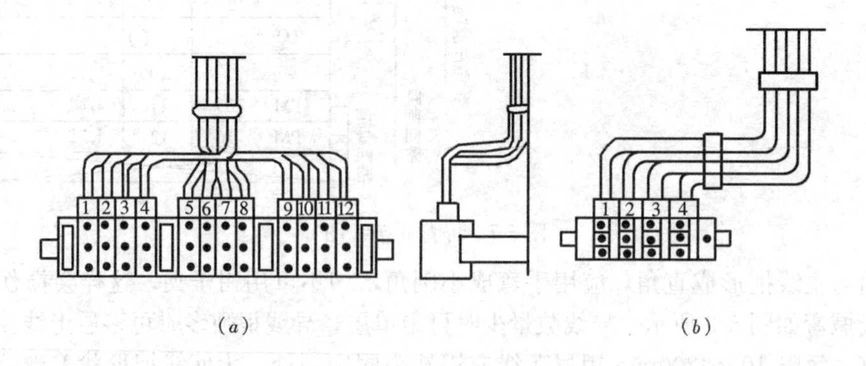

图5-10　导线多层分列法

（a）导线多层分列法；（b）导线单层分列法

除单层和多层分列外，在不复杂的单层或双层配线的线束中，也可采用扇形分列法，如图5-11所示。

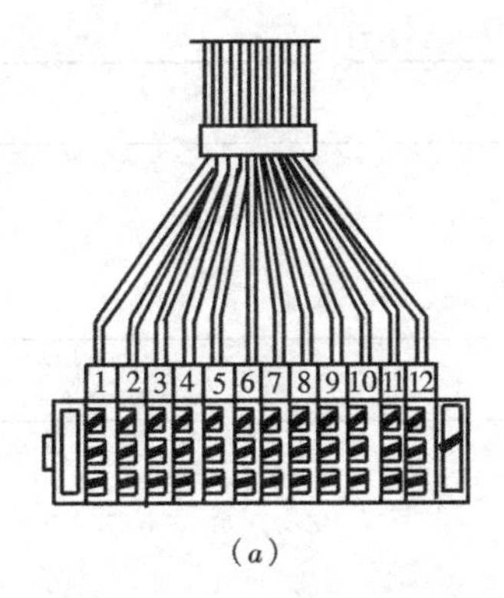

(a)

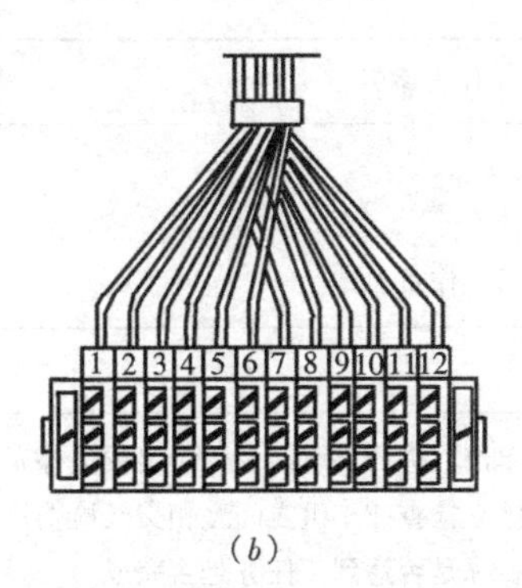

(b)

图 5-11　导线扇形分列

(a) 单层；(b) 双层

导线与端子排连接，应根据导线到端子排的距离将多余的导线剪掉，用电工刀或剥线钳子剥切导线，用刀背刮掉线芯的氧化层，以保证接触良好。导线直接插入端子排孔内，用螺丝顶紧。如果导线直接与端子排上的螺丝连接，应根据螺丝的直径将导线的末端弯成一个顺时针的圆圈，这样越拧越紧，保证接触严密可靠。备用的导线应用螺丝刀柄将其绕成螺旋状，然后放于端子排线把的后面。

任务 5-2　高压户内隔离开关和负荷开关的安装调整

《建筑电气施工技术》工作页

姓名：　　　　　　学号：　　　　　　班级：　　　　　　日期：

任务 5-2	高压户内隔离开关和负荷开关的安装调整	课时：4 学时	
项目 5	变配电设备安装	课程名称	建筑电气施工技术
任务描述：			
通过讲授，认知高压开关的用途、种类、型号等，让学生对高压开关的型号有明确的了解，学会高压开关的安装和调试方法			
工作任务流程图：			
播放录像→教师给出施工任务并讲授→分组研讨→提交工作页→集中评价→提交认知训练报告			
1. 资讯（明确任务、资料准备）			
(1) 高压隔离开关安装、调整的方法是什么？ (2) 负荷开关的调整应注意什么			
2. 决策（分析并确定工作方案）			
(1) 分析采用什么样的方式方法了解高压隔离开关和高压负荷开关的安装和调试方法，通过什么样的途径学会任务知识点，初步确定工作任务方案； (2) 小组讨论并完善工作任务方案			
3. 计划（制订计划）			
制定实施工作任务的计划书；小组成员分工合理 需要通过图片搜集、视频播放、查找资料、参观等形式完成本次任务。 (1) 通过查找资料和学习教材，明确高压负荷开关和高压负荷开关的安装及要求。 (2) 通过教学课件的学习，认知高压隔离开关安装和负荷开关安装的施工方法。 (3) 通过一体化施工实训室，认知设备安装、调整所用的工具、材料的使用方法			

续表

4. 实施（实施工作方案）
（1）参观记录； （2）学习笔记； （3）研讨并填写工作页
5. 检查
（1）以小组为单位，进行讲解演示，小组成员补充优化； （2）学生自己独立检查或小组之间互相交叉检查； （3）检查学习目标是否达到，任务是否完成
6. 评估
（1）填写学生自评和小组互评考核评价表； （2）跟老师一起评价认识过程； （3）与老师深层次的交流； （4）评估整个工作过程，是否有需要改进的方法
指导老师评语：
任务完成人签字： 日期：　　年　　月　　日
指导老师签字： 日期：　　年　　月　　日

5.2.1 隔离开关和负荷开关的用途和型号

隔离开关是一种没有专门灭弧装置的开关设备，它不能切断负荷电流和短路电流。主要是保证被检修的设备或处于备用中的设备与其他正在运行的电气设备隔离，中间有一个明显的断开间隔，使之有一个直观的安全感，确保检修工作的安全进行，由于隔离开关没有灭弧装置，所以严禁带负荷操作。

目前所用的隔离开关有GN_2、GN_6、GN_8和GN_{10}型等，型号表示如下：

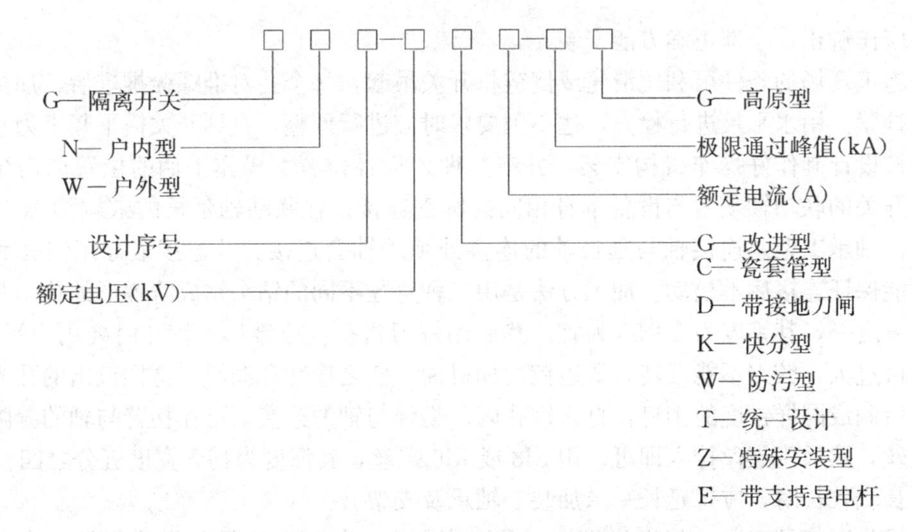

负荷开关的性能介于隔离开关和断路器之间。就其结构而言，它与隔离开关相似，在开路状态下也有可见的断开间隙，能起到隔离电源的作用。另因负荷开关具有特殊的灭弧装置，所以它可以切断较大的负荷电流，但它不能切断短路电流，因此在大多数情况下需与高压熔断器配合使用，由熔断器切断短路电流。

高压户内负荷开关，目前多采用 FN_2、FN_3 型压气式负荷开关，其灭弧原理是利用分闸时，主轴带动活塞压缩空气，使压缩空气从喷嘴中高速喷出以吹熄电弧，灭弧性能较好。其型号表示如下：

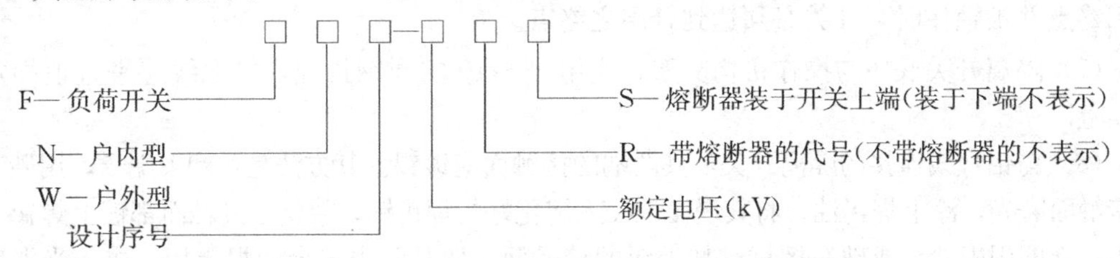

5.2.2　高压户内隔离开关的安装和调整

在成套开关柜中，隔离开关已由厂家调整完毕。但有时不采用成套开关柜，或需要将隔离开关安装到墙上以及支架上，这样就要对隔离开关进行单独安装。隔离开关的工艺过程及要求如下：

(1) 安装前应详细检查隔离开关的型号、规格是否与设计图纸相符，绝缘子、刀片及触头等有无损坏。联动机构及零件是否齐全。同时应将开关清理干净。

低压隔离开关用 1000V 兆欧表测量其绝缘电阻；10kV 以上的用 2500V 兆欧表测量，其绝缘电阻值应在 800～1000MΩ 以上。

(2) 放样，打孔埋螺栓。按设计要求测量出隔离开关的准确位置，找出中心线后，将开关固定螺孔的尺寸画线放样到墙上，作出标记打孔埋螺栓。一砖厚的墙可以透孔用 M12 的螺栓穿墙固定。一砖半及以上的砖墙应打孔埋鱼尾螺栓。孔的深度不应小于 150mm，要打成里口大外口小的孔，再将鱼尾螺栓按开关固定孔的尺寸准确地放置好后，用高标号混凝土填灌并抹平墙面。如隔离开关安装在支架上，应钻孔固定。

(3) 安装，确认混凝土达到强度后即可进行安装工作。先拧下预埋螺帽，核对尺寸，如有偏差应作矫正，全部正确方能安装。

根据施工现场的条件可利用滑轮或倒链将开关吊起，每个孔对准螺栓推进后，加垫片和弹簧垫拧紧。用水平尺进行检查，达不到要求时应进行调整，直到开关横平竖直为止。

（4）按设计制作好操作机构支架，并将其埋入设计位置。操作手柄的位置如需延伸时，隔离开关的联动轴须用与设备本身相同的圆钢连接，在联动轴延长的末端约100mm处，应装设轴承支架。连接轴与延长轴的连接处须用轴套连接。其连接最好用锥孔和锥销。这样能保证连接后不松动。加工方法是用三种直径不同的钻头钻成阶梯形的孔，其深度各占三分之一，其锥度为1∶50为宜。然后用铰刀将孔铰成锥形，铰孔时要用力平稳，进给量不可过大，铰刀不能反转，要边铰边加机油，使之冷却和润滑，这样铰出的孔光滑规整。然后制成同样锥度的销钉，打入锥孔内。拐臂与轴的连接，可在拐臂与轴的缝隙处钻孔后攻丝，然后用螺丝拧入即可。用M8或M6螺丝，其深度为拐臂宽度五分之四。

如延长轴较长时，应每延长一米加装一轴承及支架。

（5）操作联杆的安装。将操作机构安装在支架上，使开关和操作机构都处于合闸状态，量取开关拐臂和操作机构扇形板中间的撑板孔间的距离；将开关分闸后，操作机构也处于分闸状态，再量取这个距离，两次所量距离应相同。如果不相同则应调整扇形板中间撑板的位置，使其在分、合闸时距离相同，这个距离即为联杆的长度。按此长度用ϕ25mm镀锌钢管做成联杆，两端用气焊收口后各焊上M12～16的螺杆，长度为50～75mm，每一螺杆上放两个螺母，以便轧紧拐臂和撑板，用螺杆可以调节联杆的长度。

（6）操作机构应调整到一个人的正常力量下能顺利地分、合闸，当操作机构手柄向上达到终点并被锁住时，开关必须达到合闸之终点。

（7）隔离开关底座与操作机构支架，应用ϕ8～10的圆钢接地，接地线应平直地固定于墙上。

（8）与铝母线连接的隔离开关，其两端的接触面应镀锡。其方法是：卸下端子，用砂布将接触面磨光，涂上焊锡油，将其慢慢地浸入熔化好的焊锡锅，待整个接触面都镀上焊锡后取出，立即用棉纱头或破布擦拭已挂上锡的接触面，使其除去多余的焊锡后，成一光滑表面。也可用熔化好的焊锡浇端子接触面，直到挂好锡为止，其他操作方法与上述相同。

（9）安装完毕，将支架、延长轴、操作联杆等刷上油漆。最好刷两遍，第一遍刷底漆，第二遍刷油漆。

（10）在隔离开关动、静触头、涂上电力复合脂，保证接触可靠。

（11）三相隔离开关各相刀片与固定触头相接触时前后相差不应超过3mm，达不到此要求时应进行调整。开关与操作机构安装见图5-12。

开关本体和操作机构安装后，应进行调整。

（1）将开关慢慢合闸，观察开关动触头有无侧向撞击现象。如有，可调整固定触头的位置。动片进入插口的深度不能小于静片长度的90%，但也不应过大，要使动片与静触头底闸保持3～5mm距离；如不能满足上述要求，可调整操作杆的长度及操作机构旋转角度。检查三相刀片是否同时合闸，各相前后相差不得大于3mm。

（2）合闸调整完毕后，慢慢分闸，注意刀片的张开角度，其角度应符合制造厂的规定。调整方法是改变操作杆长度及操作杆的连接端部在操作机构扇形板上的连接位置。

（3）隔离开关辅助触头也应调整，动合触点在开关合闸行程的80%～90%时应闭合；

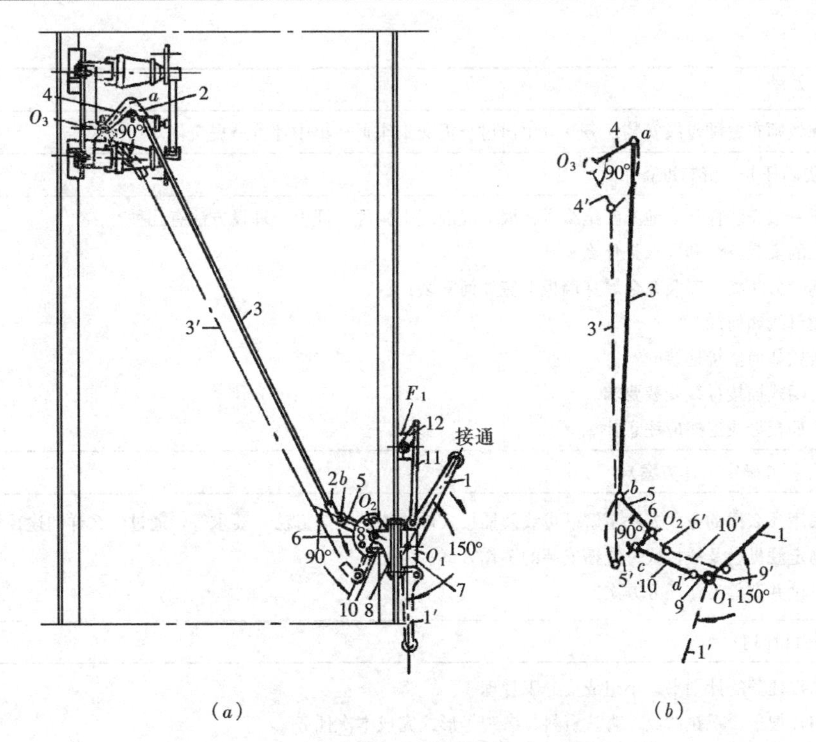

图 5-12　CS6 型手动杠杆操作机构及工作原理图

(a) 杠杆操作机构；(b) 工作原理

1—手柄；2—接头；3—牵引杆；4—拐臂；5—后舌头；6—扇形板；7—前轴承；8—后轴承；9—连杆；10、11—连杆；12—辅助接点转臂；F_1—辅助接点；O_1、O_2、O_3—轴

动断触点在开关分闸行程的 75％时断开。调整方法是改变耦合盘的角度。

5.2.3　负荷开关安装与调整

负荷开关的安装方法与隔离开关相同。

负荷开关的调整应注意以下几点：

(1) 负荷开关的主闸刀与辅助闸刀的动作顺序为：合闸时，辅助闸刀先闭合，主闸刀后闭合；分闸时，主闸刀先断开，辅助闸刀后断开。

(2) 对于 FN_2 和 FN_3 系列产品，在主刀片上有一个小塞子，合闸时小塞子应正好插入灭弧装置的喷嘴内，不得剧烈地碰撞喷嘴。

任务 5-3　绝缘子与穿墙套管安装及硬母线安装

《建筑电气施工技术》工作页

姓名：　　　　　　学号：　　　　　　班级：　　　　　　日期：

任务 5-3	绝缘子与穿墙套管安装及硬母线安装	课时：6 学时	
项目 5	变配电设备安装	课程名称	建筑电气施工技术
任务描述：			
通过讲授，认知绝缘子的种类、穿墙套管的种类、硬母线的种类、插接式母线槽结构等，让学生对硬母线加工、制作、插接式母线槽安装有明确的了解，学会绝缘子、穿墙套管和硬母线的安装方法及插接式母线槽的安装方法			

续表

工作任务流程图：
播放录像→教师布置硬母线安装任务→分组研讨→提交工作页→集中评价→提交认知训练报告
1. 资讯（明确任务、资料准备）
（1）绝缘子一般安装在什么地方？绝缘子在墙上或混凝土构件上埋设，埋设方法有几种？ （2）绝缘子的安装方法和要求是什么？ （3）穿墙套管分几类？安装在金属穿墙板上应如何安装？ （4）矩形硬母线如何加工？ （5）硬母线式如何搭接连接的？ （6）描述封闭式插接母线安装要求。 （7）封闭式插接母线连接应注意什么
2. 决策（分析并确定工作方案）
（1）分析采用什么样的方式方法了解硬母线及插接式母线槽的安装方法、要求等，通过什么样的途径学会任务知识点，初步确定硬母线及插接式母线槽安装的工作方案； （2）小组讨论并完善工作任务方案
3. 计划（制订计划）
制定实施工作任务的计划书；小组成员分工合理 需要通过图片搜集、视频播放、查找资料、参观等形式完成本次任务。 （1）通过熟悉教材、查找资料，学习硬母线安装规定及要求等。 （2）通过PPT课件的学习，认知硬母线安装的施工方法。 （3）通过一体化施工实训室认知硬母线弯曲设备和使用方法及插接式母线槽安装方法
4. 实施（实施工作方案）
（1）参观记录； （2）学习笔记； （3）研讨并填写工作页
5. 检查
（1）以小组为单位，进行讲解演示，小组成员补充优化； （2）学生自己独立检查或小组之间互相交叉检查； （3）检查学习目标是否达到，任务是否完成
6. 评估
（1）填写学生自评和小组互评考核评价表； （2）跟老师一起评价认识过程； （3）与老师深层次的交流； （4）评估整个工作过程，是否有需要改进的方法
指导老师评语：
任务完成人签字： 日期：　　年　　月　　日
指导老师签字： 日期：　　年　　月　　日

5.3.1　绝缘子安装

绝缘子俗称瓷瓶，是用来支持或固定电气设备的导电体，使它与地绝缘，或者使装置中不同电压带电部分互相绝缘。

10kV 配电装置所用的绝缘子，如图 5-13 所示。

绝缘子多安装在墙上、金属支架、开关柜的框架或建筑构件上。这就需要根据绝缘子安装孔尺寸埋设螺栓或加工支架。

（1）绝缘子的检查。经过外观检查，选出表面无损伤的绝缘子（10kV 的绝缘子），用 2500V 兆欧表测量绝缘电阻，其值在 800～1000MΩ 以上为合格。有条件应作交流耐压试验。耐压试验可在安装前单独进行，也可在安装后和母线一起进行。低压绝缘子只作外观检查而不作其他试验。

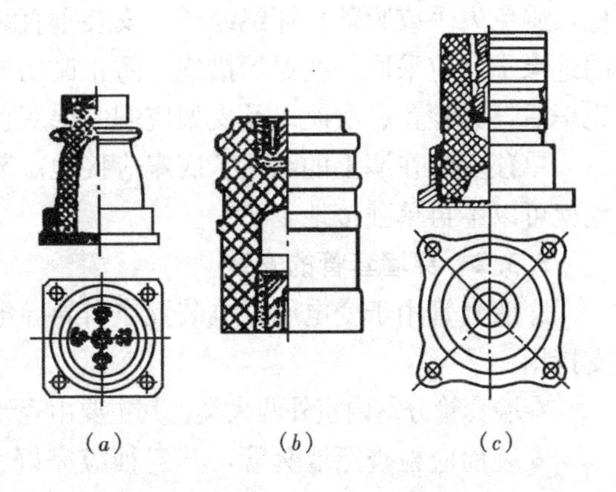

图 5-13　高压户内支持绝缘子外形
(*a*) 外胶装；(*b*) 内胶装；(*c*) 联合胶装

绝缘子的规格要符合设计要求，不得任意代用。

（2）底脚螺栓的埋设，当绝缘子直接安装在墙上混凝土构件上时，需要埋设底脚螺栓。其埋设方法有多种，如打孔埋设法、预留孔埋设法、膨胀螺栓法等。可以根据施工现场的具体情况来选择。无论用哪种方法，都应按设计要求，准确测量出埋设螺栓的位置，先画线后打孔再埋设。同一直线上要埋设多个底脚螺栓时，应先用墨线在墙上弹出垂直或水平的粉线，量好各螺栓的距离，先打孔后埋螺栓。埋螺栓应先拉一线绳，以此为准埋设螺栓。埋设深度应符合要求，外露长度也要合适，短了会影响质量，长了又不美观。

（3）各种支架的制作和安装。绝缘子固定在支架上，支架固定在盘柜间，墙壁上和构件上，变配电装置中绝缘子的支架有多种如图 5-14 所示。

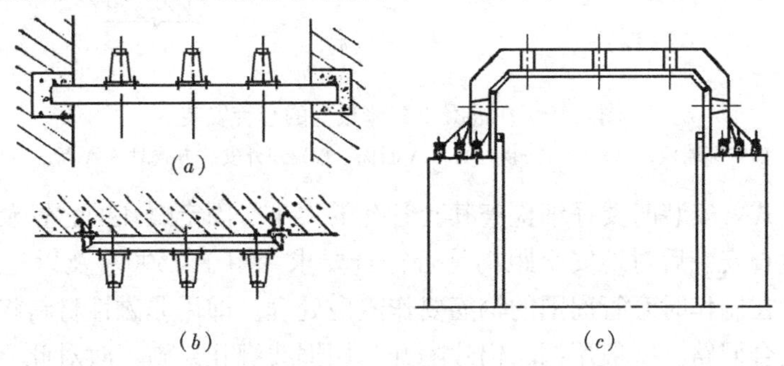

图 5-14　母线支架
(*a*) 梁式支架；(*b*) 墙式支架；(*c*) 户内桥架

支架均用角钢或槽钢制成。支架的制作安装应按施工图纸的要求进行。支架制作的尺寸和安装位置应符合设计要求。支架制作的过程是：选材，平直，下料，弯曲，焊接，钻孔和刷油漆等。钻孔的中心点两边各钻一孔，再用圆锉锉成长圆形。安装支架时，应先核对位置，然后用水平尺找平、找正。经反复测量，确认合格后进行焊接或者用水泥填塞固定。金属支架应用$\phi8\sim\phi10$圆钢可靠接地。

(4) 绝缘子的安装方法和要求。首先按设计要求确定出同一直线上首尾两个绝缘子的位置后，以此两点为准拉一条线绳，按此线安装中间的绝缘子。绝缘子中心误差不应超过±5mm。水平误差不应超过2mm。不能满足此要求时，应加垫铁来调整，对于室内的低压绝缘子，可用钢纸垫进行调整。

在固定绝缘子时，其螺栓应受力均匀适度，防止受力不均而造成损坏。所用扳手应拿稳，避免失手或脱落打坏绝缘子。安装垂直装设的绝缘子时，应从上而下安装。已安装好的绝缘子，应采取一些保护措施，防止碰伤或在旁边及上部电焊时损伤绝缘子釉面。安装完毕后，其顶盖、底座以及支架应刷一层灰色绝缘漆。

单独安装在墙上的绝缘子底座应接地。装在金属支架上的绝缘子，只要支架已妥善接地就可以不再单独接地了。

5.3.2　穿墙套管的安装

穿墙套管用于变电所配电装置作引导导电部分穿过建筑墙壁，使导电部分与地绝缘及支持用。

穿墙套管分室内室外两大类。其主要由瓷绝缘套管、穿芯铝排（或铜排）、法兰盘组成。

安装前应检查穿墙套管，其瓷釉应完好无损，法兰盘浇合牢固，用2500V兆欧表测其绝缘电阻，应不小于1000MΩ。

穿墙套管的安装方式有两种。一种是由土建预制混凝土穿墙套管板，这种安装方法如图5-15所示。

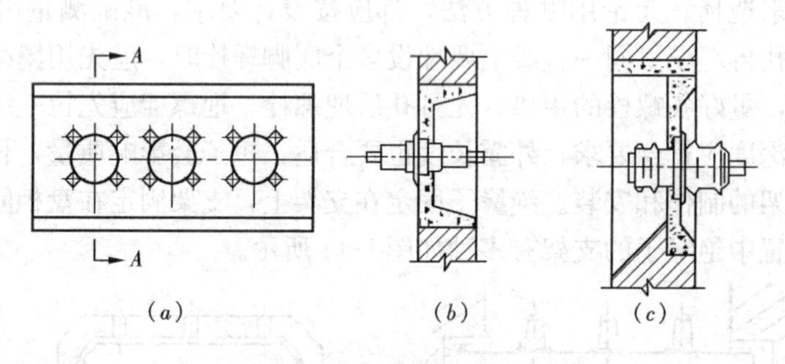

图5-15　在混凝土穿墙板上的套管安装
(a) 穿墙板；(b) 户内安装时的A-A断面；(c) 户外安装方式时A-A断面

对于这种方式，安装时要仔细检查其套管孔的大小、固定螺孔的位置及口径是否符合要求，特别要检查安装后对地安全距离是否符合要求。用于1500A及以上额定电流的穿墙套管水泥板，在制作时套管周围的钢筋要作隔磁处理。即用非磁性材料将钢筋隔开，使其不形成磁的闭合回路。一般用铜、铝片隔开，用铜线绑扎。施工时对此要进行检查，不仅要保证进行此项处理，而且要求处理质量合格。

另一方式是由角钢制成框架（用50×50×5角钢），用厚度为3～5mm的钢板，开孔后固定在框架上。其做法如图5-16所示。

将做好的隔板固定在预留孔内，再将穿墙套管安装在上面，最后将框架四周与墙体的间隙用水泥抹严。隔板制作好后，应除锈、涂漆。

当套管通过的额定电流超过1500A时，也要作隔磁处理，方法是把两只穿墙套管孔之间割开一个槽，为了封密和提高强度，用非磁性金属将开的这个槽堵起来。最好是用铜焊把槽焊满，也可用铝板用螺栓或铆钉固定在穿墙板上。

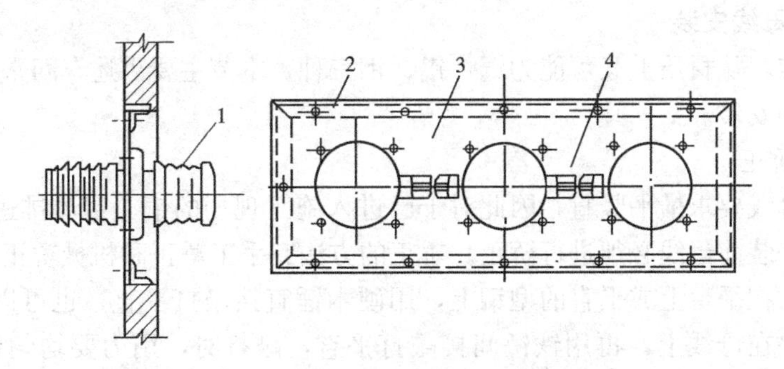

图5-16　在金属穿墙板上的套管安装

1—穿墙套管；2—角钢框；3—钢板；4—铝压板

当无设计规定时，套管应由室外向内装，固定螺栓由外向里穿。套管装在楼板上时，应由上向下穿，固定螺栓也是由上向下穿。户外型穿墙套管应注意其户内端及户外端。一般套管带裙端为户外端，无裙端为户内端。套管安装后应平直，三相应在同一中心线上。对于混凝土穿墙板上的套管，其中间的法兰盘应可靠接地。在金属穿墙板上安装套管，金属框架应接地。

5.3.3　穿墙隔板的安装

穿墙隔板在低压母线过墙处，起到绝缘和封闭作用。其做法如图5-17所示。

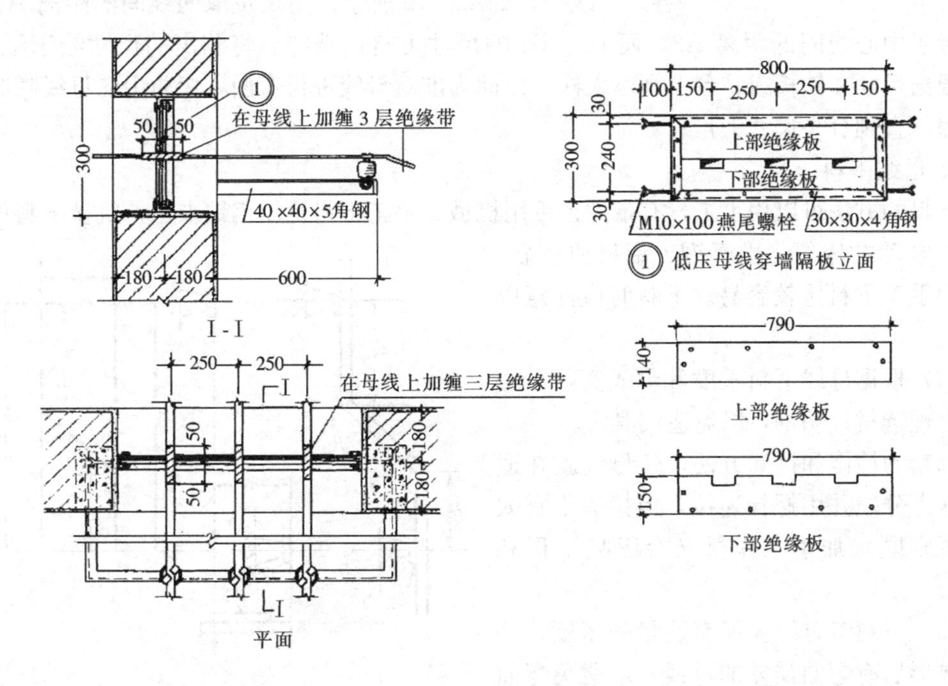

图5-17　低压母线过墙板安装

用40×40×4或30×30×4的角钢做成框架后，固定在预留孔内，将塑料板或电木板按图5-17的加工尺寸制作，安装在角钢框架中，用螺丝拧紧。母线由槽中通过，安装好后的缝隙不得大于1mm，过墙板缺口与母线保持2mm空隙。角钢框架应可靠接地。

5.3.4 硬母线安装

硬母线安装，从材质上又可能为铜、铝、钢三种。本节主要讲述车间常用的铜、铝矩形母线的制作和安装。

1. 母线的矫正

安装好的母线要求横平竖直，因此对于已进入施工现场的铜、铝母排进行平直矫正。其方法如下：安装前母线必须进行矫正。矫正的方法有手工矫正和机械矫正两种。手工矫正时，把母线放在平台上或平直的型钢上，用硬木锤直接敲打平直；也可以用垫块（铜、铝、木垫块）垫在母线上，再用铁锤间接敲打平直，敲打时，用力要均匀适当，不能过猛，否则会引起变形。更不准用铁锤直接敲打。对于截面较大的母线可用母线矫正机进行矫正。将母线的不平整部分，放在矫正机的平台上，然后转动操作手柄，利用丝杆的压力将母线矫正，如图5-18所示。

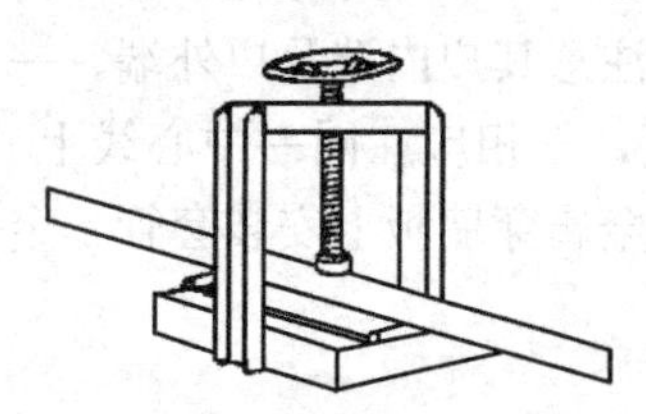

图5-18 母线矫正机

2. 母线尺寸的测量

在设计图中，母线的长度和加工尺寸没有表示出来，而且也无法表示。因此母线的尺寸必须根据现场的具体情况来决定。测量时需用线锤、白线绳、角尺和卷尺等工具。

测量方法如图5-19所示。此图是表示在两个不同垂直面上装设的一段母线，测量时先在两个绝缘子与母线接触面处各系一线锤，如图5-19所示。用尺量取两线间的距离A1及两绝缘子中心线间的距离A2，而B1、B2的尺寸可自由选择。将测出的尺寸绘于纸上，然后根据尺寸在铁板或平台上画出大样，以此为准对母线进行弯曲，弯曲中的母线随时进行对照，直到合乎尺寸为止。

3. 母线下料

下料的方法可以用手工，有条件也可用机械。手工下料是用钢锯来锯，机械下料可用锯床、电动冲床等。由于铜、铝材质较软，所以用手工下料比较容易。下料时应注意以下几点：

（1）根据母线下料长度和母线实际需用长度合理选材、切割，以免造成浪费。

（2）为检修和拆卸方便，长母线就在适当的地点分段并用螺栓连接，但接头不宜太多，否则既增加了工作量又会影响工程和质量。

（3）下料时母线要留有适量的裕度，特别是成形后有弯曲误差的母线。应避免弯曲时产生误差而整根报废（如弯不在预定位置或三相弯曲不一致、不协调等）。弯制好的母线应在设备或盘柜上量好后，再锯去端头

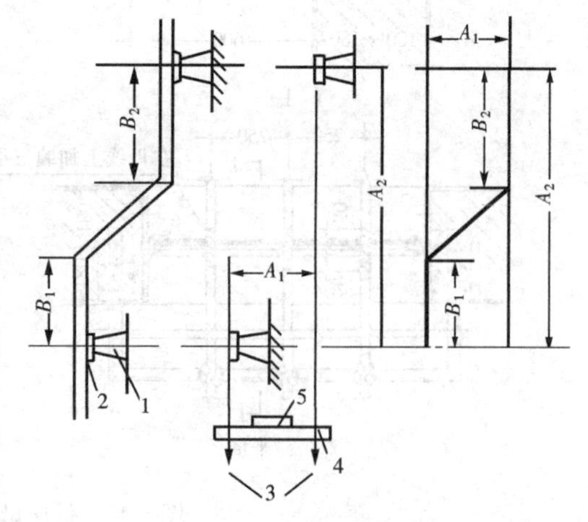

图5-19 母线尺寸的测量方法

1—支持绝缘子；2—母线金具；3—线锤；4—平板尺；5—水平尺

多余的一小段。

(4) 下料锯料的母线，切口上如有毛刺，要用锉刀或其他刮削工具将毛刺去掉。

4. 母线的弯曲

矩形母线的弯曲，有平弯、立弯、扭弯三种形式。如图 5-20 所示。

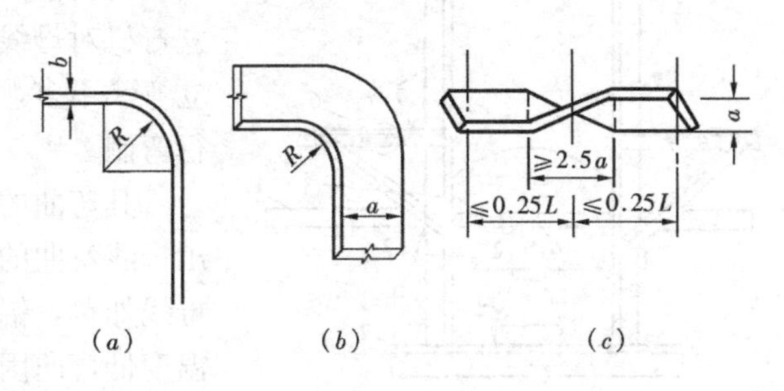

图 5-20　矩形母线弯曲

(a) 平弯；(b) 立弯；(c) 扭弯

(1) 平弯。先在母线要弯曲的地方量好尺寸作好记号，用压板压紧防止滑动慢慢扳动手柄使母线向下逐渐弯曲，直到所需的弯曲度为止。弯曲时不可用力过猛以免产生断裂。弯曲的半径的大小与母线厚度有关，母线平弯器有两种，如图 5-21 所示。

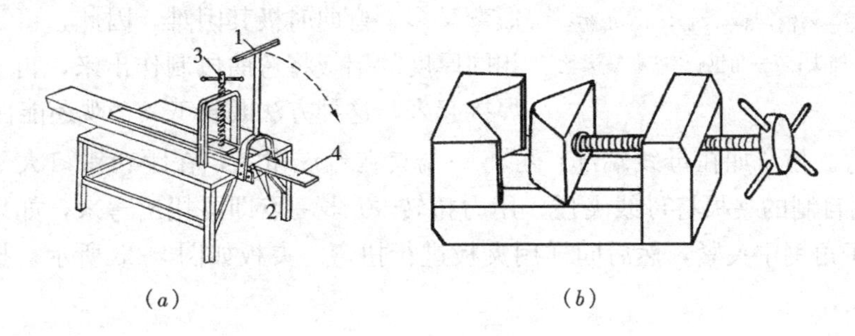

图 5-21　母线平弯器

图 5-21 (a) 平弯器适用于宽度 80mm 以下的母线，弯曲半径可用压板下槽钢端头的钢管来调整。图 5-21 (b) 所示弯曲器适用于 100mm 以上的母线，如果将螺杆手动适当改成电动，再将其他机械部分加以改动，便制成了电动弯曲机。

母线的最小弯曲半径见表 5-3。

母线的最小弯曲半径　　　　**表 5-3**

弯曲种类	母线截面	最小弯曲半径		
		铜	铝	钢
平弯	50×5 及其以下	2b	2b	2b
	125×10 及其以下	2b	2.5b	2b
立弯	50×5 及其以下	1a	1.5a	0.5a
	125×10 及其以下	1.5a	2a	1a

(2) 立弯。图 5-22 是手工操作的立弯机。其夹板内胎应比母线厚度稍大些，并可以调换。操作过程如下：将母线需要弯曲的部分量好作出记号放入立弯机夹板内。拧紧夹板螺栓，然后放上千斤顶，通过操纵千斤顶，将母线顶成所需的弯。弯曲过程中根据情况适量移动母线。

立弯的半径不能太小，否则会使母线断裂。顶压的速度也不宜太快。母线是否弯好，

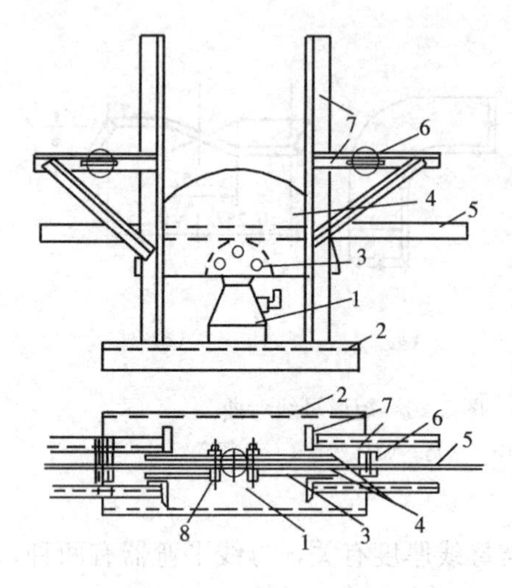

图 5-22 母线立弯机

1—千斤顶；2—槽钢；3—弯头；4—夹板；5—母线；6—档头；7—角钢；8—夹紧螺丝

要随时用事先做的样板测量。以上所述是用简单的立弯机对母线进行冷弯曲。如果工程量较少或母线立弯又不多，且无立弯机时，也可将母线加热后进行弯制。

其弯曲的方法是：先在较平的钢板或平台上放出母线弯曲的大样，并做出简单的胎具。用气焊将母线加热，铝母线约为250℃，铜母线约为350℃，温度低弯曲困难并能造成母线断裂。温度高可能使母线熔化。因此，加热弯曲时掌握温度十分重要，这需很好地与气焊工配合。加热要均匀，当达到温度时慢慢弯成所需的弯度。

对于个别较短母线段的立弯，如与隔离开关连接处，与变压器低压引线套管连接处，此处母线既短弯又多，弯曲时极其困难，因此，可采用与母线相同厚度的铝板将弯曲段制作出来，再与直段母线焊接起来，这种方法既省工又美观还能保证质量。

(3) 扭弯。扭弯如在母线端部，可将一端夹在台虎钳上，在距台钳口大于母线宽度2.5倍处，用自制的夹板将母线夹住，用力扭转90°多一点即可扭出弯来，如果弯在母线中间，则插于角钢中夹紧，然后同样用夹板进行扭弯。夹板如图 5-23 所示。扭弯的要求如图 5-24 所示。

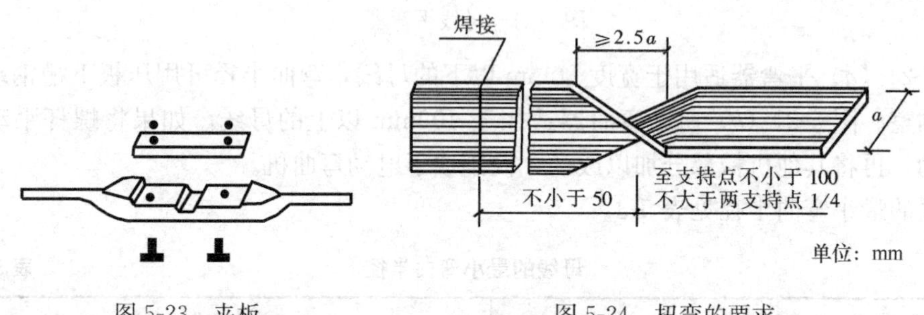

图 5-23 夹板　　图 5-24 扭弯的要求

不用夹板也可以扭弯，方法是用两只活板子，夹住母线的两侧，另一端夹在台虎钳上，将两活板子同时用力扭转90°多一点即可，然后稍作平整。此法质量稍差但很简便，有其实用价值。

(4) 鸭脖弯。鸭脖弯用于母线螺栓连接的接头处，使两条连接母线的中心线在一个水平上，鸭脖弯可以在虎钳上弯成，也可用模子压成。模压时先将母线端头放在模子中间槽钢框内，再用千斤顶顶成鸭脖弯。

5. 母线的连接

母线连接有焊接和搭接两种。搭接就是用螺栓连接。搭接简便易行，但存在一个发热和腐蚀问题。只有按正确的工艺施工，才能保证连接质量。

焊接是将母线熔焊成一个整体，使其在本质上连接，减少了接触面，消除了发热问题，导电性能好、质量高，所以在有条件的地方尽可能采用焊接。只是铜、铝焊接要求焊工有较高的焊接技术，并应有焊工考试合格证。

母线搭接包括以下各项工作内容：

(1) 钻孔

母线用螺栓连接，就必须钻孔。不同规格的母线搭接长度、连接螺栓数目、直径和孔径规格均有规定，详见表 5-4。

有 4 孔、3 孔、2 孔和 1 孔。孔径一般都大于螺栓直径 1mm，搭接长度等于或大于母线宽度。规定的目的是为了保证母线连接的质量，因此必须认真执行。

母线用螺栓连接　　　　**表 5-4**

图　例	类别	序号	连接尺寸及钻孔要求 (mm)						紧固件	
			b_1	b_2	a	c	ϕ	数量	螺栓	垫圈
	直线连接	1	125	125			19	4	M18	A18
		2	112	112			17	4	M16	A16
		3	100	100			17	4	M16	A16
		4	90	90			17	4	M16	A16
		5	80	80			17	4	M16	A16
		6	71	71			17	4	M16	A16
									M16	A16
	垂直连接	7	125	125			19	4	M18	A18
		8	125	112～71			17	4	M16	A16
		9	112	112～71			17	4	M16	A16
		10	100	100～71			17	4	M16	A16
		11	90	90～71			17	4	M16	A16
		12	80	80～71			17	4	M16	A16
		13	71	71			13	4	M12	A12
	直线连接	14	63	63	95		13	3	M12	A12
		15	56	56	84		13	3	M12	A12
		16	50	50	75		13	3	M12	A12
	直线连接	17	45	45	90		13	2	M12	A12
		18	40	40	80		13	2	M12	A12
		19	35.5	35.5	71		11	2	M10	A10
		20	31.5	31.5	63		11	2	M10	A10
		21	28	28	56		11	2	M10	A10
		22	25	25	50		11	2	M10	A10

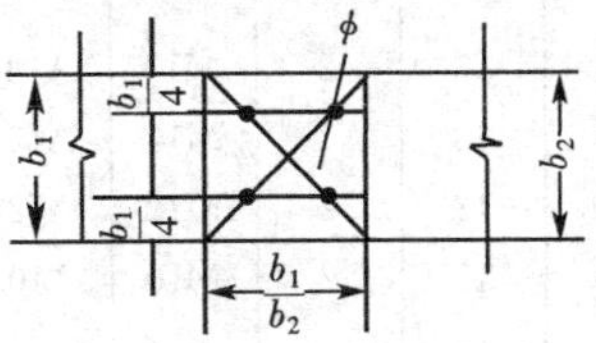

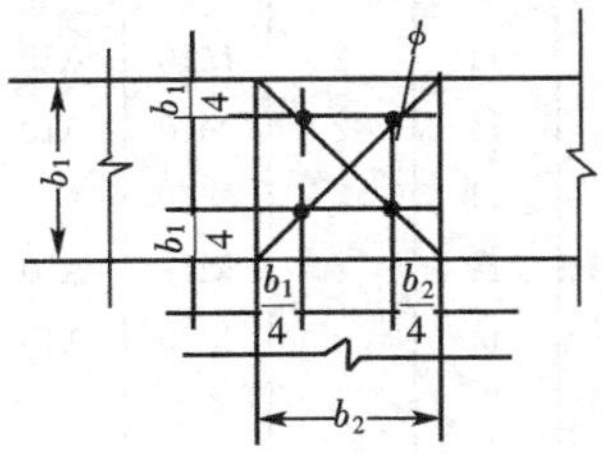

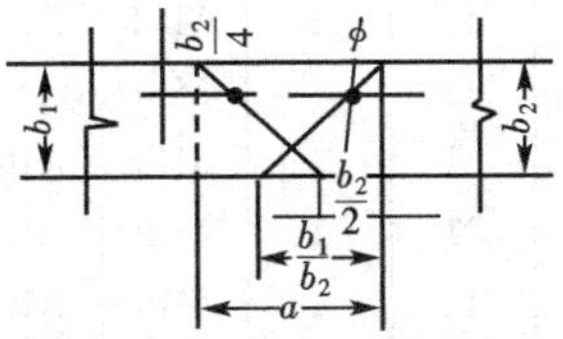

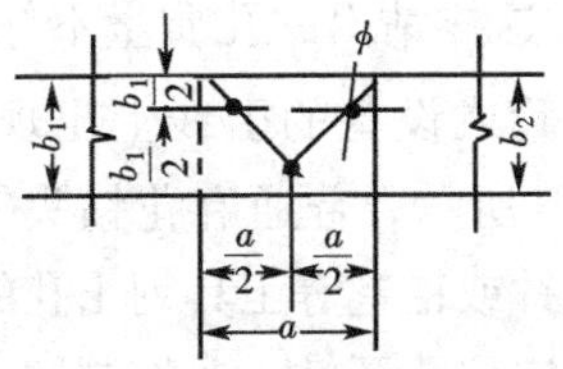

续表

图例	类别	序号	连接尺寸及钻孔要求（mm）						紧固件	
			b_1	b_2	a	c	ϕ	数量	螺栓	垫圈
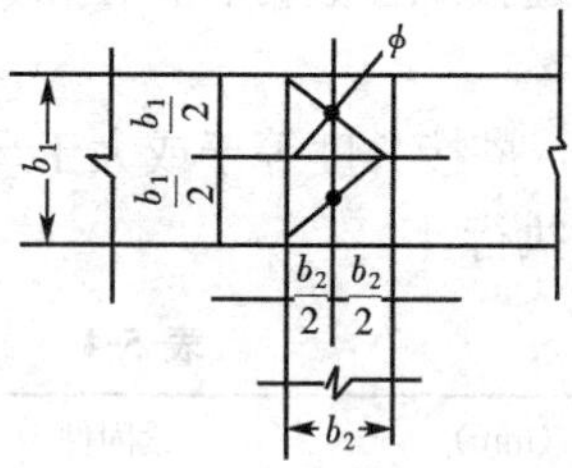	垂直连接	23	125	63～40			13	2	M12	A12
		24	112	63～40			13	2	M12	A12
		25	100	63～40			13	2	M12	A12
		26	90	63～40			13	2	M12	A12
		27	80	63～40			13	2	M12	A12
		28	71	63～40			13	2	M12	A12
		29	63	50～25			11	2	M10	A10
		30	56	45～25			11	2	M10	A10
		31	50	45～25			11	2	M10	A10
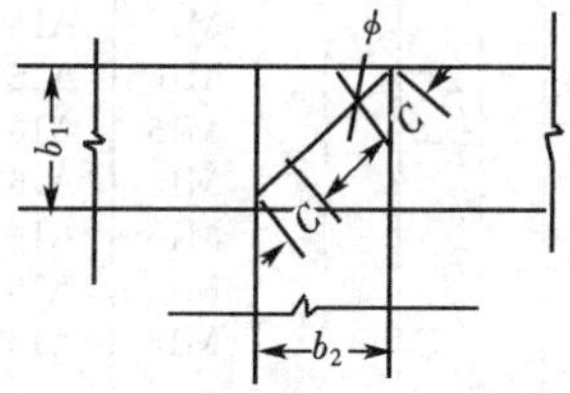	垂直连接	32	63	63～56		25	13	2	M12	A12
		33	56	56～50		20	13	2	M12	A12
		34	50	50		20	13	2	M12	A12
		35	45	45		15	11	2	M10	A10
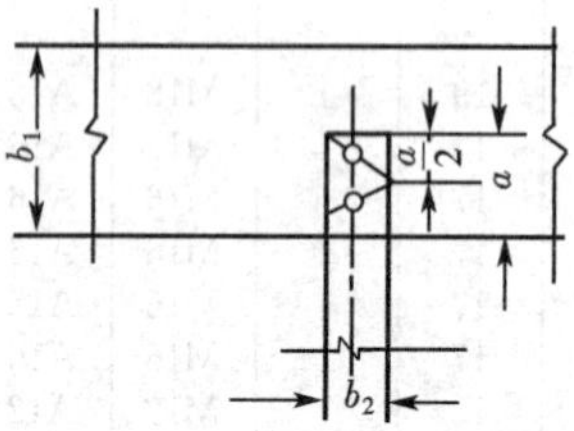	垂直连接	36	125	35.5～25	60		11	2	M10	A10
		37	112	35.5～25	60		11	2	M10	A10
		38	100	35.5～25	50		11	2	M10	A10
		39	90	35.5～25	50		11	2	M10	A10
		40	80	35.5～25	50		11	2	M10	A10
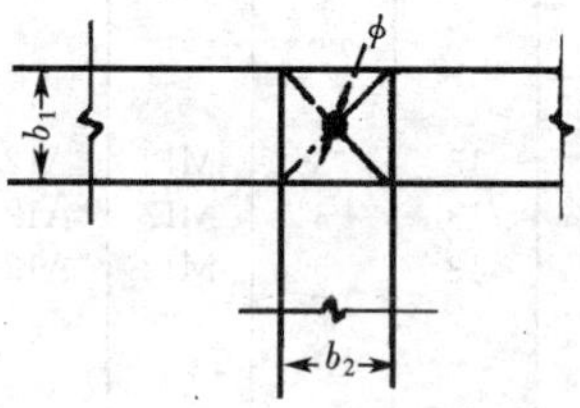	垂直连接	41	40	40～25	60		13	1	M12	A12
		42	35.5	35.5～25	60		11	1	M10	A10
		43	31.5	31.5～25	50		11	1	M10	A10
		44	28	28～25	50		11	1	M10	A10
		45	25	22	50		11	1	M10	A10

ϕ19mm 及以下的孔可在小台钻上钻出，不宜用手电钻钻孔，这样钻出的孔质量不好。ϕ20mm 以上的孔需要在立式钻床上钻孔，这种钻孔常在墙穿套管或设备的引线上出现。因为铜铝母线质地较软，钻孔时要将钻头磨成平钻头，如图 5-25 所示。普通麻花钻头钻出来的孔不圆。钻孔前要按照规定尺寸，使用角尺、钢板尺、划针或铅笔等工具划出孔的位置及切割线，然后在十字花中心打下较深的定位孔，钻头对准定位孔开钻。要控制钻头和母线不让它们晃动或偏离中心位置。要求孔垂直，不歪斜，孔与孔之间中心误差不大于

0.5mm。为了提高工作效率，可用 0.5mm 薄钢板做成样板，样板上按规定孔位钻有小孔，将样板紧套在母线上然后打出定位孔，以后再钻孔。这样做对同样规格的连接面省去了逐个画线的手续，并且也减少了误差。母线与设备连接的端头，最好把母线靠在设备桩头上，用削尖的铅笔画出孔的位置，再拿下母线找出第一个孔的中心，打上定位孔，以后再钻孔，这样做可防止因设备原孔歪斜而造成对不上。

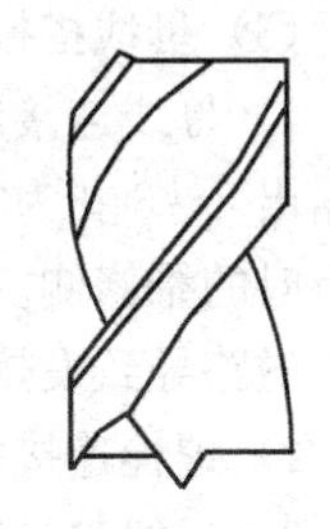

图 5-25　平钻头

对于直接固定在瓷瓶上的低压母线，钻孔时应使孔成椭圆形，这样可使母线安装时有一定的调整余地，同时也可使母线在电动力作用下有伸缩余地。具体做法是：先量好孔的位置划出十字线，在线的两边按所用钻头的半径各打一定位孔，然后钻个孔，再用圆锉将两个孔锉成一个连通孔。

(2) 母线接触面的加工

接触面加工的好坏，是母线连接质量的关键，不能忽视，特别是对于铜铝母线的连接，由于电化学腐蚀问题的存在，更要求处理好接触面。改善母线连接质量一直是人们研究的课题，母线连接的接触面。从表面上看为平面，但在放大后看仍是不平的多点接触，不可能做到完全平面接触，一般要求接触面所增加的电阻，不能大于同样长度母线本身电阻的 20%。带有氧化膜的铜，铝母线接触面接触电阻大容易发热，因此，要求加工不仅平整且应无氧化膜，还要防止产生新的氧化膜层。

母线接触面加工方法有机械加工和手工锉削两种。机械加工是指用铣、刨、冲压等机械进行加工。单位有条件也可自制简易的母线接触面削铣机。机械加工可提高工作效率减轻劳动强度，确保工作质量。

接触面冲压也是一种加工方法。它是在母线接触面上冲压出花纹麻面，这是根据点接触原理进行的。其做法是：先制成不同密度的花纹冲模，然后将母线接触面放在花冲模上，再用千斤顶将冲模上的花纹压在母线接触面上。这种方法已在部分厂家制造的设备接头上应用。

手锉加工是一种最常用的方法，它的具体加工方法是：先选好母线平整无伤痕的端面作接触面，将其平放在枕木或条櫈上，用双手横握扁锉，用锉刀根部较平的一段在接触面上作前后推拉，锉削长度略大于接触面即可，不宜过大。锉削（实际是磨削）应用力均匀，用力过大效果并不一定好。磨削过程中，随时用短钢板尺，测量加工面的平整度，一般磨削到除去全部氧化膜，用钢板尺测量达到平整（即钢板尺立站在加工面上，尺与加工面间无缝隙）即可。再用钢丝刷刷去表面的碎屑后，涂上一层电力复合脂，如不立即装时，应用干净的水泥袋纸或塑料布包好，妥善保存，以备安装。

接触面加工后，其截面减少值，铜母线不应超过原有截面的 1%，铝母线不应超过 3%。加工中容易出现接触面中间高的毛病，这是锉刀拿得不平或用力过大，锉刀摆动造成的。磨削接触面是一项要求很高且劳动强度较大的工作，必须耐心、细致地工作，才能保证质量并取得预期的效果。

铜母线或钢母线接触面经加工后，不必涂电力复合脂，只要把表面的碎屑刷净，搪上一层锡即可。搪锡的方法是：先将焊锡放在焊锡锅中用木炭、喷灯或气焊加热熔化，再把母线的接触面涂上焊锡油，慢慢浸入焊锡锅中，待焊锡附在母线表面后，把母线从焊锡锅中取出，用破布擦去表面的浮渣，露出银白色光洁表面即可。

(3) 母线搭接的一些要求

1) 母线连接用螺栓应选用精制镀锌螺栓，直径要符合表的规定。螺栓长度应为安装后露出2～3扣为宜，在母线平放时，贯穿螺栓应由下向上穿，在其他情况下螺帽应置于运行时的维修侧。螺栓的两侧都要有精制镀锌平垫圈，螺帽侧应装有弹簧垫圈。垫圈不应构成磁路导致发热。拧紧螺栓时，应用与螺栓规格相同的力矩扳手拧紧螺栓。

2) 螺栓连接的接触面要求紧密。

3) 母线与母线，母线与设备端子的连接根据金属材料的不同，采用下述规定方法进行连接：

铜—铜：在干燥的室内可以直接连接，在室外，高温或潮湿的室内和有腐蚀性气体的室内，接触面必须搪锡。

铝—铝：在任何情况下可以直接连接。

钢—钢：在任何条件下，接触面都必须镀锌或搪锡。

铜—铝：在干燥的室内可以直接连接，室外或潮湿的室内，应该使用铜铝过渡板，铜铝过渡板的铜部分也要镀锡。

钢—铝：在任何条件下，钢的接触面应镀锡。

钢—铜：钢铜的接触面都应镀锡。

镀锡的方法与前节所述相同。

6. 母线的安装

母线在绝缘子上的固定方法，通常有三种。一种方法是用螺栓直接将母线拧在瓷瓶上，如图5-26(*a*)所示。这种方法需事先在母线上钻椭圆形孔，以便在母线温度变化时，使母线有伸缩余地，不致拉坏瓷瓶。第二种方法是用夹板，如图5-26(*b*)所示。第

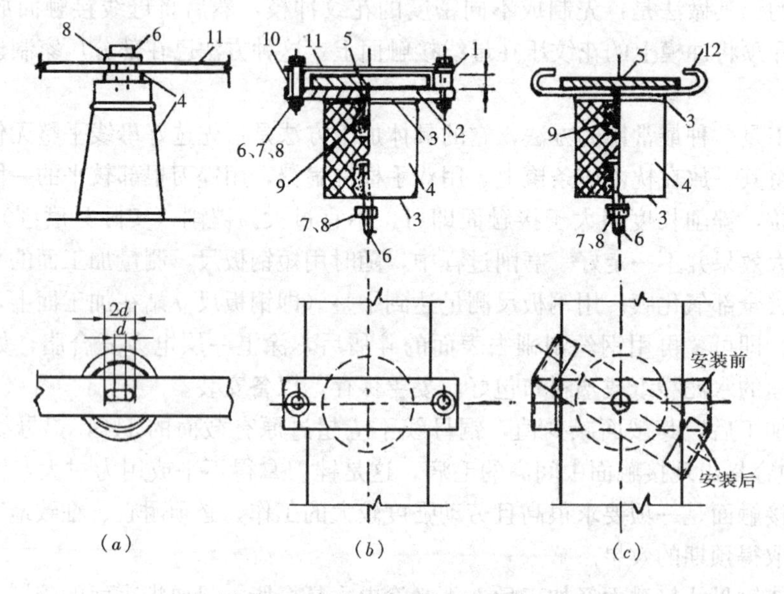

图5-26　母线在瓷瓶上的固定方法

(*a*) 用螺栓直接固定母线；(*b*) 用夹板固定母线；(*c*) 用卡板固定母线

1—上夹板；2—下夹板；3—红钢纸垫圈；4—绝缘子；5—沉头螺钉；6—螺栓；7—螺母；8—垫圈；9—螺母；10—套筒；11—母线；12—卡板

三种方法是用卡板固定，如图 5-26（c）所示。这种方法只要把母线放入卡板内，将卡板扭转一定角度卡住母线即可。

母线固定在瓷瓶上，可以平放，也可以立放，视需要而定。

当母线水平放置且两端有拉紧装置时，母线在中间夹具内应能自由伸缩。如果在瓷瓶上有同一回路的几条母线，无论平放或立放，均应采用特殊夹板固定，如图 5-27 所示。当母线平放时应使母线与上部压板保持 1～1.5mm 的间隙。母线立放时，母线与上部压板应保持 1.5～2mm 间隙。这样，当母线通过负荷电流或短路电流受热膨胀时就可以自由伸缩，不致损伤瓷瓶。

当母线的工作电流大于 1500A 时，每相交流母线的固定金具或其他支持金具不应构成闭合磁路，否则应按规定采用非磁性固定金具或其他措施。

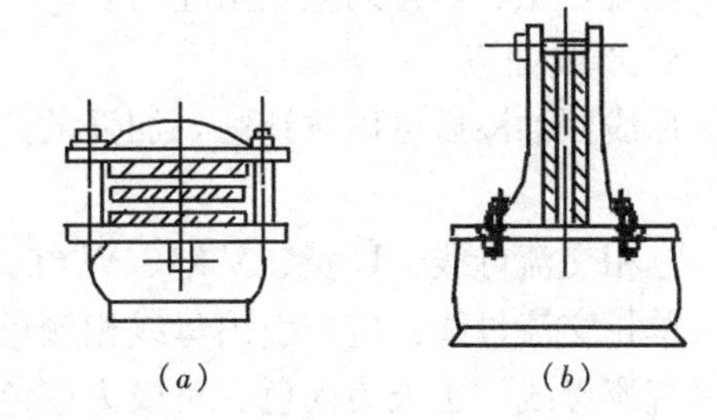

图 5-27　多片矩形母线的固定

（a）矩形母线平放固定；（b）矩形母线立放固定

7. 母线补偿器的制作

变配电装置中安装的母线，应按设计规定装设补偿器。无设计规定时，宜每隔以下长度设置一个：铝母线 20～30m；铜母线 35～60m，钢母线 35～60m。

补偿器的装设是为了使母线热胀冷缩时有一个可伸缩的余地，不然会对母线或支持绝缘子产生破坏作用。补偿器又称伸缩节或伸缩接头，有铜、铝两种。现将铜制的母线补偿器的制作工艺过程叙述如下：将 0.2～0.5mm 厚的紫铜片裁成与母线宽度相同的条子，多片叠装后其总截面应不小于母线截面的 1.2 倍，每片长度为母线宽度的 5 倍。下好料后将每片两端为母线宽度 1.1～1.2 倍的那一段，用砂布除去氧化层，涂上焊锡油后在焊锡锅中镀锡（所用焊锡锅要大些），具体方法与前节所述相同。所有单片两端都镀好锡后，把它们叠在一起，整齐后用自制的夹板（夹板用 10mm 钢板制成方形四角钻孔），将补偿器两端镀锡段夹紧，然后对夹板用气焊进行加热，加热到一定温度时焊锡开始熔化，此时应将夹板逐步再夹紧，同时继续加热，直到夹紧至最小厚度为止，停止加温，再对另一端以同样的方法进行制作。全部制作完毕后，按要求钻孔并与母线连接，其安装形式如图 5-28所示。

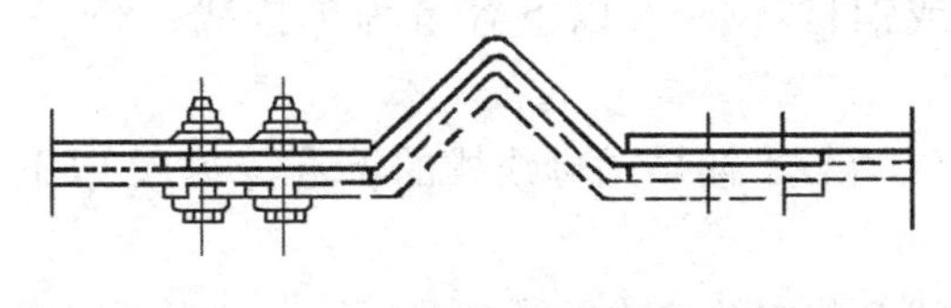

图 5-28　补偿装置与母线连接

母线螺栓连接时要均匀拧紧。铝母线连接更不能过分拧紧，因为这样会使母线局部变形，接触面反而会减少。应使用与螺栓相同规格的扳子。推荐最小力矩数值为：M10mm 螺栓 167～223kg・cm；M12mm 螺栓 300～400kg・cm；M16mm 螺栓 700～800 kg・cm；M18mm 螺栓 1000～1300kg・cm。

母线和设备连接时，要求不应使设备端子受任何外加应力，否则应改动母线的长度或支持绝缘子的位置，不可勉强硬行连接。

在变配电装置中，相同布置的主母线、分支母线、下引线及设备连接线，要做到横平竖直，整齐美观。各回路的相序排列应一致，设计中如无特殊规定，可参照下列原则：

上下布置的母线

交流，A、B、C相排列应是由上向下。

直流，正、负排列应是由上向下。

水平布置的母线：(从设备前正视)

交流，A、B、C相排列应是由内向外。

直流，正、负排列应是由内向外。

引下线排列：(从设备前正视)

交流，A、B、C相排列应是由左到右

直流，正、负排列应是由左向右。

8. 母线油漆

母线刷油漆后可以防锈蚀，加强散热，便于识别和增加美观。母线油漆颜色规范要求如下

三相交流母线：U黄、V绿、W红。

单相交流母线：应与引出母线相颜色相同。

直流母线：正极为褐色、负极为蓝色。

交直流中性母线：不接地者为紫色；接地者为紫色或黑色。

5.3.5　插接式母线槽安装

插接式母线槽用于工厂企业、车间作为电压500V以下，额定电流1000A以下，用电设备较密集的场所作配电用。

1. 插接式母线槽结构

插接式母线槽由金属外壳、绝缘瓷插座及金属母线组成。

插接式母线槽每段长3m，前后各有4个插接孔，其孔距为700mm。

金属外壳用1mm厚的钢板压成槽后，对合成封闭型，具有防尘、散热等优点。绝缘瓷插盒采用烧结瓷。每段母线装8个瓷插盒，其中两端各一个，作为固定母线用，中间6个作插接用。

金属母线根据容量大小，分别采用铝材或铜材。350A以下容量为单排线，800～1000A的用双排线，如图5-29所示。

当进线盒与插接式母线槽配套使用时，进线槽装于插接式母线槽的首端，380V以下电源通过进线盒加到母线上，如图5-30所示。

当分线盒与插接式母线槽配套使用时，分线盒装在插接式母线槽上。把电源引至照明或动力设备处。分线盒内装有RTO系列熔断器，可分为60A、100A、200A三种，作为电力线路短路保护用。MC-1型插接式母线槽分线盒外形尺寸如图5-31所示。

2. 托架、吊架的制作和安装

托架由撑板、挡板（分固定挡板和可拆挡板）的方钢组成。如图5-32（*a*）所示。撑板用40×4mm角钢制成，一端焊接固定在柱子预埋件上，另一端焊上一块小方钢，撑板上开一小槽，用以卡入母线槽外壳起定位作用。小方钢用来固定可拆挡板。固定挡板（25×4扁钢）焊在撑板内侧，起母线限位作用。

吊架位于托架上方约700mm，其制作尺寸如图5-32（*b*）所示。用两个M10碳钢膨胀螺栓固定在柱子上。吊架上焊接ϕ8圆钢制成的椭圆拉环，吊索穿入拉环中固定。

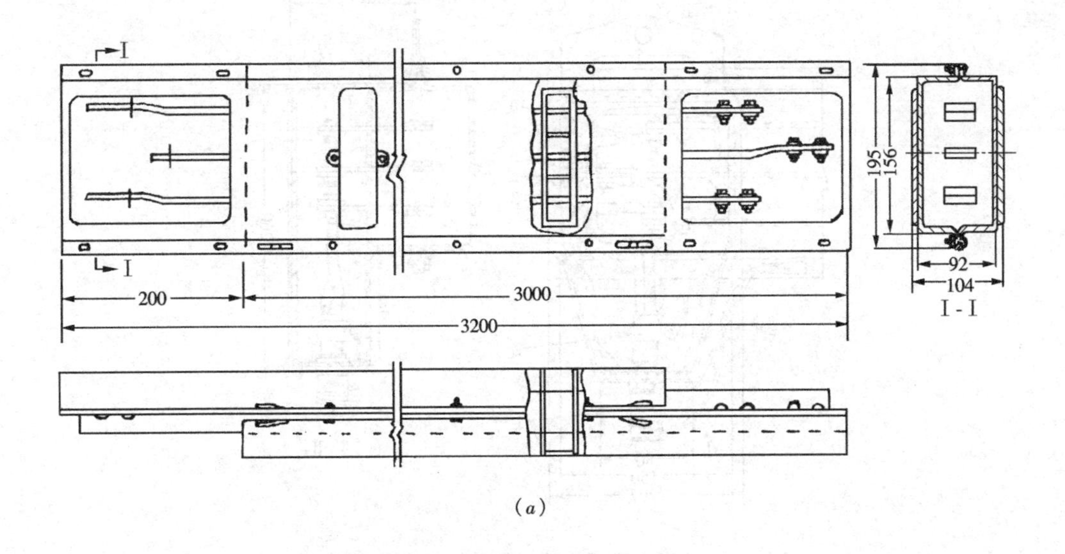

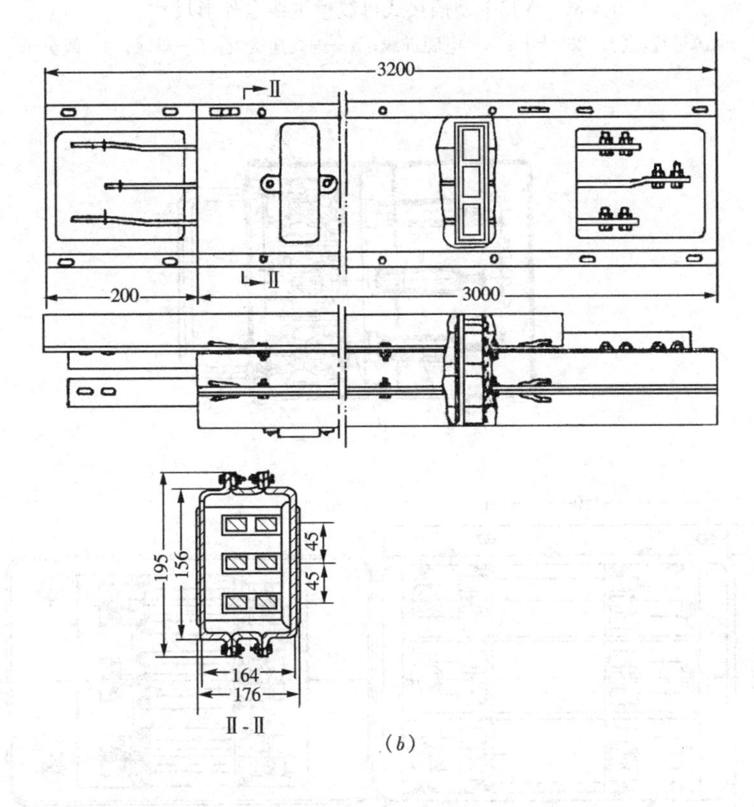

图 5-29　MC-1 型插接式母线槽外形图
(a) 单排线；(b) 双排线

3. 母线槽的组装和架设

为了安装方便，可把 2～3 段母线槽先在地面连接成一体，然后架设到托架上，最后再把各段连成一个整体。

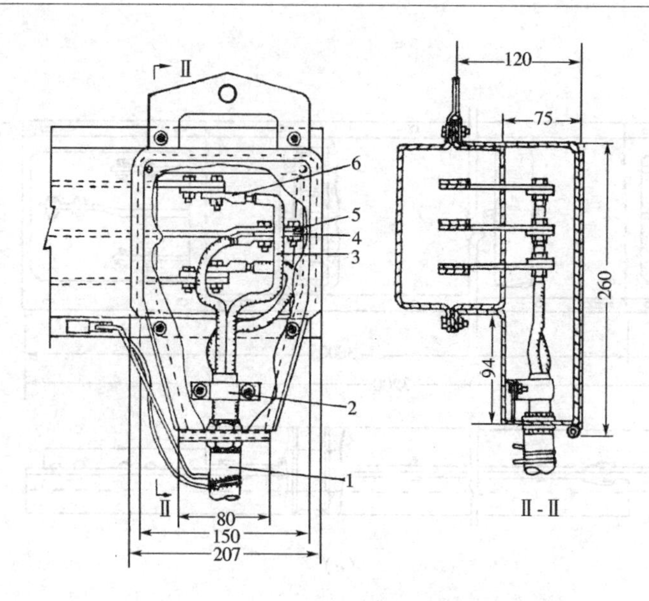

图 5-30　MC-1 型插接式母线槽进线盒外形尺寸

1—电源进线套管；2—线卡；3—电源进线；4—进线连接板；5—母线；6—线鼻子

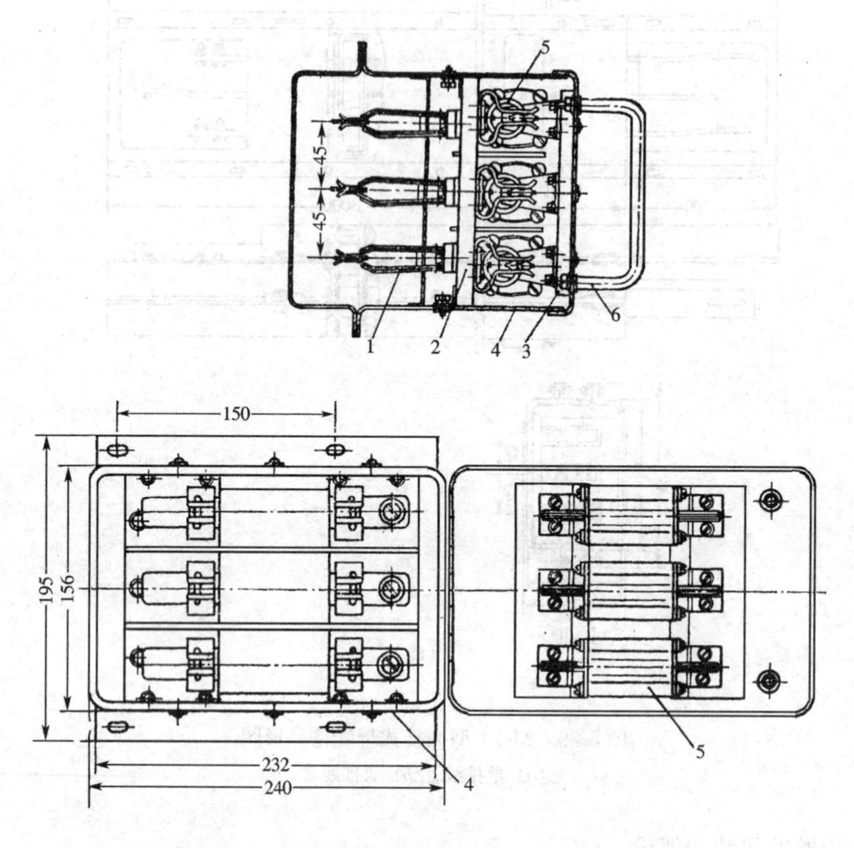

图 5-31　MC-1 型插接式母线槽分线盒外形尺寸

1—插接片；2—中间绝缘隔板；3—绝缘板；4—引进孔；5—熔断器；6—把手

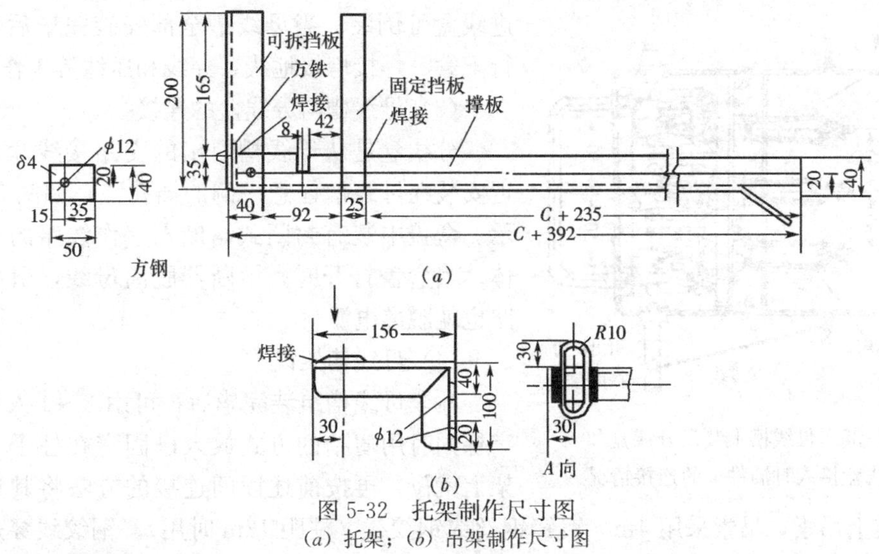

图 5-32　托架制作尺寸图
(a) 托架；(b) 吊架制作尺寸图

(1) 母线槽的段间连接

两段母线槽连接时，需注意使三相母线的搭接接触面相互保持平行。具体做法是先在外壳上的连接固定长孔穿入 M6 螺栓作临时固定，然后在母线槽端部连接“窗”内，用垫圈、弹簧垫圈、M8×25 螺栓、螺母把两段母线初步连接如图 5-33 所示，使母线处于自然平直状态，当确认母线槽外壳安装和母线安装平直度均达到要求时，将连接螺栓拧紧。

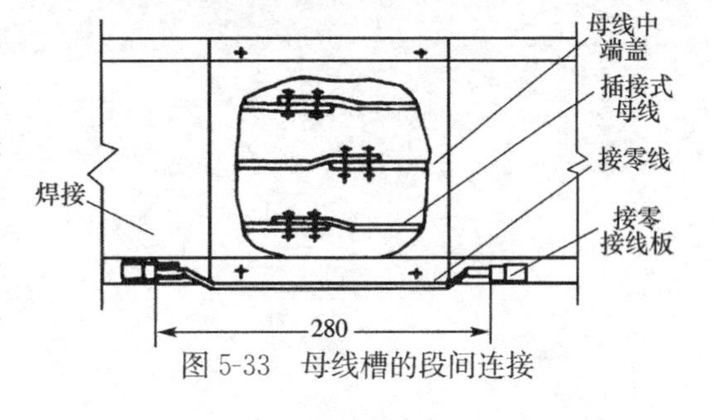

图 5-33　母线槽的段间连接

母线槽安装完毕后，在两侧面再盖上中端盖。并在中端“窗”两侧的接零板上焊上跨接地线。

(2) 母线槽与进线盒的连接

进线盒安装在某一中段“窗”上时，如图 5-34 所示。进线方向若从母线上部引入，

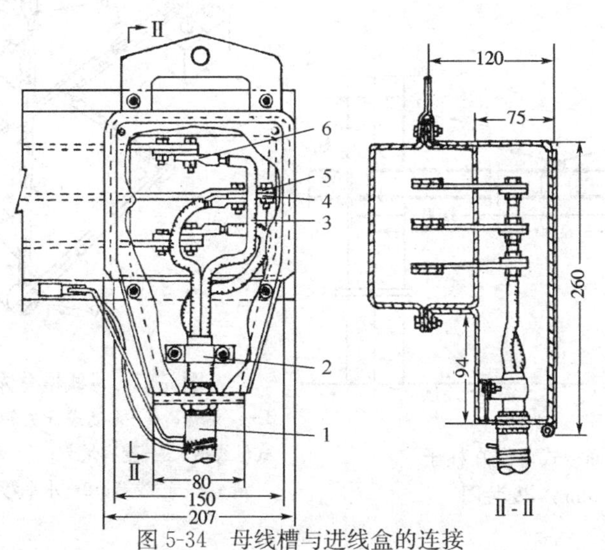

图 5-34　母线槽与进线盒的连接
1—电源进线套管；2—线卡；3—电源进线；4—进线连接板；5—母线；6—线鼻子

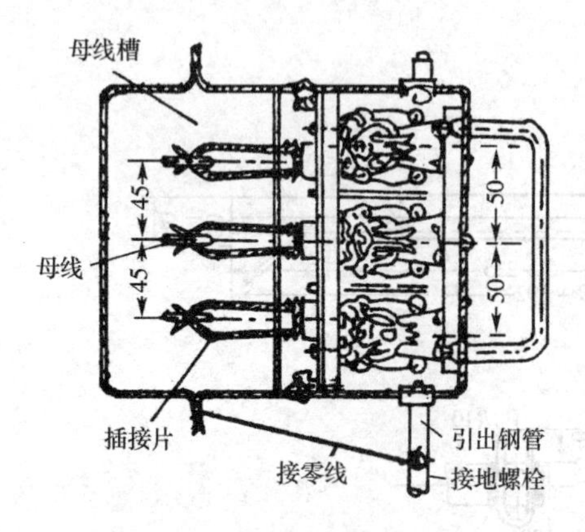

图5-35　母线槽上装设分线盒和分线盒接入时插件上的连接情况

进线盒可倒装。当母线槽全部安装完毕后，再进行配管、焊接垮接地线，穿线和压线等工作。

(3) 母线槽与分线盒的连接

分线盒是从母线槽引出的支路接线盒，可就近安装在母线槽任意一侧的插孔上，如图5-35所示。盒盖中装有封闭式熔断器，作线路的短路护体。当盒盖打开时，熔断器脱离母线，引出的支路也就脱离电源。

(4) 母线槽架设

几段母线槽组装完毕后，可由3～4人利用人字梯同时用肩抬的方式放入已固定在柱子上的托架上就位。再按前述段间连接的方法将其连成整体，并装上吊索，吊索采用4mm镀锌钢丝或钢绞线（柱距12m时用）。钢绞线穿过悬挂夹，在吊架端用钢丝夹子将线头夹紧。并通过吊索上的M12-00型花篮螺栓调整吊索的松紧，使母线槽保持在同一水平面上，如图5-36所示。

母线槽在高层建筑中的总体安装如图5-37所示。

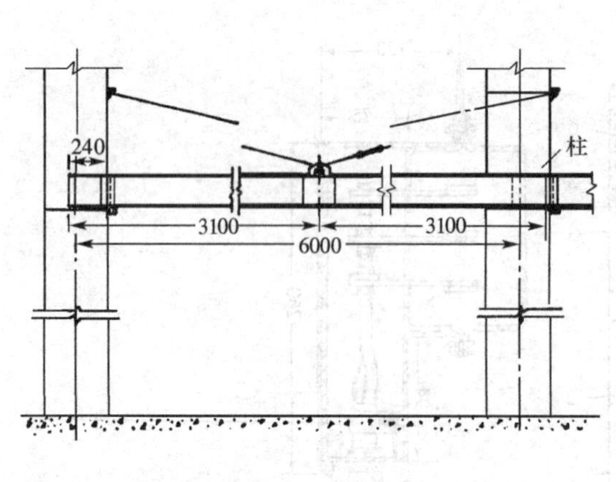

图5-36　插接式母线在柱子（柱距6mm）安装图

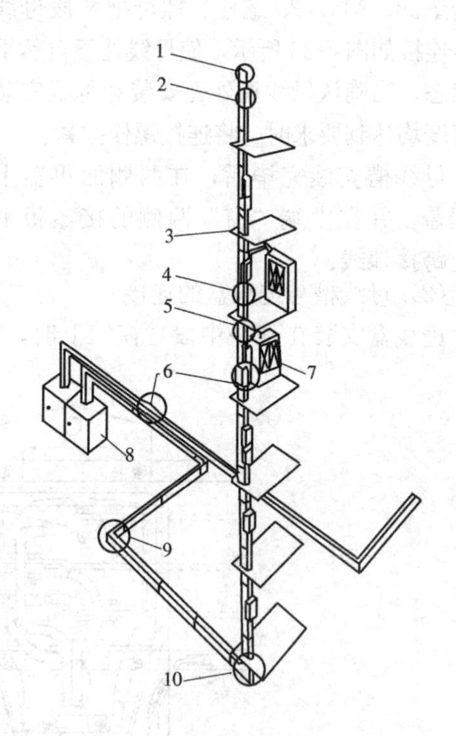

图5-37　母线槽总体安装示意图

1—终端盖；2—插接式开关箱；3—楼层；4—插接式母线槽；5—变容量节；6—膨胀节；7—层间配电箱；8—进线箱；9—水平弯头；10—垂直接头

知识归纳总结

本项目对变配电设备安装与调试进行了较详细的论述。

变压器安装前的检查包括外观检查和绝缘检查。绝缘检查包括测量变压器高压对低压对地的绝缘电阻值和绝缘油耐压试验。变压器绝缘电阻值若低于规程要求，应对变压器进行干燥处理；绝缘油耐压低于规定值，应对变压器油进行过滤处理。

变压器就位安装，应注意高、低压侧安装位置，对于装有瓦斯继电器的变压器，应使顶盖沿瓦斯继电器气流方向有 1%～1.5%的升高坡度，变压器就位后，应将滚轮加以固定，变压器高低压母线中心线应与套管中心一致。

在做变压器冲击试验时，对于中性点接地系统的变压器，中性点必须接地，第一次通电后，持续时间应不少于 10min，5 次冲击应无异常情况，保护装置不应误动作。

各种盘、柜、屏是变配电装置中的重要设备，安装质量能否达到要求，直接关系到设备的安全运行。

各种盘、柜一般都安装在基础型钢框架上，型钢的埋设方法有两种：即直接埋设法，预留槽埋设法。型钢埋设应符合表 5-1 的规定。槽钢顶部宜高出室内抹光地面 10mm。安装于手车式开关柜时，槽钢顶部应与抹光地面一致。

盘柜组立时，应按设计要求安装在指定位置。柜较少时，先从一端调整好第一台柜，再调整安装其他柜；柜较多时，先安装中间一台，再调整安装两侧柜。安装在振动场所的柜，应采取防震措施。

配电柜安装可以用螺栓固定，也可焊接固定，但对主控盘、自控盘、继电保护盘不宜与基础型钢焊接，安装后的盘柜应满足表 5-2 的规定。

手车式开关柜安装的特点是性能完善、安装简单，检修方便。

手车式开关柜安装同高压柜安装基本相同，但应注意以下几点：

1. 应检查五防装置是否齐全，动作是否灵活可靠。

2. 手车推拉应灵活、轻便。

3. 手车推入工作位置时，动触头顶部与静触度底部的间隙应符合产品要求。

4. 安全隔离板应开启应灵活，随手车的进出而相应动作。

5. 手车与柜体间的接地触头应接触紧密，手车推入时，其接地触头比主触头先接触，拉出时接地触头比主触头后断开。

二次接线是指对二次设备进行控制、检测、操作、计量、保护等的全部低压回路的接线。二次接线的依据是屏背面接线图，屏背面接线图是以相对编号法原则绘制的，只要看线端的标号就知道线路另一端在哪里，如图 5-6 所示。屏背面接线图对二次接线安装和二次接线校线非常重要，施工中应妥善保管，交工时移交建设单位。

高压户内隔离开关是一种没有灭弧装置的开关设备，它不能切断负荷电流和短路电流，主要保证被检修的设备或处于备用中的设备与其他正在动行的电气设备隔离，由于没有灭弧装置，所以严禁带负荷操作。

高压负荷开关有灭弧装置，可以带负荷操作，可以切断较大的负荷电流。负荷开关与高压熔断器配合使用，可以切断短路电流。

在成套开关柜中，隔离开关已由厂家调整完，单独安装的隔离开关应严格按工艺要求施工。隔离开关调整时，先将开关慢慢合闸，观察开关动触头有无侧向撞击现象，如有，可调整固定触头的位置，合闸调整完毕后，慢慢分闸，检查刀头张开角度是否符合厂家规定，调整方法是改变操作杆长度及操作机构扇形板的连接位置。隔离开关辅助触头也应调整，动合触点在开关合闸行程的80%～90%应闭合，动断触点在开关分闸行程75%时断开，调整方法是改变耦合盘的角度。

高压负荷开关安装与隔离开关安装相同，注意以下几点：

1. 负荷开关的主闸刀与辅助闸刀的动作顺序应正确，合闸时，辅助闸刀先闭合，分闸时，主闸刀先断开。

2. 对于FN_2，FN_3系列产品，注意合闸时小塞子应正好插入灭弧装置的喷嘴内，不得剧烈碰撞喷嘴。

绝缘子安装应先确定出同一直线首端两个绝缘子位置，再安装中间绝缘子，绝缘子中心误差不应超过5mm，水平误差不应该超过2mm。如不能满足要求，可用钢纸进行调整。

穿墙套管安装方式有两种，一种是穿墙套管固定在预制混凝土墙板上，另一种是安装在角钢框架上。当电流超过1500A及以上时，在制作时都要在套管周围做隔磁处理。

穿墙隔板安装在低压母线过墙处，起绝缘和封闭作用。穿墙隔板由上、下两片隔板组成，中间开三个母线孔，分别用螺栓固定在角钢框架上，注意隔板中心应与变压器二次套管中一致。

车间硬母线可作为车间动力配电干线，也可以作为变电所高低压母线，常用的有铜、铝矩形母线，硬母线施工应严格按施工工艺进行。

硬母线的连接有焊接和搭接两种。搭接连接用螺栓连接，由于搭接连接简便易行，所以施工现场常采用搭接连接，两母线搭接连接时，首先选择一较平的面作为基础面，用锉将接触面锉成粗糙的表面，用钢丝刷刷去表面的氧化物，按要求钻孔，表面涂上电力复合脂，用镀锌螺栓连接压紧。变配电装置中安装的母线，应按设计规定装设补偿器，无规定时，铜母线35～60m设置一个，铝母线20～30m设置1个。

插接式母线槽适用于工厂用电设备比较密集的场合使用。插接式母线槽由金属外壳、绝缘瓷插座及金属母线组成。插接式母线一般安装在托架上，当在车间柱上安装，安装在托架上后，还应安装吊架，如图5-32（b）所示。母线槽的段间连接，一般在地上进行，2～3段连成一个整体，然后架设到托架上，最后再把各段连成一个整体。进线盒安装，根据进线方向确定，如果进线方向从母线上部引入，进线盒可倒装。当母线槽全部安装完毕后，再配管、焊接跨接地线等工作。分线盒与母线槽连接时，可就近安装在母线槽任意一侧的插孔上。

技能训练5 变配电设备安装

（一）实训目的

1. 能识别各种变配电设备；

2. 明白变配电的施工方法及技术要求；

3. 掌握变配电设备的施工技能，为变配电施工打下基础。

（二）实训内容及设备

1. 实训内容

（1）识读变配电工程图纸；
（2）在实训车间模拟安装、调试施工图中的变配电设备；
（3）提出该变配电工程施工所需材料和设备。
（4）编制施工方案。
2. 实训图纸（图5-38）

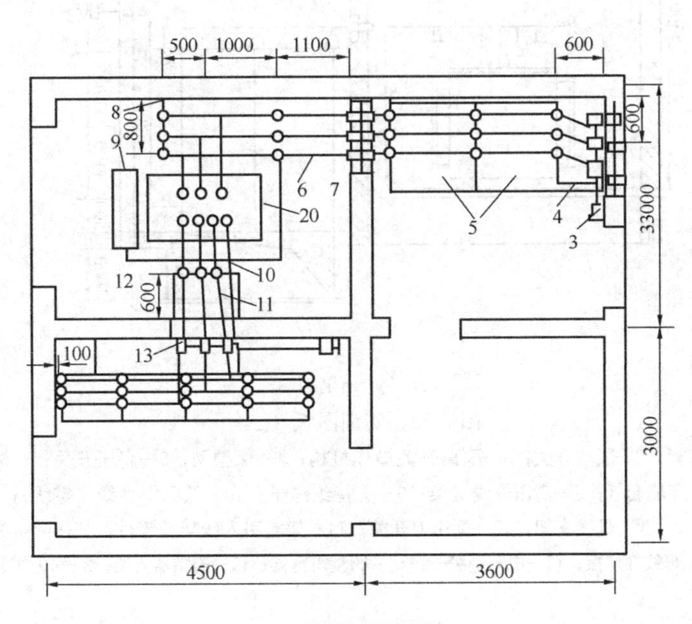

（a）某变电所平面图

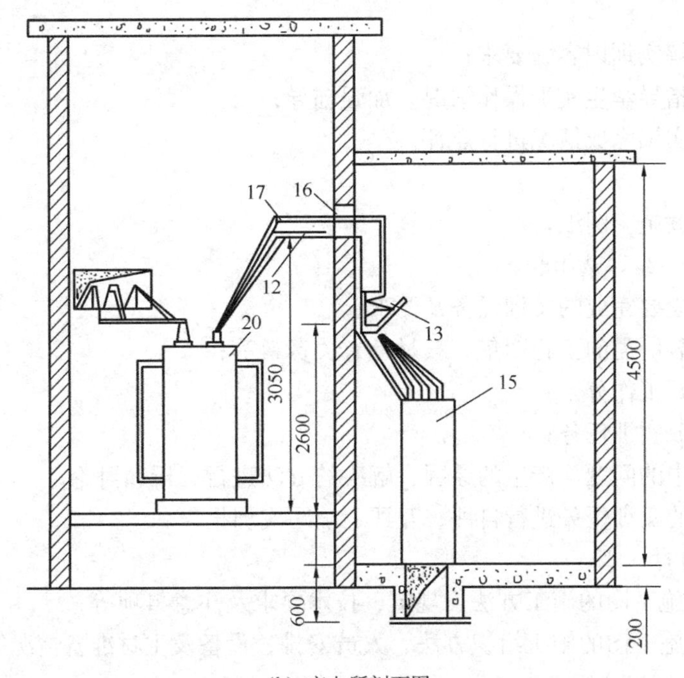

（b）变电所剖面图

图5-38　实训图纸（一）

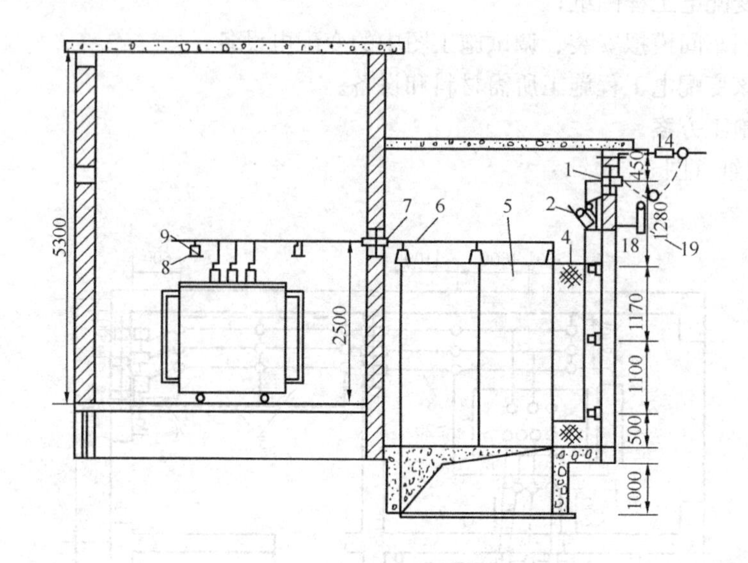

（c）变电所剖面图

图5-38 实训图纸（二）

1—穿墙套管；2—隔离开关；3—隔离开关操作机构；4—保护网；5—高压开关柜；6—高压母线；7—穿墙套管；8—高压母线支架；9—支持绝缘子；10—低压中性线（零线）；11—低压母线；12—低压母线支架；13—低压刀开关；14—架空引入线架及零件；15—低压配电盘；16—低压母线穿墙扳；17—电车绝缘子；18—阀型避雷器；19—避雷器支架；20—电力变压器

（三）实训步骤

1. 教师活动

（1）老师讲解实训内容、要求；

（2）检查和指导学生实训操作情况，加强辅导；

（3）对学生实训完成情况进行点评。

2. 学生活动

（1）学生阅读施工图纸；

（2）5～6人一组，选组长；

（3）分组讨论要完成的实训任务及要求；

（4）选择安装所需的工程图集、教材及有关资料等；

（5）组长做好工作分工；

（6）分别完成实训任务；

（7）对实训中的问题、产生的原因、解决的方法进行分析和讨论；

（8）对完成的实训任务进行自评、互评、填写实训报告。

（四）报告内容

1. 说明完成施工图的施工方法、规定、技术要求及注意事项等；

2. 说明完成施工图的施工组织方法、人员安排、设备及主材准备情况等。

（五）实训记录与分析表

序　　号	实训中的问题	产生的原因	解决的方法

（六）问题讨论

1. 说明高压隔离开关与高压负荷开关安装和调整的区别？

2. 简述穿墙套管安装与穿墙隔板安装的区别？

（七）技能考核（教师）

1. 变压器安装方法；

2. 盘、柜安装方法；

3. 硬母线安装方法

习 题 与 思 考 题

一、单项选择题

1. 硬母线跨柱、跨梁敷设时，其支架间距一般不超过(　　)。

A. 5m　　　B. 6m　　　C. 7m

2. 低压母线过墙安装穿墙板时，上、下隔板安装好后其缝隙不得大于(　　)。

A. 1mm　　　B. 2mm　　　C. 3mm

3. 落地式电力配电箱安装调整后，其垂直误差不应大于其高度的(　　)。

A. 1/1000　　　B. 1.5/1000　　　C. 2.5/1000

4. 硬母线沿墙或柱垂直敷设时，支架的间距为(　　)。

A. 3m　　　B. 6m　　　C. 2m

5. 硬母线沿墙水平敷设时，支架的间距为(　　)。

A. 2m　　　B. 3m　　　C. 6m

6. 硬母线跨梁、柱敷设时，母线支架间的距离一般不超过(　　)。

A. 2m　　　B. 3m　　　C. 6m

7. 安装硬母线时，若设计无规定，铜母线补偿装置应每隔(　　)设置一个。

A. 20～30m　　　B. 30～50m　　　C. 35～60m

8. 低压母线穿过墙体时，应在墙体上安装(　　)。

A. 穿墙套管　　　B. 固定装置　　　C. 穿墙隔板

9. 低压母线过墙安装穿墙板时，上、下隔板安装好后其缝隙不得大于(　　)。

A. 1mm　　　B. 2mm　　　C. 3mm

10. 铝导线与设备铜端子或铜母线连接时，应采用(　　)。

A. 铝接线端子　　　B. 铜接线端子　　　C. 铜铝过渡接线端

11. 高压负荷开关具有特殊的灭弧装置，所以它可以(　　)。

A. 切断较大的负荷电流 B. 切断小的负荷电流　C. 不论大小都能切断

12. 在变配电装置中，各回路的相序排列应一致，设计中若无特殊规定，垂直布置的交流母线应(　　)。

A. A.B.C相排列由上向下

B. A.B.C相排列由内向外

C. A.B.C相排列由左向右

13. 母线刷油漆颜色按规范要求进行，三相交流母线应刷(　　)。

A. 黄、红、绿　　B. 红、绿、黄　　C. 黄、绿、红

二、思考题

1. 一般中小型变压器的安装工作主要包括哪些内容?

2. 变压器安装前检查包括哪几项? 检查的内容是什么?

3. 变压器就位安装应注意什么?

4. 如何做变压器的冲击实验?

5. 盘、柜如何安装?

6. 手车式开关柜安装应注意什么?

7. 什么是二次接线? 二次接线图有哪几种?

8. 什么是相对编号法?

9. 叙述高压隔离开关的安装和调整方法。

10. 说明高压母线穿墙套管和低压母线过墙隔板的安装方法。

11. 矩形硬母线的加工方法是什么?

12. 硬母线是怎样搭接连接的?

13. 说明在什么情况下母线应设补偿装置。

14. 描述封闭式插接母线安装要求。

15. 封闭式插接母线连接应注意什么?

项目6 电缆线路施工

【课程概要】

学习目标	认知电缆的用途、规格、型号、电缆型号的意义等；学会电缆敷设方法；学会电缆终端头、中间头的制作工艺方法；具有识读电缆规格、型号的能力；具有按图施工敷设电缆的能力；具有制作电缆头的能力
教学内容	任务 6-1　电缆的一般知识 任务 6-2　电缆敷设 任务 6-3　电缆终端和接头的制作
项目知识点	了解电缆的用途、规格、型号、电缆型号的意义等；学会电缆敷设地方法；学会电缆终端头、中间头的制作工艺方法
项目技能点	具有识读电缆规格、型号的能力；具有按图施工敷设电缆的能力；具有制作电缆头的能力
教学重点	电力电缆敷设
教学难点	电缆终端头、中间头制作的方法
教学资源与载体	多媒体网络平台，教材、PPT 和视频等，一体化实训室，工作页、评价表等
教学方法建议	演示法，项目教学法、参与型教学法
教学过程设计	播放电缆头制作录像→教师下发施工图纸布置任务→分组研讨电缆头制作工艺→指导电缆头制作方法→指导学生练习
考核评价内容和标准	电缆头制作识读操作；电缆头、套件、接线端子、压接管、喷灯等选用； 沟通与协作能力；工作态度；任务完成情况与效果

任务 6-1　电缆的一般知识

《建筑电气施工技术》工作页

姓名：　　　　　　学号：　　　　　　班级：　　　　　　日期：

任务 6-1	电缆的一般知识	课时：2 学时	
项目 6	电缆线路施工	课程名称	建筑电气施工技术
任务描述：			
通过录像、视频，认知电缆的种类、结构、型号、名称等；让学生对电缆的一般知识有明确的了解，学会正确选择电缆			
工作任务流程图：			
下发施工图纸→ 查找电缆规格型号→ 分组研讨→ 提交工作页→集中评价→ 提交认知训练报告			
1. 资讯（明确任务、资料准备）			

续表

（1）电力电缆按绝缘材料分有哪几种？ （2）电缆的基本结构主要由哪几部分组成？保护层由哪几部分组成？ （3）YJV_{22}-3×185+1×95-600 代表什么意思？ （4）KVV_{32}-5×6 代表什么意思
2. 决策（分析并确定工作方案）
（1）分析采用什么样的方式方法了解电缆的一般知识，了解电缆的组成，通过什么样的途径学会任务知识点，根据所下达的任务，初步确定工作方案； （2）小组讨论并完善工作任务方案
3. 计划（制订计划）
制定实施工作任务的计划书；小组成员分工合理 需要通过实物认识、图片搜集、视频播放、查找资料、参观等形式完成本次任务。 通过教材、查找资料，学习电缆结构的组成，学习电缆型号的组成及应用场所等；通过一体化实训平台认知各种型号电缆、材料等；为后续课程的学习打好基础
4. 实施（实施工作方案）
（1）参观记录； （2）学习笔记； （3）研讨并填写工作页
5. 检查
（1）以小组为单位，进行讲解演示，小组成员补充优化； （2）学生自己独立检查或小组之间互相交叉检查； （3）检查学习目标是否达到，任务是否完成
6. 评估
（1）填写学生自评和小组互评考核评价表； （2）跟老师一起评价认识过程； （3）与老师深层次的交流； （4）评估整个工作过程，是否有需要改进的方法
指导老师评语：
任务完成人签字： 日期：　　年　　月　　日
指导老师签字： 日期：　　年　　月　　日

6.1.1　电缆的种类及基本结构

电缆种类很多，在输配电系统中，最常用的电缆是电力电缆和控制电缆。

电力电缆是用来输送和分配大功率电能的，按其所采用的绝缘材料可分为纸绝缘、橡皮绝缘、聚氯乙烯绝缘、聚乙烯绝缘和交联聚乙烯绝缘电力电缆。纸绝缘电力电缆有油浸纸绝缘和不滴流浸渍两种，油浸纸绝缘电缆具有耐压强度高、耐热性能好、使用寿命长等优点，是传统的主要产品，目前工程上仍然使用的较多。但它对工艺要求比较复杂，敷设时弯曲半径不能太小，尤其低温时敷设，电缆要经过预先加热，施工较困难，电缆连接及电缆头制作技术要求也很高。不滴流浸渍纸绝缘电力电缆解决了油的流淌问题，加上允许工作温度的提高，特别适用于垂直敷设。

聚氯乙烯绝缘电力电缆没有敷设高低差限制，制造工艺简单，敷设、连接及维护都比较方便，抗腐蚀性能也比较好。因此，在工程上得到了广泛的应用，特别是在 1kV 以下电力系统中已基本取代了纸绝缘电力电缆。

橡皮绝缘电力电缆一般在交流 500V 以下或直流 1000V 以下电力线路中使用。

控制电缆是在变电所二次回路中使用的低压电缆。运行电压一般在交流 500V 或直流 1000V 以下，芯数从 4 芯到 48 芯。控制电缆的绝缘层材料及规格型号的表示与电力电缆相同。

电缆的基本结构都是由导电线芯、绝缘层及保护层三个主要部分组成。油浸纸绝缘电力电缆、交联聚乙烯绝缘电力电缆结构图如图 6-1 和图 6-2 所示。

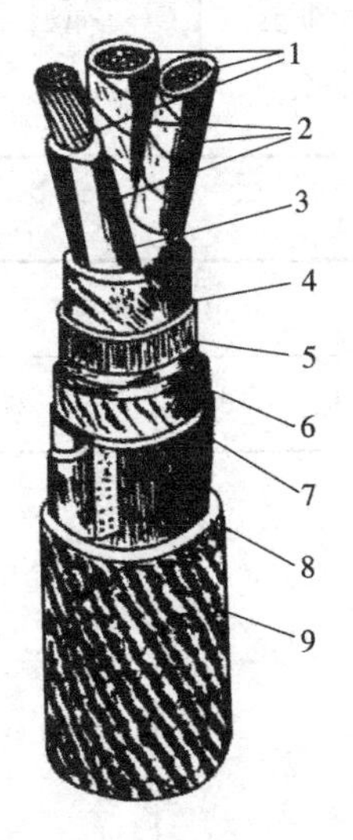

图 6-1　油浸纸绝缘电力电缆

1—缆芯（铜芯或铝芯）；2—油浸纸绝缘层；3—麻筋（填料）；4—油浸纸（统包绝缘）；5—铅包；6—涂沥青的纸带（内护层）；7—浸沥青的麻被（内护层）；8—钢铠（外护层）；9—麻被（外护层）

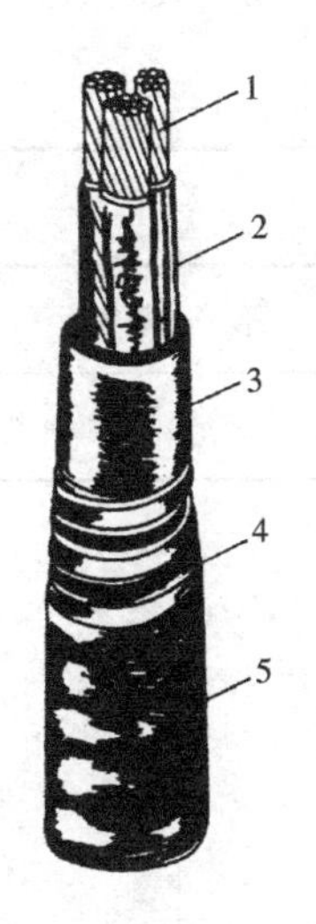

图 6-2　交联聚乙烯绝缘电力电缆

1—缆芯（铜芯或铝芯）；2—交联聚乙烯绝缘层；3—聚氯乙烯护套（内护层）；4—钢铠或铝铠（外护层）；5—聚氯乙烯外套（外护层）

（1）导电线芯

电缆按线芯可分为单芯、双芯、三芯、四芯和五芯。电缆按线芯的形状可分为圆形、半圆形、椭圆形和扇形等。电缆按线芯的材质可分为铜和铝两种。

（2）绝缘层

电缆按绝缘层的材料可分为纸绝缘、橡皮绝缘、聚氯乙烯绝缘、聚乙烯绝缘、交联聚乙烯绝缘。

（3）保护层

电力电缆保护层分内护层和外护层两部分。内护层所用材料有铝套、铅套、橡套、聚氯乙烯护套和聚乙烯护套等。外护套是用来保护内护套的，包括铠装层和外被层。

6.1.2　电缆的型号及名称

我国电缆产品的型号系采用汉语拼音字母组成，有外护层时在字母后加上两个阿拉伯数字。常用电缆型号中字母的含义及排列次序见表6-1。

表示电缆外护层的两个数字，前一个数字表示铠装结构，后一个数字表示外护层结构。数字代号及外护层所用材料见表6-2。

常用电缆型号字母含义及排列次序　　表6-1

类　别	绝缘种类	线芯材料	内护层	其他特征	外护层
电力电缆不表示 K——控制电缆 Y——移动式软电缆 P——信号电缆 H——市内电话电缆	Z——纸绝缘 X——橡皮 V——聚氯乙烯 YJ——交联聚乙烯	T——铜（省略） L——铝	Q——铅护套 L——铝护套 H——橡套 （H）F——非燃性橡套 V——聚氯乙烯护套 Y——聚乙烯护套	D——不滴流 F——分相铅包 P——屏蔽 C——重型	2个数字（含义见表6-2）

电缆外护层代号的含义　　表6-2

第一个数字		第二个数字	
代　号	铠装层类型	代　号	外被层类型
0	无	0	无
1	—	1	纤维绕包
2	双钢带	2	聚氯乙烯护套
3	细圆钢丝	3	聚乙烯护套
4	粗圆钢丝	4	—

根据电缆的型号，就可以读出该种电缆的名称。如$ZLQD_{20}$为铝芯不滴流纸绝缘铅包双钢带铠装电力电缆；VV_{23}为铜芯聚氯乙烯绝缘及护套双钢带铠装聚乙烯护套电力电缆。

电缆型号实际上是电缆名称的代号，反映不出电缆的具体规格、尺寸。完整的电缆表示方法是型号、芯数×截面、工作电压、长度。如VV_{23}-3×50-10-500，即表示VV_{23}型，3芯50mm^{2}电力电缆，其工作电压10kV，电缆长度为500m。

任务6-2 电 缆 敷 设

《建筑电气施工技术》工作页

姓名： 学号： 班级： 日期：

任务6-2	电缆敷设	课时：6学时	
项目6	电缆线路施工	课程名称	建筑电气施工技术
任务描述：			
通过录像、视频，认知电缆敷设的规定、电缆的各种允许值等；让学生学会电缆直埋敷设的施工方法，学会电缆沿墙、沿电缆沟内、沿电缆桥架等施工方法			
工作任务流程图：			
下发施工图纸→根据施工图纸查找电缆敷设方式→查找资料分组研讨→提交工作页→集中评价→提交认知训练报告			
1. 资讯（明确任务、资料准备）			
（1）电缆敷设的一般规定有哪些？ （2）电缆直埋敷设的方法及要求是什么？ （3）电缆沿墙敷设的方法是什么			
2. 决策（分析并确定工作方案）			
（1）分析采用什么样的方式方法了解电缆敷设的方法，通过什么样的途径学会任务知识点，根据所下达的任务，初步确定工作方案； （2）小组讨论并完善工作任务方案			
3. 计划（制订计划）			
制定实施工作任务的计划书；小组成员分工合理 需要通过实物认识、图片搜集、视频播放、查找资料、参观等形式完成本次任务。 通过教材、查找资料，学习电缆敷设的方法，学习电缆敷设的规定及应用场所等；通过一体化实训平台认知各种型号电缆、材料等；为后续课程的学习打好基础			
4. 实施（实施工作方案）			
（1）参观记录； （2）学习笔记； （3）研讨并填写工作页			
5. 检查			
（1）以小组为单位，进行讲解演示，小组成员补充优化； （2）学生自己独立检查或小组之间互相交叉检查； （3）检查学习目标是否达到，任务是否完成			
6. 评估			
（1）填写学生自评和小组互评考核评价表； （2）跟老师一起评价认识过程； （3）与老师深层次的交流； （4）评估整个工作过程，是否有需要改进的方法			

续表

<table>
<tr><td>指导老师评语：</td></tr>
<tr><td>任务完成人签字：
日期：　　年　　月　　日</td></tr>
<tr><td>指导老师签字：
日期：　　年　　月　　日</td></tr>
</table>

6.2.1　电缆敷设的一般规定

1. 电力电缆型号、规格应符合施工图纸要求；
2. 并联运行的电力电缆其长度、型号、规格应相同；
3. 电缆敷设时，在电缆终端头与电缆接头附近需留出备用长度；
4. 电缆敷设时，弯曲半径不应小于表6-3的规定；
5. 油浸纸绝缘电缆最高点与最低点的最大位差不应超过表6-4的规定。
6. 电缆支持点间的距离不应超过表6-5中规定的数值。

电缆最小允许弯曲半径与电缆外径的比值　　表6-3

<table>
<tr><th colspan="3">电　缆　形　式</th><th>多　芯</th><th>单　芯</th></tr>
<tr><td colspan="3">控制电缆</td><td>10</td><td></td></tr>
<tr><td rowspan="3">橡皮绝缘
电力电缆</td><td colspan="2">无铅包、钢铠护套</td><td colspan="2">10</td></tr>
<tr><td colspan="2">裸铅包护套</td><td colspan="2">15</td></tr>
<tr><td colspan="2">钢铠护套</td><td colspan="2">20</td></tr>
<tr><td colspan="3">聚氯乙烯绝缘电力电缆</td><td colspan="2">10</td></tr>
<tr><td colspan="3">交联聚乙烯绝缘电力电缆</td><td>15</td><td>20</td></tr>
<tr><td rowspan="3">油浸纸绝缘
电力电缆</td><td colspan="2">铅包</td><td colspan="2">30</td></tr>
<tr><td rowspan="2">铅包</td><td>有铠装</td><td>15</td><td>20</td></tr>
<tr><td>无铠装</td><td>20</td><td></td></tr>
<tr><td colspan="3">自容式充油（铅包）电缆</td><td></td><td>20</td></tr>
</table>

油浸纸绝缘电力电缆最大允许敷设位差（m）　　表6-4

<table>
<tr><th>电压等级（kV）</th><th>电缆护层结构</th><th>最大允许敷设位差（m）</th></tr>
<tr><td rowspan="2">1</td><td>无铠装</td><td>20</td></tr>
<tr><td>有铠装</td><td>25</td></tr>
<tr><td>6～10</td><td>无铠装或有铠装</td><td>15</td></tr>
</table>

电缆各支持点间的距离（mm）　　表6-5

<table>
<tr><th colspan="2" rowspan="2">电 缆 种 类</th><th colspan="2">敷设方式</th></tr>
<tr><th>水平</th><th>垂直</th></tr>
<tr><td rowspan="2">电力
电缆</td><td>全塑型</td><td>400</td><td>1000</td></tr>
<tr><td>除全塑型外的中低压电缆</td><td>800</td><td>1500</td></tr>
<tr><td colspan="2">控制电缆</td><td>800</td><td>1000</td></tr>
</table>

电缆应在下列地点用夹具固定。

（1）垂直敷设时在每一个支架上；

（2）水平敷设时在电缆首尾两端，转弯及接头处。

当控制电缆与电力电缆在同一支架上敷设时，支持点间的距离应按控制电缆要求的数值处理。

7. 电缆敷设时，电缆应从电缆盘的上端引出，避免电缆在支架上及地面上摩擦拖拉。用机械敷设时的最大牵引强度宜符合表 6-6 的要求，其敷设速度不宜超过 15m/min。

电缆最大允许牵引强度（$N \cdot mm^2$） **表 6-6**

牵引方式	牵引头		钢丝网套		
受力部位	铜芯	铝芯	铅套	铝套	塑料护套
允许牵引强度	70	40	10	40	7

8. 敷设电缆时，敷设现场的温度不应低于表 6-7 的数值，否则应对电缆进行加热处理。

电缆最低允许敷设温度 **表 6-7**

电缆类型	电缆结构	最低允许敷设温度（℃）
油浸纸绝缘电力电缆	充油电缆	−10
	其他油纸电缆	0
橡皮绝缘电力电缆	橡皮或聚氯乙烯护套	−15
	裸铅套	−20
	铅护套钢带铠装	−7
塑料绝缘电力电缆		0
控制电缆	耐寒护套	−20
	橡皮绝缘聚氯乙烯护套	−15
	聚氯乙烯绝缘聚氯乙烯护套	−10

9. 敷设电缆时不宜交叉，应排列整齐，加以固定，并及时装设标志牌。装设标志牌应符合下列要求：

（1）在电缆终端头、电缆接头、拐弯处、夹层内及竖井的两端等地方应装设标志牌。

（2）标志牌上应注明线路编号（当设计无编号时，则应写明规格、型号及起始点）。

（3）标志牌的规格宜统一，悬挂应牢固。

10. 电力电缆接头盒位置应符合要求。地下并列敷设的电缆，接头盒的位置宜相互错开；接头盒外面应有防止机械损伤的保护盒（环氧树脂接头盒除外）。位于冻土层的保护盒，盒内应注满沥青，以防水分进入盒内因冻胀而损坏电缆接头。

11. 电缆进入电缆沟、竖井、建筑物以及穿入管子时，出入口应封闭，管口应密封。

6.2.2 直埋电缆敷设

电缆直埋敷设是沿已选定的线路挖掘地沟，然后把电缆埋在沟内。一般在电缆根数较少，且敷设距离较长时多采用此法。

将电缆直埋在地下，因不需其他结构设施，故施工简便，造价低廉，节省材料。同时，由于埋在地下，电缆散热好，对提高电缆的载流量有一定的好处。但存在挖掘土方量大和电缆可能受土中酸碱物质的腐蚀等缺点。电缆直埋的施工方法如下。

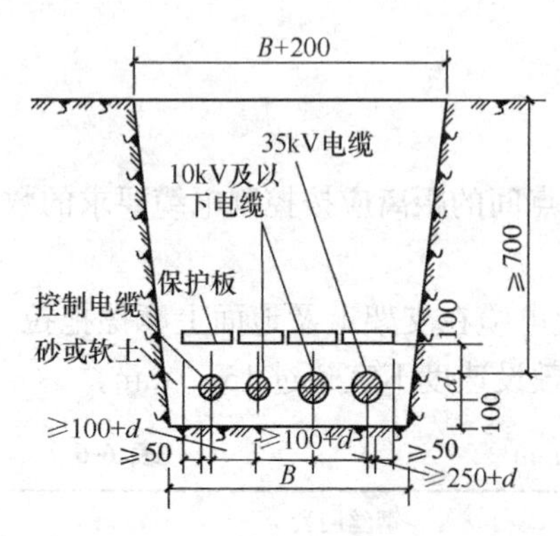

图 6-3　10kV以下电缆沟的宽度的形状

1. 开挖电缆沟

按图纸用白灰在地面上划出电缆行径的线路和沟的宽度。电缆沟的宽度决定于电缆的数量，如数条电力电缆或与控制电缆在同一沟中，则应考虑散热等因素，其宽度和形状见表6-8和图6-3。

电缆沟的深度一般要求不小于800mm，以保证电缆表面距地面的距离不小于700mm。当遇障碍物或冻土层以下，电缆沟的转角处，要挖成圆弧形，以保证电缆的弯曲半径。电缆接头的两端以及引入建筑和引上电杆处需挖出备用电缆的预留坑。

2. 预埋电缆保护管

当电缆与铁、公路交叉，电缆进建筑物隧道，穿过楼板及墙壁，以及其他可能受到机械损伤的地方，应事先埋设电缆保护管，然后将电缆穿在管内。这样能防止电缆受机械损伤，而且也便于检修时电缆的拆换。电缆与铁、公路交叉时，其保护管顶面距轨道底或公路面的深度不小于1m，管的长度除满足路面宽度外，还应两边各伸出1m。保护管可采用钢管或水泥管等。管的内径应不小于电缆的直径的1.5倍。管道内部应无积水且无杂物堵塞。如果采用钢管，应在埋设前将管口加工成喇叭形，在电缆穿管时，可以防止管口割伤电缆。

电缆壕沟宽度表　　**表 6-8**

电缆壕沟宽度 B (mm)		控制电缆根数						
		0	1	2	3	4	5	6
10kV及以下电力电缆根数	0		350	380	510	640	770	900
	1	350	450	580	710	840	970	1100
	2	500	600	730	860	990	1120	1250
	3	650	750	880	1010	1140	1270	1400
	4	800	900	1030	1160	1290	1420	1550
	5	950	1050	1180	1310	1440	1570	1800
	6	1100	1200	1330	1460	1590	1720	1850

电缆穿管时，应符合下列规定：

（1）每根电力电缆应单独穿入一根管内，但交流单芯电力电缆不得单独穿入钢管内；

（2）裸铠装控制电缆不得与其他外护电缆穿入同一根管内；

（3）敷设在混凝土管、陶土管、石棉水泥管的电缆，可使用塑料护套电缆。

3. 埋设隔热层

当电缆与热力管道交叉或接近时，其最小允许距离为平行敷设2m；交叉敷设0.5m。如果不能满足这个数值要求时，应在接近段或交叉前后1m范围内作隔热处理。其方法见图6-4。在任何情况下，不能将电缆平行敷设在热力管道的上面或下面。

4. 敷设电缆，首先把运到现场的电缆进行核算，弄清每盘电缆的长度。确定中间接头的地方。按线路的具体情况，配置电缆长度，避免造成浪费。在核算时应注意不要把电缆接头放在道路交叉处，建筑物的大门口以及其他管道交叉的地方，如在同一条电缆沟内有数条电缆并列敷设时，电缆接头的位置应互相错开，使电缆接头保持2m以上的距离，以便日后检修。

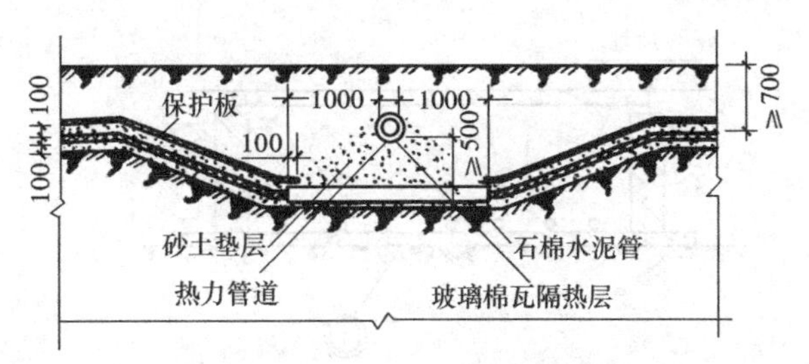

图6-4 电缆与热力管道交叉的隔热法

电缆敷设常用的方法有两种，即人工敷设和机械牵引敷设。无论采用哪种方法，都要先将电缆盘稳固地架设在放线架上，使它能自由地活动，然后从盘的上端引出电缆，逐渐松开放在滚轮上，用人工或机械向前牵引，见图6-5，在施放过程中，电缆盘的两侧应有专人的协助转动，并备有适当的工具，以便随时刹住电缆盘。

图6-5 电缆用滚轮敷设方法

电缆放在沟底，不要拉得很直，使电缆长度比沟长0.5%～1%，这样可以防止电缆在冬季停止使用时，不致因冷缩长度变短而受过大的拉力。

电缆的上、下需铺以不小于100mm厚的细砂，再在上面铺盖一层砖或水泥预制盖板，其覆盖宽度应超过电缆两侧各50mm。以便将来挖土时，可表明土内埋有电缆，使电缆不受机械损伤。电缆沟回填土应充分填实，覆土要高于地面150～200mm，以备松土沉陷。完工后，沿电缆线路的两端和转弯处均应竖立一根露在地面上的混凝土标桩，在标桩上注明电缆的型号、规格、敷设日期和线路走向等，以便日后检修。

6.2.3 电缆在电缆沟内敷设

电缆在电缆沟内敷设是室内外常见的电缆敷设方法。电缆沟一般设在地面下，由混凝土浇筑或用砖砌而成。沟顶用盖板盖住，如图6-6、图6-7所示。

电缆沟内电缆敷设要求如下：

1. 电缆沟底应平整，室外的电缆沟应有1‰的坡度。沟内要保持干燥，沟壁沟底应采用防水砂浆抹面。室外电缆沟每隔50m左右应设置1个积水坑并有排水设施，以便及时将沟内积水排出。

2. 支架上的电缆排列应按设计要求，当设计无规定时，应符合以下要求：电力电缆和控制电缆应分开排列；当电力电缆与控制电缆敷设在同一侧支架上时，应将控制电缆放在电力电缆下面，1kV以下电缆应放在10kV以下电力电缆的下面（充油电缆除外）。

3. 电缆支架或支持点的间距可参照表6-5。

4. 支架必须可靠接地并做防腐处理。

5. 当电缆需在沟内穿越墙壁或楼板时，应穿钢管保护。

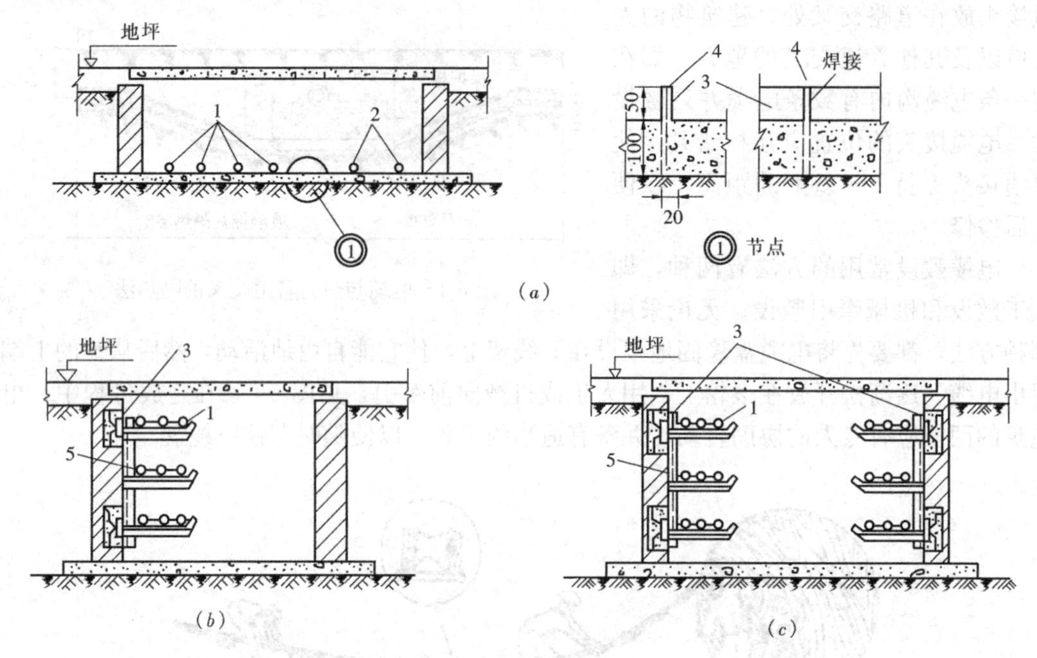

图 6-6　室内电缆沟

(a) 无支架；(b) 单侧支架；(c) 双侧支架

1—电力电缆；2—控制电缆；3—接地线；4—接地线支持件；5—支架

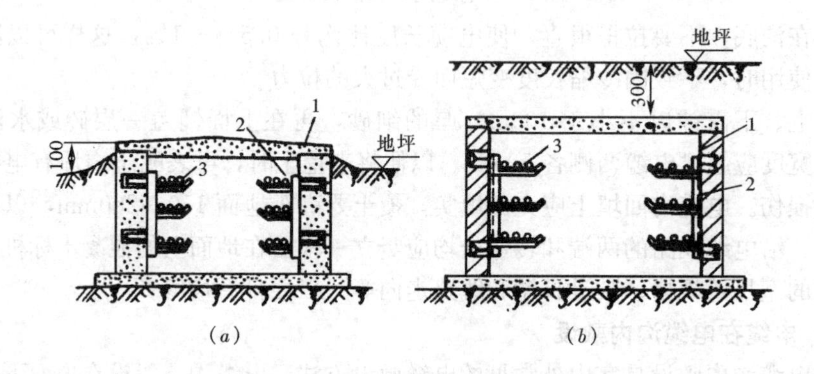

图 6-7　室外电缆沟

(a) 无覆盖层；(b) 有覆盖层

1—接地线；2—支架；3—电缆

6. 电缆敷设完后，将电缆沟用盖板盖好。

6.2.4　电缆沿墙敷设

电缆沿墙时敷设分为水平敷设和垂直敷设。沿墙水平敷设，可使用挂钉和挂钩吊挂安装。吊挂安装电力电缆挂钉间距为1m，吊挂控制电缆间距为0.8m。吊挂零件应使用镀锌制品，挂钉及挂钩如图6-8所示。挂钩随土建施工预埋，电缆的吊挂安装如图6-9所示。

电缆沿墙垂直敷设，可利用角钢支架敷设，支架的固定可根据支架的形式采用不同的方法，可用预埋件焊接固定、也可用膨胀螺栓固定。支架间距为：敷设控制电缆1m；敷设电力电缆1.5m。电缆在各种支架上沿墙垂直敷设如图6-10所示。

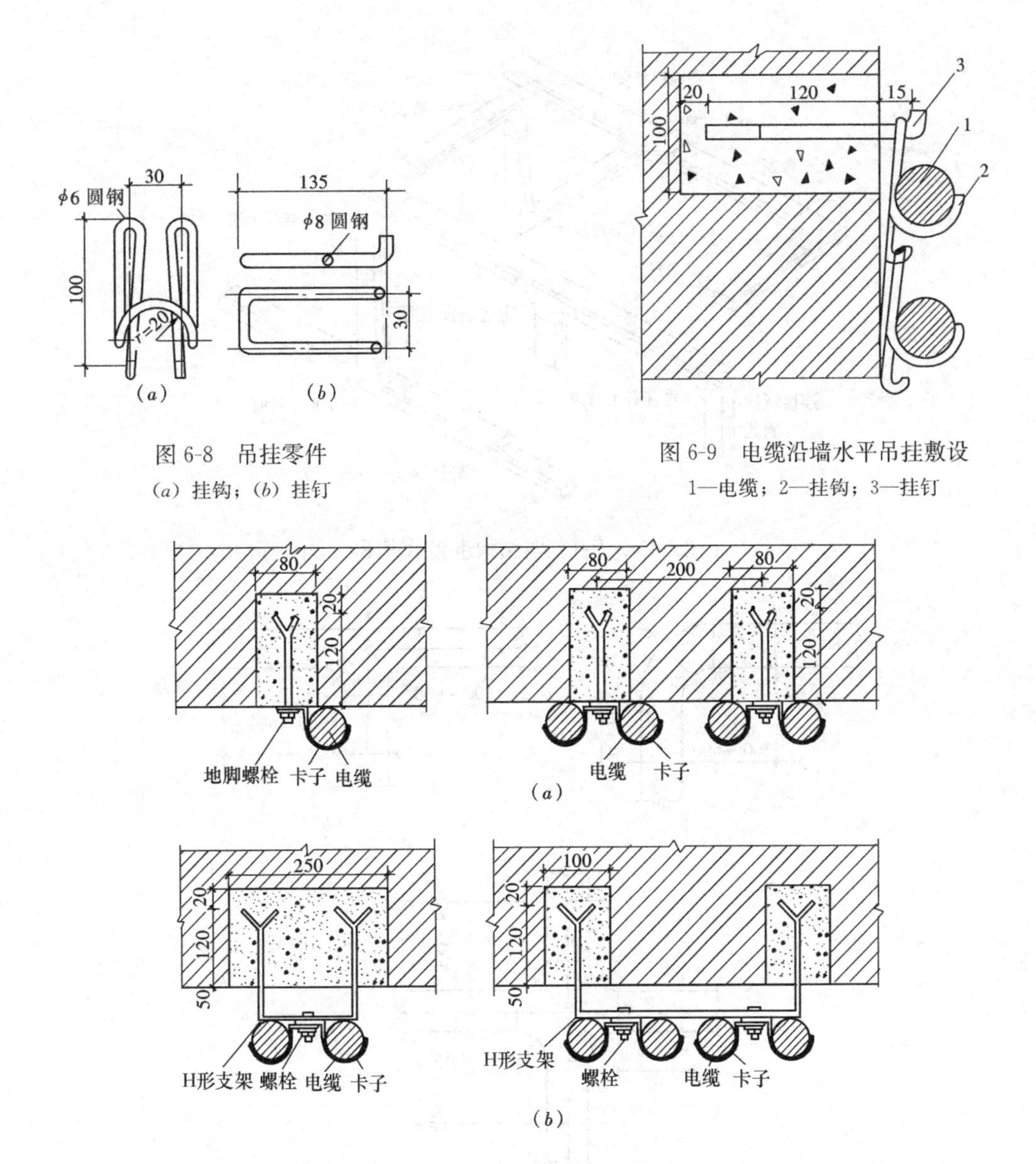

图 6-8 吊挂零件

(a) 挂钩；(b) 挂钉

图 6-9 电缆沿墙水平吊挂敷设

1—电缆；2—挂钩；3—挂钉

图 6-10 电缆在支架上沿墙垂直敷设

(a) 电缆在墙上用卡子安装；(b) 电缆在扁钢上安装

6.2.5 电缆沿桥架敷设

电缆桥架由托盘、梯架的直线段、弯通、附件以及支、吊架等组成。它的优点是制作工厂化、系列化、安装方便，安装后整齐美观。无孔托盘结构组装如图 6-11 所示。

1. 支、吊架安装

电缆桥架水平敷设时，支撑跨距一般为 1.5～3m，垂直敷设时，固定点间距不宜大于 2m。在非直线段，支、吊架的位置如图 6-12 所示。当桥架弯曲半径在 300mm 以内时，应在距弯曲段与直线段接合处 300～600mm 的直线段侧设置一个支吊架。当弯曲半径大于 300mm 时，还应在弯通中部增设一个支吊架。

电缆桥架沿墙垂直安装时，常用 U 形角钢支架固定托盘、梯架。其安装方法有两种，

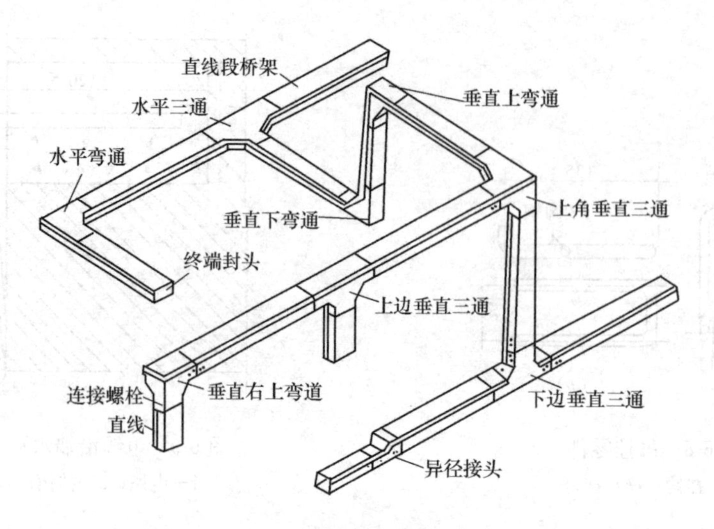

图6-11　无孔托盘结构组装示意图

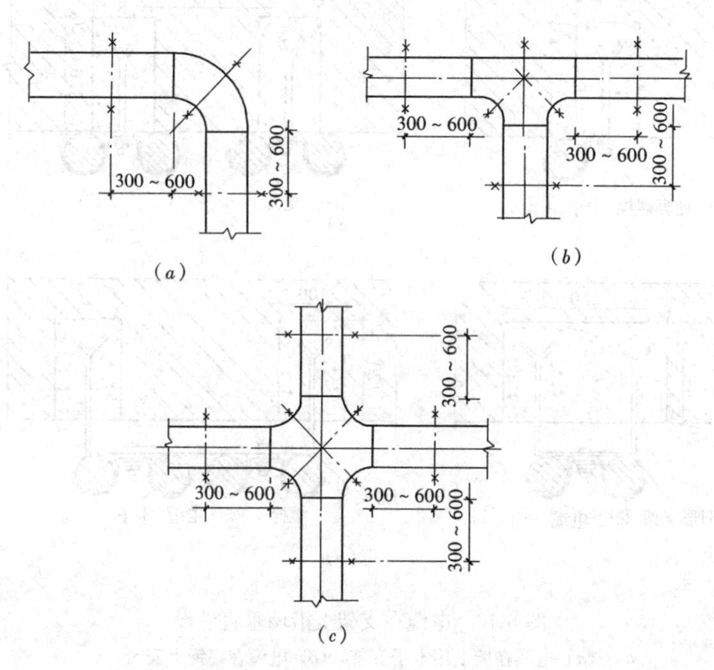

图6-12　桥架支、吊架位置图

(a) 直角二通；(b) 直角三通；(c) 直角四通

即直接埋设法和预埋螺栓固定法，如图6-13所示。单层桥架埋深及预埋螺栓长度均为150mm。

电缆桥架在工业厂房内沿墙、沿柱安装时，当柱表面与墙表面不在同一平面时，在柱上可以直接固定安装托臂，托臂用膨胀螺栓固定在柱子上，两柱中间的托臂固定在角钢支架上，角钢支架用膨胀螺栓固定在墙上，两柱中间的托臂也可以安装在异型钢或工字钢立柱上，异型钢立柱可用预埋螺栓或膨胀螺栓固定在墙上，工字钢立柱可采用固定板与墙内预埋螺栓固定。桥架沿墙、柱水平安装固定，如图6-14所示。桥架立柱如图6-15所示。

立柱安装方式有直立式安装、侧壁式安装和悬吊式安装等，异形钢立柱在墙上侧壁安装，如图6-16所示。工字钢立柱直立式安装，如图6-17所示。

2. 桥架的安装

支、吊架安装好以后，即可安装托盘和梯架。安装托盘或梯架时，应先从始端开始，把始端托盘或梯架的位置确定好，用夹板或压板固定牢固，再沿桥架的全长逐段地对托盘或梯架进行安装。

桥架的组装使用专用附件进行。应注意连接点不应放在支撑点上，最好放在支撑跨距四分之一处。

钢制电缆桥架的托盘或梯架的直线段长度超过30m，铝合金或玻璃钢电缆桥架超过15m时，应有伸缩缝，其连接处宜采用伸缩连接板。

3. 电缆敷设

电缆沿桥架敷设前，应将电缆敷设位置排列好，避免出现交叉现象。

拖放电缆时，对于在双吊杆固定的托盘或梯架内敷设电缆，应将电缆放在托盘或梯架内的滑轮上进行施放，不得在托盘或梯架内拖拉。

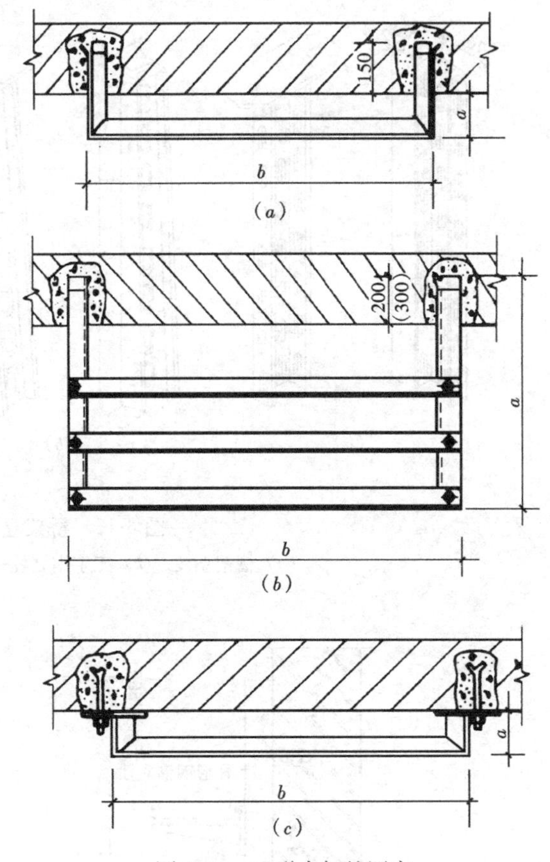

图6-13　U形支架的固定

(a) 单层支架预埋；(b) 多层支架预埋；(c) 单层支架螺栓固定

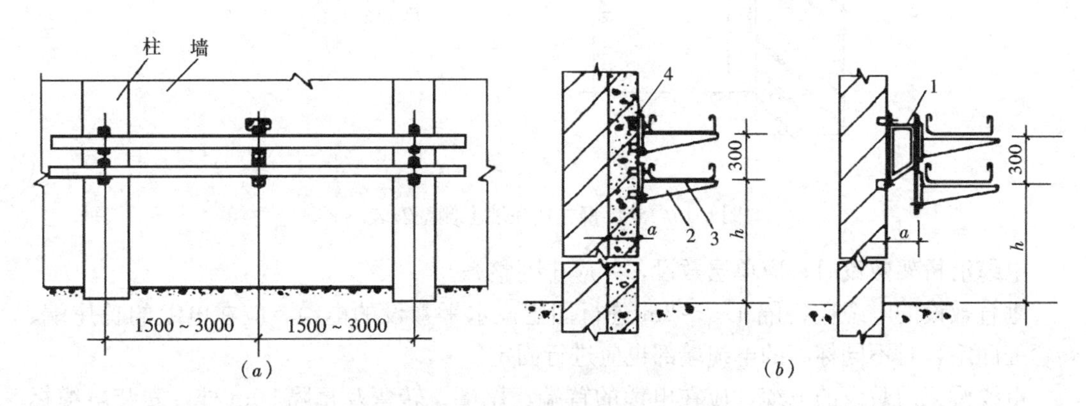

图6-14　桥架沿墙、柱水平安装

(a) 正视图；(b) 支架在柱上、墙上安装侧视图

1—支架；2—托臂；3—梯架；4—膨胀螺栓

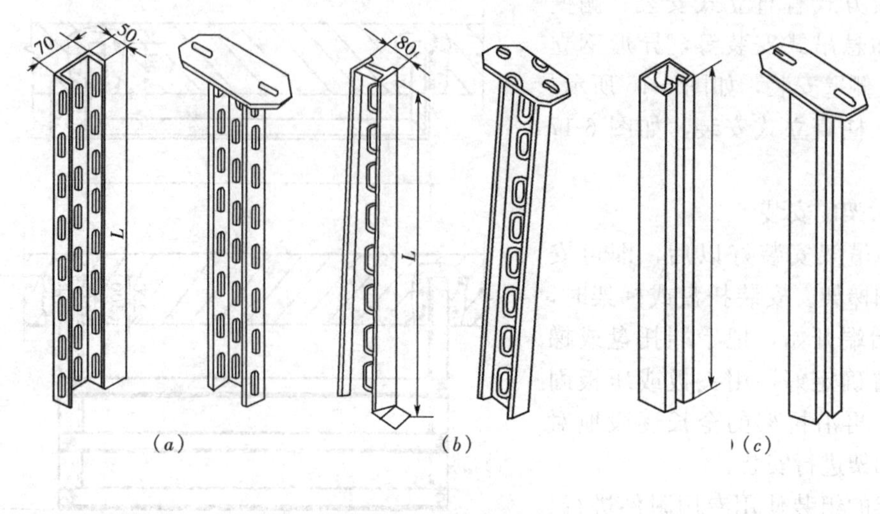

图 6-15　桥架立柱

(a) 槽钢立柱；(b) 工字钢立柱；(c) 异型钢立柱

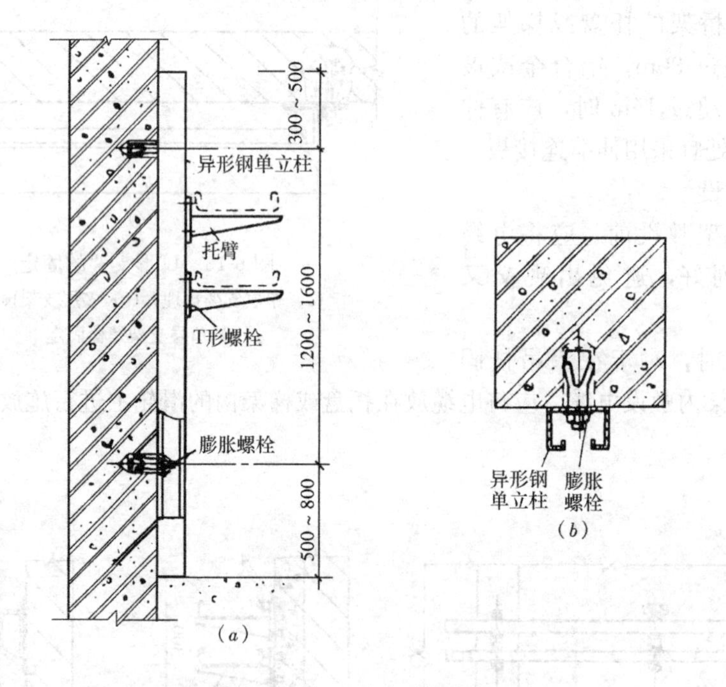

图 6-16　异形钢立柱在墙上侧壁安装

电缆沿桥架敷设时，应单层敷设，并应排列整齐。

垂直敷设的电缆应每隔 1.5～2m 进行固定。水平敷设的电缆，应在电缆的首尾端、转弯处固定，对不同标高的电缆端部也应进行固定。

电缆桥架内敷设的电缆，应在电缆的首端、尾端、转弯及每隔 50m 处，安装电缆标志牌。

电缆敷设完毕后，及时清理桥架内杂物，有盖的盖好盖板。

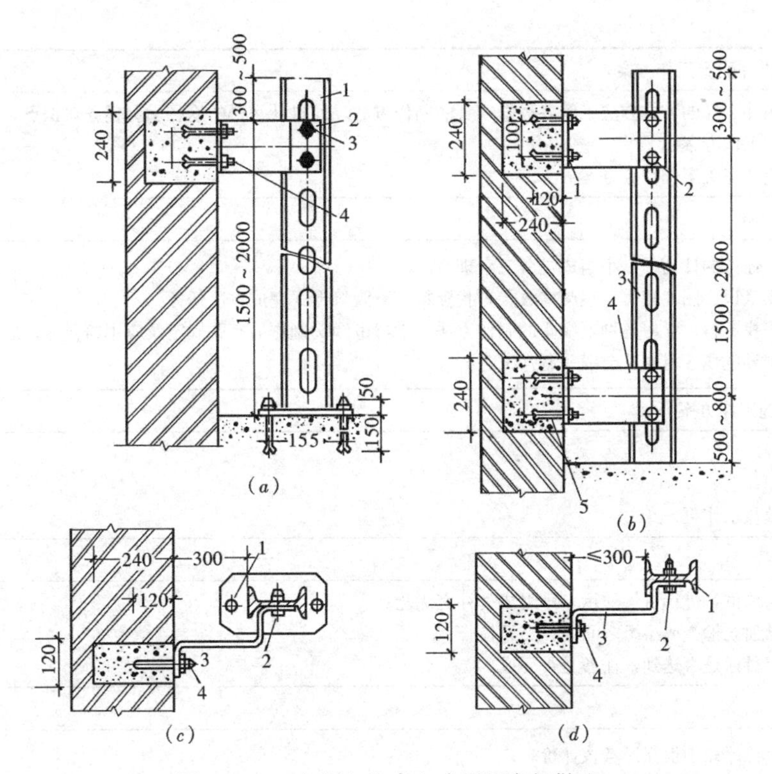

图 6-17　工字钢立柱直立式用固定板做法

(a) 1—立柱；2—固定板；3—螺栓；4—预埋螺栓

(b) 1、2—螺栓；3—工字钢立柱；4—固定板；5—预制混凝土砌块

(c) 1—螺栓；2—螺栓；3—固定板；4—预埋螺栓

(d) 1—工字钢立柱；2—螺栓；3—固定板；4—预埋螺栓

任务 6-3　电缆终端和接头的制作

《建筑电气施工技术》工作页

姓名：　　　　　　学号：　　　　　　班级：　　　　　　日期：

任务 6-3	电缆终端和接头的制作	课时：4 学时	
项目 6	电缆线路施工	课程名称	建筑电气施工技术
任务描述：			
通过录像、视频，认知电缆终端和接头制作的主要附件和材料、电缆的各种允许值等；让学生学会各种电缆头制作的施工方法			
工作任务流程图：			
布置制作 10kV 交联聚乙烯电缆热缩型中间接头任务→根据施工任务查找电缆中间接头制作方法→ 查找资料分组研讨→ 提交工作页→集中评价→ 提交认知训练报告。			
1. 资讯（明确任务、资料准备）			
(1) 电缆头施工要求是什么？ (2) 10kV 交联聚乙烯电缆热缩型中间接头所用的主要附件和材料有哪些？ (3) 干包式终端头制作施工工艺主要包括哪些内容			

续表

2. 决策（分析并确定工作方案）
（1）分析采用什么样的方式方法了解各种电缆头的制作方法，通过什么样的途径学会任务知识点，根据所下达的任务，初步确定工作方案； （2）小组讨论并完善工作任务方案
3. 计划（制订计划）
制定实施工作任务的计划书；小组成员分工合理 需要通过实物认识、图片搜集、视频播放、查找资料、参观等形式完成本次任务。 通过教材、查找资料，学习各种电缆头的制作方法，学习电缆头制作的有关规定及应用场合等；通过一体化实训平台认知各种型号电缆、材料及电缆头制作工艺
4. 实施（实施工作方案）
（1）参观记录； （2）学习笔记； （3）研讨并填写工作页
5. 检查
（1）以小组为单位，进行讲解演示，小组成员补充优化； （2）学生自己独立检查或小组之间互相交叉检查； （3）检查学习目标是否达到，任务是否完成
6. 评估
（1）填写学生自评和小组互评考核评价表； （2）跟老师一起评价认识过程； （3）与老师深层次的交流； （4）评估整个工作过程，是否有需要改进的方法
指导老师评语：
任务完成人签字： 日期：　　年　　月　　日
指导老师签字： 日期：　　年　　月　　日

6.3.1　对电缆头的要求

电缆敷设后，为使其成为一个连续的线路，各线段必须连接为一个整体，这些连接点则称为接头，电缆线路两端的接头称为终端头；电缆线路中间的接头称为中间接头。它们的主要作用有：一是使线路畅通，二是使电缆密封以保证电缆头处的绝缘等级，使其安全可靠地运行。为此，必须保证电缆头的施工质量，电缆头的施工要求有以下几条：

（1）对于油浸纸绝缘电缆必须保证密封。若电缆头密封不良，不仅会漏油，使电缆绝缘干枯，而且潮气会浸入电缆内部使电缆绝缘性能降低。为此，电缆的密封是一个十分重要的问题。

（2）保证绝缘强度，电缆接头的绝缘强度，应不低于电缆本身的绝缘强度。

（3）保证电气距离，避免短路或击穿。

（4）保证接头良好，接触电阻应小而稳定，并且有一定的机械强度。接触电阻必须低于同长度导体电阻的 1.2 倍，其抗拉强度不低于电缆线芯强度的 70%。

6.3.2　10kV 交联聚乙烯电缆热缩型中间接头的制作

热缩型中间接头所用主要附件和材料有：相热缩管、外热缩管、内热缩管、未硫化乙丙橡胶带、热熔胶带、半导体带、聚乙烯带、接地线（25mm^2 软铜线）、铜屏蔽网等。

制作工艺如下：

1. 准备工作

把所需材料和工具准备齐全，核对电缆规格型号，测量绝缘电阻，确定剥切尺寸，锯割电缆铠装，清擦电缆铅（铝）包。

2. 剖切电缆外护套

先将内、外热缩管套入一侧电缆上，将需连接的两电缆端头 500mm 一段外护套剖切剥除。

3. 剥除钢带

自外护套切口向电缆端部量 50mm，装上钢带卡子；然后在卡子外边缘沿电缆周长在钢带上锯一环形深痕，将钢带剥除。

4. 剖切内护套

在距钢带切口 50mm 处剖切内护套。

5. 剥除铜屏蔽带

自内护套切口向电缆端头量取 100～150mm，将该段铜屏蔽带用细铜线绑扎，其余部分剥除。屏蔽带外侧 20mm 一段半导体布保留，其余部分去除。电缆剖切尺寸如图 6-18 所示。

6. 清洗线芯绝缘、套相热缩管

为了除净半导电薄膜，用无水乙醇清洗三相线芯交联聚乙烯绝缘层表面，并分相套入铜屏蔽网及相热缩管。

7. 剥除绝缘、压接连接管

剥除线芯端头交联聚乙烯绝缘层，剥除长度为连接管长度的 1/2 加 5mm，然后用无水乙醇清洁线芯表面，将清洁好的两端头分别从连接管两端插入连接管，用压接钳进行压接，每相接头不少于 4 个压点。

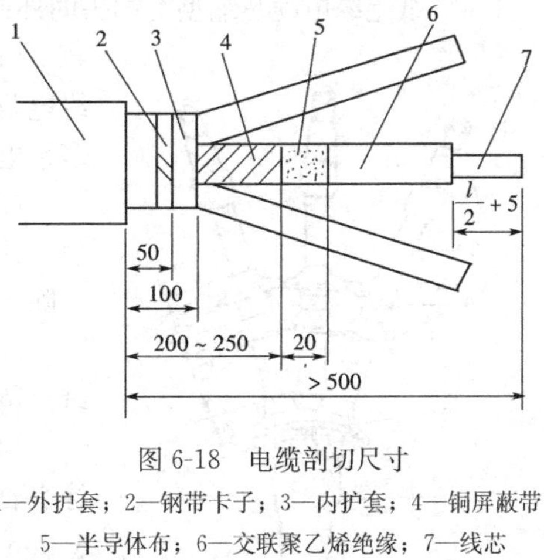

图 6-18　电缆剖切尺寸

1—外护套；2—钢带卡子；3—内护套；4—铜屏蔽带；5—半导体布；6—交联聚乙烯绝缘；7—线芯

8. 包绕橡胶带

在压接管上及其两端裸线芯外包绕未硫化乙丙橡胶带，采用半迭包方式绕包两层，与绝缘接头处的绕包一定要严密。

9. 加热相热缩管

先在接头两边的交联聚乙烯绝缘层上适当缠绕热熔胶带，然后将事先套入的相热缩管移至接头中心位置，用喷灯沿轴向加热，使热缩管均匀收缩，裹紧接头。注意加热收缩时，不应产生皱褶和裂缝。

10. 焊接铜屏蔽带

先用半导体带将两侧半导体屏蔽布缠绕连接，再展开铜屏蔽网与两侧的铜屏蔽带焊接，每一端不少于 3 个焊点。

11. 加热内热缩管

先将三根线芯并拢，用聚氯乙烯带将线芯及填料绕包在一起，在电缆内护套处适当缠绕热熔胶带；然后将内热缩管移至中心位置，用喷灯加热使之均匀收缩。

12. 焊地线

在接头两侧电缆钢带卡子处焊接接地线。

13. 加热外热缩管

先在电缆外护套上适当缠绕热熔胶带，然后将外热缩管移至中心位置，用喷灯加热使之均匀收缩。

制作完毕的中间接头结构如图 6-19 所示。其安装要求按施工验收规范执行。

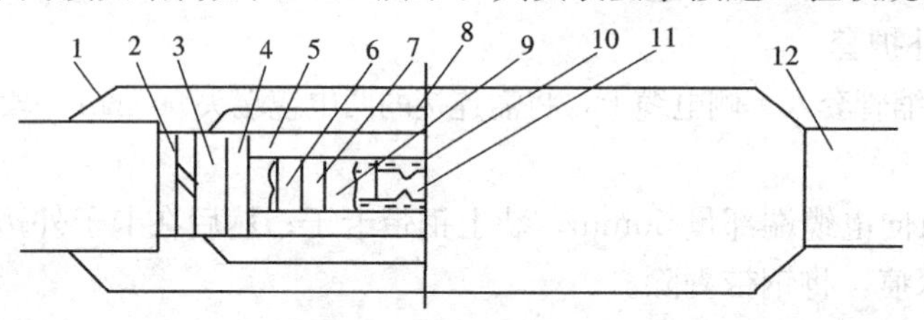

图 6-19　交联聚乙烯电缆热缩中间头结构

1—外热缩管；2—钢带卡子；3—内护套；4—铜屏蔽带；5—铜屏蔽网；6—半导体屏蔽带；7—交联聚乙烯绝缘层；8—内热缩管；9—相热缩管；10—未硫化乙丙橡胶带；11—中间连接管；12—外护套

6.3.3　10kV 纸绝缘电力电缆热缩终端头制作

10kV 纸绝缘电缆热缩型终端头的外形如图 6-20 所示，其制作工艺如下：

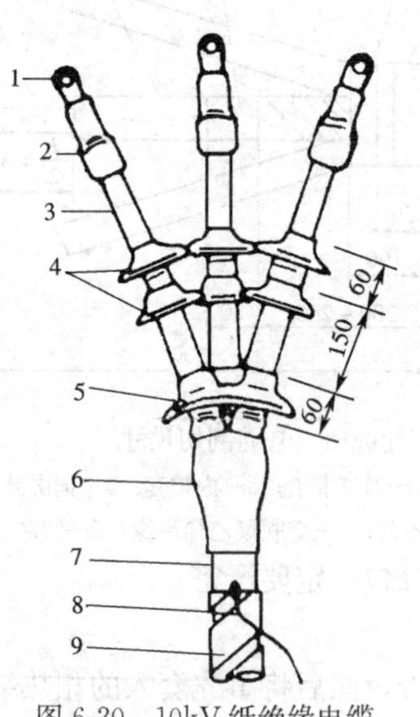

图 6-20　10kV 纸绝缘电缆热缩型终端头

1—接线端子；2—密封套；3—相绝缘管；4—相防雨罩；5—共用防雨罩；6—三叉套；7—电缆铅包；8—接地线；9—钢带

(1) 材料工具准备、核对电缆规格型号、测量绝缘电阻，根据设备接线位置确定电缆所需长度，割去多余电缆等。

(2) 确定剥切尺寸，锯割电缆铠装、清擦铅（铝）包，并将铠装切口向上 130mm 以上部分的铅（铝）包剥除。焊接地线。

(3) 将铅（铝）包切口以上 25mm 部分统包绝缘纸保留，其余剥除，并将电缆线芯分开。

(4) 用干净的白布蘸汽油或无水乙醇，将线芯绝缘表面的油渍擦净，在铅（铝）包切口以上 40～50mm 处至距线芯末端 60mm 处套上隔油管，并加热使之收缩，紧贴线芯绝缘。所用加热器一般以“液化气烤枪”为宜，也可使用喷灯。加热温度一般控制在 110～130℃之内。加热收缩时，应从管子中间向两端逐渐延伸，或从一端向另一端延伸，以利于收缩时排出管内空气，加热火焰应螺旋状前移，以保证隔油管沿圆周方向充分均匀受热收缩。

(5) 套应力管，下端距铅（铝）包切口 80mm，并自下而上均匀加热，使其收缩紧贴隔油管。

(6) 在铅（铝）包切口和应力管之间，包绕耐油填充胶，包成苹果形，中部最大直径约为统包绝缘外径加 15mm，填充胶与铅（铝）包口重叠 5mm，以确保隔油密封。三叉口线芯之间也应填以适量的填充胶。

(7) 再次清洁铅（铝）包密封段，并预热铅（铝）包，套上三叉分支手套。分支手套应与铅（铝）包重叠 70mm。先从铅（铝）包口位置开始加热收缩，再往下均匀加热收缩铅（铝）包密封段，随后再往上加热收缩，直至分支指套。

(8) 剥切线芯端部绝缘（剥切长度为接线端子管孔深加 5mm），压接接线端子。用填充胶填堵绝缘端部的 5mm 间隙及压坑，并与上下均匀重叠 5mm。

(9) 套绝缘外管，下端要插至手套的三叉口，从下往上加热收缩后，使其上端与接线端子重叠 5mm，多余部分割弃。

至此，户内热缩型终端头即制作完毕。

(10) 对于户外终端头，则应加装防雨罩，安装尺寸如图 6-20 所示。先套入三孔防雨罩（三相共用），自由就位后加热收缩，然后每相再套两个单孔防雨罩，热缩完毕之后，再安装顶端密封套，装上相序标志套。户外式终端头即制作完毕。

制作热缩型电缆终端头值得注意的是：在安装三叉分支手套时，宜先对填充胶预热，并将电缆定位，套上分支手套后，按所需分叉角度摆好线芯后再进行加热；避免在三叉分支手套热缩定型后，再大幅度地改变电缆线芯的分叉角度，造成手套分叉口及指套根部的开裂。

6.3.4　干包式终端头制作

这种形式的终端头是用软“手套”（其形状类似手套，是聚氯乙烯原料组成）和塑料袋干包成形的。它的特点是工艺简单、成本低、体积小、重量轻。1kV 以下的电缆使用得很多。

制作干包式终端头所用的主要材料，有软手套、塑料套管、塑料袋、黄蜡带（或浸渍玻璃纤维带）、尼龙绳、工业凡士林、接线端子、硬脂酸和封铅等。

干包式终端头的制作工艺如下：

(1) 准备工作

把需用的工具和材料等准备齐全。按施工图纸核对电缆型号规格等。用擦净的电工刀，将统包绝缘纸撕下几条，用火柴点燃，若没有嘶嘶声或白色泡沫出现，表明绝缘未受潮，就可开始剥切绝缘。

如经过检查发现有潮气存在时，应逐段把受潮部分电缆割掉，一次割量多少，由受潮程度决定，直到没有潮气为止。然后测量绝缘电阻，用兆欧表测量线芯之间和线芯对地（即对电缆外皮）之间的绝缘电阻值，1kV 及其以下的电力电缆，可使用 1000V 兆欧表，其测定值换算到长度 1km 和温度 20℃，应不小于 50MΩ。6～10kV 的电力电缆，可使用 2500V 兆欧表，其测定值换算到 1km 和温度 20℃时应不小于 100MΩ。其换算公式为：

$$L = a_t R_L \frac{1}{1000} \quad (\mathrm{M\Omega/km})$$

式中　a_t——绝缘电阻的温度系数见表 6-9；

R_L——电缆的绝缘电阻测定值，MΩ；

L——被测电缆的长度，m。

绝缘电阻温度系数表　　表 6-9

温度（℃）	0	5	10	15	20	25	30	35	40
温度系数 a_t	0.48	0.57	0.70	0.85	1.0	1.13	1.41	1.66	1.92

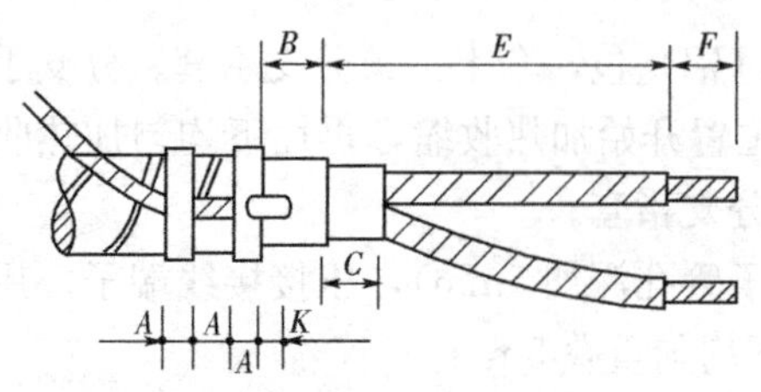

图 6-21　干包电缆终端头的剥切尺寸

A—电缆卡子与卡子间的尺寸，一般等于电缆本身的铠装宽度；K—焊接地线尺寸，不分电缆的电压与截面大小，K＝10～15mm；B—预留铅（铝）包尺寸，B＝D铅（铝）包外径＋60；C—预留统包绝缘尺寸，1kV及以下C＝25mm；10kV，C＝55mm；E—绝缘包扎长度尺寸，视引出线的长度而定；F—导线裸露长度，F＝线鼻子孔深度＋5mm。

核对电缆线芯的相序，按A、B、C三相分别在线芯上做好标记，并与电源的相序一致。

（2）剥切电缆绝缘。终端头的安装位置确定后，电缆的外层和铅包的剥切尺寸如图6-21所示。

（3）剥切外护层。按照剥切尺寸先在锯割钢带上做好记号由此向下100mm处的一段钢带上，用汽油把沥青混合物擦干净，再用细锉打光，表面搪一层焊锡，放好接地用的多股裸铜线，并装上电缆钢带上的卡子。然后，在卡子的边缘，沿电缆钢带上锯出一个环形深痕，深度为钢带厚的2/3，但注意锯割时不要伤及铅铝包。锯完后，用螺丝刀在锯痕尖角处把钢带撬起，用钳子夹住，逆缠绕方向把钢带撕下。再用同样的方法剥掉第二层钢带。用锉刀锉掉切口毛刺。

当切除内护层时，可先用喷灯加热电缆，使沥青软化，逐层撕去沥青纸，用汽（煤）油布将铅（铝）包擦拭干净。

（4）焊接地线。地线应采用多股裸铜线，其截面不应小于10mm²，长度按实际需要而定。地线与钢带的焊接点选在两道卡箍之间。

焊接时应涂硬脂酸或焊锡膏去污，上下两层钢带均与地线焊牢。地线下铅（铝）皮焊接处，先把地线分股排列贴在铅（铝）包上，再用ϕ1.4mm铜线绕三圈扎紧，割去余线，留下部分向下弯曲并轻轻敲平，使地线紧贴到扎线上，再进行焊接。焊接时，铅（铝）包预先要用喷灯烘热涂硬脂酸去污，接着用喷灯火焰对准焊料，使其变软涂擦或滴落在焊接处，再用浸有硬脂酸的布把软化了的焊料抹光。电缆线芯截面为70mm²以下用点焊，70mm²以上的用环焊。点焊的范围为：长15～20mm，宽20mm的椭圆形，各股铜线均须与铅（铝）包焊牢。环焊的大小，从第一道卡子口向上20～25mm焊成圆环形。焊好后应看不见扎线和地线及钢带切口，焊接点应光滑牢固。焊接速度要快，以免损坏电缆内部纸绝缘。

（5）剥切电缆铅（铝）包。按照剥切尺寸，先在铅（铝）包切断的地方用电工刀切一环形深痕，再顺着电缆轴向在铅（铝）包上割切两道纵向深痕，其间距约为10mm，深度为铅皮厚度的1/2，不能切深，否则，会损伤内部纸绝缘。随后从电缆端头起，把两道深痕间的铅（铝）皮用螺丝刀撬起，用钳子夹住铅（铝）皮条往下撕如图6-22所示。当撕到下面环形深痕处时，把铅（铝）皮条撕断，再用手把铅（铝）皮剥掉，如图6-23所示。

当剥完电缆包皮，用胀口器把电缆铅（铝）包切口胀成喇叭口，胀口时要用力均匀，以防胀裂，喇叭口要胀得圆滑无毛边等距对称，胀口约增大其原直径的20%，切忌将铅（铝）屑掉入喇叭口内。因铅铝包皮较硬，胀喇叭口困难，略胀开一些即可。

（6）剥除统包绝缘和线芯绝缘纸。先将电缆外皮的喇叭口以上25mm部分的统包绝缘用聚氯乙烯包缠，包缠的层数以能填平喇叭口为准，最后包两层塑料黏性包带。绝缘带包缠好之后，将统包绝缘纸自上而下松下，沿已包缠的绝缘带边缘纸带边缘整齐地撕掉（禁止用刀子切割）再用手将线芯缓慢地分开。割去线芯间的填充物。切割时刀口向外，不要割伤线芯的绝缘。然后，用布蘸汽油把线芯绝缘纸表面的电缆油擦干净。擦时，应顺着线芯绝缘纸的包缠方向，以免绝缘松散，最后用电工刀切除前图6-21中标注F部分的线芯绝缘纸。为不损伤裸线芯，贴在线芯上的绝缘纸应用手撕掉。最后用布蘸汽油把线芯末端导体上的电缆油擦干净。

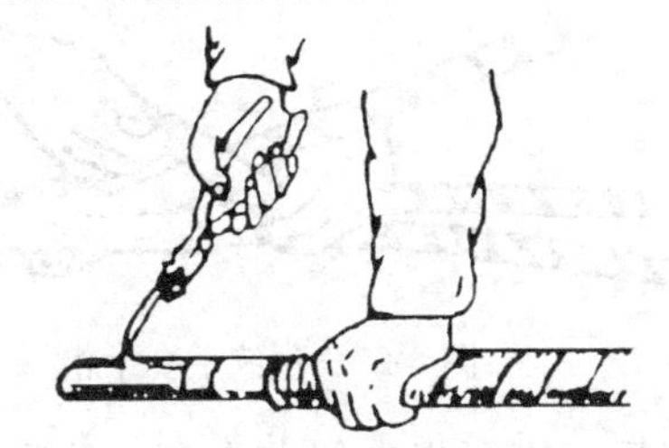

图6-22　在铅（铝）包割痕之间撕下中间铅（铝）皮条

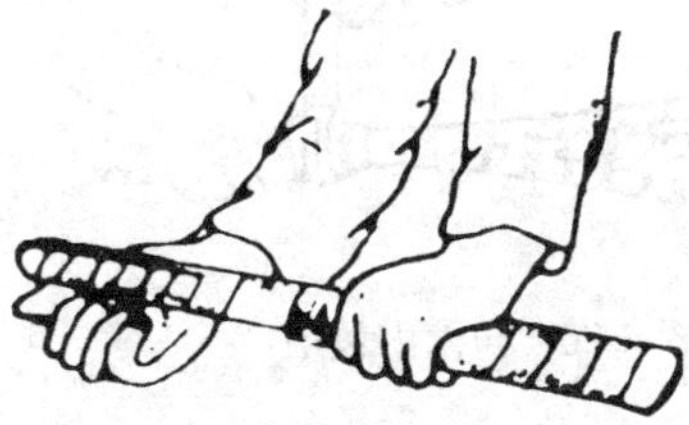

图6-23　剥掉电缆铅（铝）包

（7）包缠线芯绝缘。从线芯分叉口根部开始，用聚氯乙烯带在线芯上包缠1～3层，层数以能使塑料管较紧地套装为宜，不使线芯与塑料管之间产生空气隙。包缠时，顺绝缘纸的包缠方向，以半遮盖方式向线芯端部包缠，包带要拉紧，使松紧程度一致，不应有打折，扭皱的现象。最后要包缠到线芯末端的裸导体部分，并打结扎紧，以防套塑料管时松开。

（8）包缠内包层。经过胀喇叭口分开线芯后，在喇叭口及三叉口出现了空隙，因此必须用绝缘物填满。填的方法是先在线芯分叉处填以环氧—聚酰胺腻子，然后压入第一个“风车”（其外形类似风车），如图6-24所示。环氧—聚酰胺腻子用量以压入第一个“风车”时，分叉口无空隙为准，“风车”系用10mm宽聚乙烯带制成，如图6-25所示。紧紧压入第二个“风车”，“风车”的聚乙烯带宽度为15～20mm。电缆截面在25mm^{2}及以上时一般压入“风车”不应少于两个。

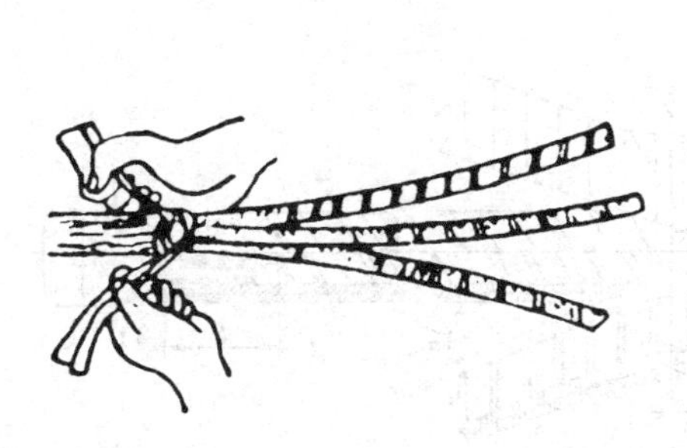

图6-24　分叉口压入“风车”

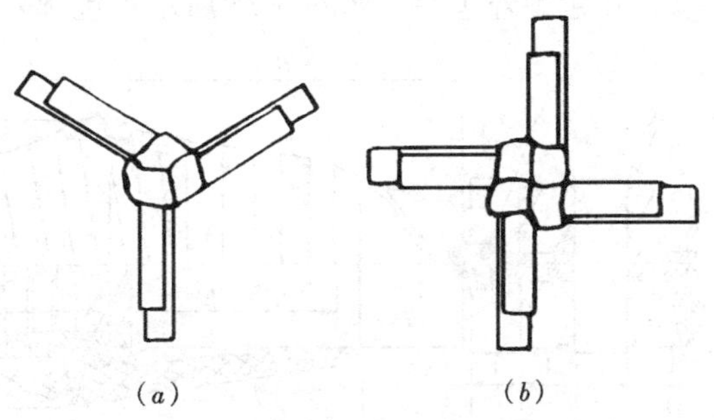

图6-25　用聚氯乙烯带制成的风车

(a) 三芯电缆风车；(b) 四芯电风车

“风车”压入后，应向下勒紧，使“风车”带均衡分开，摆放平整。带间不能皱起，层间无空隙。

（9）套入聚氯乙烯手套。内包层包缠完后，在内包层末端下面20mm以内的一段电缆铅（铝）包上，用蘸汽油抹布擦净。待汽油挥发干后，在该段电缆铅（铝）包上，用塑料包带进行包缠，一直包缠到外径比软手套袖口稍大一些。然后，在线芯上刷一层中性凡士林或机油；也可把软手套放在变压器油中浸一下，把三相线芯并拢，使三相线芯同时插入手套内的手指中，然后把手套轻轻向下勒，与内包层贴紧，手套三叉口必须紧贴压紧"风车"。如图6-26所示。

在套入手套后，应用聚氯乙烯带和塑料胶粘带包缠手套的手指部分，包缠从手指根部开始，至高出手指口约10mm处，塑料胶带包在最外层，手指根部共缠四层，手指口共缠两层缠成一个锥形体，如图6-27所示。

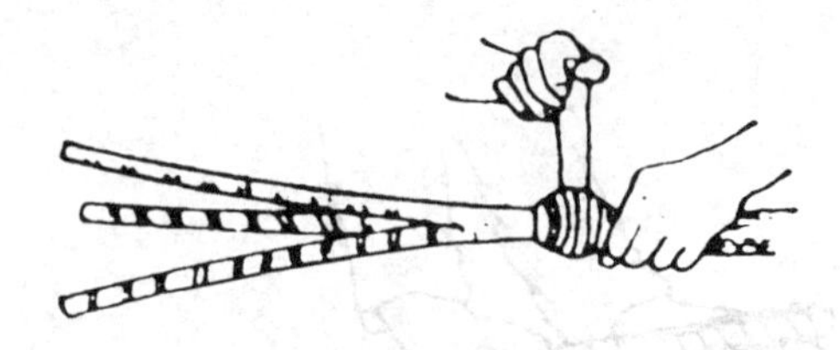

图6-26　包缠内包层

图6-27　包缠手套手指

（10）套入塑料管，绑扎尼龙绳。手套包缠好后，就可以在线芯上套入塑料管。塑料管的长度为线芯长度加80～100mm，管的套入端剪成45°的斜口，塑料管内壁用汽油擦净并预热后就开始套，一直套到手指的根部。塑料管套好后，将上口翻边，其长度等于接线端子下端长度。然后在手指与塑料管的搭接部分，用塑料粘带包缠2～3层，再用直径为1～1.5mm的尼龙绳绑扎，绑扎长度不小于30mm，其中越过搭接处两端各为5mm。绑扎时要用力拉紧，每匝尼龙绳间要紧密相靠，不能叠压。手指与套管搭接部分绑扎好后，再绑扎手套根部。绑扎时，先用手从上到下压紧手套，排除手套内部空气，再在手套根部包缠一层聚氯乙烯带，其上绑扎尼龙绳绑扎长度为20～30mm，且保证尼龙绳有10mm压在手套与铅（铝）包接触的部位上，其他部分压在内包层的斜面上。

（11）压接线端子（线鼻子）。压接线端子，然后用塑料带在线芯绝缘到端子筒一段包缠，并把压坑填实，再把原来卷起的塑料套管翻上去，盖住接线端子的压坑。再用尼龙绳紧扎软管与端子的重叠部分。

（12）包缠外包层。如图6-28所示，包缠外包层可先从线芯分叉口处开始，在塑料套

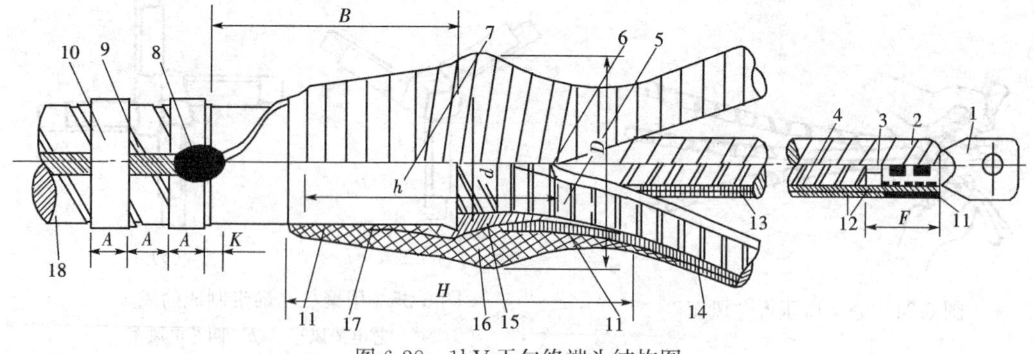

图6-28　1kV干包终端头结构图

1—接线端子；2—压坑内填以环氧聚酰胺腻子；3—导线线芯；4—塑料管；5—线芯绝缘；6—环氧聚酰胺腻子；7—电缆铅包；8—接地线焊点；9—接地线；10—电缆钢带卡子；11—尼龙绳绑扎；12—聚氯乙烯带；13—黄蜡带加固层；14—相色塑料胶粘带；15—聚氯乙烯带内包层；16—外包层；17—聚氯乙烯软手套；18—电缆钢带

管外面用黄蜡带包缠加固，一般外缠两层。在三相分叉口处的软手套外面压入2～3个“风车”，用力勒紧填实分叉口的空隙，一直包到成型为止。

知识归纳总结

本项目较详细介绍了电缆的一般知识和电缆敷设方法。电缆敷设应严格按规定敷设。

电缆直埋敷设在工程中广泛应用，电缆直埋敷设的特点：施工方便、节省材料、散热效果好。电缆沟深度一般应不小于800mm，电缆沟的转角处应挖成圆弧形，保证电缆的弯曲半径，电缆引入建筑物之前应预留备用电缆，电缆沟中电缆的上下应铺100mm厚的砂子，再在砂子上面铺砖或盖水泥盖板，覆盖宽度应超过电缆两侧各50mm。

电缆在电缆沟敷设也是室内外电缆常用的敷设方法。电缆在电缆沟内敷设时，电缆沟应符合设计要求，电缆沟支架上电缆排列应按设计要求，当设计无要求时，应符合下列要求：电力电缆和控制电缆应分开排列，当控制电缆与电力电缆在同一侧支架上敷设时，应将控制电缆放在电力电缆下面，1kV以下电缆应放在10kV以下电力电缆的下面。

电缆沿墙敷设分水平和垂直敷设。水平敷设可使用挂钉和挂钩吊挂安装，吊挂安装电力电缆挂钉间距为1m，吊挂控制电缆间距为0.8m。沿墙垂直敷设可利用角钢支架敷设，支架间距为：敷设控制电缆为1m，敷设电力电缆为1.5m。

电缆沿桥架敷设的施工程序为支、吊架安装、桥架安装、电缆敷设。电缆沿桥架水平敷设时，支撑跨距一般为1.5～3m；垂直敷设时，固定点间距不宜大于2m。支、吊架是指直接支撑托盘、梯架的部件，包括托臂、立柱、吊架。立柱指直接支撑托臂的部件，分工字钢，槽钢、角钢、异型钢立柱。电缆桥架沿墙、柱安装时，支架用金属膨胀螺栓固定，在金属立柱上安装时，用螺栓固定。电缆桥架沿墙垂直安装时，用U形角钢支架固定，桥架在棚下水平敷设时，用金属吊杆悬吊固定。

电缆在桥架托盘上敷设时，应避免交叉。对于在双吊杆固定的托盘和梯架内敷设电缆时，应将电缆放在托盘或梯架内滑轮上施放。电缆沿桥架敷设时，应单层敷设，水平敷设应在电缆首尾端、转角等处加以固定，并安装标志牌。垂直敷设时，每隔1.5～2m将电缆用管卡子固定牢固。

电缆头制作在电气工程中非常重要，所以，制作电缆头时必须保证电缆头的施工质量，应做到以下几点：保证密封、保证绝缘强度、保证电气距离、保证接头良好并有一定的机械强度。

本项目重点介绍了10kV交联聚乙烯电缆热缩型中间接头的制作工艺、10kV纸绝缘电缆热缩型终端头的制作工艺和干包式终端头制作工艺，施工过程中应严格按施工工艺施工，确保电缆头的制作质量。

技能训练6　电缆线路施工

（一）实训目的

1. 能看懂电缆线路敷设施工图纸；
2. 明白电缆敷设的施工方法及技术要求；
3. 能掌握电缆敷设及电缆终端头制作方法。

（二）实训内容及设备

1. 实训内容：

（1）识读电缆敷设工程图纸；

（2）准备该电缆敷设工程施工所需设备、工具和材料；

（3）进行室外电缆直埋敷设。

2. 实训图纸

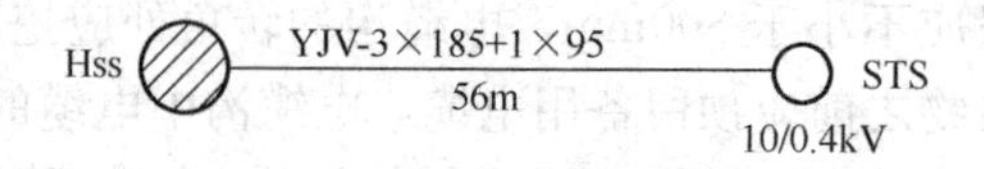

某10kV电力电缆线路图

（三）实训步骤

1. 教师活动

（1）老师讲解实训内容、要求；

（2）检查和指导学生实训情况；

（3）对学生实训完成情况进行点评。

2. 学生活动

（1）学生阅读施工图纸；

（2）5～6人一组，选组长；

（3）分组讨论要完成的实训任务及要求；

（4）选择安装所需的工程图集、教材及有关资料等；

（5）组长做好工作分工；

（6）分别完成实训任务；

（7）对完成的实训任务进行自评、互评、填写实训报告。

（四）报告内容

1. 说明完成施工图的施工方法、规定、技术要求及注意事项等；

2. 说明完成施工图的施工组织方法、人员安排、设备及主材准备情况等。

（五）实训记录与分析表

序　　号	实训中的问题	产生的原因	解决的方法

（六）问题讨论

1. 说明直埋电缆敷设与电缆沟支架上敷设电缆的区别?

2. 简述直埋电缆敷设与电缆沟支架上敷设，电缆排列上有什么的区别?

（七）技能考核（教师）

1. 挖电缆沟有什么要求?

2. 电缆敷设要求是什么?

3. 说明电缆终端头制作方法。

习题与思考题

一、单选题

1. 电缆直埋敷设与铁路、公路等交叉时应加保护管，使用钢管做保护管时其内径不应小于电缆外径的(　　)。

A. 1.5倍　　B. 2倍　　C. 3倍

2. 电缆桥架沿墙垂直安装时，单层桥架预埋螺栓长度为(　　)。

A. 100mm　　B. 150mm　　C. 250mm

3. 电缆桥架沿墙水平敷设时，吊架支撑跨距一般为(　　)。

A. 1～2m　　B. 1.5～3m　　C. 2～4m

4. 电缆沿桥架敷设时，应单层敷设，垂直敷设应每隔(　　)进行固定。

A. 1～2m　　B. 1.5～2m　　C. 2～3m

5. 钢制桥架的托盘或梯架的直线段超过(　　)应有伸缩缝，其连接处宜采用伸缩连接板。

A. 30m　　B. 40m　　C. 50m

6. 电缆直埋敷设时、应在其上、下各铺厚度不小于(　　)细沙，或软土。

A. 100m　　B. 300mm　　C. 500mm

7. 电缆直埋时，电缆表面距地面的距离不应小于(　　)，穿过农田时不应小于2m。

A. 0.7m　　B. 0.8mm　　C. 1mm

8. 电缆直埋后应在沙子上铺盖一层砖或水泥预制盖板，其覆盖宽度应超过电缆两侧各(　　)。

A. 50mm　　B. 100mm　　C. 200mm

9. 电缆桥架沿墙垂直安装时，单层支架预埋深度为(　　)。

A. 100mm　　B. 150mm　　C. 250mm

10. 电缆在电缆沟内敷设时，同一侧支架上的电缆排列应按设计要求，当设计无要求时，应(　　)。

A. 分开排列

B. 控制电缆放在电力电缆下面

C. 电力电缆放在控制电缆下面

二、思考题

1. 电力电缆按绝缘材料分，有哪几种?

2. 电缆的基本结构主要由哪几部分组成? 保护层由哪几部分组成? 作用是什么?

3. 说明电力电缆型号排列顺序和意义。

4. 电缆敷设的一般规定有哪些?

5. 说明电缆直埋敷设的方法及要求。

6. 电缆在电缆沟内支架上敷设有哪些规定?

7. 简述电缆沿墙敷设方法。

8. 简述电缆桥架安装方法。

9. 简述 10kV 交联聚乙烯电力电缆热缩型中间接头制作工艺。

10. 简述 10kV 纸绝缘电力电缆热缩终端头制作工艺。

11. 简述干包式终端头制作工艺。

项目7　10kV以下架空线路安装工程

【课程概要】

学习目标	认知架空线路组成、类型，清楚不同电杆的应用场合；学会拉线安装、导线架设及架空线路的安装与调整方法；具有架空线路竣工验收能力；具有架空线路的设计和安装能力
教学内容	任务7-1　架空线路施工的组成 任务7-2　架空线路和其他设施的距离要求与基础施工 任务7-3　电杆组装与起立 任务7-4　拉线安装与导线架设 任务7-5　杆上电器设备安装与接户线安装 任务7-6　架空线路工程竣工验收
项目知识点	了解架空线路类型，清楚不同电杆的应用场合；学会架空线路的安装与调整方法；学会架空线路的安装方法及竣工验收等工作
项目技能点	具有架空线路的设计和安装能力
教学重点	架空线路安装方法
教学难点	架空线路的安装和调整
教学资源与载体	多媒体网络平台，教材、PPT和视频等，一体化施工实训室，工作页、评价表等
教学方法建议	项目教学法，参与型教学法
教学过程设计	下发工程图纸→分组识图练习→分组研讨构成与原理→指导学习识读图纸方法→指导安装训练
考核评价内容和标准	架空线路安装的识读与操作；架空线路材料的选用； 沟通与协作能力；工作态度；任务完成情况与效果

任务7-1　架空线路施工的组成

《建筑电气施工技术》工作页

姓名：　　　　　　学号：　　　　　　班级：　　　　　　日期：

任务7-1	架空线路施工的组成	课时：2学时	
项目7	10kV以下架空线路安装工程	课程名称	建筑电气施工技术
任务描述：			
通过讲授，认知架空线路的组成、电杆及杆型、横担的种类、绝缘子、导线和电杆基础等，让学生对架空线路有明确的了解，对学好架空线路施工打下良好基础			
工作任务流程图：			
播放录像→教师播放课件并讲授→分组研讨→提交工作页→集中评价→提交认知训练报告			

续表

1. 资讯（明确任务、资料准备）
（1）架空线路主要有什么组成？ （2）架空配电线路中所用基本杆型有哪几种？它们的作用是什么？ （3）导线在电杆上的排列规定是什么
2. 决策（分析并确定工作方案）
（1）分析采用什么样的方式方法了解架空线路施工的组成，通过什么样的途径学会任务知识点，掌握架空材料的正确选用。 （2）小组讨论并完善工作任务方案
3. 计划（制订计划）
制定实施工作任务的计划书；小组成员分工合理 需要通过图片搜集、视频播放、查找资料、参观等形式完成本次任务。 （1）通过查找资料和学习，明确架空线路的组成、规定等。 （2）通过对校区架空线路的参观增强对架空线路工程施工的感性认识，为后续课程的学习打好基础
4. 实施（实施工作方案）
（1）参观记录； （2）学习笔记； （3）研讨并填写工作页
5. 检查
（1）以小组为单位，进行讲解演示，小组成员补充优化； （2）学生自己独立检查或小组之间互相交叉检查； （3）检查学习目标是否达到，任务是否完成
6. 评估
（1）填写学生自评和小组互评考核评价表； （2）跟老师一起评价认识过程； （3）与老师深层次的交流； （4）评估整个工作过程，是否有需要改进的方法
指导老师评语：
任务完成人签字： 日期：　　年　　月　　日
指导老师签字： 日期：　　年　　月　　日

架空线路主要由电杆、横担、绝缘子、导线、拉线、金具、基础等组成。混凝土电杆示意图如图 7-1 所示。

7.1.1 电杆及杆型

电杆是架空线路的重要组成部分，是用来安装横担、绝缘子和架设导线的。因此电杆应具有足够的机械强度；同时也应具备造价低、寿命长的特点。用于架空线路的电杆通常有木杆、钢筋混凝土杆和金属杆。新建线路普遍使用的是钢筋混凝土电杆。

钢筋混凝土电杆的主要特点是坚实耐久，使用年限长，维护工作量少、维护费用低。

架空线路用钢筋混凝土电杆多为锥形杆，分普通型和预应力型。预应力杆比普通杆可节省大量钢材，而且由于使用了小截面钢筋，杆身的壁厚也相应减少，杆身重量也相应减轻，同时抗裂性能好，造价也较便宜。因此，预应力杆在架空线路中被广泛应用。

架空线路中的电杆可分为直线杆、转角杆、耐张杆、终端杆、分支杆、跨越杆六种杆型。

1. 直线杆

直线杆也称中间杆（即两个耐张杆之间的电杆），位于线路的直线段，仅作支持导线、绝缘子及金具用。在正常情况下只承受导线的垂直荷重和风吹导线的水平荷重而不承受顺线路方向的导线拉力。在架空线路中大多数是直线杆，一般占全部电杆的 80％左右。直线杆的杆顶结构如图 7-2 所示。

2. 转角杆

架空线路不可避免的会有一些改变方向的地点，即转角。设在转角处的电杆称为转角杆。转角杆的杆顶结构形式要根据转角大小、档距长短、导线截面等具体情况而定，可以是直线转角杆，也可以是耐张转角杆。转角杆在正常运行情况下承受荷重，还承受两侧导线拉力的合力。其杆顶结构如图 7-3 所示。

3. 耐张杆

架空线路在运行中有时可能发生断线事故，此时会造成电杆两侧受导线拉力不平衡，导致倒杆事故的发生。为了防止事故范围的扩大，减少倒杆数量，在一定距离装设机械强度比较大，能承受导线不平衡拉力的电杆，这种电杆称为耐张杆。设置耐张杆不仅能起到将线

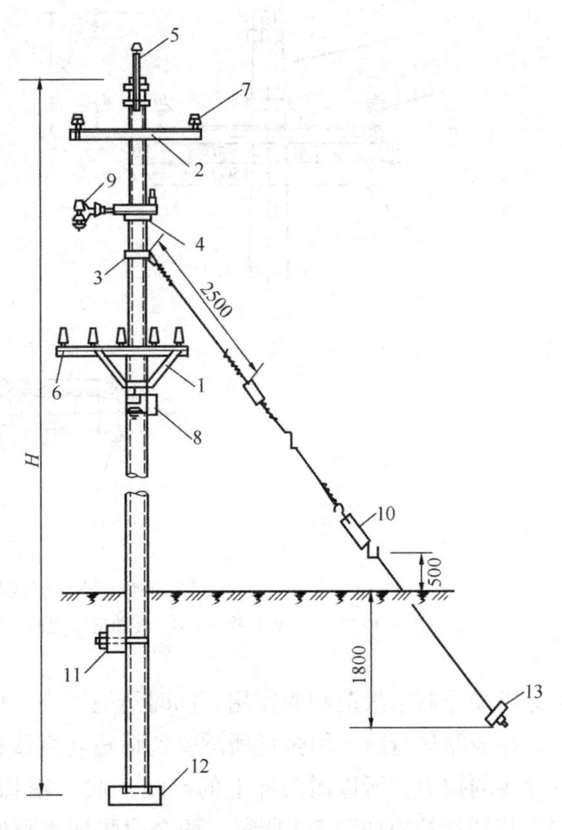

图 7-1 钢筋混凝土电杆装置示意图

1—低压五线横担；2—高压二线横担；3—拉线抱箍；4—双横担；5—高压杆顶支座；6—低压针式绝缘子；7—高压针式绝缘子；8—碟式绝缘子；9—悬式绝缘子和高压碟式绝缘子；10—花篮螺丝；11—卡盘；12—底盘；13—拉线盘

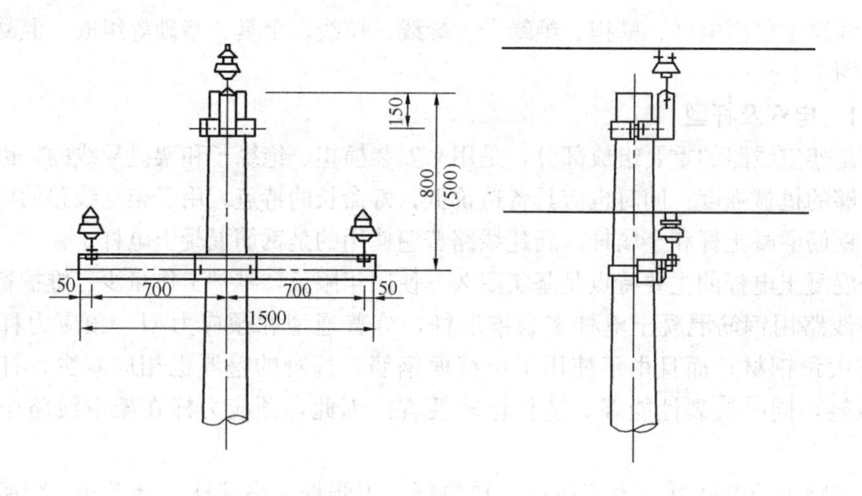

图 7-2　直线杆杆顶图

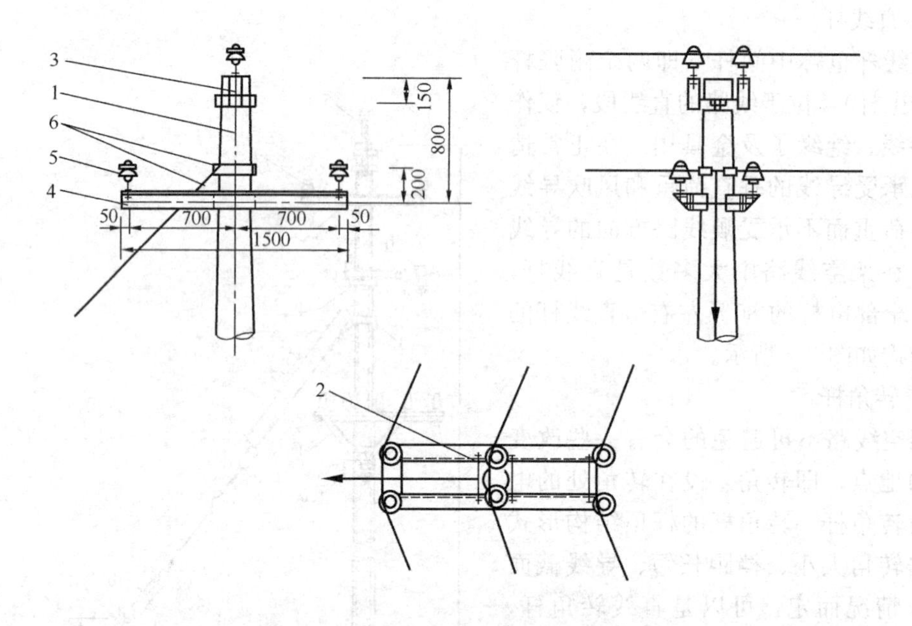

图 7-3　转角杆（直线型）杆顶结构

1—电杆；2—M 形抱铁；3—杆顶支座抱箍；4—横担；5—针式绝缘子；6—拉线

路分段和控制事故范围的作用，同时给施工中分段进行紧线带来很多方便。

在线路运行时，耐张杆所承受的荷重与直线杆相同，但在断线事故情况下则要承受一侧导线的拉力。所以耐张杆上的导线一般采用悬式绝缘子串加耐张线夹或碟式绝缘子固定，其杆顶结构如图 7-4 所示。两个耐张杆之间的距离一般为 1～2km。

4. 分支杆

分支杆位于分支线路与干线相连接处，有直线分支杆和转角分支杆。在主干线上多为直线型和耐张型，尽量避免在转角杆上分支；在分支线路上相当于终端杆，能承受分支线路导线的全部拉力。其杆顶结构如图 7-5 所示。

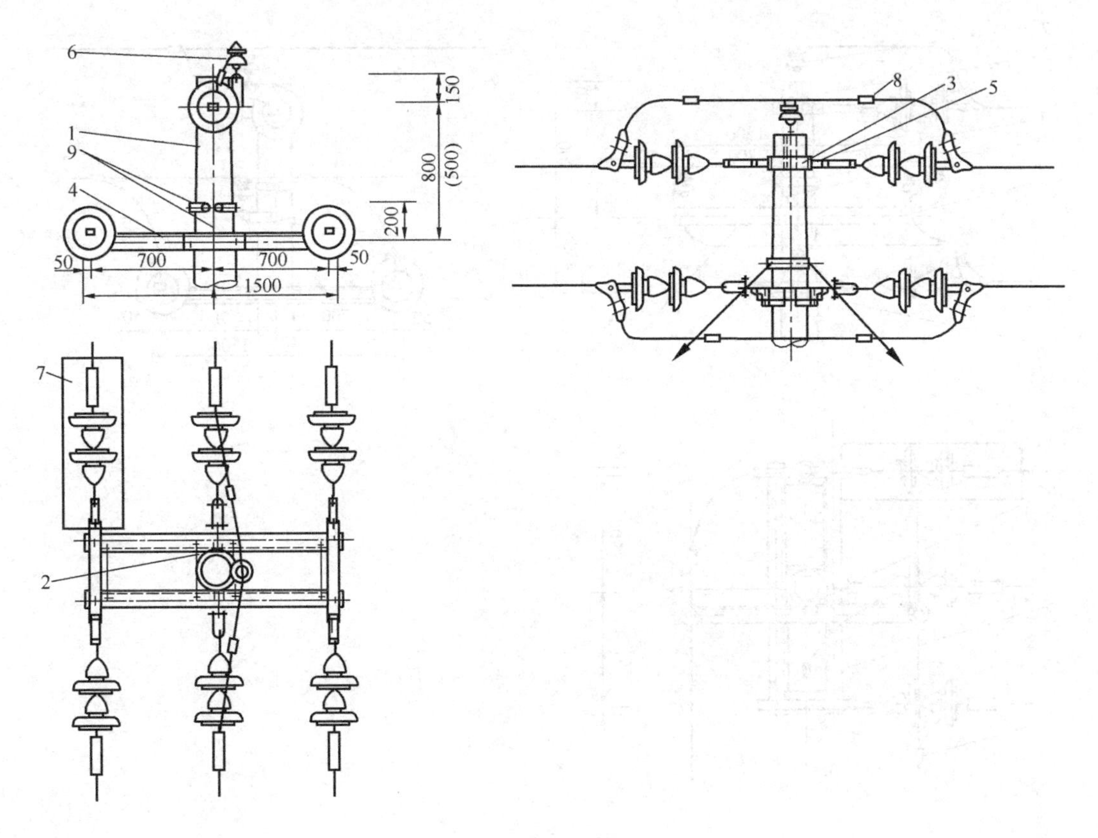

图 7-4　耐张杆杆顶安装图

1—电杆；2—M 型抱铁；3—杆顶支座；4—横担；5—拉板；6—针式绝缘子；
7—耐张绝缘子串；8—并沟线夹；9—拉线

5. 跨越杆

当架空线路与公路、铁路、电力线路、通信线路等交叉时，必须满足规范规定的交叉跨越要求。一般直线杆的导线悬挂较低，大多不能满足要求，这就要适当增加电杆的高度，同时适当加强导线的机械强度，这种杆称为跨越干。其杆顶结构如图 7-6 所示。

6. 终端杆

设在线路的起点和终点的电杆统称为终端杆。由于终端杆上只在一侧有导线（接户线或用户电缆接户），所以在正常情况下，电杆要承受线路方向全部导线的拉力。其杆顶结构和耐张杆相似，只是拉线有所不同，如图 7-7 所示。

7.1.2　横担

架空线路的横担安装在电杆的上端，用来安装绝缘子、固定开关设备及避雷器等。因此横担应有一定的机械强度和长度。

架空线路的横担按材质分为木横担、铁横担和陶瓷横担三种，按使用条件或受力情况可分为直线横担、耐张横担和终端横担。横担的选择与杆型、导线规格及线路档距有关。用角钢制成的铁横担，坚固耐用，使用最广泛。高压单回路和低压线路横担的选择见表 7-1、表 7-2。陶瓷横担也称瓷横担绝缘子，可同时起到横担和绝缘子的作用。它具有较

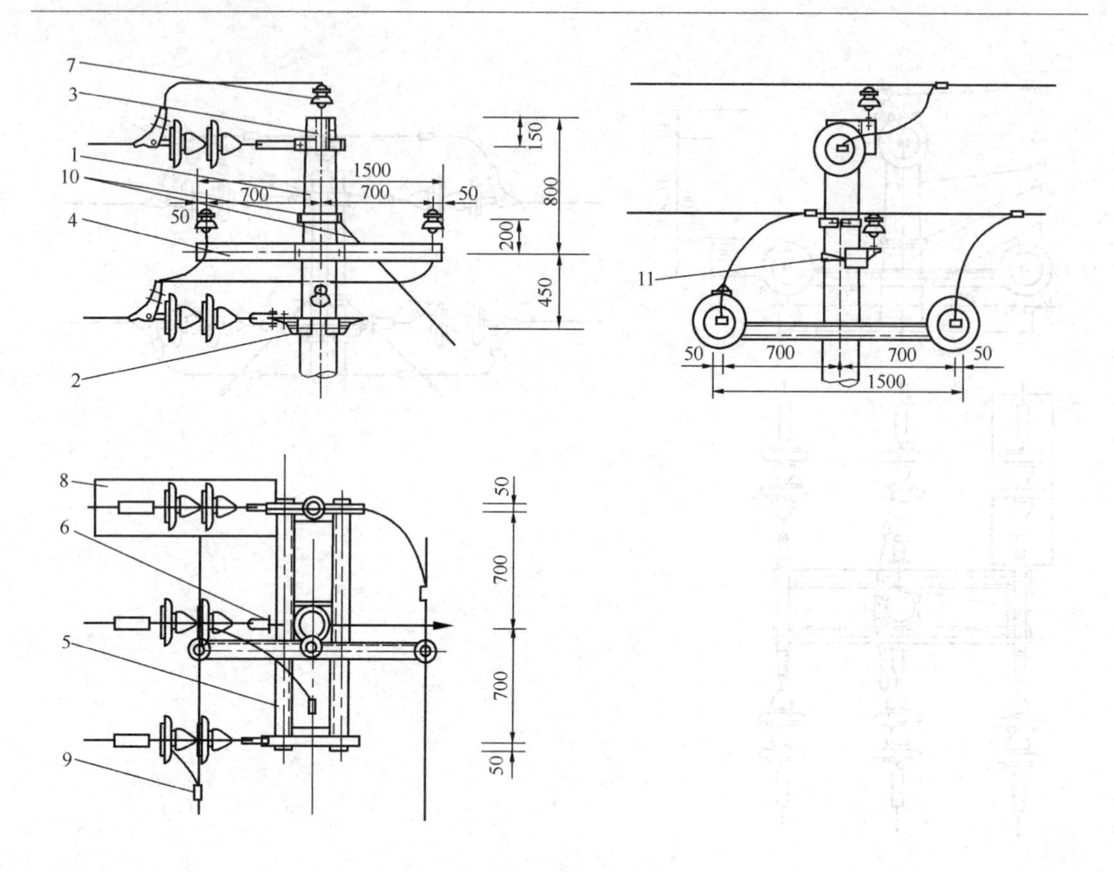

图 7-5　直线分支杆杆顶结构

1—电杆；2—M 形抱铁；3—杆顶支座；4、5—横担；6—拉板；7—针式绝缘子；
8—耐张绝缘子串；9—并沟线夹；10—拉线；11—U 形抱箍

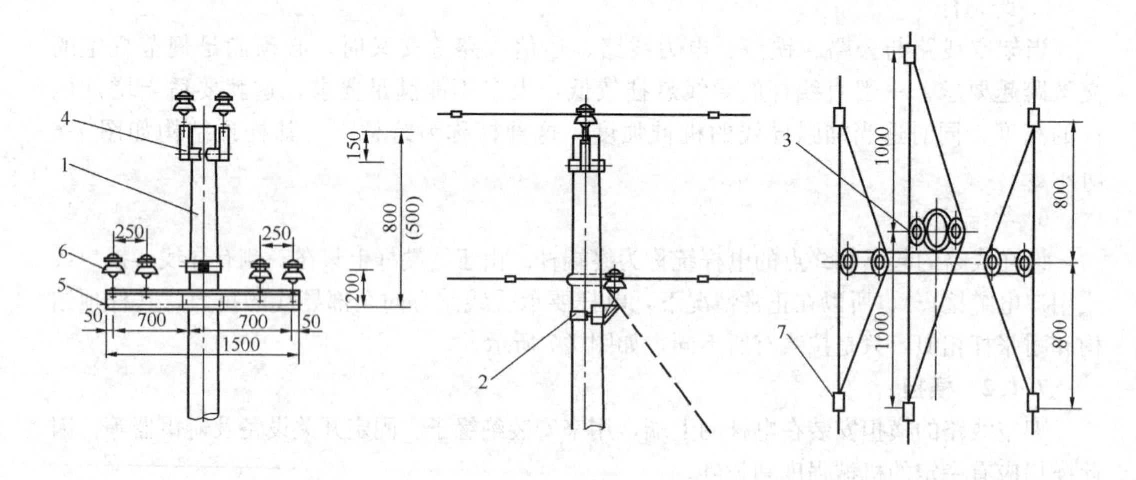

图 7-6　跨越杆杆顶结构

1—电杆；2—U 形抱箍；3—M 形抱铁；4—杆顶支座；5—横担；
6—针式绝缘子；7—并沟线夹

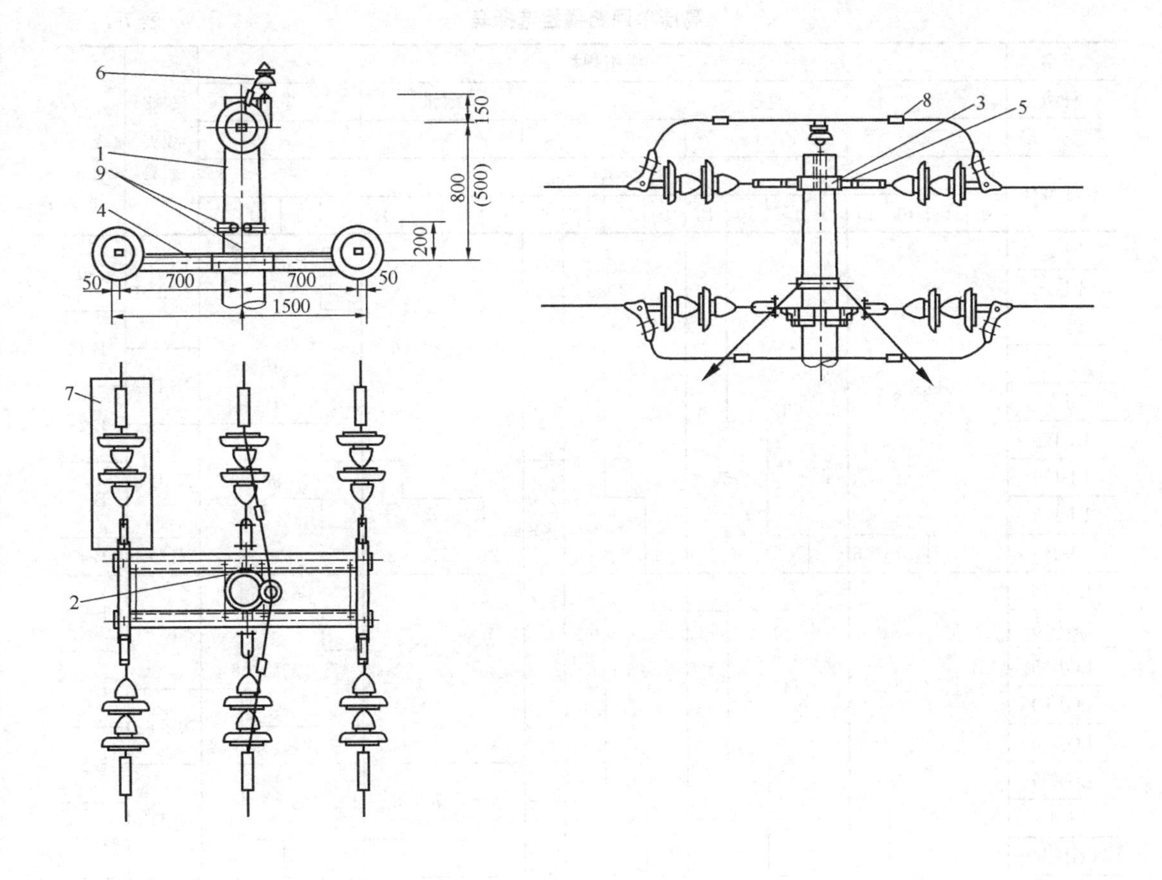

图 7-7　终端杆杆顶安装图

1—电杆；2—M 型抱铁；3—杆顶支座；4—横担；5—拉板；6—针式绝缘子；
7—耐张绝缘子串；8—并沟线夹；9—拉线

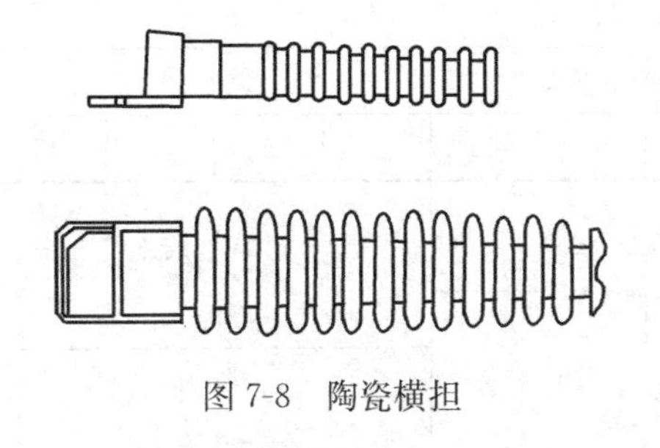

图 7-8　陶瓷横担

高的绝缘水平，在断线时能自动转动，不至于一处断线而使事故扩大，另外，能节省木材、钢材，降低线路工程造价等特点。瓷横担绝缘子外形如图 7-8 所示。

7.1.3　绝缘子

绝缘子是用来固定导线并使导线与导线、导线与横担、导线与电杆间保持绝缘，同时也承受导线的垂直荷重和水平荷重。因此，要求绝缘子应具有足够的机械强度和良好的绝缘性能。

1. 架空线路常用绝缘子

常用绝缘子有：针式绝缘子、碟式绝缘子、悬式绝缘子和拉紧绝缘子。

高压单回路横担选择表 **表7-1**

类型	横担规格																				耐张线夹型号	并沟线夹型号
杆型	直线												耐张				终端					
挡距（m）	50				90				120				—				—					
导线型号	覆冰厚度（mm）																					
	0	5	10	15	0	5	10	15	0	5	10	15	0	5	10	15	0	5	10	15		
LJ-25																	2×∠63×6					B-0
LJ-35									∠63×6												NLD-1	
LJ-50																						B-1
LJ-70													2×∠63×6				2×∠15×8				NLD-2	
LJ-95	∠63×6				∠63×6						∠75×8											B-2
LJ-120																						
LJ-150							∠75×8											2×∠90×8			NLD-3	B-3
LJ-185												∠90×8										
LJ-240			∠75×8										2×∠7.5×8				2×∠75×8*				NLD-4	B-4
LGJ-16																	2×∠63×6					
LGJ-25									∠63×6				2×∠63×6								NLD-1	B-0
LGJ-35	∠63×6				∠63×6												2×∠75×8					
LGJ-50																						B-1
LGJ-70																		2×∠90×8			NLD-2	
LGJ-95																						B-2
LGJ-120													2×∠75×8				2×∠63×6*				NLD-3	
LGJ-150												∠90×8										B-3
LGJ-185						∠75×8			∠75×8													
LGJ-240			∠75×8					∠90×8					2×∠90×8				2×∠75×8*					

注：表中带*者为带斜材的横担。

低压架空线路横担选择表 **表7-2**

类型	四线横担											
杆型	直线杆				≤45°转角杆、耐张杆				终端杆			
覆冰（mm）	0	5	10	15	0	5	10	15	0	5	10	15
LJ-16					2×∠50×5							
LJ-25	∠50×5								2×∠75×8			
LJ-35												
LJ-50		∠63×6			2×∠63×6							
LJ-70									2×∠90×8			
LJ-95												
LJ-120												
LJ-150			∠75×8		2×∠75×8							
LJ-185									2×∠63×6*			2×∠75×8*

注：表中带*者为带斜材的横担。

针式绝缘子有高压和低压之分，外形如图 7-9 所示。主要用于直线杆和直线转角杆上。其型号意义如下：

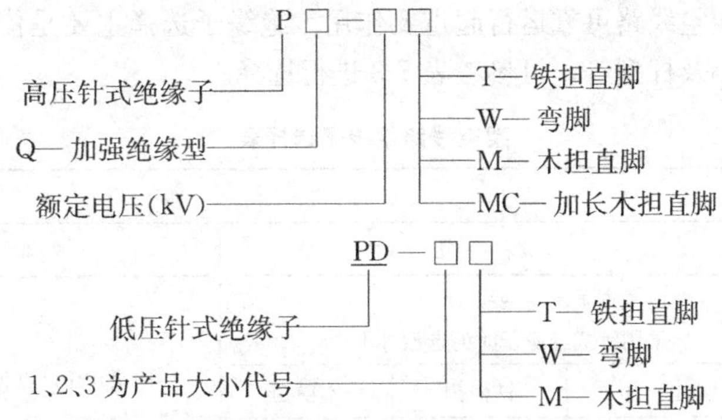

蝶式绝缘子有高压和低压两种。其外形如图 7-10 所示，低压型号有 ED-1、ED-2、ED-3、ED-4 型，主要用于 10kV 及以下线路的终端杆、耐张杆和耐张型转角杆。高压型号有 E-1、E-2 型。一般应与悬式绝缘子配合使用，作为线路中的一个元件。

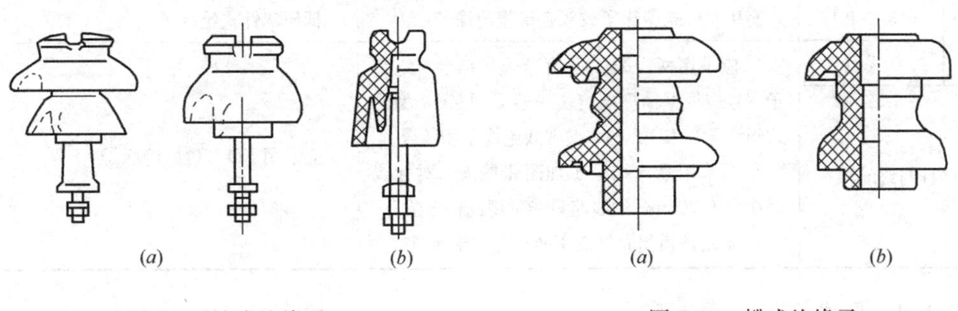

图 7-9　针式绝缘子
(a) 高压；(b) 低压

图 7-10　蝶式绝缘子
(a) 高压；(b) 低压

悬式瓷绝缘子有普通型和防污型之分。一般是组成绝缘子串，使用于不同电压等级的高压架空线路上作绝缘和悬挂导线用。其外形如图 7-11 所示。普通型的型号为 XP，按机电破坏负荷为 4、6、7、10、16、21 和 30t 七级。型号的表示为：

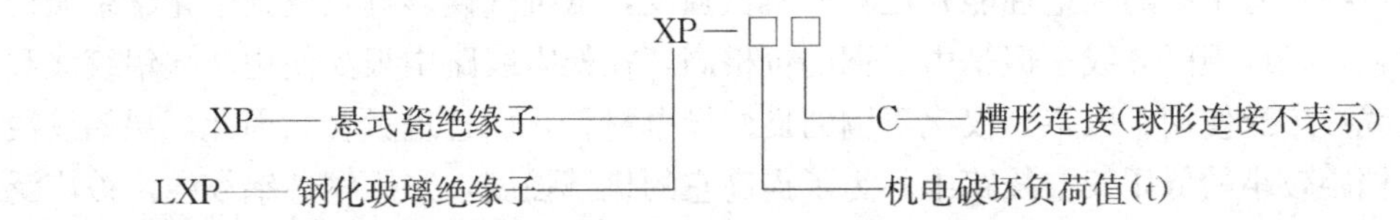

拉紧绝缘子主要用于线路终端杆、转角杆、耐张杆和大跨度电杆上，作为拉线的绝缘及连接用。按机械破坏负荷分为 2、4.5、9 吨级三种。外形如图 7-12 所示。型号分别表示为 J-2、J-4.5、J-9。

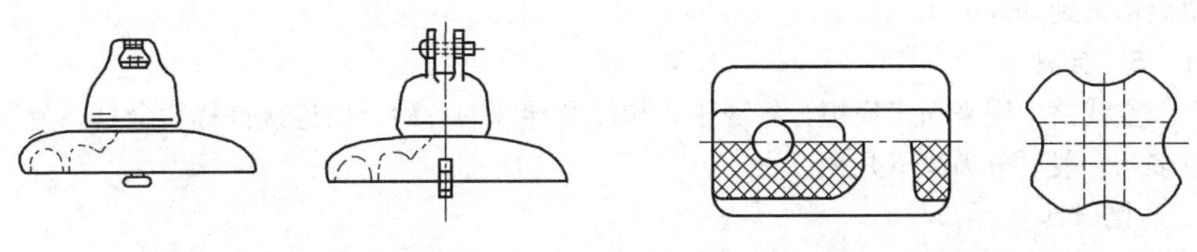

图 7-11　悬式瓷绝缘子

图 7-12　拉紧绝缘子外形

2. 绝缘子的选择

绝缘子是线路的组成部分，对线路的绝缘强度和机械强度有着直接影响，合理选择线路的绝缘子对保证架空线路可靠运行起重要作用。绝缘子选择主要是依据它的绝缘强度、导线规格、档距大小及杆型等，可参考表 7-3 进行选择。

架空线路绝缘子选择表　　　　**表 7-3**

<table>
<tr><td colspan="2" rowspan="2">杆　型</td><td colspan="4">电　压　等　级</td></tr>
<tr><td colspan="3">高　压</td><td>低　压</td></tr>
<tr><td colspan="2" rowspan="4">直线杆</td><td colspan="3">1. 应考虑采用瓷绝缘子
2. 采用针式绝缘子时的选型如下</td><td rowspan="4">一般采用 PD 型低压针式绝缘子或 ED 蝴蝶式绝缘子</td></tr>
<tr><td>电　压</td><td>铁横担</td><td>木横担</td></tr>
<tr><td>6kV</td><td>P-10T</td><td>P-6M</td></tr>
<tr><td>10kV</td><td>P-15T</td><td>P-10M</td></tr>
<tr><td rowspan="3">转角杆</td><td>15°及以下</td><td colspan="3">高压针式绝缘子或瓷横担绝缘子</td><td>低压针式绝缘子</td></tr>
<tr><td>15°～30°</td><td colspan="3">高压双针式绝缘子或双瓷横担绝缘子</td><td>低压双针式绝缘子</td></tr>
<tr><td>30°以上</td><td colspan="3" rowspan="2">1. 应采用两个耐张型绝缘子相结合，绝缘子型号应根据计算确定，一般采用 XP-7 型悬式绝缘子和 E-10（6）型碟式绝缘子相结合。
2. 可采用悬式绝缘子加耐张线夹，对导线截面大于 70mm² 的线路只能采用此种方法。
3. 采用铁横担时，需用两片悬式绝缘子</td><td rowspan="2">应采用 ED 型碟式绝缘子</td></tr>
<tr><td colspan="2">耐张杆与终端杆</td></tr>
</table>

7.1.4　导线

由于架空线路经常受到冰、雪、风、雨等各种荷载及气候的影响，还受到空气中各种化学杂质的侵袭，因此，要求导线应有一定的机械强度和耐腐蚀性能。架空线路常用裸绞线的种类有：裸铝绞线、裸铜绞线、钢芯铝绞线及铝合金线。它们的型号分别为：LJ、TJ、LGJ、HLJ。

裸铜绞线具有很高的导电性能和足够的机械强度，抵抗气候影响及空气中化学杂质侵蚀的能力强，是理想的导线。但是由于铜的价格高，在架空线路中很少使用。裸铝绞线和钢芯铝绞线被广泛使用。因铝是仅次于铜的良好导电材料，而且重量轻，因此，裸铝绞线广泛用于档距较小的低压架空线路中。为了提高它的机械强度，采用钢芯铝绞线，被广泛用于高压架空线路。

导线在电杆上的排列为：高压线路分为三角排列和水平排列，三角排列线间水平距离为 1.4m；低压线路均为水平排列，导线间水平距离为 0.4m，靠近电杆两侧的导线距电杆中心距离增大到 0.3m。

7.1.5　金具

在架空线路中用来固定横担、绝缘子、拉线及导线的各种金属连接件称为金具。金具品种较多，一般可分为以下几种。

1. 连接金具

连接金具要求连接可靠、转动灵活、机械强度高、抗腐蚀能好和施工维护方便。这类金具有耐张线夹、碗头挂环、直角挂板、U 型挂环等，外形如图 7-13 所示。

2. 接续金具

用于接续断头导线的金具称为接续金具。要求能承受一定的工作拉力，有可靠的接触面，有足够的机械强度等。如接续导线用的各种铝压接管，以及在耐张杆上连通导线的并沟线夹等。

3. 拉线金具

用于拉线的连接和承受拉力之用。如楔形线夹、UT 型线夹、钢线卡子、花篮螺丝、U 形环、双拉线连扳等。外形如图 7-14 所示。

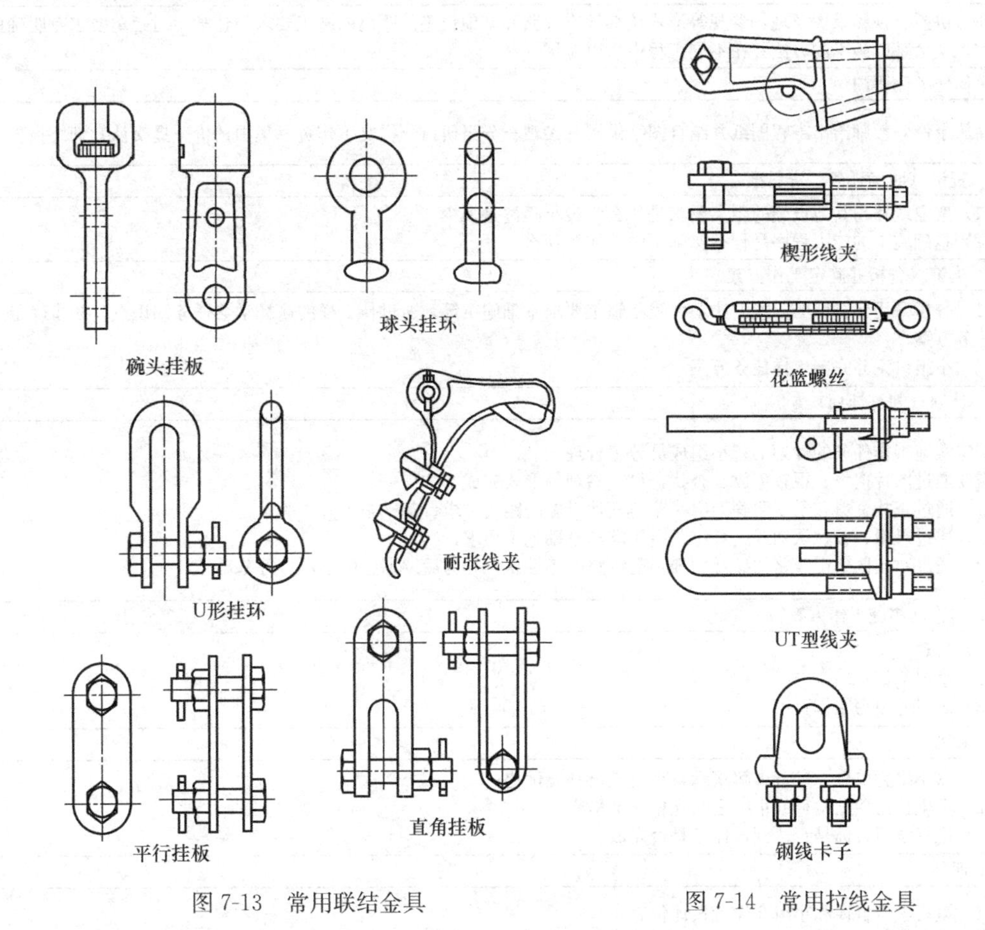

图 7-13　常用联结金具　　图 7-14　常用拉线金具

7.1.6　电杆基础

架空线路主要是由电杆基础对电杆地下部分的总称。它由底盘、卡盘和拉线盘组成。其作用主要是防止电杆因承受垂直荷重、水平荷重及事故荷重等所产生的上拔、下压、甚至倾斜。底盘、卡盘和拉线盘的外形如图 7-15 所示。均为钢筋混凝土预制件。

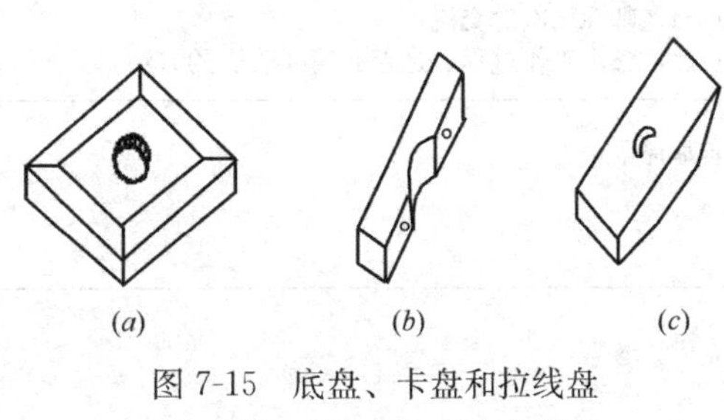

图 7-15　底盘、卡盘和拉线盘

(*a*) 底盘；(*b*) 卡盘；(*c*) 拉线盘

任务 7-2　架空线路和其他设施的距离要求与基础施工

《建筑电气施工技术》工作页

姓名：　　　　　　学号：　　　　　　班级：　　　　　　日期：

<table>
<tr><td>任务 7-2</td><td>架空线路和其他设施的距离要求与基础施工</td><td colspan="2">课时：2 学时</td></tr>
<tr><td>项目 7</td><td>架空线路安装工程</td><td>课程名称</td><td>建筑电气施工技术</td></tr>
<tr><td colspan="4">任务描述：</td></tr>
<tr><td colspan="4">通过讲授、视频录像及现场参观等形式认知架空线路和其他设施的距离的施工要求，让学生对距离要求有明确的了解，学会基础施工的方法并在不同工程中得以应用</td></tr>
<tr><td colspan="4">工作任务流程图：</td></tr>
<tr><td colspan="4">播放录像→教师给出工程图纸并结合图纸讲授→参观→分组研讨→提交工作页→集中评价→提交认知训练报告</td></tr>
<tr><td colspan="4">1. 资讯（明确任务、资料准备）</td></tr>
<tr><td colspan="4">(1) 架空线路与其他设施的距离要求是什么？最小距离是多少？
(2) 基础施工的施工程序是什么？施工中应注意什么</td></tr>
<tr><td colspan="4">2. 决策（分析并确定工作方案）</td></tr>
<tr><td colspan="4">(1) 分析采用什么样的方式方法了解线路施工要求基础施工等，通过什么样的途径学会任务知识点，初步确定工作任务方案；
(2) 小组讨论并完善工作任务方案</td></tr>
<tr><td colspan="4">3. 计划（制订计划）</td></tr>
<tr><td colspan="4">制定实施工作任务的计划书；小组成员分工合理
需要通过图片搜集、视频播放、查找资料、参观等形式完成本次任务。
(1) 通过查找资料和学习明确架空线路与其他设施的距离要求、基础施工方法等；
(2) 通过录像、教材认知线路最小距离要求和基础施工要求；
(3) 通过对校区架空线路的参观增强架空线路的感性认识，为后续课程的学习打好基础</td></tr>
<tr><td colspan="4">4. 实施（实施工作方案）</td></tr>
<tr><td colspan="4">(1) 参观记录；
(2) 学习笔记；
(3) 研讨并填写工作页</td></tr>
<tr><td colspan="4">5. 检查</td></tr>
<tr><td colspan="4">(1) 以小组为单位，进行讲解演示，小组成员补充优化；
(2) 学生自己独立检查或小组之间互相交叉检查；
(3) 检查学习目标是否达到，任务是否完成</td></tr>
<tr><td colspan="4">6. 评估</td></tr>
<tr><td colspan="4">(1) 填写学生自评和小组互评考核评价表；
(2) 跟老师一起评价认识过程；
(3) 与老师深层次的交流；
(4) 评估整个工作过程，是否有需要改进的方法</td></tr>
<tr><td colspan="4">指导老师评语：</td></tr>
<tr><td colspan="4">任务完成人签字：

日期：　　年　　月　　日</td></tr>
</table>

7.2.1　保证线路和其他设施的距离的施工要求

1. 导线与地面的距离。

架空线路施工时，导线与地面的距离最大驰度不应小于表 7-4 的要求。

导线与地面的最小距离（m）　　表 7-4

线路经过地区	线路电压	
	1kV 以下	1～10kV
居民区	6.0	6.5
非居民区	5.0	5.5
交通困难地区	4.0	4.5

居民区：是指工业企业地区、港口、码头、市镇等人口密集地区。

非居民区：是指居民区以外的地区。有时虽然有人、有车，但房屋稀少。

交通困难地区：是指车辆不能到达的地区。

2. 导线与山坡、峭壁、岩石之间的净空距离，在最大风偏的情况下不应小于表 7-5 的规定。

导线与山坡、峭壁和岩石的最小距离（m）　　表 7-5

线路经过地区	线路电压	
	1kV 以下	1～10kV
步行可到达的山坡	3.0	4.5
步行不能到达的山坡、峭壁和岩石	1.0	1.5

3. 配电线路不应跨越屋顶为易燃物做成的建筑物，亦不宜跨越耐火屋顶的建筑物，否则应与有关单位协商或取得当地政府同意。导线与建筑物的垂直距离，在最大弛度时，1～10kV 线路不应小于 3m，1kV 以下线路不应小于 2.5m。

4. 配电线路边线与建筑物之间的距离在最大风偏情况下，1～10kV 线路不应小于 1.5m；1kV 以下线路不应小于 1m。

5. 配电线路通过林区时应砍伐通道，通道宽度为线路宽度加 10m。但在下列情况下，如不妨碍架线施工，也可不砍伐通道。

（1）树木自然生长高度不超过 2m；

（2）导线与树木之间的垂直距离不小于 3m。

配电线路通过公园、绿化和防护林带，导线与树木的净空距离在最大风偏时不应小于 3m；当通过果林、经济作物以及城市灌木林，不应砍伐通道，但导线至树梢的距离不应小于 1.5m。导线与街道树之间的距离不应小于表 7-6 的值。在校验导线与树木之间的垂直距离时，应考虑数目在修剪周期内的生长高度。

导线与街道、人行道树之间的最小距离（m）　　表 7-6

最大弛度时的垂直距离		最大风偏时的水平距离	
1kV 以下	1～10kV	1kV 以下	1～10kV
1.0	1.5	1.0	2.0

6. 配电线路与特殊管道交叉时，应避开管道的检查井或检查孔，同时，交叉处管道上所有部件应接地。

7. 配电线路与甲类火灾危险性的生产厂房，甲类物品库房、易燃、易爆材料堆场以及可燃或易燃、易爆液（气）体储罐的防火间距不应小于杆塔高度的 1.5 倍。

8. 配电线路与弱电线路交叉时，应符合表 7-7 的要求。配电线路应架设在弱电线路的上方，最大驰度时对弱电线路的垂直距离不应小于下列数值：1～10kV 线路为 2m；1kV 以下线路为 1m。

配电线路与弱电线路的交叉角　　表 7-7

弱电线路等级	一　级	二　级	三　级
交叉角（度）	≥45	≥30	不限制

9. 配电线路与铁路、公路、河流、管道和索道交叉时最小距离，在最大驰度时不应小于表 7-8 的数值。

配电线路与铁路、公路、河流和索道交叉的最小垂直距离（m）　　表 7-8

线路电压（kV）	铁路至轨顶	公　路	电车道	通航河流（注）	特殊管道	索　道
1～10	7.5	7.0	9.0	1.5	3.0	2.0
1	7.5	6.0	9.0	1.0	1.5	1.5

注：通航河流的距离系指与最高航行水位的最高船桅顶的距离。

10. 配电线路与各种架空线路交叉跨越时的最小距离，在最大驰度时不应小于表 7-9 数值，且低压线路应架设在下方。

配电线路与各种架空线路交叉跨越时的最小距离　　表 7-9

线路电压（kV）	1 以下	1～10	35～110	220	330
1～10	2	2	3	4	5
1 以下	1	2	3	4	5

7.2.2　基础施工

7.2.2.1　线路测量定位和分坑

施工测量的重点是定位。定位以后，才可进行运输、分坑、挖坑等一系列施工。定位工作对工程质量有很大关系，须认真谨慎，不应出现差错。杆塔定位通常根据设计部门提供的线路平、断面图和杆塔明细表，核对现场导线桩，从始端桩位开始安置经纬仪，向前方逐基定位。对于 10kV 及以下的配电线路，因耐张段及档距均较短，杆型也比较简单，可不使用经纬仪，仅用数支标杆即可进行定位。通常是直接量出每基杆、塔档距位置，立一标杆，将数基标杆连续立在中心线上，以目测指挥各杆成一直线即可定桩。向前延时，即用第一支标杆移动到最前面，与原来数支成一直线，中间依次插入标杆，轮流移杆逐步向前延伸。

1. 直线单杆杆坑定向画线

(1) 检查杆位标桩。在被检查的标桩及前后相邻的标桩中心点上各立一根测杆，从一侧看过去，若三根测杆都在线路中心线上，则表示被检查的标桩位置正确，同时在中心标桩前后沿线路中心线各钉一辅助标桩。

(2) 用大直角尺找出线路中心线的垂直线。将直角尺放在中心标桩上，使直角尺中心 A 与标桩中心重合，并使其垂边中心线 AB 与线路中心线重合，此时直角尺底边 CD 即为线路中心线的垂直线，见图7-16。在此垂直线上于中心标桩的左右侧各钉一个辅助标桩。其目的是校验杆坑挖掘位置是否正确和电杆是否立直。

(3) 根据中心桩位，依据图纸规定的尺寸，量出挖坑范围，用白灰在地面上划出白粉线。坑口尺寸应根据基础埋深及土质情况来决定。可参考下式进行计算，杆坑剖面见图7-17。

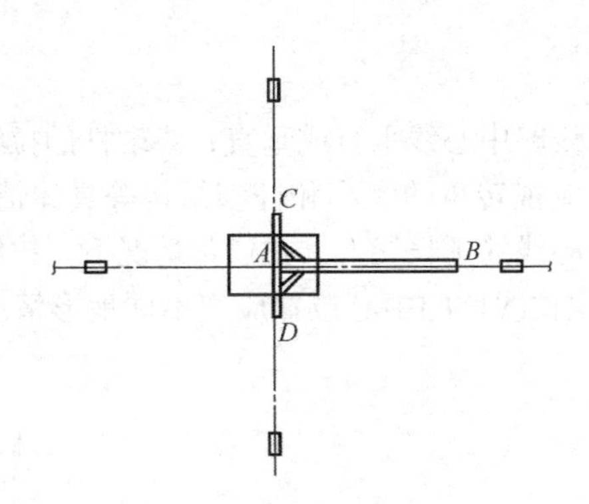

图7-16　直线单杆杆坑定位

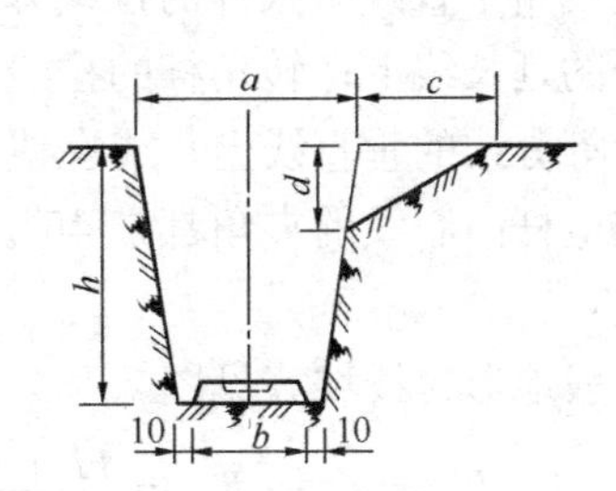

图7-17　杆坑剖面示意图

$$a=b+0.2+\eta h$$

式中　a——坑口边长，m；

b——底盘边长，m；

h——坑深，m；

η——坡度系数。

坡度系数应根据土质决定，一般黏土可取0.4；坚硬土壤可取0.3。

当土质较差时，坑口尺寸可适当放大。拉线坑亦可参考上式，根据拉线盘长度和宽度决定坑口长宽尺寸。

为了方便立杆，杆坑一侧应开挖马道，其尺寸应视坑深及立杆需要而定。一般长 (c) 取1.0～1.5m，深 (d) 取0.6～1.2m，宽取0.4～0.6m。马道方向除特殊情况外，一般直线杆开在顺线路方向上，转角杆应垂直于转角（内侧角）二等分线。

2. 转角单杆杆坑定位与画线

(1) 检查杆位标桩。在被检查的杆位标桩及前后邻近的四个杆位标桩中心各立一根测杆，从两侧各看三根测杆（被检查标桩上的测杆，从两侧看都包括在内），若被标桩上的测杆正好位于所看二直线的交叉点上，则表示该标桩位置正确。然后沿所看二直线上在标桩前后侧的相等距离处各钉一临时辅助标桩，以备电杆坑，拉线坑画线和校验杆坑挖掘位置是否正确之用。

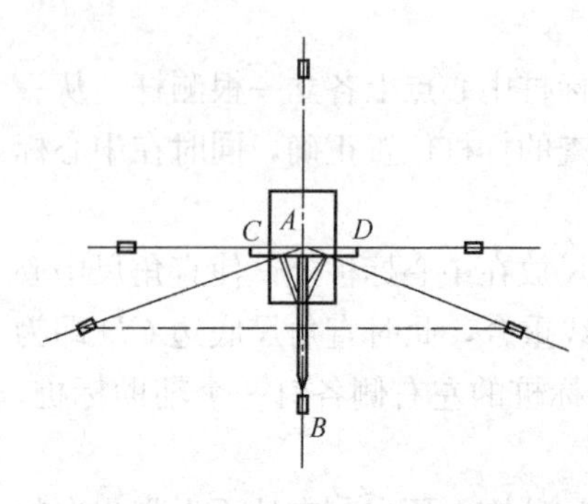

图7-18　转角杆单杆杆坑的定位划线

（2）作转角的二等分线和二等分线的垂直线。将大直角尺边中点A与杆位标桩中心点重合，并使直角尺底边与两临时辅助标桩的连线平行，画出转角的二等分线CD和二等分线的垂直线AB，如图7-18所示。然后在标桩前后左右，于转角的二等分线上和二等分线的垂直线上各钉一辅助标桩，以备校验杆坑挖掘位置是否正确和电杆是否立直之用。

（3）用尺子在转角的二等分线上及它的垂直线上分别量出杆坑的长和宽，并用白灰画出挖坑范围。

杆坑定位应准确。对于直线杆，其杆坑中心顺线路方向的位移不应超过设计挡距地5%在垂直线路方向上不应超过50mm，转角杆的杆坑中心位移不应超过50mm。

3. 拉线坑的定位画线

在配电线路中直线耐张杆的拉线方向与线路中心线平行或垂直；终端杆的拉线方向在线路中心线的延长线上；转角杆的拉线方向应视转角的大小和杆型结构等具体情况决定，或在转角二等分线的垂直线上；或在线路中心线的延长线上。在通常情况下，拉线与地面的夹角或与电杆中心线的夹角都是45°。确定拉线坑的中心位置应视不同地形情况采取如下计算方式：

（1）一般地形拉线坑（见图7-19）

$$L_0 = L_1 + L_2 = \frac{H+h}{\tan\theta}$$

式中　L_0——拉线坑中心至电杆中心距离；

L_1——拉线棒出土处至电杆中心距离；

L_2——拉线坑中心至电杆中心距离；

H——拉线点高度；

h——拉线盘埋深；

θ——拉线与地面的夹角。

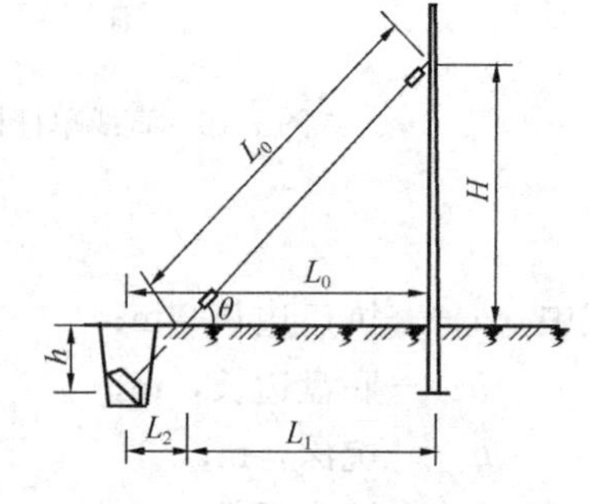

图7-19　一般地形拉线坑示意

（2）电杆地面高于拉线坑地面时（图7-20）

$$L_0 = L_1 + L_2 = \frac{H+h+D}{\tan\theta}$$

（3）电杆地面低于拉线坑地面时（见图7-21）

$$L_0 = L_1 + L_2 = \frac{H+h-D}{\tan\theta}$$

根据计算值，自电杆中心沿拉线方向量取计算长度，即为拉线坑的中心位置。根据所用拉线盘的大小，决定拉线坑的长宽尺寸。拉线坑的方向必须对准电杆中心。

7.2.2.2　挖坑

挖坑工作是劳动强度较大的体力劳动。使用的工具一般是锹、镐、长勺等，用人力挖坑取土。多年来，各地区在挖坑方面曾做过一些改革，如夹铲、螺旋钻，也有在挖坑方式上进行改革，如爆破等。但它们都有一定的适应范围。目前人力挖坑仍是比较普通的施工方法。

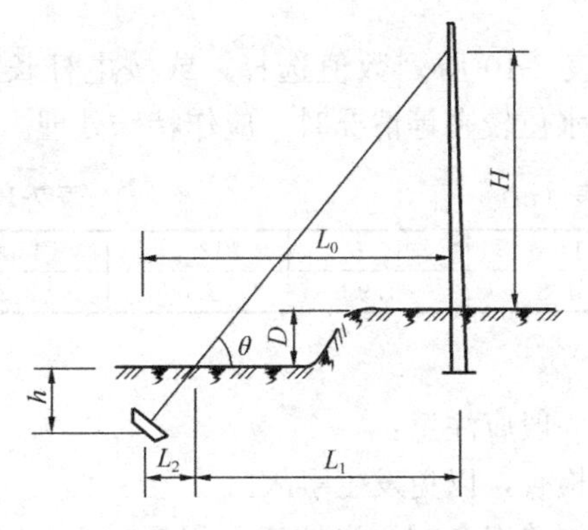

图 7-20　杆坑高于拉线坑示意

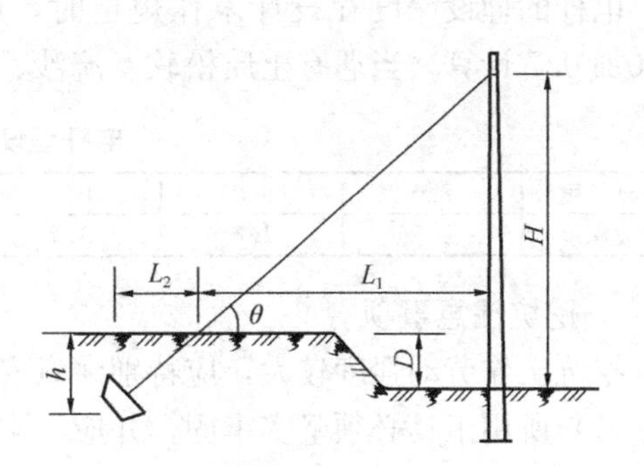

图 7-21　杆坑低于拉线坑示意

1. 圆形坑的施工

对于不带底、卡盘的电杆，以挖圆形坑为好，因圆形坑挖土量少，不易坍土，立杆时进坑后不易发生倒杆。当坑深小于 1.8m 时，一次即可挖成圆坑；深度大于 1.8m 时，可采用阶梯形，上部先挖较大的方形或长方形，以便于立足，再继续深挖中央圆坑，如图 7-22 所示。

通常对用固定抱杆起吊电杆的圆坑可不开马道，采用倒落式抱杆起立电杆的则需开马道。注意杆坑底部直径必须大于电杆根径 200mm 以上，以便矫正。

挖坑的对中方法是，以长标杆立于杆坑中心，与前后辅桩或前后坑中心应成一直线，即符合线路中心位置。

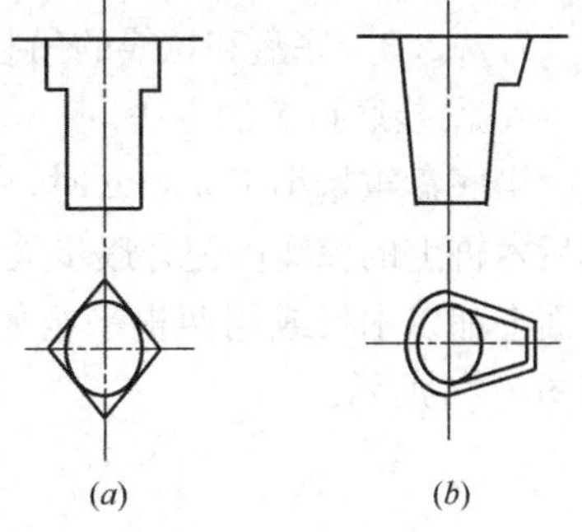

图 7-22　挖坑示意图
(*a*) 圆形阶梯坑（一次）；
(*b*) 圆形阶梯坑（二次）

2. 方形坑施工

方形坑和长方形坑的挖掘，大都使用短铲，短锹施工。一般黏土以取 1∶0.2 的坡度下挖为宜，若遇坍土，即需加大坡度或挖成阶梯形坑。对于地下水位较高或容易坍土层，一般可当天挖坑，挖好后随即立杆；若当天来不及立杆，可在前一天先挖上部泥土（约一半深度），第二天再继续挖到要求的深度，随即立杆埋土。

杆坑底面应保持水平。拉线坑可采用同样方法挖掘，其底面应基本垂直于拉线方向或者挖成斜坡形。

3. 坑深检查

不论圆形坑、方形坑、坑底均应基本保持平整，便于进行检查测量坑深。对于带坡度的拉线坑的检查应以坑中心为准。

坑深检查一般是以坑边四周平均高度为基准，可用直尺直接量得坑深数字。当然用水准仪测量更为准确。坑深允许误差为 $^{+100\text{mm}}_{-50\text{mm}}$。当杆坑超深值在 100～300mm 之间时，可用填土夯实方法处理，当超过 300mm 以上时，其超深部分应用铺石灌浆方法处理，拉线坑超深后如对拉线盘安装位置和方向有影响时，可以作填土夯实处理，若无影响，一般可不作处理，但应做好记录。

电杆的埋设深度在设计未作规定时，可按表7-10所列数值选择，或按电杆长度的1/10加0.7计算。当遇有土质松软、流沙、地下水位较高等情况时，应作特殊处理。

电杆埋设深度表（m） **表7-10**

电杆长度	8.0	9.0	10.0	11.0	12.0	13.0	15.0
埋设深度	1.5	1.6	1.7	1.8	1.9	2.0	2.3

4. 挖坑注意事项

挖坑工作劳动强度较大，应特别注意安全。一般应注意：

（1）所用工具必须坚实牢固，并应经常注意检查，以免发生事故。

（2）当坑深超过1.5m时，坑内工作人员必须戴安全帽；当坑底面积超过1.5m^{2}时，允许两人同时工作，但不得对面或者挨得太近。

（3）严禁在坑内休息。

（4）挖坑时，坑边不应堆放重物，以防坑壁垮坍。工器具禁止放在坑壁，避免掉落伤人。

（5）在行人通过地区，当坑挖完不能很快立杆时，应设围栏，夜间并应装设红色信号灯，以防行人跌入坑内。

7.2.2.3 底盘和拉线的吊装与找正

1. 吊装底拉盘的方法

当底盘重量小于300kg时，可用图7-23的简便方法。用撬棍将底盘撬入坑内，同时，前后木桩上的棕绳应配合逐步放松，使地拉盘平稳的落入地坑。若地面上土质松软。可在地面上铺以木板或用两根平行木棍。当地拉盘重量超过300kg时，可用人字抱杆吊装，如图7-24所示。

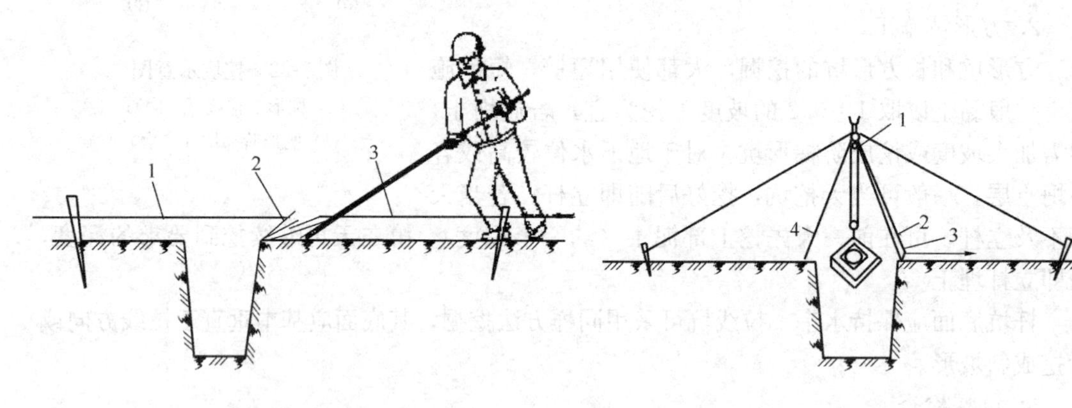

图7-23 底拉盘简便安装方法示意图
1—向前拉棕绳；2—短头钢丝绳；3—向后拉棕绳

图7-24 底拉盘吊装示意图
1—滑轮组；2—钢钎；3—导向滑轮；4—木抱杆

2. 底拉盘的找正

单杆底盘中心找正方法如图7-25所示。将底盘放入坑底之后，用20号或22号细铁丝，将前后辅助桩上的圆钉连成一线；在铁丝上量出中心点C，从C点放下线锤，时线锤尖端对准底盘中心。若中心有偏差，可用钢钎拨动底盘，直至中心对准为止。最后用泥土将底盘四周填实，使底盘固定。

拉线盘的找正如图 7-26 所示。拉线盘安装后，将拉线棒方向对准杆坑中心的标杆或已立好的电杆。此时拉线棒应与拉线盘成垂直，若不垂直，须向左或右移正拉线盘，直到符合要求为止。若是人字拉线或四方拉线，应检查隔电杆坑相对应的两拉线坑的位置。此时两个相对应拉线坑的中心与电杆坑中心三点应成一直线，否则应纠正。

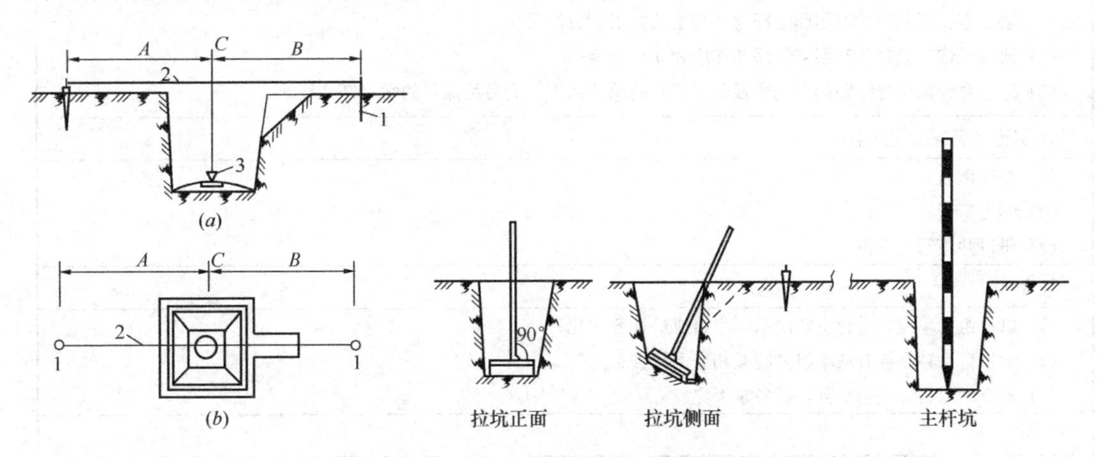

图 7-26　拉线盘中心找正方法示意图

图 7-25　底盘中心找正方法示意图

(a) 断面图；(b) 平面图

1—辅助桩；2—细钢丝；3—线锤

拉线盘移正后，应立即在拉线棒靠坑边处依照设计规定角度挖槽，将拉线棒埋入槽内。调整角度符合要求后，即可填土夯实。

任务 7-3　电杆组装与起立

《建筑电气施工技术》工作页

姓名：　　　　学号：　　　　班级：　　　　日期：

任务 7-3	电杆组装与起立	课时：2 学时	
项目 7	架空线路安装工程	课程名称	建筑电气施工技术
任务描述：			
通过讲授、视频录像及现场参观等形式认知电杆组装与起立的施工要求，让学生对组装和起立过程有明确的了解，学会施工方法并在不同工程中得以应用			
工作任务流程图：			
播放录像→教师给出工程图纸并结合图纸讲授→参观→分组研讨→提交工作页→集中评价→提交认知训练报告			
1. 资讯（明确任务、资料准备）			
(1) 架空线路中所用基本杆型有几种？它们的作用是什么？ (2) 架空线路施工常用立杆方法有哪几种？电杆立好后应符合哪些规定			
2. 决策（分析并确定工作方案）			
(1) 分析采用什么样的方式方法了解线路施工方法和要求等，通过什么样的途径学会任务知识点，初步确定工作任务方案； (2) 小组讨论并完善工作任务方案			

续表

3. 计划（制订计划）
制定实施工作任务的计划书；小组成员分工合理 需要通过图片搜集、视频播放、查找资料、参观等形式完成本次任务； （1）通过查找资料和学习明确电杆起立和组装要求、方法等； （2）通过录像、教材认知架空线路的作用和立杆规定； （3）通过对校区架空线路的参观增强架空线路的感性认识，为后续课程的学习打好基础
4. 实施（实施工作方案）
（1）参观记录； （2）学习笔记； （3）研讨并填写工作页
5. 检查
（1）以小组为单位，进行讲解演示，小组成员补充优化； （2）学生自己独立检查或小组之间互相交叉检查； （3）检查学习目标是否达到，任务是否完成
6. 评估
（1）填写学生自评和小组互评考核评价表； （2）跟老师一起评价认识过程； （3）与老师深层次的交流； （4）评估整个工作过程，是否有需要改进的方法
指导老师评语：
任务完成人签字： 日期：　　年　　月　　日

7.3.1　电杆组装

架空线路的杆塔具有高、大、重的特点，起立杆塔基本上有整体起立和分解起立两种方法。整体起立杆塔的优点是：绝大部分组装工作可在地面上进行、高空作业量少，施工比较安全。架空配电线路均应尽可能采用整体起立的方法。这就必须在起立之前先对杆塔进行组装。所谓组装就是按照图纸，装置杆塔本体、横担铁件、金具、绝缘子等。

7.3.1.1　电杆及各部件的质量检查

电杆组装之前，应依据图纸对电杆及各部件的规格和质量做一次检查，避免把不符合要求的部件用到工程上去，影响整个线路系统的质量。

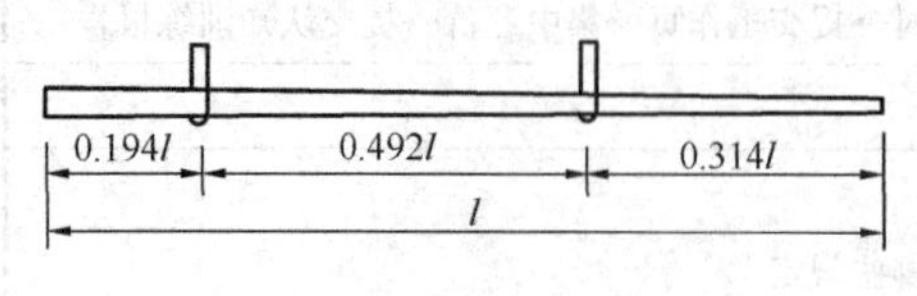

图7-27　锥形杆支吊方式示意

1. 钢筋混凝土电杆的质量检查

首先要求电杆高度须符合设计要求。因为电杆的高度是由导线驰度、导线与地面间的允许距离、线路电压等条件所决定的。导线最低点与地面之间，必须保证有足够的距离，因为在导线下面不仅要通过行人，且要通过各种车辆。其次是电杆稍径应符合设计要求，因为电杆稍径不同，其承受情况不同，它是影响线路质量的一个重要方面。另外还要求电杆表面光洁平整，内外壁厚度均匀，没有露筋、跑浆等现象，也不应有纵向裂纹，横向裂纹的宽度不应超过 0.2mm，其长度不应超过三分之一电杆周长；电杆本身不应超过杆长千分之二的弯曲，且顶端应封堵良好。

经过检查合格的电杆，即可安排人员将其运送到指定坑位。由于钢筋混凝土电杆自重大，本体细长，在运输过程中必须充分重视，避免电杆受损和人员受伤。其中很重要的一点就是运输支点的选择要适当。比较常用的人力肩抬支撑方式如图 7-27 所示。抬运时应有一人负责指挥，步调要一致。预应力圆锥形钢筋混凝土电杆的规格和重量参见表 7-11。

预应力圆锥形钢筋混凝土电杆的规格和重量　　表 7-11

长度（m）	配筋（根—mm）	直　径（mm）		壁厚（mm）	重量（kg）
		稍　径	根　径		
8	16—ϕ6	150	257	25	297
9	16—ϕ6	150	270	25	347
10	28—ϕ4	190	323	25	474
10	16—ϕ6	150	283	30	464
11	16—ϕ6	150	297	25	456
11	20—ϕ6	190	337	30	641
13	24—ϕ6	190	364	30	800
13	28—ϕ4.5 高强	190	364	30	800
15	28—ϕ5	190	390	35	1115
	+7—ϕ10				

2. 横担及金具的检查

配电线路普遍使用的角钢横担及其他采用黑色金属制造的金具零件均应热镀锌，且表面应光洁无裂纹、无毛刺、飞边、砂眼、气泡等缺陷。遇有局部锌皮剥落者，除锈后应涂刷红樟丹及油漆。耐张线夹的船体压板与导线接触面应光滑。

金具上的各种连接螺栓表面不应有裂纹、砂眼、锌皮剥落及锈蚀等现象，且应有放松装置，采用的防松装置亦应镀锌良好，弹力合适，厚度符合规定。

3. 绝缘子的质量检查

绝缘子（包括横担绝缘子）瓷釉表面应干净光滑、无裂纹、缺釉、斑点、烧坏等缺陷，磁件与铁件应结合紧密无活动现象。铁件镀锌良好，型号、规格符合设计要求，且有出厂合格证。无出厂合格证时应进行交流耐压试验，试验标准见表 7-12。或用 2500V 兆欧表测量其绝缘电阻值。悬式绝缘子，一般绝缘电阻应在 500MΩ 以上；针式瓷绝缘子，一般绝缘电阻应在 300MΩ 以上。

悬式瓷绝缘子交流耐压试验标准　　表 7-12

交流耐压试验电压（kV）	45	56	60	70
型　号	X-3 X-3c XP-4c	LX-4.5c、XP-6 XP-16、X-4.5 LXP-10、XP-10 XP-6c X-4.5c、XP-7c XW-4.5c	XP-21 LXP-16	XWP-6 XP-30 XF-4.5

7.3.1.2　横担、杆顶支座及绝缘子安装

1. 横担安装位置

高压架空配电线路导线成三角形排列，最上层横担（单回路）距杆顶距离宜为800mm；耐张杆及终端杆宜为1000mm；可参见图7-2～图7-7。低压架空线路导线采用水平排列，最上层横担中心距杆顶地距离不宜小于200mm；当高低压共杆或多回路多层横担时，各层横担间的垂直距离可参照表7-13选取。

多回路各层横担最小垂直距离（mm）　　表7-13

类　别	直线杆	分支或转角杆
高压与高压	800	450/600
高压与低压	1200	1000
低压与低压	600	300

各横担须平行架设在一个垂直面上，和配电线路垂直。高低压共杆架设时，高压横担应在低压横担的上方。直线杆单横担一般在受电侧，90°转角杆及终端杆一般应采用双横担，但当采用单横担时，应装于拉线侧。遇有弯曲处的电杆，单横担应装在弯曲的凸面。且应使电杆的弯曲与线路的方向一致。

2. 横担安装

将电杆顺线路方向放在杆坑旁准备起立的位置处，杆身下两端各垫道木一块，从杆顶向下量取最上层横担至杆顶的距离，划出最上层横担安装位置。先把U形抱箍套在电杆上，放在横担固定位置，在横担上合好M形抱铁，使U形抱箍穿入横担和M形抱铁孔，用螺母固定。先不要拧紧，只要立杆时不往下滑动即可。待电杆立起后，再将横担调整至符合规定，将螺帽逐个拧紧，调整好了的横担应平整，端部上下歪斜及左右扭斜均不得超过20mm。

瓷横担安装应符合下列规定：垂直安装时，顶端顺线路歪斜不应大于10mm；水平安装时，顶端应向上翘起5°～10°，顶端顺线路歪斜不应大于20mm。

3. 杆顶支座安装

将杆顶支座的上、下抱箍抱住电杆，分别将螺栓穿入螺丝孔，用螺母拧紧固定如图7-2所示。如果电杆上留有装杆顶支座的孔，则不用抱箍，可将螺栓直接穿入支座和电杆上的孔内，用螺母拧紧固定即可。

4. 针式绝缘子安装

杆顶支座和横担调整紧固好后，即可安装针式绝缘子。应把绝缘子表面擦拭干净，经过检查试验合格后，将其铁脚装入安装孔，用螺母紧固。一般应加弹簧垫圈或使用双螺母以防松动。

7.3.1.3　钢筋混凝土电杆的连接

等径分段钢筋混凝土电杆和分段的环形截面锥形电杆均必须在施工现场进行连接，其连接方式有螺栓连接和钢圈焊接。由于螺栓连接耗钢材量较大，制造上也比较麻烦，连接质量也比焊接差，因此，采用此法连接的较少，钢圈焊接如图7-28所示。在施工中经常使用的是气焊和电焊。

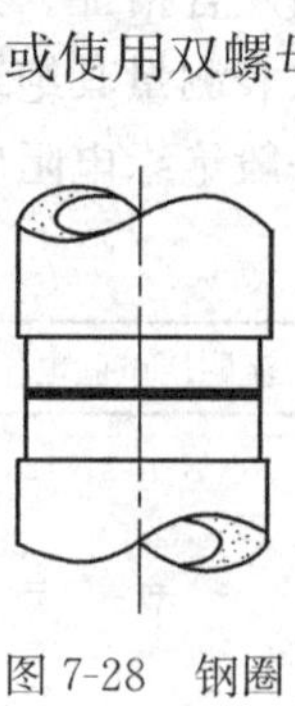

图7-28　钢圈焊接示意图

1. 气焊

施工中通常使用电石加水产生的乙炔气可燃气体，以氧气助燃，火焰

的最高温度可达 2000～3000℃。气焊所用的设备为乙炔发生器一个，氧气瓶一个，可以分散搬运，携带较轻便。气焊的特点是加热均匀和缓慢；缺点是被焊接件容易退火，气体火焰易受外界气流的影响。

2. 电焊

又称电弧焊。线路施工常用的为手工电弧焊，它是利用手工操作，在工件和焊条间引燃电弧，利用电弧高温熔化焊条和工件进行焊接。所需设备为弧焊机一台，使用简单方便，焊接成本低，被焊件不易退火。其缺点是野外施工电源困难，设备成本高且比较笨重。

3. 焊接质量要求

应由经过焊接专业培训并经过考试合格的焊工焊接操作，焊接时应符合下列规定：

（1）钢圈焊口上的油脂、铁锈、泥污等物应清除干净。

（2）应按钢圈对齐找正，中间留 2～5mm 的焊口缝隙。如钢圈有偏心，其错口不应大于 2mm。

（3）焊口调整符合要求后，先点焊 3～4 处，然后对称交叉施焊。点焊所用焊条应与正式焊接用的焊条相同。

（4）当钢圈厚度大于 6mm 时，应采用 V 形坡口多层焊接，焊接中应特别注意焊缝接头和收口的质量。多层焊缝的接头在错开收口时应将熔池填满。焊缝中严禁堵塞焊条或其他金属。焊缝应有一定的加强面，其高度和遮盖度不应小于表 7-14 的规定。

（5）焊缝表面应以平滑的细鳞型与基本金属平缓连接、无折皱、间断、漏焊及未焊满的陷槽，并不应有裂纹。基本金属的咬边深度不应大于 0.5mm，当钢材厚度超过 10mm 时，不应大于 1.0mm，仅允许有个别表面气孔。

（6）在雨、雪、大风时，应采用妥善措施后才可施焊。施焊中，杆内不能有穿堂风。当气温低于零下 20℃时，应采取预热措施，预热温度为 100～120℃，焊接后应使温度缓慢下降。

（7）焊接后的电杆其分段弯曲度及整杆弯曲度均不得超过对应长度的 2/1000，超过时，应割断重新焊接。

（8）接头应按设计要求进行防腐处理。设计无规定时，可将钢圈表面铁锈和焊缝的焊渣与氧化层除净，先涂一层红樟丹，干燥后再涂刷一层防锈漆。

钢圈焊缝加强面要求（mm）　　**表 7-14**

焊缝加强面尺寸	钢圈厚度 s	
	<10	10～20
高度 c	1.5～2.5	2～3
宽度 l	1～2	2～3
示意图	l　c　s	

7.3.1.4　卡盘安装

卡盘是用 U 形抱箍固定在电杆上，埋于地下，其上口距地面不应小于 500mm，如图 5-29 所示。一般是在电杆立起后，四周填土夯实。至卡盘安装位置时，将卡盘固定在电杆上，然后再继续填土夯实。卡盘安装在直线上时，应与线路平行，并应在线路电杆两侧交替埋设。承立杆上的卡盘应埋设在承立侧。在整个电杆装配过程中，对于以螺栓连接的构件应符合如下要求：

(1) 螺杆应与构件面垂直，螺头平面与构件间不应有空隙。

(2) 螺栓紧好后，螺杆丝扣应露出一定长度，单螺母不应少于2扣；双螺母可平扣。必须加垫圈时，每端垫圈不应超过两个。

(3) 螺栓的穿入方向，一般对于立体结构：水平方向由内向外；垂直方向由上向下。对于平面结构：顺线路方向，双面构件由内向外，单面构件由送电侧向受电侧或向统一方向；横线路方向，两侧由内向外，中间由左向右（面向受电侧或按）或按统一方向。

7.3.2 电杆起立

由于架空线路所使用的电杆杆型结构比较简单，这就给立杆带来方便，可以使用一些轻便工具，实行机械化，简化施工过程。但立杆仍然是施工中的重要环节，应引起思想上的重视，做好一切准备工作，否则，会发生某些事故或施工质量不符合要求。

7.3.2.1 立杆的准备工作

立杆前，首先应对参加立杆人员进行合理分工，详细交代工作任务、操作方法及其安全、注意事项。每一个参加施工人员必须听从施工负责人的统一指挥。通常在立电杆工作量特别大时，为加快施工进度，可将施工人员分成三组，即准备小组、立杆小组和整杆小组。

施工人员按分工认真做好所需工具和材料的准备。带齐所用设备和工具，如抱杆、撑杆、绞磨、钢丝绳、麻绳、铁锹、木杠等，必须认真检查，确保有足够的强度，而且应达到操作灵活、使用方便。

严密进行立杆现场布置，起吊设备安防位置要合理并符合要求。例如抱杆的位置、绞磨的位置、地锚的位置及打入的深度等。经过全面检查确认完全符合要求后，方可进行起吊工作。

7.3.2.2 常用立杆方法

架空线路施工常用立杆方法有：

(1) 撑杆（架杆）立杆

对于10m以下的钢筋混凝土电杆，可用三套架杆轮换顶起电杆，使杆根划入坑内。此种立杆方法缺点是劳动强度大。

(2) 用汽车吊立杆

此种立杆方法优点是可减轻劳动强度，施工进度快。缺点是受施工场地的限制，只能在有条件停汽车的地方使用。

(3) 用抱杆立杆

抱杆分固定式（独立抱杆或人字抱杆）和倒落式（人字抱杆）两种是立杆最常用的方法。

1. 架杆立杆

立杆前准备三副长度不等的架杆，形状如图7-29所示。一般长度分别为4m、5m、6m。可用稍径不小于80mm。根径不小于120mm的杉木杆或松木杆加工而成。在距杆顶300～350mm处用铁链环将两根圆杆连起来，铁链长度约0.35m左右。在距根部0.7m处，穿一根300～400mm长的螺栓（两杆都穿）作为把手。为便于操作，螺杆的上面可用普通的 8 号镀锌铁线进行缠绑。

另外，再准备好顶板、滑板、拉绳和铁锹等。顶板应采用硬质模板加工，长度约为 1.5m，上端加工成圆弧形，两端均用 8 号镀锌铁线绑扎 3～5 圈，如图 7-30 所示。滑板为坚硬的木板，长度应超过坑深 1～1.5m，用以防止电杆在坑中起立时顶垮坑壁。

架杆立杆的现场布置如图 7-31 所示。首先在电杆稍部拴上三根拉绳，拉绳宜采用直径为 25mm 的棕绳，每根长度不小于杆长度的 2 倍。然后将滑板立于坑中，将电杆根部顶在滑板上，其他人员先抬起电杆稍部，并借助顶板支持杆身重量，每抬一次，顶板就像向杆身移动一次，待杆身起立一定高度即可支上架杆，撤去顶板，推顶电杆，并交替向根部移动，此时左右侧拉绳应移至电杆左右侧控制电杆，使其不向左右侧倾倒。当电杆立起将近垂直时（80°左右）即可撤去滑板，并用拉绳牵引至电杆立直，将一幅架杆移到对面，以防止电杆向对面倾倒，电杆立直后即可进行杆身调整。

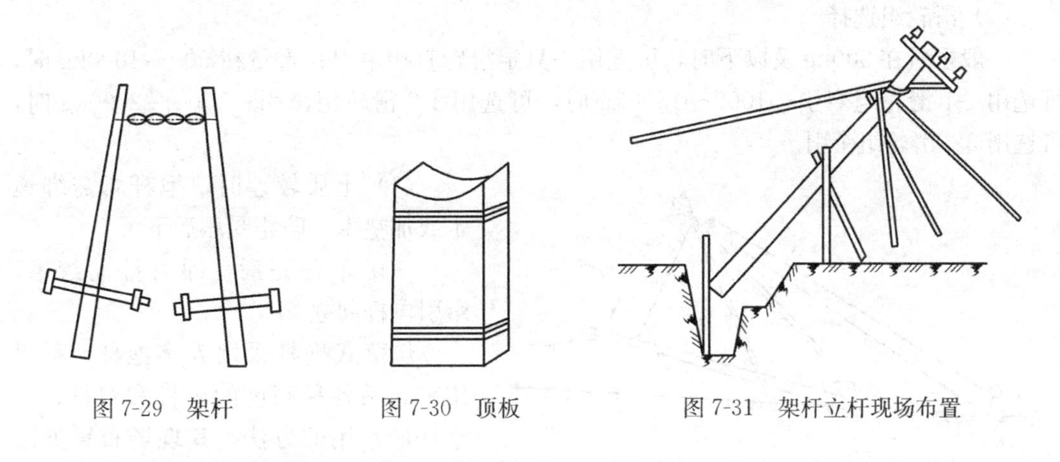

图 7-29　架杆　　图 7-30　顶板　　图 7-31　架杆立杆现场布置

观测人员应站在相邻未立杆的杆坑线路方向上的辅助标桩处（或其延长线上），面对线路向已立杆方向观测电杆，或通过线锤观测电杆指挥杆身调整，使其与已立正直的电杆重合，然后再换一位置，二等分线的垂直线上，利用线锤观测电杆，指挥调整杆身正直，此时横担轴向应正对观测方向。

调整杆位，一般可用杠子拨动，使电杆移至规定位置。调整杆面，可用转杆器或用绳子绑在电杆上，穿入一根木扛，以推磨的方式转动电杆，使横担达到正确方向。调直杆身可借助拉绳或架杆进行。调整好的电杆应满足如下要求：直线杆的横向位移不应大于 50mm；电杆的倾斜不应使杆稍的位移大于半个稍径；转角杆应向外角预偏，紧线后不应向内角倾斜，向外角的倾斜不应使杆稍位移大于一个稍径；终端杆应向拉线侧预偏，紧线后不应向拉线反方向倾斜，向拉线侧倾斜也不应使杆稍位移大于一个稍径。调整符合要求之后，即可进行填土夯实工作。

回填土时应将土块打碎，每回填 300～500mm，就夯实一次。夯实时应在电杆的两对侧同时进行或交替进行，以防电杆移位或倾斜。当回填土至卡盘安装位置时，即安装卡盘，然后再继续回填土并夯实，直至最后高出地面 300mm，在电杆周围形成一个圆形土台，以防沉降。

2. 抱杆立杆

固定式抱杆适用于起吊 15m 及以下的电杆，基本上不受地形限制。现场绳索及锚桩的布置如图7-32所示。

（1）抱杆长度

一般可取电杆重心高度加上1.5～2m，锥形钢筋混凝土电杆重心高度一般可用下面简便的经验公式计算，即

$$h = 0.4L + 0.5$$

式中　h——电杆重心距根部的距离，m；

L——电杆长度，m。

（2）抱杆拉线桩至杆坑中心的距离

一般可取电杆高度的1.2～1.5倍，拉线桩可选用圆钢桩。

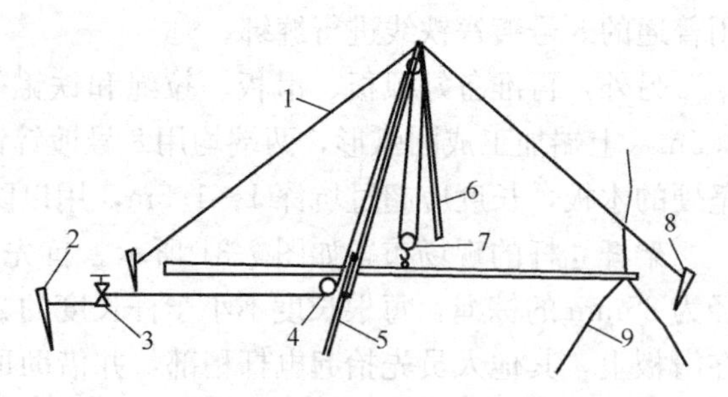

图7-32　固定人字抱杆起吊布置示意图

1—临时拉线；2—绞磨桩；3—绞磨；4—导向滑轮；5—钢钎；6—人字抱杆；7—滑轮组；8—拉线桩；9—调整拉绳

（3）滑轮组选择

一般重量在500kg及以下时，可选用一只定滑轮直接牵引；重量在500～1000kg时，可选用1-1滑轮组牵引；1000～1500kg时，可选用1-2滑轮组牵引；1500～2000kg时，可选用2-2滑轮组牵引。

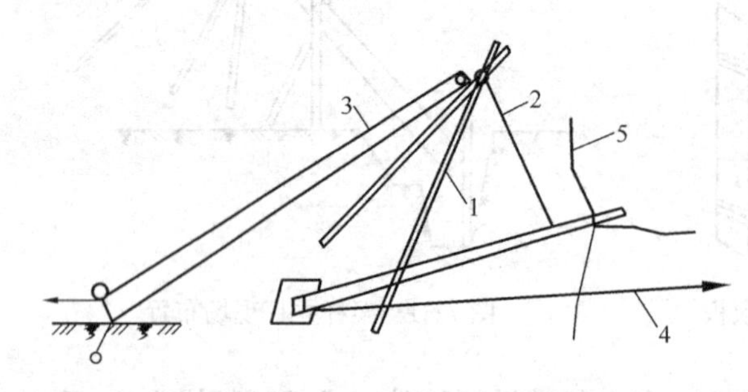

图7-33　倒落式抱杆立杆示意图

1—抱杆；2—起吊钢绳；3—总牵引绳；4—自动钢绳；5—拉绳

（4）土质较差时，抱杆脚需绑道木或加垫木，防止受压后下沉。

一切布置完后，即可推动绞磨，牵引电杆起立。

倒落式抱杆采用人字抱杆，可以用来起吊各种高度的单杆和双杆，是立杆最常用的方法，其现场布置见图7-33。

倒落式抱杆的长度一般取电杆长度1/2。电杆放置位置，应将杆根放在离干坑中心约0.5m处一般直线杆杆身沿线路中心放置转角杆的杆身应与内侧角的二等分线垂直放置。吊点的分部，一般对15m及以下的电杆可参照表7-15。

锥形电杆吊点参考位置　　　　**表7-15**

电杆规格	杆重（kg）	一点起吊位置距杆顶尺寸（m）	二点起吊位置距杆顶尺寸（m）	
			上吊点	下吊点
ϕ190×9m	734	3.8	2.3	6.8
ϕ190×10m	843	3.8	2.6	7.6
ϕ190×12m	1077	3.8	3.2	9.2
ϕ190×15m	1470	4.0	3.8	10.0
ϕ150×8m	422	3.4	2.0	6.0
ϕ150×9m	495	3.4	2.3	6.8
ϕ150×10m	573	3.4	2.6	7.6

3. 汽车吊立杆

在马路边缘和在有条件停放汽车的地方立杆，应尽量使用汽车吊。这是一种比较理想的方法，既安全，效率又高；既可减轻劳动强度，又可以减少施工人员。

立杆时，先将吊车停靠在坑边适当位置，并将其固定牢固，然后在电杆 1/2～2/3 处（从根部量起）结一根起吊钢丝绳，在距杆顶 500mm 处临时结三根调整拉绳。起吊时，坑边站两个人负责电杆根部进坑，另由三人各扯一根拉绳，站成以坑为中心的三角形，并由一人负责指挥。当杆顶吊起离地面 500mm 时，应对各处绑扎的绳扣再进行一次安全检查，确认安全后再继续起吊。

7.3.2.3　注意事项

（1）参加立杆的每个工作人员必须严格执行操作规程，并能熟练操作，施工中听从负责人指挥，施工人员要彼此配合、密切合作。

（2）起吊前应对起吊机具严密的检查核试验。抱杆放置应正确，并应根据不同地形做好防滑防沉措施。

（3）起吊速度要均匀，工作人员应分开站在电杆两侧，严禁立杆时在坑内工作，以防倒杆伤人。

（4）立杆工作不宜中途间断。

（5）杆身调整后，杆坑填平夯实，才可撤去架杆、拉绳等起吊机具，严禁过早上杆。

（6）上杆人员必须精神正常、身体健康、无妨碍高空作业的疾病。

任务 7-4　拉线安装与导线架设

《建筑电气施工技术》工作页

姓名：　　　　学号：　　　　班级：　　　　日期：

任务 7-4	拉线安装与导线架设	课时：2 学时	
项目 7	架空线路安装工程	课程名称	建筑电气施工技术
任务描述：			
通过讲授、视频录像及现场参观等形式认知拉线安装与导线架设的施工要求，让学生对拉线安装与导线架设的要求有明确的了解，学会施工的方法并在不同工程中得以应用			
工作任务流程图：			
播放录像→教师给出工程图纸并结合图纸讲授→参观→分组研讨→提交工作页→集中评价→提交认知训练报告			
1. 资讯（明确任务、资料准备）			
（1）拉线的种类有几种？其作用是什么？ （2）导线架设工作包括哪些内容？如何观测导线驰度			
2. 决策（分析并确定工作方案）			
（1）分析采用什么样的方式方法了解线路施工、架设要求等，通过什么样的途径学会任务知识点，初步确定工作任务方案； （2）小组讨论并完善工作任务方案			

续表

3. 计划（制订计划）
制定实施工作任务的计划书；小组成员分工合理 需要通过图片搜集、视频播放、查找资料、参观等形式完成本次任务。 （1）通过查找资料和学习明确拉线安装与导线架设的施工方法等； （2）通过录像、教材认知线路施工最小距离要求和导线驰度要求； （3）通过对校区架空线路的参观增强架空线路的感性认识，为后续课程的学习打好基础
4 实施（实施工作方案）
（1）参观记录； （2）学习笔记； （3）研讨并填写工作页
5. 检查
（1）以小组为单位，进行讲解演示，小组成员补充优化； （2）学生自己独立检查或小组之间互相交叉检查； （3）检查学习目标是否达到，任务是否完成
6. 评估
（1）填写学生自评和小组互评考核评价表； （2）跟老师一起评价认识过程； （3）与老师深层次的交流； （4）评估整个工作过程，是否有需要改进的方法
指导老师评语：
任务完成人签字： 日期：　　年　月　日

7.4.1 拉线安装

立好电杆以后，就要进行拉线安装。拉线的作用是平衡电杆各方向上的拉力，防止电杆弯曲或倾斜。因此，对于承受不平衡拉力的电杆，均须装设拉线，以达到平衡的目的。

7.4.1.1 拉线的种类

1. 普通拉线

普通拉线也称承力拉线，多用于线路的终端杆、转角杆、耐张杆、分支杆等处，主要起平衡力的作用。拉线与电杆夹角宜取45°，如受地形限制可适当减小，但不能小于30°，如图7-34所示。

2. 两侧拉线

两侧拉线也称人字拉线或防风拉线，装设在横线路方向的两侧，用以增加电杆抗风吹倒的能力。如图7-34所示。

3. 四方拉线

四方拉线也称十字拉线，在横线路方向电杆的两侧和顺线路方向电杆的两侧都装设拉线，主要起到增强耐张单杆和土质松软地区电杆的稳定性的作用。如图7-34所示。

4. 水平拉线（或称高桩拉线、过道拉线）当电杆距离道路太近，不能就地安装拉线或需跨越其他障碍物时，采用水平拉线。即在道路的另一侧立一根拉线杆，在此杆上做一条过道拉线和一条普通拉线。过道拉线应保持一定高度，以免妨碍行人和车辆的通行。如

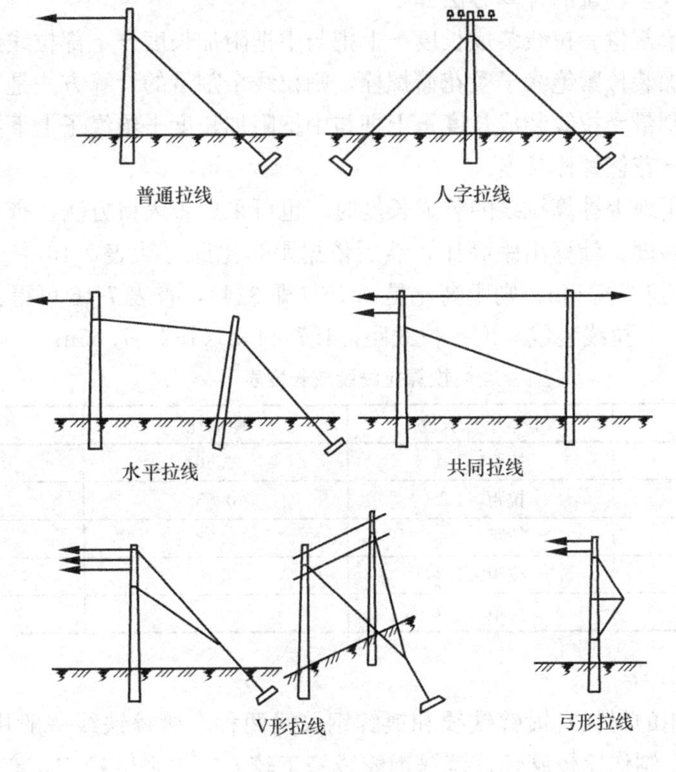

图 7-34　几种拉线示意图

妨碍行人和车辆的通行，如图 7-34 所示。

5. 共同拉线

在直线路的电杆上产生不平衡拉力，因地形限制不能安装拉线时，可采用共同拉线，即将拉线固定在相邻电杆上，用以平衡拉力，如图 7-34 所示。

6. V 形拉线（或称 Y 形拉线）

这种拉线分为垂直 V 形和水平 V 形两种。主要用在电杆较高、横担较多、架设导线根数较多的电杆上。在拉力的合力点上下两处各安装一条拉线，其下部则合为一条。此种称垂直 V 形。在 H 型杆上则应安装成水平 V 形，如图 7-34 所示。

7. 弓形拉线（或称自身拉线）

为防止电杆弯曲，但又因地形限制不能安装普通拉线时，则可采用弓形拉线，如图 7-34 所示。

7.4.1.2　拉线的计算

拉线的计算主要包括两部分，即确定拉线的长度和截面，其详细内容如下。

1. 拉线长度计算

一条拉线是由上把、中把和下把三部分构成的，如图 7-35所示。拉线实际需要长度（包括下部拉线棒出土部分）除了拉线装成长度（上部拉线和下部拉线）外，还包括上下把折面缠绕所需的长度，即拉线的余割量。

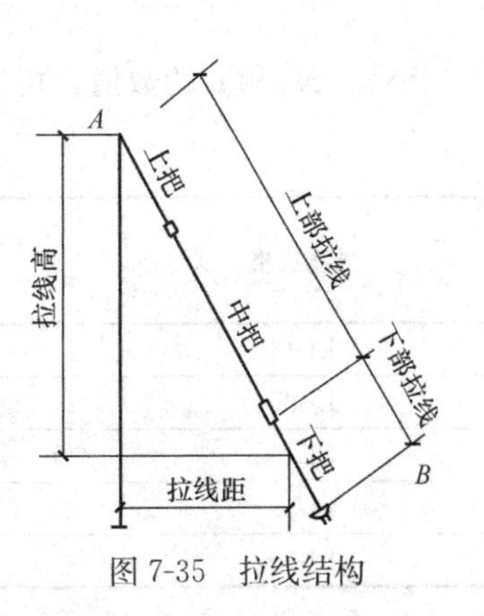

图 7-35　拉线结构

（1）上部拉线余割量的计算方法如下

上部拉线余割量＝拉线装成长度＋上把与中把附加长度－下部拉线出土长度

如果拉线上加装拉紧绝缘子及花篮螺栓，则拉线余割量的计算方法是

上部拉线余割量＝拉线装成长度＋上把与中把附加长度＋绝缘子上下把附加长度－下把拉线出土长度－花篮螺栓长度

（2）在一般平地上计算拉线的装成长度时，也可采用查表得方法。查表时，首先应知道拉线的拉距和高度，计算出距高比，然后依据距高比即可从表7-16中查得。如果已知拉线距是4.5m，拉线高6m，则距高比是0.75（即3/4），查表7-16可得：

$$拉线装成长度＝拉线距\times 1.7=4.5\times 1.7=7.65m$$

换算拉线装成长度表 **表7-16**

距高比	拉线装成长度	距高比	拉线装成长度
2	拉距×1.1	0.66	拉距×1.8
1.5（即3/2）	拉距×1.2	0.55	拉距×2.2
1.25	拉距×1.3	0.33	拉距×3.2
1	拉距×1.4	0.25	拉距×4.1
0.75（即3/4）	拉距×1.7		

2. 拉线截面计算

电杆拉线所用的材料有镀锌铁线和镀锌钢绞线两种。镀锌铁线一般用$\phi 4$一种规格，但施工时需绞合，制作比较麻烦。镀锌钢绞线施工较方便，强度稳定，有条件尽量采用。镀锌铁线与镀锌钢绞线换算见表7-17。

$\phi 4$镀锌铁线与镀锌钢绞线换算表 **表7-17**

$\phi 4$镀锌铁线根数	3	5	7	9	11	13	15	17	19
镀锌钢绞线截面（m）	25	25	35	50	70	70	100	100	100

电线拉线的截面计算，大致可分为以下两种情况：

①普通拉线终端杆

$$拉线股数＝导线根数\times N_1-N'_1$$

②普通拉线转角

$$拉线股数＝导线根数\times N_{1\mu}-N'_1$$

N_1、N'_1和μ的数值，可以从表7-18～表7-20中选取。

每根导线需要的拉线股数 **表7-18**

导线规格	水平拉线股数 N_2	普通拉线 N_1	
		$\alpha=30°$	$\alpha=45°$
LJ-16	0.34	0.68	0.48
LJ-25	0.53	1.06	0.75
LJ-35	0.73	1.47	1.04
LJ-50	1.06	2.12	1.50
LJ-70	1.16	2.32	1.64

续表

导线规格	水平拉线股数 N_2	普通拉线 N_1	
		$\alpha=30°$	$\alpha=45°$
LJ-95	1.55	3.12	2.20
LJ-150	1.85	3.70	2.62
LJ-185	2.29	4.58	3.24
LGJ-120	2.56	5.11	3.62
LGJ-150	3.26	6.52	4.61
LGJ-185	4.02	8.04	5.68
LGJ-240	5.25	10.50	7.32

注：1. 表中所列数值采用 ϕ4.0 镀锌铁线所做的拉线；

2. α 为拉线与电杆的夹角。

钢筋混凝土电杆相当的拉线股数　　**表 7-19**

电杆稍径（mm）电杆高度（mm）	水平拉线股数 N_2	普通拉线股数 N'_1	
		$\alpha=30°$	$\alpha=45°$
ϕ150—9.0	0.50	0.99	0.70
ϕ150—9.0	0.45	0.89	0.68
ϕ150—10.0	0.75	1.47	1.04
ϕ170—8.0	0.54	1.07	0.76
ϕ170—9.0	0.48	0.97	0.63
ϕ170—10.0	0.79	1.58	1.12
ϕ170—11.0	1.03	2.06	1.46
ϕ170—12.0	0.96	1.92	1.36
ϕ190—12.0	1.10	2.19	1.55
ϕ190—12.0	1.02	2.04	1.44

注：1. 钢筋混凝土电杆本身强度，可起到一部分拉线作用。此表所列数值即为不同规格的电杆可起到的拉线截面（以拉线股数表示）的作用。

2. 表中所列数值采用 ϕ4.0 镀锌铁线所做的拉线。

3. α 为拉线与电杆的夹角。

转角杆折算系数　　**表 7-20**

转角 ϕ	15°	30°	45°	60°	75°	90°
折算系数 μ	0.261	0.578	0.771	1.00	1.218	1.414

7.4.1.3　拉线的制作

电杆拉线的制作方法有两种，即束合法和绞合法。由于绞合法存在绞合不好会产生各股受力不均的缺陷，目前常采用束合法，这里主要介绍束合法。

1. 伸线

将成捆的铁线放开拉伸，使其挺直，以便束合。伸线方法，可使用两只紧线钳将铁线两端夹住，分别固定在柱上，用紧线钳收紧，使铁线伸直。也可以采用人工拉伸，将铁线的两端固定在支柱或大树上，由2～3人手握住铁线中部，每人同时用手拉数次，使铁线充分伸直。

2. 束合

将拉直的铁线按需要股数合在一起，另用ϕ1.6～ϕ1.8镀锌铁线在适当处压住一端拉紧缠绕3～4圈，而后将两端头拧在一起成为拉线节，形成束合线。拉线节在距地面2m以内的部分间隔600mm；在距地面2m以上部分间隔1.2m。

3. 拉线把的缠绕

拉线把有两种缠绕方法，一种是自缠法，另一种是另缠法，其具体操作如下：

(1) 自缠法

缠绕时，先将拉线折弯嵌入三角圈（鸡心环）折转部分和本线合并，临时用钢索卡子夹紧，折转一股，其余各股散开紧贴在本线上，然后将折转的一股，用钳子在合并部分紧紧缠绕10圈，余留20mm长并在线束内，多余部分剪掉。第一股缠完后接着再缠第二股，用同样方法缠绕10圈，依此类推。由第3股起每次缠绕圈数依次递减一圈，直至缠绕6次为止，结果如图7-36（*a*）所示。每次缠绕也可按下法进行，即每取一股按图7-36（*b*）中所注明的圈数缠绕，换另一股将它压在下面，然后这回留出10mm，将余线剪掉，结果如图7-36（*b*）所示。

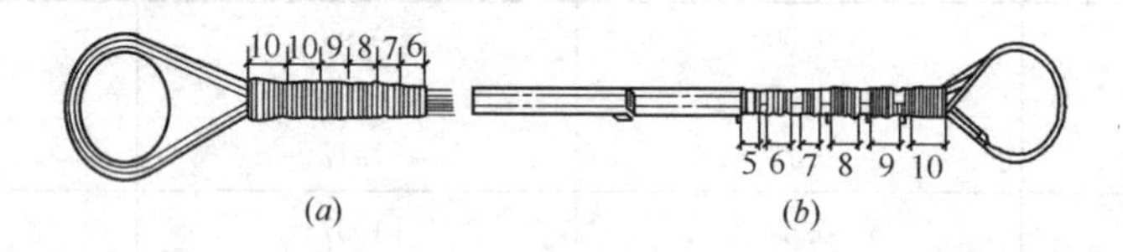

图7-36　自缠拉线把

对9股及以上拉线，每次可用两根一起缠绕。每次的余线至少要留30mm压在下面，余留部分剪齐折回180°紧压在缠绕层外。若股数较少，缠绕不到6次即可终止。

(2) 另缠法

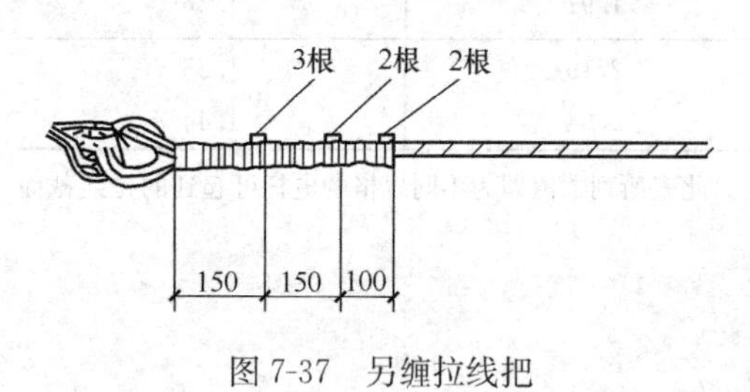

图7-37　另缠拉线把

先将拉线折弯处嵌入鸡心环中，折回的拉线部分和本线合并，颈部用钢丝绳卡头临时夹紧，然后用一根ϕ3.2镀锌铁线作为绑线，一端和拉线束并在一起作衬线，另一端按图7-37中的尺寸缠绕至150mm处，绑线两端用钳子自相扭绕3转成麻花线，减去多余线段，同时将拉线折回三股留20mm长，紧压在绑线层上。第二次用同样方法缠绕至150mm处又折回拉线二股，依次类推，缠绕三次为止。如为3～5股拉线，绑线缠绕400mm后，即将所有拉线端折回，留200mm长压紧在绑线层上，绑线两端自相扭绞成麻花线。

7.4.1.4　拉线的安装

拉线的安装包括埋设拉线盘，做拉线上把和收紧拉线做中把。普通拉线的组装如图7-38所示。

1. 埋设拉线盘

拉线盘的埋设按本章第三节的方法进行。埋设好以后，应使拉线棒的拉环露出地面500～800mm。

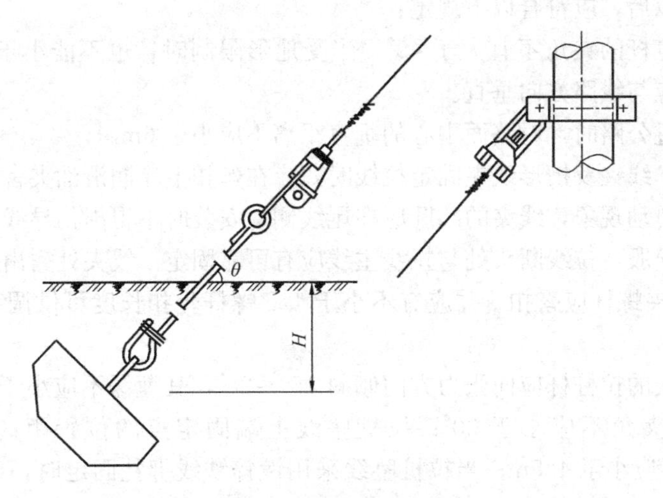

图7-38　普通拉线组装

2. 做拉线上把

拉线上把装在电杆上，需用拉线抱箍及螺栓固定。组装时，先用一只螺栓将拉线抱箍抱在电杆上，然后把预制好的上把拉环放在两块抱箍的螺孔内，穿上螺栓拧上螺母。上把拉线环的内径以能穿入M16螺栓为宜，但不得大于25mm。当拉线需要安装拉紧绝缘子时，可先在地面上做好。其方法是将拉线中部之间的两端，分别由拉紧绝缘子的两孔中穿过，折回缠绕所需长度，采用ϕ3.2mm镀锌铁线绑扎。

3. 收紧拉线

在下部拉线盘埋好，拉线上把也做好后，便可首先拉线，使上部拉线和下部拉线棒连接起来，成为一个整体，以发挥拉线的力量。

收紧拉线时，一般使用紧线钳，先将花篮螺栓的两端螺杆旋入螺母内，使他们之间保持最大距离，以备继续旋入调整。然后将紧线钳的钢丝绳伸开，用一只紧线钳夹在拉线高处，将拉线下端穿过花篮螺栓的拉环，放在三角圈里，向上折回并用另一只紧线钳夹住，花篮螺栓的另一端套在拉线棒的拉环上。此时即可操作紧线钳，将拉线慢慢收紧，符合要求后，即用ϕ3.2mm镀锌铁线绑扎固定。绑扎应整齐、紧密，缠绕长度不应小于表7-21所列数值。为防止花篮螺栓松动，可用镀锌铁线封固。目前，在施工中，多用可调式UT型线夹代替花篮螺栓。

缠绕长度最小值　　　　**表7-21**

钢绞线截面（mm²）	缠绕长度（mm）				
	上　端	中端有绝缘子的两端	与拉线棒连接处		
			下　端	花　篮	上　端
25	200	200	150	250	80
35	250	250	200	300	80
50	300	300	250	250	80

拉线安装好以后，应符合以下规定：

(1) 拉线与电杆的夹角不宜大于45°，当受地形限制时，也不能小于30°。线角方向对正，防风拉线应与线路方向垂直。

(2) 拉线穿过公路时，对路面中心的垂直距离不应小于6m。

(3) 采用UT线夹及楔形线夹固定拉线时，应在丝扣上涂润滑油夹舍板与拉线接触应紧密，受力后无滑动现象，线夹的凸肚应在尾线侧，安装时不得损伤导线；拉线弯曲部分不应有明显拉线松股，拉线断头处与拉线主线应有可靠固定；线夹处露出的尾线长度不宜超过400mm。线夹螺杆应露扣，并应有不小于1/2螺杆丝扣长度可供调节，调紧后其双螺母应并紧。

(4) 过道拉线的拉桩杆应向张力方向倾斜15°～20°，其埋深不应小于杆长的1/6；拉桩坠线与拉桩杆夹角不应小于30°；拉桩坠线上端固定点的位置距离拉桩杆顶应为0.25m，距地面不应小于4.5m；当拉桩坠线采用镀锌铁线绑扎固定时，缠绕长度可参照表7-21。

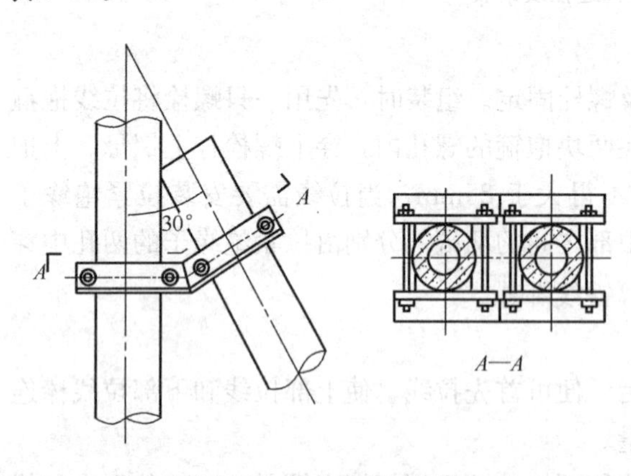

图7-39　俯角撑杆及组装

(5) 当一根电杆上装设多条拉线时，拉线不应有过松过紧、受力不均匀现象。

(6) 拉线底把应采用拉线棒，其直径应不小于16mm，拉线棒与拉线盘的连接应保证可靠。

7.4.1.5　撑杆安装

当线路建在高低相差悬殊的地方时，导线成仰角时用拉线，成俯角时用撑杆；当地形条件受限，无法安装拉线，也可用撑杆代替拉线，组装后如图7-39所示。

钢筋混凝土电杆的撑杆安装，撑杆的规格和高度应根据电杆的高度、规格和受力情况来确定。撑杆与电杆间的夹角，一般以30°为宜，撑杆埋深以1m左右为宜，其底部应垫以地盘或块石，并应和撑杆垂直。撑杆与电杆的结合，采用∠63×6的角钢制成的联板支架两块和M16×210-270的方头螺栓四根固定。在角钢联板支架上要放上四块特制的M抱铁，使撑杆与电杆紧密结合。每根螺栓的两端都应垫上垫圈。

7.4.2　导线的架设

导线架线包括放线、导线连接、紧线、驰度观测以及在绝缘子上的固定等内容。

7.4.2.1　放线

导线根据放线计划运到施工现场以后，将导线沿线路展开，并挂入每根电杆上的放线滑轮内。

1. 放线前的准备

(1) 勘察线路情况，包括所有的交叉跨越情况，清除放线道路上的障碍物，在通过能腐蚀导线的土壤和积水时，应有保护措施。

(2) 全面检查电杆是否已经校正，有无倾斜或缺件，需纠正补齐。

(3) 对于跨越铁路、公路、通信线路及不能停电的电力线路，应在放线前搭设跨越架，其材料可用直径不小于 70mm 的毛竹和圆木，埋深一般为 0.5m，用麻绳或铁线绑牢。为加强跨越架的稳定性，在架顶上应安装拉线。龙门式跨越架见图 7-40。跨越架与被跨越物的安全距离见表 7-22。

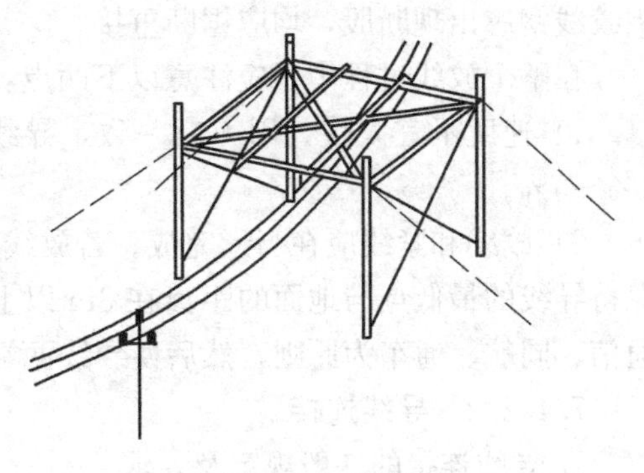

图 7-40　跨越架

(4) 将线盘平稳地放在放线架上，要注意出线端应从线盘上面引出，对准前方拖线方向。对于放线劳动力的组织，应做好全面安排，对于下述每个工作岗位，均须事前指定专人负责，并于施工前明确交代任务。

跨越架与被跨越物的安全距离　**表 7-22**

被跨越物	铁　路	公　路	35kV 线路	10kV 线路	低压线	通信线
最小垂直距离（m）	7	6	1.5	1	1	1
最小水平距离（m）	3～3.5	0.5	3～3.5	1.5～2	0.5	0.5

1）每只线盘的看管人和拖放导线时的领队复测人；

2）每根电杆的登杆人；

3）各重要交叉跨越处或跨越架处的监视人；

4）沿线通信负责人；

5）沿线检查障碍物的负责人。

(5) 确定通信联系信号并通知所有参加施工人员。

2. 放线

目前施工放线仍大多采用人力拖放，不用牵引设备及大量牵引钢绳，方法简便但其缺点是需耗用大量劳动力，有时损坏农作物面积较大。拖放人员的安排应根据实际情况，一般平地上按每人平均负重 30kg，山地上为 20kg。

放线时，将导线端头弯成小环，并用线绑扎，然后将牵引棕绳（或麻绳）穿过小环与导线绑在一起，拖拉牵引绳，陆续放出导线。为防止磨伤导线，可在每根电杆的横担上装一开口滑轮，当导线拖拉至电杆处，即将导线提起嵌入滑轮，继续拖拉导线前进。所有滑轮的直径应不小于导线直径的 10 倍。铝绞线和钢芯铝绞线应采用铝滑轮或木滑轮，钢绞线则应采用铁滑轮，也可以用木滑轮。在不损伤导线的情况下，也可将导线沿线路拖放在地面上，再由工作人员登杆，将导线用麻绳提到横担上，分别摆好。

在放线过程中，要有专人沿线查看，放线架处也应有专人看管，若发现导线有磨损、散股、断股、金钩等情况应立即停止放线，加以处理。

一般情况导线磨损的截面，在导电部分截面积得 5％以内时，可不作处理铝绞线磨损的截面在导电部分截面的 6％以内，损坏深度在单股线直径的 1/3 之内时，应用同金属的单股线在损坏部分缠绕，缠绕长度应超过损坏部分两端各 30mm；当导线截面损坏不超过导电部分截面积 17％时，可敷线修补，敷线长度应超过缺陷部分，两端各缠绕长度不小于 100mm，在同一截面内，若损坏面积超过导线的导电部分截面积得 17％，则应锯断重接。当导线出现灯笼，直径超过 1.5 倍导线直径，或出现金钩破股等无法修复时，或钢芯铝绞线钢芯出现断股，均应锯断重接。

在整个放线过程中，应注意以下两点：

1）速度不宜太快，用力应一致，导线展放长度不宜太长，一般应比档距长度增加2%～3%。

2）放线和紧线应在当天完成。若放线当天来不及紧线时，可使导线承受适当的张力，保持导线的最低点与地面的距离在3m以上，但必须检查各交叉跨越处，以不妨碍通电、通信、同航、通车为原则，然后使导线两端稳妥固定。

7.4.2.2 导线连接

1. 导线连接的一般规定及要求

对于新建线路，应尽量避免导线在档距内接头，特别是线路跨越档内更不准有接头。当接头不可避免时，同一档距内，同一根导线上的接头不得超过一个，且导线接头的位置与导线固定处的距离应大于0.5m。不同金属、不同规格、不同绞向的导线严禁在档距内连接。必须连接时，只能在杆上跳线并用沟线夹或绑接连接。

配电线路中跳线之间连接或分支线与主干线的连接，当采用并沟线夹时，其线夹数量一般不小于2个；采用绑扎连接，绑扎长度不小于表7-23的数值。需连接的两导线截面不同时，其绑扎长度应以小截面为准。连接时，应做到接触紧密、均匀无硬弯，跳线呈均匀弧度。所用绑线应选用与导线同金属的单股线，其直径不应小于2mm。

跳线绑扎长度 **表7-23**

导线截面（mm^2）	绑扎长度（mm）	导线截面（mm^2）	绑扎长度（mm）
LJ-35及以下	150	LJ-70	250
LJ-35	200		

2. 导线的钳压连接

钳压连接是将两根导线穿入连接管内加压，使两根导线牢靠地连接起来。这种方法适用于铝绞线、钢芯铝绞线和铜绞线。

（1）压接工具和材料

1）压接钳

目前常使用YT-1型压接钳，是利用双勾紧线器原理制造的，见图7-41。这种压接钳的特点是结构新颖、使用灵活轻便，适用于压接型号为LJ-25-LGJ-35-240mm^2导线的连接管。

2）钢模

安装在YT-1压接钳内用于钳压导线连接管的钢模，如图7-42所示。根据各种导线规格配合的钢模尺寸见表7-24。

3）连接管

供铝线及钢绞线使用的连接管是与导线相同的材料制成的；供钢芯铝绞线使用的连接管是与铝线相同的材料制成的。连接管中附有衬垫，置于重叠的两线段之间。连接管的形状及规格参见图7-43、表7-25和表7-26。

4）凡士林锌粉膏

由工业用不含酸和碱的凡士林油50%配制而成。配制时，按上述比例在室温条件下进行混合，搅拌均匀。检查是否混合均匀时，可将油膏涂在玻璃片上，朝向阳光，看其反射颜色，如油膏颜色都一致，即说明两者已调均。配置好的油膏应装在密封的玻璃容器或塑料容器内，并加以密封以备使用。

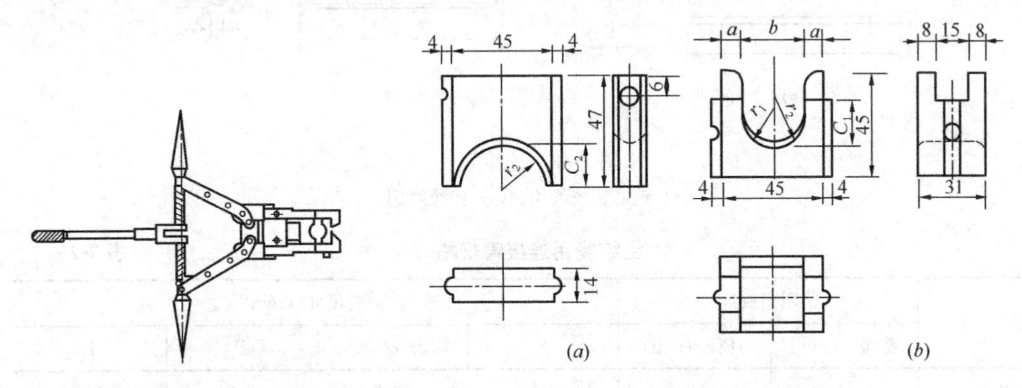

图 7-41　YT-1 型压接钳图

图 7-42　钳压导线连接管钢模
（a）上模；（b）下模

钳压导线用压模规格　　**表 7-24**

压模型号	导线型号	上模（mm）		下模（mm）			
		r_2	C_2	r_1	C_1	a	b
QML-16	LJ-16	6.0	4.0	5.2	5.0	17.5	10.70
QML-25	LJ-25	6.0	5.5	6.0	5.5	16.5	12.0
QML-35	LJ-35	7.5	6.5	6.65	6.0	15.85	13.30
QML-50	LJ-50	8.2	7.0	7.45	7.5	15.05	14.90
QML-70	LJ-70	9.0	8.0	8.25	9.5	14.25	16.50
QML-95	LJ-95	10.	9.0	9.15	12.0	13.25	18.30
QM-120	LJ-120	11.0	10.0	10.25	14.0	12.25	20.50
QM-150	LJ-150	12.0	11.0	11.25	17.0	11.25	22.50
QM-185	LJ-185	13.0	12.0	12.25	19.5	10.25	24.50
QMLG-35	LGJ-35	8.5	7.0	7.35	8.5	15.15	14.70
QMLG-50	LGJ-50	9.5	8.0	8.30	10.5	14.20	16.60
QMLG-70	LGJ-70	10.5	10.0	9.60	13.0	12.90	19.20
QMLG-95	LGJ-95	12.0	11.0	11.0	16.0	11.50	22.00
QMLG-120	LGJ-120	13.5	12.0	12.45	19.0	10.05	24.90
QMLG-150	LGJ-150	14.5	13.0	13.45	21.0	9.05	26.90
QMLG-185	LGJ-185	15.5	14.0	14.75	23.0	7.75	29.50
QMLG-240	LGJ-240	17.5	16.0	16.50	25.0	6.0	33.00

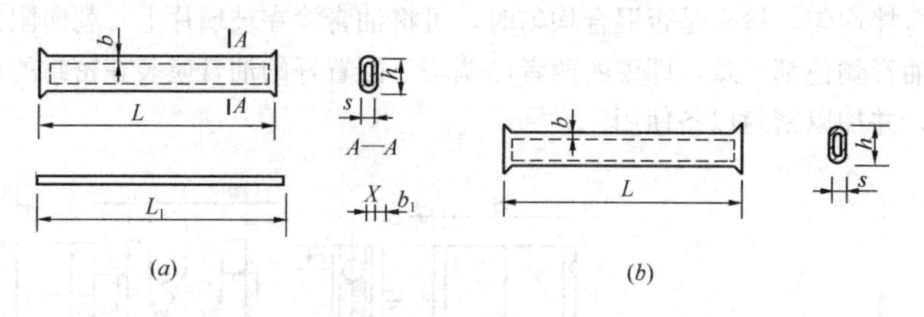

图 7-43　连接管
(a) 钢芯铝绞线用；(b) 铝绞线用

铝绞线用连接管规格　　表 7-25

型　号	适用铝绞线		主要尺寸（mm）			
	截面（mm^2）	外径（mm）	S	H	B	L
QL-16	16	5.1	6.0	12.0	1.7	110
QL-25	25	6.4	7.2	14.0	1.7	120
QL-35	35	7.5	8.5	17.0	1.7	140
QL-50	50	9.0	10.0	20.0	1.7	190
QL-70	70	10.7	11.6	23.2	1.7	210
QL-95	95	12.4	13.4	26.8	1.7	280
QL-120	120	14.0	15.0	30.0	2.0	300
QL-150	150	15.8	17.0	34.0	2.0	320
QL-185	185	17.0	19.0	38.0	2.0	340

钢芯铝绞线用连接管规格　　表 7-26

型　号	适用钢芯铝绞线		连接管各部尺寸（mm）					
	截面（mm^2）	外径（mm）	S	H	B	L	B_1	L_1
QLG-35	35	8.4	9.0	19.0	2.1	340	8.0	350
QLG-50	50	9.6	10.5	22.0	2.3	420	8.5	430
QLG-70	70	11.4	12.5	26.0	2.6	500	11.5	510
QLG-95	95	13.7	15.0	31.0	2.6	690	14.0	700
QLG-120	120	15.2	17.0	35.0	3.1	910	15.0	920
QLG-150	150	17.0	19.0	39.0	3.1	940	17.5	950
QLG-185	185	19.0	21.0	43.0	3.4	1040	19.5	1060
QLG-240	240	21.6	23.5	48.0	3.9	540	22.0	550

5）钢丝刷

清刷连接管用的圆柱形钢丝刷和清刷导线用的平板型钢丝刷，其钢丝直径均为 0.2～0.3mm。

6）细铁钎、汽油、棉纱等。

(2) 压接前净化

导线在压接前，均必须进行净化工作，其做法如下：

1) 先用细铁钎裹纱头蘸汽油擦净连接管。

2) 用钢丝刷刷掉导线连接部分的污垢，再用汽油将其擦净，然后涂抹一层中性凡士林，再用钢丝刷轻刷一次。

3) 将导线从两端插入连接管中，两端露出 20mm 以上，导线端头应用绑线绑牢。

(3) 压接

压接前，应检查以下内容：

1) 连接管是否与导线规格一致；

2) 连接管平直、有无裂纹毛刺；

3) 钢模规格是否与导线规格一致。

检查符合要求后，即可放进钢模内，自第一模开始，按顺序压接。铝绞线压接顺序是从一端开始，依次向另一端上下交错压接。钢芯铝绞线则从中间开始，依次先向一端交错压接见图 7-44。压口数及压口尺寸见表 7-27。

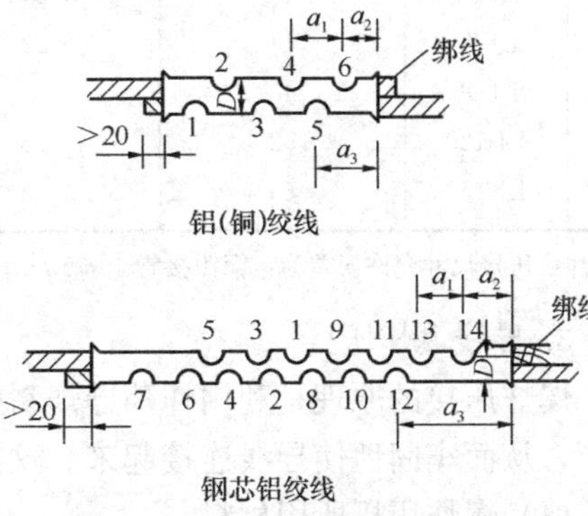

铝(铜)绞线

钢芯铝绞线

图 7-44　导线钳压接

压接后的连接管弯曲度不应大于管长的 2%，若大于 2%时应校直，但应注意连接管不应有裂纹。管两端附近的导线不应有灯笼、抽筋等现象。

导线钳压口数及压口尺寸　　**表 7-27**

导线型号		钳压部位尺寸 (mm) a_1	a_2	a_3	压后尺寸 D (mm)	压口数
钢芯铝绞线	LGJ-16	28	14	28	12.5	12
	LGJ-25	32	15	31	14.5	14
	LGJ-35	34	42.5	93.5	17.5	14
	LGJ-50	38	48.5	105.5	20.5	16
	LGJ-70	46	54.5	123.5	25.0	16
	LGJ-95	54	61.5	142.5	29.0	20
	LGJ-120	62	67.5	160.5	33.0	24
	LGJ-150	64	70	166	36.0	24
	LGJ-185	66	74.5	173.5	39.0	26
铝绞线	LJ-16	28	20	34	10.5	6
	LJ-25	32	20	36	12.5	6
	LJ-35	36	25	43	14.0	6
	LJ-50	40	25	45	16.5	8
	LJ-70	44	28	50	19.5	8
	LJ-95	48	32	56	23.0	10
	LJ-120	52	33	59	26.0	10
	LJ-150	56	34	62	30.0	10
	LJ-185	60	35	65	33.5	10

续表

导线型号		钳压部位尺寸（mm）			压后尺寸 D（mm）	压口数
		a_1	a_2	a_3		
铜绞线	LJ-16	28	14	28	10.5	6
	LJ-25	32	16	32	12.0	6
	LJ-35	36	18	36	14.5	6
	LJ-50	40	20	40	17.5	8
	LJ-70	44	22	44	20.5	8
	LJ-95	48	24	48	24.0	10
	LJ-120	52	26	52	27.5	10
	LJ-150	56	28	56	31.5	10

注：压接尺寸允许误差为：铜钳接管±0.5mm；铝钳接管±1.0mm。

3. 导线爆炸压接

爆炸压接的原理是利用炸药爆炸瞬间所产生的高压气体，压向连接管，使其产生塑性变形，从而牢固地使导线连接起来。这种方法适用于野外，能加快施工进度。

（1）爆炸压接所用材料

1）炸药。常用炸药为普通的岩石2号硝铵炸药，若炸药存放过期或受潮结块，则不能使用。

2）爆压管。可使用钳压接管或用定型的爆压管。

3）雷管。通常可使用8号纸壳工业雷管或电雷管。

4）导火索。应使用沾有油脂及正常燃速为180～240m/min，或缓燃速为100～120m/min的导火索。导火索不得有破损、曲折和涂料不均等现象。使用电雷管时改用绝缘电线。

5）黄板纸（马粪纸）。卷药包用，纸厚0.35～1.0mm，可按药包要求规格粘成纸筒备用。

6）净化导线用的汽油、纱头以及火柴、干电池（使用电雷管时用）、橡皮膏（封药包盖用）等。

（2）制作药包

制作药包时，先用木模粘黄板纸做成较坚硬的药包外壳，要求误差不应超过±1mm，见图7-45，尺寸表见表7-28。

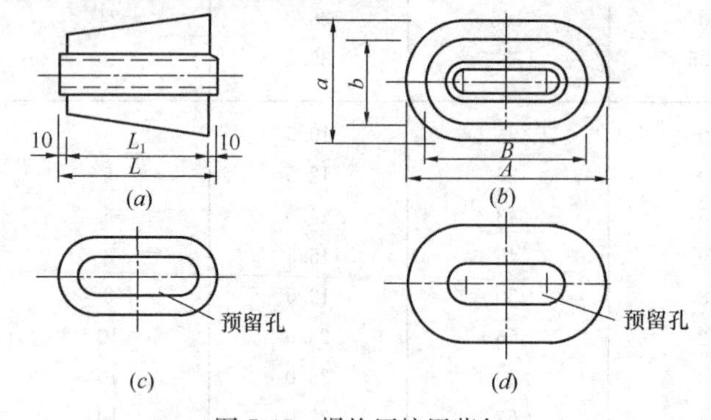

图7-45　爆炸压接用药包

(a) 正视图；(b) 侧视图；(c) 小封盖；(d) 大封盖

用黄板纸做一个小封盖，粘糊在锥形外壳筒的小头把爆压管从小封盖的预留孔穿入锥形外壳筒内，两端各露出10mm；将锥形外壳大头朝上立起，把炸药装入爆压管与外壳筒的中间，装炸药时要边装边捣实，边用手轻轻敲打外壳筒，使其成为椭圆形。必须保证爆压管位于外壳筒的中心，并应防止炸药进入爆压管内。

爆炸压接用药包尺寸　　**表 7-28**

连接管型号	适用导线型号	连接管规格（mm） $\frac{短内径}{长内径}$×壁厚×长度	药包尺寸（mm） $\frac{b}{B}\times L_1\times\frac{a}{A}$	装药量（g）
QLG-50	LGJ-50	$\frac{10.5}{22}\times2.3\times120$	$\frac{25}{37}\times100\times\frac{35}{47}$	85±8
QLG-70	LGJ-70	$\frac{12.5}{26}\times2.6\times150$	$\frac{27}{41}\times130\times\frac{37}{51}$	115±8
QLG-95	LGJ-95	$\frac{15}{31}\times2.6\times220$	$\frac{30}{46}\times200\times\frac{40}{56}$	180±8
QLG-120	LGJ-120	$\frac{17}{35}\times3.1\times220$	$\frac{33}{51}\times200\times\frac{43}{61}$	185±8
QLG-150	LGJ-150	$\frac{19}{39}\times3.1\times230$	$\frac{35}{55}\times210\times\frac{45}{65}$	190±10
QLG-185	LGJ-185	$\frac{21}{43}\times3.4\times250$	$\frac{38}{60}\times230\times\frac{48}{70}$	260±10
QLG-240	LGJ-240	$\frac{23.5}{48}\times3.9\times270$	$\frac{41}{65}\times250\times\frac{51}{75}$	280±10

炸药装满后，把用黄板纸做成的大封盖粘糊在外壳筒的大头上，药包就做成了。制作好的药包应坚固成形，接缝结实，形状尺寸准确，其误差一般不超过规定的±1mm。

（3）起爆压接

将制作好的药包运到施工现场后，在穿线前应先清除连接管内的杂物、灰尘及水分等，把需连接的导线调直，并从连接管两端分别穿入管内，导线端头应露出连接管20mm。导线端头要用绑线绑牢，防止松散。导线连接部分表面的泥污、油污应清洗干净。

将已穿好导线的炸药包，绑在1.5m高的支架上，使其在空中起爆。支架要牢固，防止爆炸时被冲击而倾斜。因药包爆炸时振动较大，绑扎在支架上的导线要适当留有“跳动”的余地，否则线管可能发生弯曲。为防止爆炸时损坏导线，靠近炸药包100mm的导线，应用破布包缠。

将已连好导火线的雷管，插入药包大头端部约10mm深度、并做好点燃准备。导火索的长度，应在点燃后足以使点火人员离开20～30m以外，一般可取150～200mm。若为电雷管，通常起爆人员必须与安装雷管人员为同一人操作。

经现场指挥人员全面检查无误后，才可进行起爆。

（4）爆炸压接质量要求

在爆炸压接前，必须先做几个试件（不小于三个）进行拉力和电阻等质量试验，若有一个试件不合格，即认为不合格；在查明原因后再次试验，但试件不得少于五个，试件制作条件应与施工条件相同。

爆炸压接后，若有严重烧伤、明显鼓肚、过大缩径等现象，以及有未爆部分的，应割掉重新压接；深度超过1.5m时，也应锯断重爆；靠近爆压管两端的导线，不应有严重烧伤及由其他原因造成的损伤。

接头机械强度不得低于原导线强度的 90%，其电阻值不应大于等长导线的电阻值。

（5）安全注意事项

1）进行爆炸压接的人员必须熟悉放炮知识；

2）起爆四周应无碎石，在 15m 以内无怕震的建筑物；

3）所有人员应严格遵守现场的制度，未得到现场指挥的命令不得起爆；

4）领用炸药、雷管等不得转交他人或擅自销毁，任意抛弃。领用电雷管应把雷管两脚线短接并用胶布包扎，以防误触电发生爆炸。在闪电和打雷时禁止装药、安装雷管及连接电线；

5）雷管应放在专用木箱内，严禁放在衣袋里；雷管和炸药不应同车运输，以免摇动、撞动引起爆炸；

6）要慎重处理瞎炮。

4. 塑-B 型炸药爆压方法

塑-B 型炸药比硝铵炸药有所改进，不需要黄纸板制作的装药纸筒，形式像塑料垫，其主要成分是未纯化太恩（75%）、半硫化乳胶（20%）及强化剂四氧化铅（5%），混合烘制成的一种炸药，厚度 5mm。使用时只要用刀切割所需尺寸（不准用剪刀），将切下的药片用黑胶布紧紧包贴在连接管外面。

穿引导线及净化手续，引爆装置等，基本与一般爆炸压接相同。压接钢芯铝绞线一般使用塑-B 炸药一层。药包装置方式见图 7-46。

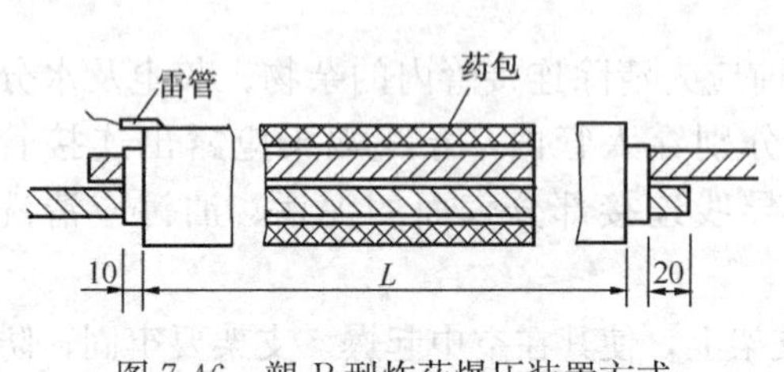

图 7-46　塑-B 型炸药爆压装置方式

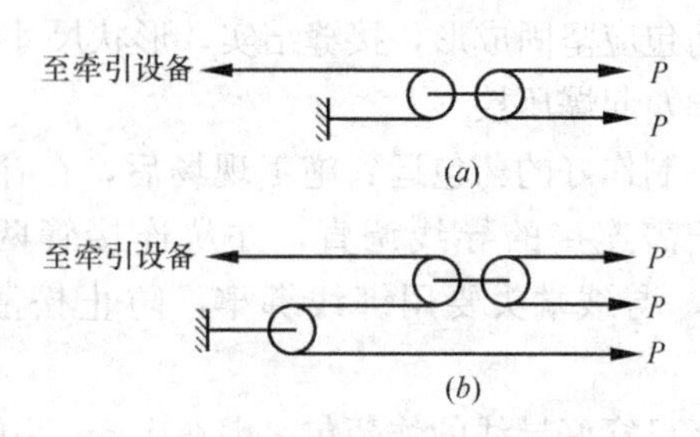

图 7-47　紧线方式

（a）两线同时收紧；（b）三线收紧三根导线

7.4.2.3　紧线和驰度观测

架空线路的紧线工作和驰度的观测同时进行。紧线方法通常采用单线法、双线法或三线法。单线法是一线一紧，所用紧线的时间较长，但它使用最普遍。双线法是两根线同时一次收紧，施工中常用于同时收紧两根边导线。三线法是三根线同时一次收紧，见图 7-47。紧线通常在一个耐张段进行。紧线前应先做好耐张杆、转角杆和终端杆的拉线。大挡距线路应验算耐张杆强度，以确定是否增设临时拉线。

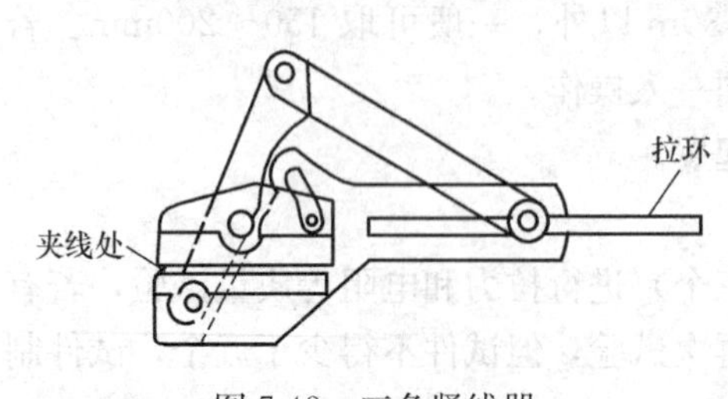

图 7-48　三角紧线器

临时拉线可拴在横担的两端，可防止紧线时横担发生生偏转。待紧完导线并固定之后，再将临时拉线拆除。

紧线时首先将导线一端固定在紧线固定端耐张杆的耐张线夹中或蝶式绝缘子上。在耐张段操作端，先用人力直接或通过滑轮组牵引导线。待导线脱离地面 2～3m 后，再用紧线器夹住导线进行紧线。所用紧线器通常为三角紧线器，如图 7-48 所示。采用这种三角紧线器时，只需向前推动后面的拉环，当中夹线部分即可张开。夹入导线后，拉紧拉环和钢绳，会越拉越紧，使用中装拆均较灵活方便。

紧线顺序一般是先紧中导线，后紧两边导线。紧线时，每根电杆上都应有人，以便及时松动导线，使导线接头能顺利越过滑轮和绝缘子。紧线应有统一的指挥，并规定明确的松紧信号。当导线收紧将近弛度要求时，应减慢牵引速度，待达到弛度要求值时，即停止牵引，待半分钟至一分钟无变化时，才可在操作杆上进行划印。在操作杆上划印时，习惯上是从紧线钢丝绳量至挂耐张绝缘子串用的球头中心。划印后，由电杆上的施工人员在高空将导线卡入耐张线夹，然后将导线挂上电杆，最后松去紧线器。此种操作方法因导线不需再松下落地，通称为一次紧线法。若在高空划印后，再将导线放松落地，松去紧线器，此法称二次紧线。

弛度的观测和紧线同时配合进行。弛度的大小应根据设计给出的曲线图表查出，不可随意增大或减小。若弛度过小，说明导线承受了过大的张力，降低了安全系数。若气温再降低时，可能会因为导线过紧而发生断线事故。若弛度过大，导线对地距离必然减小，若气温继续升高，对地距离将更为减小而影响安全运行，甚至发生放电，同时导线与导线之间也极易产生相间闪络造成事故。因此，施工时必须正确观测弛度。

观测弛度应选取耐张段中同代表档距（耐张段中最小应力档距）相接近的实际档距作为观测档。当一个耐张段内采用一个观测档时，紧线时可先使观测档的弛度略小于规定值，然后放松导线使弛度略大于规定值，如此反复一、二次后，再收紧导线使弛度值稳定在规定值。若在耐张段内采用几个观测档观测张度时，应首先使距离紧线操作杆最远的一个观测档的弛度达到规定值，此时靠近操作杆的一个观测档必然发生过紧情况，应放松导线，同时观测该档弛度，使之达到要求值。但此时远方观测档又有可能发生弛情况，应反复调整，直至各观测档弛度稳定在规定值。

施工中最常用的观测弛度的方法为平行四边形法，即等长法，如图 7-49 所示。将弛度测量尺挂在观测档两端 A、B 电杆上导线悬点位置，将横尺（横观测板）定位于弛度数值 f 的 a、b 处，进行紧线操作并观测弛度，当导线最低点稳定在 a、b 两点连线上时，弛

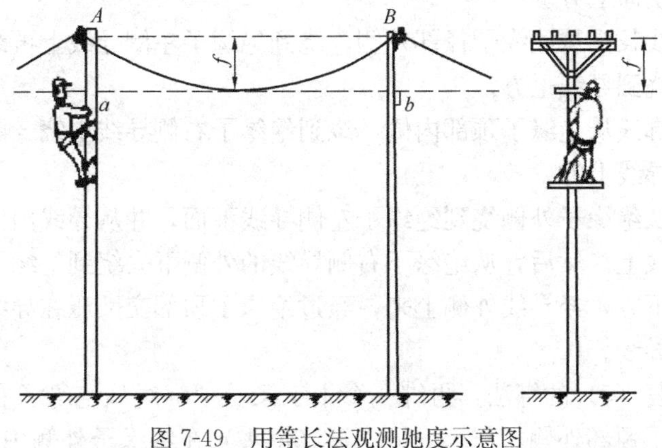

图 7-49　用等长法观测驰度示意图

度即达到规定值 f。

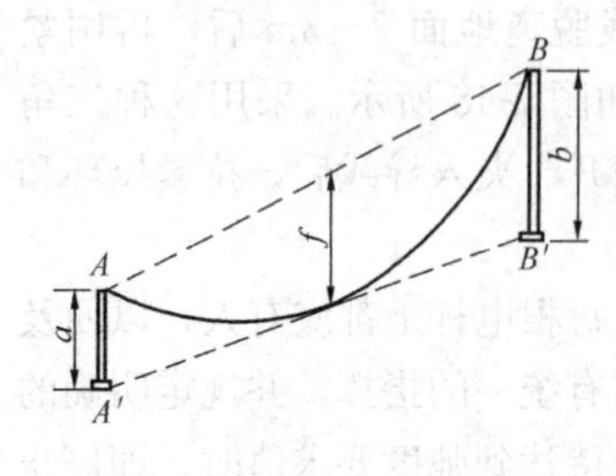

图7-50　异长法观测弛度示意图

在两杆导线悬挂点高低差不大的情况下，采用等长法观测弛度比较精确，若悬挂点高差较大，宜采用导线长法观测弛度。只是采用此法比等长法多一步计算手续，见图7-50。将弛度测量尺挂在观测档 A、B 两杆导线悬点位置，选择一适当的 a 值，根据公式 $b=(2\sqrt{f}-\sqrt{a})^2$ 平方算出 b 值。将弛度测量尺上的横尺分别定位于 A'、B' 处。再用等长法相同的观测方式，使导线最低点稳定在 A'、B' 的连线上，此时弛度即达理规定值 f。

观测弛度的吴差不应超过设计弛度的±5%，同一档距内各相导线弛度应力求一致，水平排列的导线，弛度相差不应大于50mm。

7.4.2.4　导线在绝缘子上的固定

导线在绝缘子上的固定方法，通常有顶绑法、侧绑法、终端绑扎法和用耐张线夹固定法。

1. 顶绑法

导线在直线杆针式绝缘子上的固定多采用顶绑法，如图7-51所示。绑扎法时应在导线的绑扎处包缠铝包带，包缠长度应超出接触部分30mm。所用铝包带宽为100mm厚度为1mm。绑线材料应于导线材料相同，其直径不应小于2mm、绑扎步骤如下。

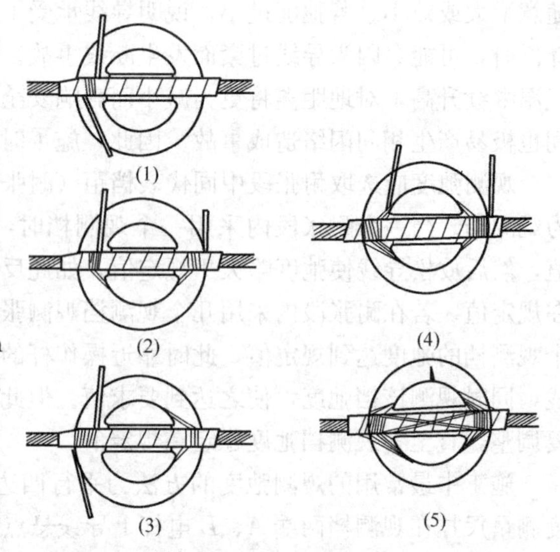

图7-51　顶绑法

（1）把线绕成圈，留出一个长250mm的短头，用短头在绝缘子左侧的导线上缠3圈，其方向是从导线外侧经导线上方，绕向导线内侧。

（2）把绑线长头从绝缘子径部内侧绕到绝缘子右侧的导线上缠3圈，其方向是从导线下方经外侧绕向上方。

（3）继续将绑线长头从绝缘子径部外侧，绕到绝缘子左侧导线上再缠3圈，其方向是由导线下方经内侧绕到导线上方。

（4）再继续将绑线从绝缘子颈部内侧，绕到绝缘子右侧导线上绕3圈。其方向是由导线下方经外侧绕向导线上方。

（5）再将绑线从绝缘子外侧绕到绝缘子左侧导线下面，并从导线内侧上来，经过绝缘子顶部交叉压在导线上。然后，从绝缘子右侧导线的外侧下去绕到绝缘子颈部内侧，并从绝缘子左侧导线的下方，经导线外侧上来，经过绝缘子顶部交叉压在导线上，此时，已形成一个十字叉压住导线。

（6）最后，重复（5）的绑法，再绑一个十字叉。把绑线从绝缘子右侧导线内侧，经导线下方绕到绝缘子颈部外侧，与绑线另一端（短头）在绝缘子外侧中间扭绞2～3圈成麻花状。剪去余线，留下部分压平。

2. 侧绑法

导线在转角杆针式绝缘子上的绑扎法。即是将导线放在绝缘子外侧，绑扎时同样要在导线绑扎处包缠铝包带。有时由针式绝缘子顶槽太浅，在直线杆上也可以用这种绑扎方法。绑扎步骤与顶绑法类似，不再赘述，如图 7-52 所示。

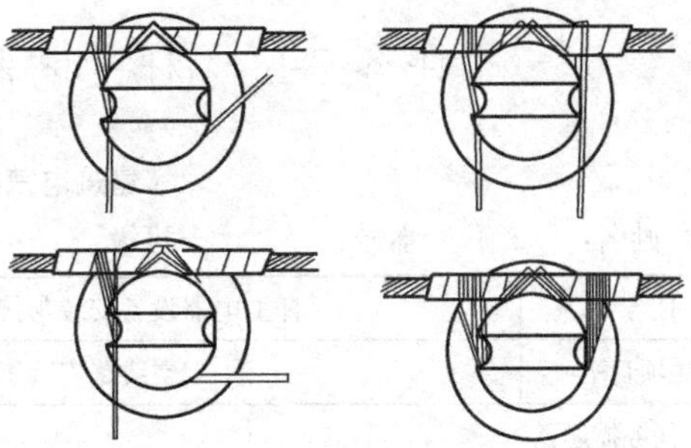

图 7-52　侧绑法

3. 蝶式绝缘子终端绑扎法

先将与绝缘子接触部分的导线用铝包带包缠，把绑线绕成圈，并留出一个短头，约 200—250mm。然后把绑线的短头夹在导线与折回导线中间凹进去的地方，在用绑线长头在导线上缠绑，开始第一圈绑线的位置距蝶式绝缘子中心为绝缘子颈部直径的 3 倍。绑扎到规定长度（500mm^2 及以下导线为 150mm，70mm^2 铝绞线为 200mm）后，把导线端部折回压在绑线上，再缠几圈，然后与短头扭交在一起成麻花状，压平在导线上，把多余部分剪掉，如图 7-53 所示。

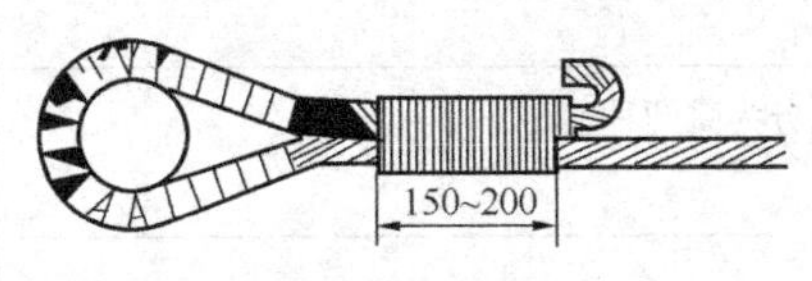

图 7-53　蝶式绝缘子终端绑扎法

4. 用耐张线夹固定导线

此种方法使用在用耐张悬式绝缘子串的终端杆、耐张杆、转角杆等电杆上。先用铝包带（或同规格铝线）包缠导线与线夹接触部分，用以保护导线不被线夹磨伤。包缠时顺导线外层线股的确缠绕方向，从一端开始绕向另一端。包长度须露出线夹两端各 20～30mm。将铝包带的端头压在线夹内，以免松脱。

卸下耐张线夹的全部 U 形螺栓，将导线放入线夹的线槽内，线槽应紧贴导线包缠部分，装上全部 U 形螺栓及压板，并稍拧紧螺母。再按图 7-54 中 1、3、2、4 顺序拧紧。在拧紧过程中应注意线夹的压板不得偏歪和卡碰，并使其受力均衡。所有螺栓拧紧一次后，应进行一次全面检查，是否符合要求，并全部复紧一次螺栓，使之牢固，以免导线滑动。

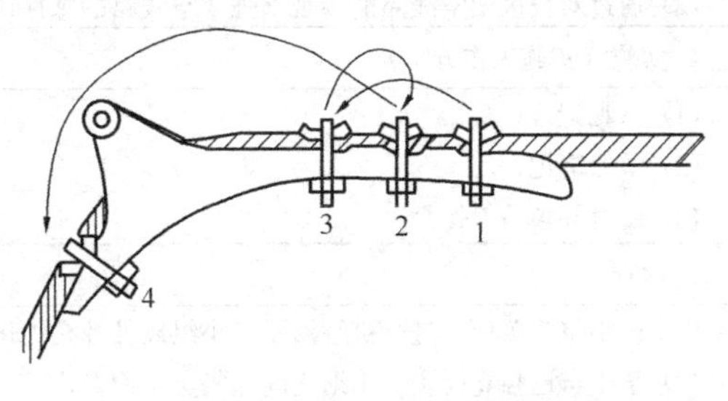

图 7-54　耐张线夹固定导线

5. 注意事项

导线的固定应牢固、可靠，且应注意下列问题：

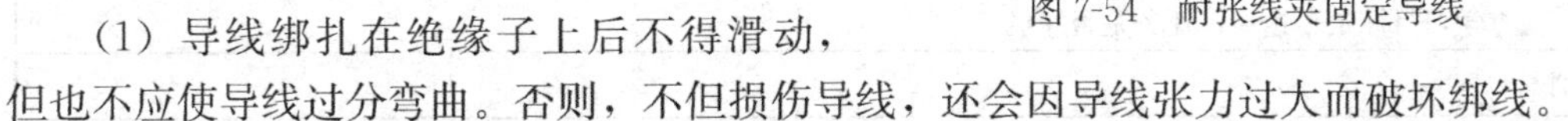

（1）导线绑扎在绝缘子上后不得滑动，但也不应使导线过分弯曲。否则，不但损伤导线，还会因导线张力过大而破坏绑线。

（2）导线是裸导线时，使用与导线材料相同的裸梆线；导线是绝缘导线时，应使用带包皮的绑线。

（3）绑扎时应注意防止碰伤导线和绑线。绑扎铝线时，只许用钳子尖夹住绑线，不得用口夹绑线。

（4）铝包带应包缠紧密无空隙，但不应相互重叠，铝包带在导线弯曲的外侧允许有些空隙。

（5）绑线在绝缘子颈槽内应按顺序排开，不得互相挤压在一起。

任务7-5 杆上电器设备安装与接户线安装

《建筑电气施工技术》工作页

姓名： 学号： 班级： 日期：

任务7-5	杆上电器设备安装与接户线安装	课时：2学时	
项目7	架空线路安装工程	课程名称	建筑电气施工技术

任务描述：

通过讲授、视频录像及现场参观等形式认知架空线路的组成、作用\原理等，让学生对典型的工程有明确的了解，学会在不同工程中应用

工作任务流程图：

播放录像→教师给出工程图纸并结合图纸讲授→参观→分组研讨→提交工作页→集中评价→提交认知训练报告

1. 资讯（明确任务、资料准备）

（1）按杆上变压器台结构形式分，变压器台有几种？按设置位置不同分为哪两种？

（2）何谓接户线？低压接户线的安装应符合那些规定

2. 决策（分析并确定工作方案）

（1）分析采用什么样的方式方法了解杆上电器设备的安装和接户线安装方法等，通过什么样的途径学会任务知识点，初步确定工作任务方案；

（2）小组讨论并完善工作任务方案

3. 计划（制订计划）

制定实施工作任务的计划书；小组成员分工合理

需要通过实物认识、图片搜集、视频播放、查找资料、参观等形式完成本次任务。

（1）通过查找资料和学习明确杆上变压器台的形式、分类等；

（2）通过录像、查找资料认知接户线种类和安装要求；

（3）通过对校区架空线路的参观增强架空线路的感性认识

4. 实施（实施工作方案）

（1）参观记录；

（2）学习笔记；

（3）研讨并填写工作页

5. 检查

（1）以小组为单位，进行讲解演示，小组成员补充优化；

（2）学生自己独立检查或小组之间互相交叉检查；

（3）检查学习目标是否达到，任务是否完成

6. 评估

（1）填写学生自评和小组互评考核评价表；

（2）跟老师一起评价认识过程；

（3）与老师深层次的交流；

（4）评估整个工作过程，是否有需要改进的方法

指导老师评语：

任务完成人签字：

日期： 年 月 日

7.5.1 杆上电器设备安装

在架空配电线路施工中，我们经常会碰到变压器及开关设备等在电杆上的安装。本任务着重介绍这些设备在杆上安装的要求，对设备本身的调整试验等将放在项目 6 作详细介绍。

7.5.1.1　杆上变压器台安装

1. 杆上变压器台的结构形式

杆上变压器台通常分为单杆变压器台和双杆变压器台两种。根据变压器台设置位置不同，又可分为终端式（位于高压线路的终端）和通过式（位于高压线路中，高压线通过变压器台）两种。两种结构形式基本相同，只是终端式应在线路反方向设置拉线，高压线采用悬式绝缘子，通过式则不需拉线，高压线用高压针式绝缘子固定。两种结构形式分别见图 7-55、图 7-56。

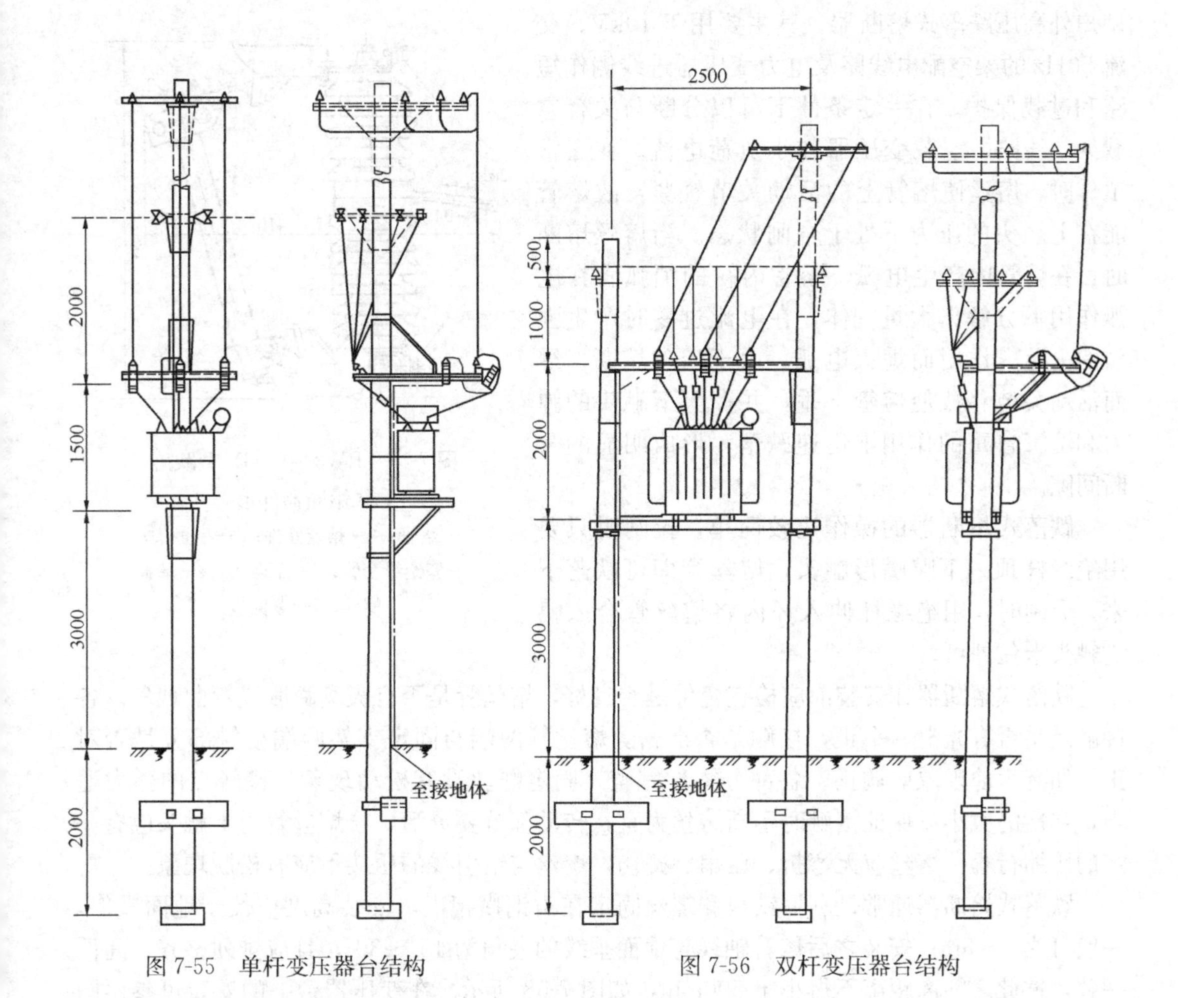

图 7-55　单杆变压器台结构　　　　图 7-56　双杆变压器台结构

2. 杆上变压器台一般要求

杆上变压器台一般适用于负荷较小的场所，变压器容量小且安装接近负荷中心，这样可以减少电压损耗及线路功率损耗。

杆上变压器台应避免在转角杆和分支杆等杆顶结构复杂的电杆上装设，同时还应尽量避开车辆和行人较多的场所。一般应考虑装设在便于安装与检修以及容易装设地线的地方。

变压器台架安装应平整牢固，对地距离不应小于2.5～3m，水平不应大于台架两根电杆之间距离的1/100。变压器安装在台架上，其中心线应与台架中心径向重合，并与台架有可靠的固定；单杆上安装的变压器，其中心应尽量靠近电杆侧。变压器一、二次引线应排列整齐，绑扎牢固；变压器安装后套管表面应光洁，不应有裂纹、破损等现象；套管压线螺栓等部件应齐全，且应安装牢固；油枕油位正常，外壳干净。变压器外壳应可靠接地，接地电阻应符合规定。

7.5.1.2　跌落式熔断器安装

跌落式熔断器又称跌落式开关。常用的有RW_3-10（G）、RW_4-10（G）、RW_7-10型等。熔断器由子绝缘子、接触导线系统和熔管等三部分组成。图7-57即为RW-10（G）型户外高压跌落式熔断器。其主要用于10kV、交流50Hz的架空配电线路及电力变压器进线侧作短路和过载保护。在一定条件下可以分断与关合空载架空线路、空载变压器和小负荷电流。在正常工作时，熔丝使熔管上的活动关节锁紧，故熔管能在上触头的压力下处于合闸状态。当熔丝熔断时，在熔管内产生电弧，熔管内衬的消弧管在电弧作用下分解出大量气体，在电流过零时产生强烈的去游离作用而熄灭电弧。由于熔丝熔断，继而活动关节释放使熔管下垂，并在上下触头的弹力和熔管自重的作用下迅速跌落，形成明显的分断间隙。

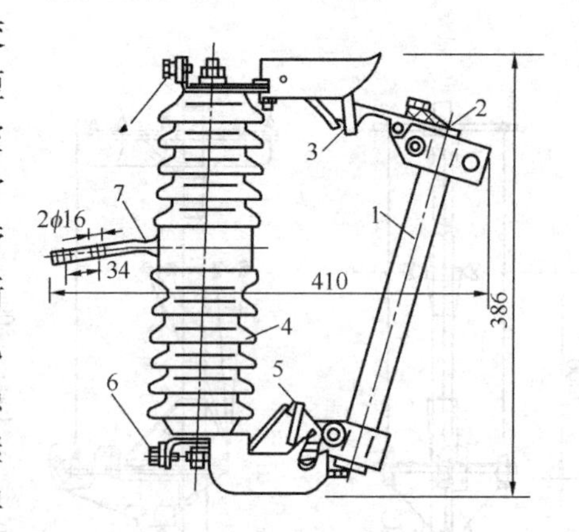

图7-57　RW3-10（G）型跌落式熔断器外形

1—熔管；2—熔丝元件；3—上触头；4—瓷绝缘套管；5—下触头；6—端部螺栓；7—紧固板

跌落式熔断器的操作比较简单，拉闸时只要用绝缘杆顶一下鸭嘴形触头，熔丝管即可跌落下来。合闸时，用绝缘杆伸入环内将熔丝管合入鸭嘴触头卡住即可。

跌落式熔断器在安装前应检查瓷件是否良好，熔丝管是否有吸潮膨胀或弯曲现象。各接触点是否有光滑、平正，接触是否严密。熔丝管两端与固定支架两端接触部分是否对正，如有歪曲现象应调正。各部分零件完整，固定螺丝没有松动现象，接触点的弹力适当，弹性的大小以保证接触时不断熔丝为宜，转动部分要灵活，合熔丝管时上触头应有一定的压缩行程。熔丝应无弯折、压扁、碰伤，熔丝与铜引线的压接不应有松脱现象。

跌落式熔断器通常是利用铁板和螺丝固定在角钢横担上，安装高度应便于地面操作，一般可为4～5m；安装之后熔管轴线与地面垂线的夹角为15°～30°，且应排列整齐、高低一致，彼此之间离距离不得小于500mm，如图7-58所示。在变压器台上的安装可参照图7-55和图7-56。但不论是单杆台或双杆台，都应安装在靠近变压器高压侧的开关横担上。装好熔丝合上后，刀口与刀片的间隙应塞不进0.5mm的塞尺，并应能经得住一般振动而不致误动作。

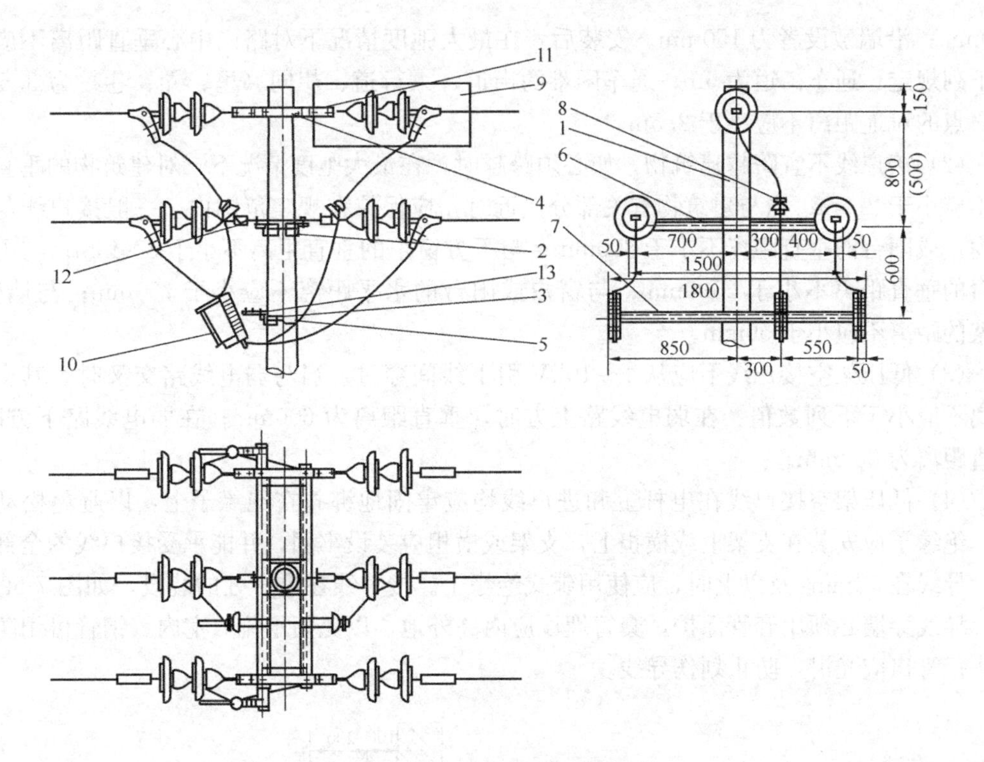

图7-58　跌落式熔断器杆顶安装图

1—电杆；2—M形抱铁；3—M形抱铁；4—拉线抱箍；5—U形抱箍；6—横担；7—跌落式熔断器固定横担；8—针式绝缘子；9—耐张绝缘子串；10—跌落式熔断器；11—拉板；12—针式绝缘子固定支架；13—跌落式熔断器固定支架

7.5.1.3　杆上油开关安装

杆上油开关的安装多采用托架式（DW_5-10型为悬挂式安装），在电杆导线横担下面装设双横担，将油开关装在双横担上并固定牢靠，如图7-58所示。托架安装应平整，以保证安装好的油开关水平倾斜不大于托架长度的1/1000，且油开关安装应牢固可靠。油开关引线与架空导线的连接应采用并沟线夹或绑扎。采用绑扎时，其绑扎长度不应小于150mm，且绑扎应紧密。开关外壳应妥善接地。

油开关在安装前应进行电气性能试验和外观检查。油开关套管应完整无损，没有裂纹、烧伤、松动和油污等现象；触头接触严密，操作机构灵活；油箱无渗油现象。

关于其他设备的安装，如负荷开关、隔离开关等的安装都可参照国家标准图集D172进行。

7.5.2　接户线

接户线是指从架空线路电杆上引到建筑物电源进户点前第一支持点的一段架空导线。按电压可分为低压接户线和高压接户线。

7.5.2.1　低压接户线

低压接户线一般应从靠近建筑物而又便于引线的一根电杆上引下来，但从电杆到建筑物上导线第一支持点间的距离不宜大于25m。否则不宜直接引入，应增设接户线杆。低压接户线一般宜采用绝缘导线，导线架设应符合下列规定：

(1) 低压架空接户线的线间距离，在设计未作规定时，自电杆上引下者，不应小于

200mm；沿墙敷设者为150mm。安装后，在最大弛度情况下对路面中心垂直距离不应小于下列规定：通车街道为6m；通车困难的街道、人行道、胡同（里、弄、巷）为3.5m。进户点的对地距离不应小于2.5m。

（2）接户线不宜跨越建筑物，如必须跨越时，在最大驰度情况下，对建筑物的垂直距离不应小于2.5m；当与建筑物有关部分接近时，应保持在规定范围内。一般接户线与上方窗户或阳台的垂直距离不小于800mm；与下方窗户的垂直距离不小于300mm；与下方阳台的垂直距离不小于2500mm；与窗户或阳台的水平距离不应小于750mm；与墙壁、构架的距离不应小于50mm。

（3）低压架空接户线不应从1～10kV引下线间穿过。当与弱电线路交叉时，其交叉距离不应小于下列数值：在弱电线路上方时，垂直距离为600mm；在弱电线路下方时，垂直距离为300mm。

（4）低压架空接户线在电杆上和进户线均应牢固地绑扎在绝缘子上，以避免松动脱落。绝缘子应安装在支架上或横担上，支架或横担应装设牢固，并能承受接户线的全部拉力。导线在$16mm^2$及以上时，应使用碟式绝缘子。接户线在进户处的装设，如图7-59所示。导线穿墙必须用套管保护，套管埋设应内高外地，以免雨水流入室内。钢管可用防水弯头；管口应光滑，防止划伤导线。

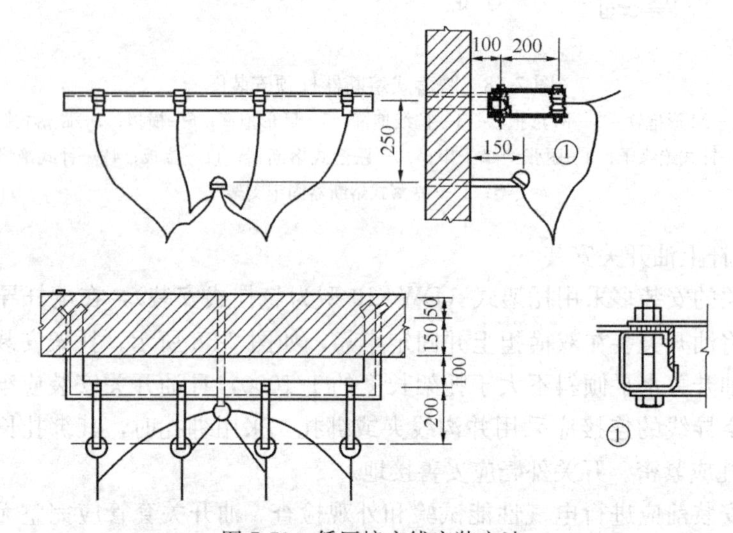

图7-59 低压接户线安装方法

7.5.2.2 高压架空接户线

高压架空接户线的安装要求应遵守高压架空配电线路架设的有关规定，在此应提出注意的有以下几点：

（1）导线的固定。当导线截面较小时，一般可使用悬式绝缘子与蝶式绝缘子串联方式固定在建筑物的支持点上；当导线截面较大时，则应使用悬式绝缘子与耐张线夹串联方式固定。

（2）高压架空接户线使用裸绞线，其最小允许截面为：铜导线$16mm^2$；铝导线$25mm^2$。线间距离不应小于450mm。

（3）高压架空接户线在引入口处的最小对地距离不应小于4m。导线引入室内必须采用高压穿墙套管而不能直接引入，以防导线与建筑物接触，造成触电伤人及发生接地故障。

任务 7-6　架空线路工程竣工验收

《建筑电气施工技术》工作页

姓名：　　　　学号：　　　　班级：　　　　日期：

任务 7-6	架空线路工程竣工验收	课时：4 学时	
项目 7	10KV 以下架空线路施工	课程名称	建筑电气施工技术
任务描述：			
通过讲授、视频录像及现场参观等形式认知竣工验收的组成及准备工作等，让学生对验收检查的内容有明确的了解，学会验收检查的内容和方法；学会竣工验收检查的方法及竣工试验的规定			
工作任务流程图：			
播放录像→教师结合工程实例讲授→分组研讨→提交工作页→集中评价→提交认知训练报告			
1. 资讯（明确任务、资料准备）			
（1）架空配电线路工程竣工验收工作主要包括哪些内容？ （2）中间验收检查包括哪些内容？ （3）竣工试验包括哪些内容			
2. 决策（分析并确定工作方案）			
（1）分析采用什么样的方式方法了解验收检查的内容和竣工试验的规定等，通过什么的途径学会任务知识点，初步确定工作任务方案； （2）小组讨论并完善工作任务方案			
3. 计划（制订计划）			
制定实施工作任务的计划书；小组成员分工合理 需要通过实物认识、图片搜集、视频播放、查找资料、参观等形式完成本次任务。 （1）通过熟悉教材，网上查找资料和学习验收检查的内容及要求； （2）通过 PPT 课件学习，认知竣工验收的方法； （3）通过工程实例、竣工验收材料，认知竣工验收的步骤和方法			
4. 实施（实施工作方案）			
（1）参观记录； （2）学习笔记； （3）研讨并填写工作页			
5. 检查			
（1）以小组为单位，进行讲解演示，小组成员补充优化； （2）学生自己独立检查或小组之间互相交叉检查； （3）检查学习目标是否达到，任务是否完成			
6. 评估			
（1）填写学生自评和小组互评考核评价表； （2）跟老师一起评价认识过程； （3）与老师深层次的交流； （4）评估整个工作过程，是否有需要改进的方法			
指导老师评语：			
任务完成人签字： 日期：　年　月　日			
指导老师签字： 日期：　年　月　日			

线路架设完毕之后，在移交投入运行前，必须认真做好收尾工作。所谓收尾工作是指处理在线路架设整个过程中的余留问题，做好工程验收的准备工作。架空配电线路工程的验收工作一般分为：隐蔽工程验收检查；中间验收检查和竣工验收检查。在验收检查的基础上再进行竣工试验。完全符合要求后即可办理交工手续。

7.6.1 隐蔽工程验收检查

所谓隐蔽工程是指在竣工后无法检查的工程部分。在架空线路工程中一般有以下项目：

（1）基础坑深，包括电线坑、拉线坑；

（2）预制基础的埋设。钢筋混凝土电杆底盘、卡盘、拉线盘的规格及安装位置；

（3）导线连接管压接前的内、外径及长度，压接后的外径及长度、压接质量；

（4）损伤导线的修补情况。

以上隐蔽工程，在施工过程中应做完一项，认真检查一项，并做好记录。

7.6.2 中间验收检查

中间验收检查是指施工班组完成一个或数个分项（基础、杆塔、接地等）成品后进行的验收检查。中间验收检查一般按下列项目进行，并认真做好记录。

1. 电杆及拉线

（1）钢筋混凝土电杆焊口弯曲度及焊接质量；

（2）杆身高差、门形杆根开误差值及扭偏情况；

（3）横担及金具安装应平整、紧密、牢固、方向正确；

（4）拉线的连接方法及受力情况；

（5）回填土情况。

2. 接地

实测接地电阻（测量接地电阻应在晴天或天气干燥的情况下进行，雨后不得立即测量）。所测接地电阻值，不得超过设计规定值。

3. 架线

架线一般要检查以下项目：

（1）导线弧垂；

（2）路线与各部件的电气距离；

（3）电杆在架设导线后的挠度；

（4）相位；

（5）使用金具的规格及连接情况；

（6）压接管的位置及数量；

（7）线路与交叉跨越物的距离；

（8）线路与地面、建筑物之间的距离等。

对于相位的检查，首先检查导线的分相排列是否正确。一般高压线路相序排列（面对负荷侧）从左至右为A、B、C。低压线路（面对负荷侧）从左至右为A、0、B、C。线路两端相位应一致。双回路相位检查可用图7-60所示接线进行，电灯不亮时则表示相位相同。

7.6.3 竣工验收检查

架空线路工程竣工验收检查是在工程全部结束后进行的验收检查。其检查项目除中间验收检查项目外，尚须检查下列各项：

（1）线路的路径、电杆形式、绝缘子形式、导线规格及线间距离等是否符合设计要求；

（2）障碍物的拆迁；

（3）路线的连接；

（4）检查是否有遗留未完项目；

（5）检查各项施工记录的完整性等。

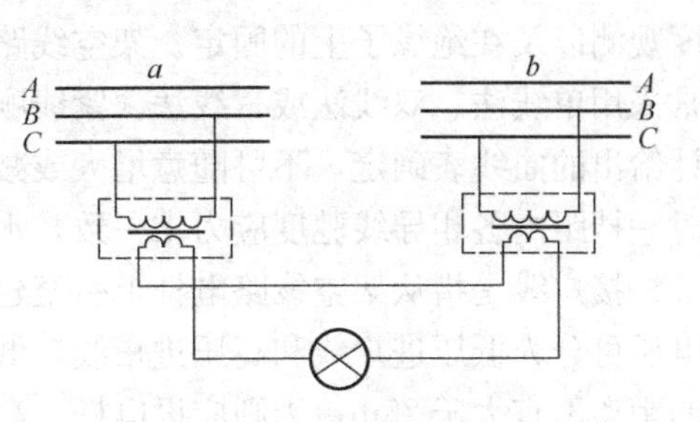

图7-60 双回路相位检查接线

7.6.4 竣工试验

工程验收检查合格后，应进行下列电气试验：

1. 线路绝缘电阻测定

1kV以下线路绝缘电阻值不小于0.5MΩ；10kV线路红外线绝缘电阻值不作规定，但要求每个绝缘子的绝缘电阻值不小于300MΩ。

2. 线路相位测定

各相两侧的相位应一致。

3. 冲击合闸试验（低压线路不要求）

在额定电压下空载线路冲击合闸三次，合闸过程中线路绝缘子不应有损坏。

竣工验收检查完毕，完全符合要求后，即可办理交接手续，将规范规定所应提交的技术资料和文件全部移交使用单位。

知识归纳总结

本项目详细讲述了架空线路的结构和施工方法及竣工验收的内容，为今后架空线路施工打下基础。

为了保证工程质量，基础施工很重要。施工测量的重点是定位，正确定位以后才能进行运输、分坑、挖坑施工。架空线路电杆组装应尽量采用整体起立的方法，在整体起立前必须进行组装。将横担、绝缘子等在地面上组装好。电杆起立有三种方法，即撑杆立杆、抱杆杆、汽车吊立杆。立杆时应注意

（1）听从指挥，密切配合；

（2）立杆前应对使用机具认真检查；

（3）立杆时注意安全，以防倒杆伤人；

（4）立杆时不许中途间断；

（5）杆身调整后，杆坑完全填平夯实后，才可撤去架杆、拉绳等起吊机具，严禁过早上杆施工；

（6）上杆人员必须身体健康，无障碍高空作业的疾病。

拉线安装是用来平衡电杆各方向的拉力，防止电杆弯曲或倾斜。因此，在承力杆上必须装设拉线。在土质松软地区，直线杆每隔一定距离应装设抗风拉线（两侧拉线）或四方拉线。在架空线路中，在一定距离安装一个耐张杆，设置耐张杆不仅能起到将线路分段和控制事故范围的作用，同时给在施工中分段紧线带来方便。

导线架设是架空线路施工的最后一道工序，导线架设包括放线、导线连接、紧线、驰

度观测以及在绝缘子上的固定。架空线路的紧线工作和驰度观测应同时进行，紧线方法通常采用单线法、双线法或三线法。紧线顺序一般是先中间，后两边，尺度的大小应根据设计给出的曲线表确定，不可随意增大或减小。驰度的误差不应超过设计驰度的±5%，同时一档距内各相导线驰度应力求一致，水平排列的导线驰度相差不应大于50mm。

接户线是指从架空线路电杆上引至建筑物电源进户点前第一支持点的一段架空线。按电压可分为低压进户线和高压进户线。低压进户线从电杆到建筑物上的导线第一个支持点的距离不宜大于25m，否则应设电杆。高压进户线应采用高压穿墙套管引至室内，穿墙套管固定在穿墙隔板上，角钢框架应可靠接地。

架空线路工程的验收工作一般分为隐蔽工程验收检查；中间验收检查和竣工验收检查。在验收检查的基础上再进行竣工验收。完全符合要求后，即可办理交工手续。

技能训练7 10kV架空线路安装工程

（一）实训目的

1. 能识别各种电杆及杆型；
2. 明白架空线路的施工方法及竣工验收检查的内容；
3. 掌握架空线路的安装技能，为安装施工打下基础。

（二）实训内容及设备

1. 实训内容：

(1) 识读架空线路图纸；
(2) 准备识读图纸所需的有关资料；
(3) 提出该架空线路工程施工所需材料。
(4) 编制施工组织措施。

2. 实训图纸

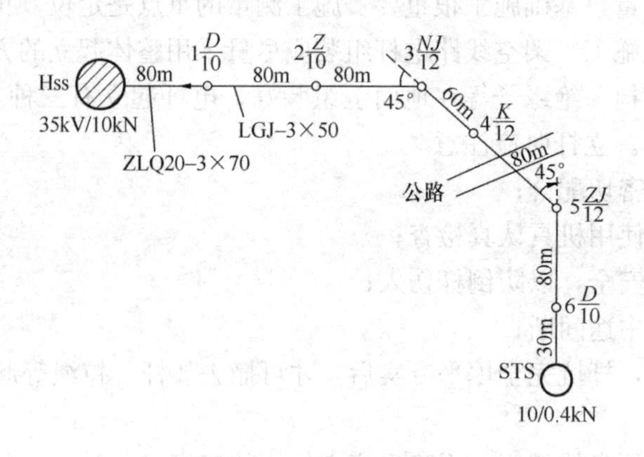

某10kV架空线路平面图

（三）实训步骤

1. 教师活动

(1) 老师讲解实训内容、要求；
(2) 检查和指导学生实训情况；

(3) 对学生实训完成情况进行点评。

2. 学生活动

(1) 学生阅读施工图纸;

(2) 5~6人一组，选组长;

(3) 分组讨论要完成的实训任务及要求;

(4) 选择识图所需的工程图集、教材及有关资料等;

(5) 组长做好工作分工;

(6) 分别完成实训任务;

(7) 对实训中的问题、产生的原因、解决的方法进行分析和讨论;

(8) 对完成的实训任务进行自评、互评、填写实训报告。

(四) 报告内容

1. 说明所提供的架空线路平面图的施工方法及技术要求;

2. 列出所用材料的名称、数量并说明其作用。

(五) 实训记录与分析表（表中材料名称仅供参考）

序号	材料名称	规格	数量	作用
	直线杆			
	转角杆			
	终端杆			
	拉线			
	拉线盘			
	底盘			
	卡盘			
	UT型线夹			
	钢线卡子			
	楔形线夹			
	针式绝缘子横担			
	针式绝缘子			
	高压碟式绝缘子			
	U形挂环			
	悬式绝缘子			
	平行挂钩			
	耐张线夹			
	钢芯铝绞线			
	拉紧绝缘子			
	电缆			

(六) 问题讨论

1. 说明耐张杆与直线杆的区别?

2. 简述导线架设与驰度观测的方法区别?

（七）技能考核（教师）

1. 熟练说明各种电杆型号表示的含义；

2. 熟练说明架空线路某一项内容的施工方法。

习题与思考题

一、单项选择题

1. 架空线路中的耐张杆正确的说法是（ ）

A. 在正常情况下只承受导线的垂直荷重和风吹导线的水平荷重，而不承受顺线路方向导线拉力的电杆

B. 在正常情况下承受荷重，还承受两侧导线拉力合力的电杆

C. 为了防止倒杆事故范围扩大，减少倒杆数量，在一定距离装设机械强度较大、能承受导线不平衡拉力的电杆

2. 在下列选项中，悬式绝缘子的型号是（ ）。

A. PD　　B. XP　　C. ED

3. 钢芯铝绞线的型号是（ ）。

A. LJ　　B. LGJ　　C. HLJ

4. 10m 高电杆埋深是（ ）。

A. 1.5m　　B. 1.6m　　C. 1.7m

5. 低压架空配电线路导线成水平排列，低压与低压直线杆多回路各层横担最小距离是（ ）。

A. 600mm　　B. 800mm　　C. 1200mm

6. 既安全、效率又高，既可减轻劳动强度，又可以减少施工人员的立杆方式是（ ）。

A. 架杆立杆　　B. 抱杆立杆　　C. 汽车吊立杆

7. 多用于线路的终端杆、转角杆、耐张杆、分支杆等处的拉线称为（ ）。

A. 两侧拉线　　B. 水平拉线　　C. 普通拉线

8. 铝绞线磨损的截面在导电部分的 6%以内，损坏深度在单股线直径的 1/3 之内时，应用同金属的单股线在损坏部分缠绕，缠绕长度应超过损坏部分两端各（ ）。

A. 30mm　　B. 50mm　　C. 100mm

9. 架空线路紧线顺序是（ ）。

A. 先中间、后两边　B. 先两边、后中间　　C. 从左往右依次紧线

10. 低压接户线从电杆到建筑物上导线第一支撑点的距离不宜大于（ ）。

A. 15m　　B. 20m　　C. 25m

二、思考题

1. 架空线路主要由什么组成？

2. 架空配电线路工程施工包括哪些主要内容？

3. 架空配电线路中所用基本杆型有哪几种？说明它们的作用是什么？

4. 架空配电线路常用拉线有哪几种？拉线安装应符合哪些规定？

5. 基础施工前的杆坑定位应符合哪些规定？

6. 架空配电线路施工常用立杆方法有哪几种？电杆立好后应符合哪些规定？

7. 导线架设工作包括哪些内容？如何观测导线施度。

8. 何谓接户线？低压接户线的安装应符合哪些规定？

项目8　建筑弱电安装工程

【课程概要】

学习目标	认知弱电工程包括的内容及不同系统的应用场所，掌握不同系统的安装方法，学会弱电工程的调试方法。具有火灾自动报警系统系统的安装与调试能力；具有有线电视系统安装能力；具有识别综合布线的常用材料、设备的能力并掌握安装方法
教学内容	任务 8-1　智能建筑认知 任务 8-2　火灾自动报警系统安装 任务 8-3　综合布线系统安装 任务 8-4　有线电视系统安装与接线
项目知识点	了解弱电工程包括的内容，知道不同系统的应用场所，掌握不同系统的安装法学会弱电工程的调试方法
项目技能点	具有火灾自动报警系统系统的安装与调试能力；具有识别综合布线的常用材料、设备的能力；能掌握安装方法
教学重点	弱电系统的安装方法
教学难点	火灾自动报警系统系统的调试
教学资源与载体	多媒体网络平台，教材、PPT 和视频等，一体化消防实训室，弱电系统系统工程图纸，工作页、评价表等
教学方法建议	项目教学法，演示法，参与型教学法
教学过程设计	下发工程图纸→分组识图练习→分组研讨构成与原理→指导学习识读图纸方法→指导安装训练
考核评价和标准	弱电系统的识读与操作；弱电系统设备的选用； 沟通与协作能力；工作态度；任务完成情况与效果

任务8-1　智能建筑认知

《电气安装工程设计与施工》工作页

姓名：　　　学号：　　　班级：　　　日期：

任务 8-1	智能建筑认知	课时：2学时	
项目 8	弱电工程安装	课程名称	建筑电气施工技术
任务描述：			
通过讲授、视频录像形式认知智能建筑的特征、内容等，让学生对建筑智能有明确的了解，掌握建筑智能的内容			
工作任务流程图：			
播放录像→参观→分组研讨→提交工作页→集中评价→提交认知训练报告			

续表

1. 资讯（明确任务、资料准备）
（1）什么是建筑智能？ （2）智能建筑的特征是什么？ （3）建筑智能的功能是什么？ （4）建筑智能的优势有哪些
2. 决策（分析并确定工作方案）
（1）分析采用什么样的方式方法了解火灾自动报警系统的组成及分类等，通过什么样的途径学会任务知识点，初步确定工作任务方案； （2）小组讨论并完善工作任务方案
3. 计划（制订计划）
制定实施工作任务的计划书；小组成员分工合理 需要通过实物认识、图片搜集、视频播放、查找资料、参观等形式完成本次任务。 （1）通过查找资料和学习明确智能建筑的特征、结构、功能等； （2）通过录像、参观认知建筑智能的组成； （3）通过对实训室设备或学院办公楼的参观增强对建筑智能系统的感性认识，为后续课程的学习打好基础
4. 实施（实施工作方案）
（1）参观记录； （2）学习笔记； （3）研讨并填写工作页
5. 检查
（1）以小组为单位，进行讲解演示，小组成员补充优化； （2）学生自己独立检查或小组之间互相交叉检查； （3）检查学习目标是否达到，任务是否完成
6. 评估
（1）填写学生自评和小组互评考核评价表； （2）跟老师一起评价认识过程； （3）与老师深层次的交流； （4）评估整个工作过程，是否有需要改进的方法
指导老师评语：
任务完成人签字： 日期：　　年　　月　　日
指导老师签字： 日期：　　年　　月　　日

8.1.1　智能建筑定义与特征

8.1.1.1　智能建筑定义

智能建筑是指利用系统集成方法，将计算机技术、通信技术、信息技术与建筑艺术有机结合，通过对设备的自动监控、对信息资源的管理和对使用者的信息服务及其与建筑的优化组合，所获得的投资合理、适合信息社会需要并且有安全、高效、舒适、便利和灵活特点的建筑物。

8.1.1.2　智能建筑的特征

智能建筑的特征包括以下内容：

1. 复杂性

它具备了复杂系统几乎所有的特性。

2. 开放性

集成接口遵循开放、通用的国际标准，集成接口互换性好。

3. 技术先进性

(1) 无线通信技术的充分应用；

(2) 数字化视频传输的推广使用；

(3) 控制系统的全数字化技术。

4. 集成化

由 5 个独立的自动化子系统组成：

(1) 设备管理自动化系统

(2) 安全防卫自动化系统

(3) 通信自动化系统

(4) 防止火灾自动化系统

(5) 办公自动化系统

通过系统集成中心把这些子系统组合在一起，以满足用户的需要。

8.1.1.3　建筑智能化的内容

建筑智能化结构与内容如图 8-1 所示。

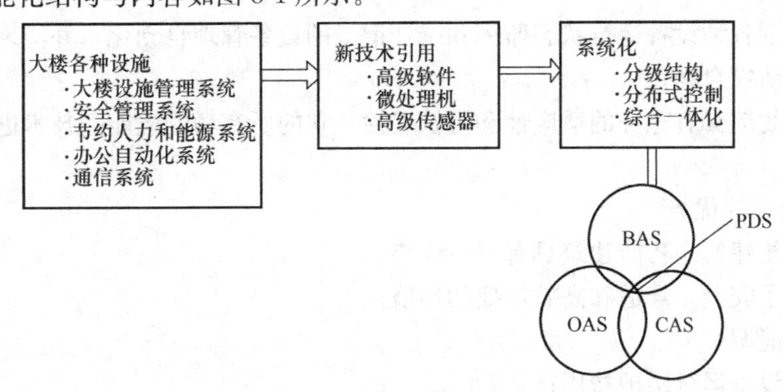

图 8-1　建筑智能化结构与内容

1. 楼宇自动化系统（BAS）

通过对楼宇建筑中的电力、照明、暖通空调、广播、给水排水、电视、出入口、停车场等建筑设备系统的实时监控和管理，确保大厦内安全、舒适的工作环境，同时也实现了高效和节能。

BAS 可实现以下功能：

(1) 设备监控和物业管理

BAS 可提供运行设备的监控管理和楼宇经营管理，包括大楼内各种空间服务设施的预约、使用分配、调度及费用管理。能够对建筑物内的各种建筑设备运行状态进行监视、控制、故障诊断、打印作业报表、记录维护保养等。

(2) 节能控制

包括供配电、照明、空调、给水排水等系统的控制管理。

(3) 安全保卫

采用先进的计算机技术、控制技术、传感技术、通信技术和网络方法，对建筑的特定区域、出入口、停车场进行有效的监控管理，确保建筑的安全。

2. 通信自动化系统（CAS）

该系统由语音通信交换系统、有线电视系统、数字式程控电话交换机系统或接入网系统、光缆传输系统、卫星信息通信系统、电视会议系统、可视图文与传真系统、多媒体系统与无线寻呼、公共广播系统和综合布线系统等组成，其作用是实现建筑物内外和国内外的信息互通，资料查询和资源共享。

3. 办公自动化系统（OAS）

该系统由计算机网络、计算机软件平台、酒店管理系统和物业管理系统、电子会议系统及综合布线系统等组成。其作用是服务于建筑物本身的物业管理和运营服务，用户业务领域的金融、外贸和政府部门的办公，是可实现具体办公业务的人机交互信息系统。

8.1.2 智能建筑的功能及优势

1. 智能建筑的功能

(1) 智能建筑应具有信息处理功能，而且信息范围不只局限于建筑物内部，应能在城市，地区或国家间进行。

(2) 能对建筑物内照明、电力、暖通、空调、给水排水、防灾、防盗、运输设备等进行综合自行控制。

(3) 能实现各种设备运行状态监视和统计记录的设备管理自动化，并实现以安全状态监视为中心的防灾自动化。

(4) 建筑物应具有充分的适应性和可扩展性，它的所有功能应能随技术进步和社会需要而发展。

2. 智能建筑的优势

相对于传统建筑，智能建筑具有以下优势：

(1) 提供了安全、舒适和高效便捷的环境；

(2) 节约能源；

(3) 节省设备运行维护费用；

(4) 满足用户对不同环境功能需求；

(5) 高新技术的运用能大大提高工作效率；

(6) 系统的集成是实现智能目标的保证。

8.1.3 智能建筑展望

智能建筑展望发展趋势主要有以下几个方面：

1. 向规范性发展；

2. 智能建筑材料与智能建筑结构的发展；

(1) 自修复混凝土。

(2) 光纤混凝土。

(3) 智能化平衡结构。

3. 智能建筑向多元化发展。

4. 建筑智能化技术与绿色生态建筑的结合绿色建筑，是综合运用当代建筑学、生态学及其他技术科学的成果。

5. 信息技术的标准化必将提升智能化的素质。

当今，随着楼宇自动化、计算机通信、办公自动化系统等高新技术的迅速发展，智能建筑的系统集成水平的提高，先进的智能建筑弱电系统集成技术，已从单个系统中的设备及其子系统内部的集成，发展到利用计算机网络技术实现在不同操作平台上运行的众多系统间的集成，即大系统集成。与此相对应，集成的功能得到加强，受到社会的极大重视。

在楼宇智能建筑中，建筑电气弱电工程技术内容越来越多，本项目在有限的篇幅内不可能做详细论述，旨在对火灾自动报警系统安装、有线电视系统安装、综合布线系统安装等做以介绍。

任务 8-2 火灾自动报警系统安装

《电气安装工程设计与施工》工作页

姓名： 学号： 班级： 日期：

任务 8-2	火灾自动报警系统安装	课时：2 学时	
项目 8	弱电工程安装	课程名称	建筑电气施工技术
任务描述：			
通过讲授、视频录像及现场参观等形式认知火灾自动报警系统的组成、作用、原理等，让学生对典型的系统有明确的了解，学会识别不同设备，掌握安装方法			
工作任务流程图：			
播放录像→教师给出工程图纸并结合图纸讲授→参观→分组研讨→提交工作页→集中评价→提交认知训练报告			
1. 资讯（明确任务、资料准备）			
(1) 火灾自动报警系统由哪些设备组成？各部分的作用是什么？ (2) 火灾探测器一般分为几种？特点如何？ (3) 火灾报警控制器的种类及安装方式是什么？ (4) 消防控制设备联动调试的方法是什么			
2. 决策（分析并确定工作方案）			
(1) 分析采用什么样的方式方法了解火灾自动报警系统的组成及分类等，通过什么样的途径学会任务知识点，初步确定工作任务方案； (2) 小组讨论并完善工作任务方案			
3. 计划（制订计划）			
制定实施工作任务的计划书；小组成员分工合理 需要通过实物认识、图片搜集、视频播放、查找资料、参观等形式完成本次任务。 (1) 通过查找资料和学习明确火灾自动报警系统的分类、特点等； (2) 通过录像认知火灾自动报警系统的特点； (3) 通过对实训室设备或学院消防系统的参观增强对火灾自动报警系统系统的感性认识，为后续课程的学习打好基础			

续表

4. 实施（实施工作方案）
(1) 参观记录； (2) 学习笔记； (3) 研讨并填写工作页
5. 检查
(1) 以小组为单位，进行讲解演示，小组成员补充优化； (2) 学生自己独立检查或小组之间互相交叉检查； (3) 检查学习目标是否达到，任务是否完成
6. 评估
(1) 填写学生自评和小组互评考核评价表； (2) 跟老师一起评价认识过程； (3) 与老师深层次的交流； (4) 评估整个工作过程，是否有需要改进的方法
指导老师评语：
任务完成人签字： 日期：　　年　　月　　日
指导老师签字： 日期：　　年　　月　　日

8.2.1　火灾探测器安装

8.2.1.1　探测器的接线方式

探测器的接线端子数是由探测器的具体电子电路决定的，有两端、三端、四端或五端的，出厂时都已经设置好。一般就功能来说，有这样几个出线端：(1) 电源正极，记为“＋”端，＋24V（或＋18V）；(2) 电源负极或接地（零）线，记为“－”端；(3) 火灾信号线，记为“X”（或“S”）端；(4) 检查线，用以确定探测器与报警装置（或控制台）间是否断线的检查线，记为“J”端，一般有检入线 J_R 和检出线 J_C 之分。

探测器的接线端子一般以三端子和五端子为最多，如图 8-2 所示。但并非每个端子一定要有进出线相连接，工程中通常采用 3 种接线方式，即两线制、三线制、四线制。分别如图 8-3～图 8-5 所示。

8.2.1.2　探测器的安装

以点型火灾探测器为例。火灾探测器要安装在底座上，如图 8-6 所示。接线在底座上完成，探测器与底座用簧片接触。

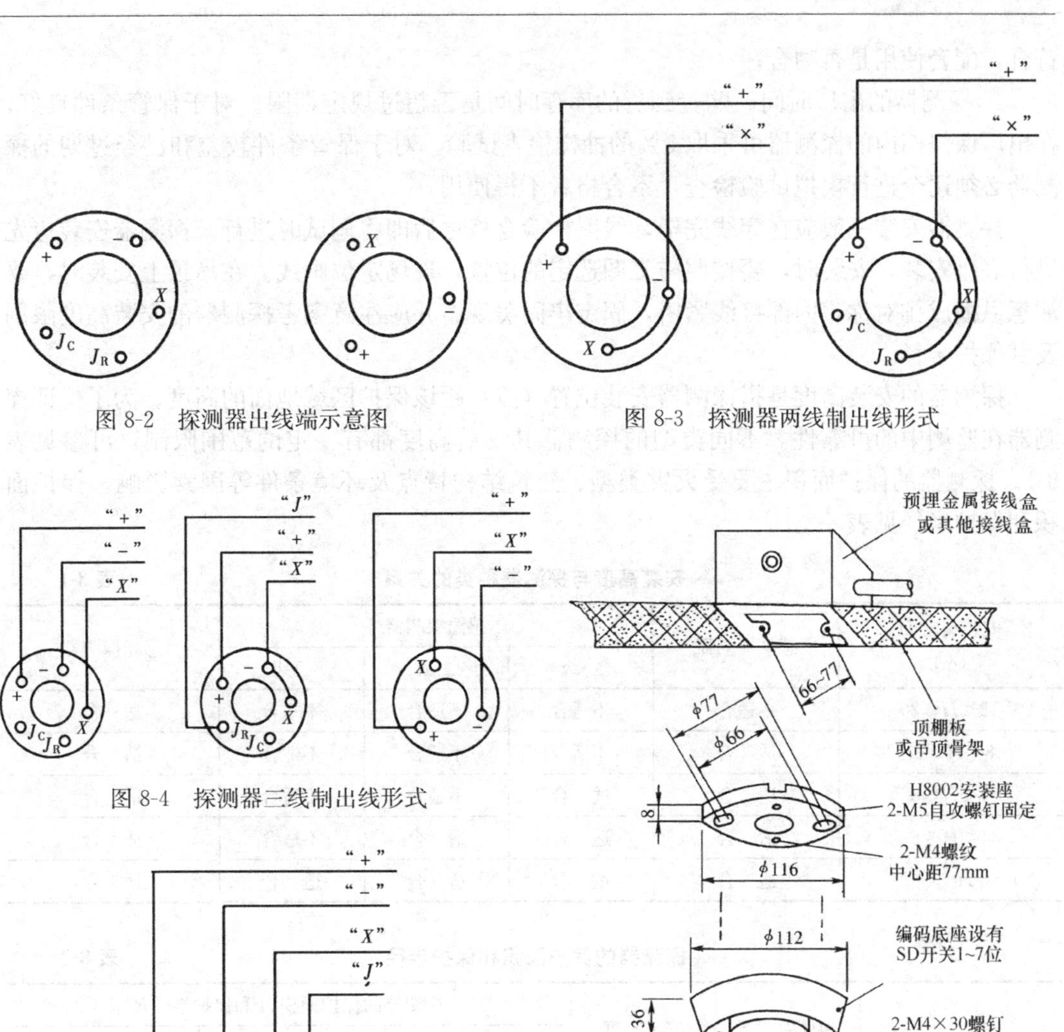

图 8-2 探测器出线端示意图

图 8-3 探测器两线制出线形式

图 8-4 探测器三线制出线形式

图 8-5 探测器四线制出线形式

图 8-6 火灾探测器安装示意图

探测器的外形结构随制造厂家不同而略有差异，但总体形状大致相同。一般随使用场所不同，在安装方式上主要有嵌入式和露出式两种。为了方便用户辨认探测器是否动作，探测器有带（动作）确认灯和不带确认灯之分。探测器的确认灯，应面向便于人员观察的主要入口方向。

探测器安装前应进行下列检验：

1. 探测器的型号、规格是否与设计相符合；

2. 改变或代用探测器是否具备审查手续和依据；

3. 探测器的接线方式、采用线制、电源电压同设计选型设备，施工线路敷线是否相符合，配套使用是否吻合；

4. 探测器的出厂时间、购置到货的库存时间是否超过规定期限。对于保管条件良好，在出厂保修期内的探测器可采取 5% 的抽样检查试验。对于保管条件较差和已经过期的探测器必须逐个进行模拟试验检查，不合格者不得使用。

探测器安装一般应在穿线完毕，线路检验合格之后即将调试时进行。探测器安装应先进行底座安装，安装时，要按照施工图选定的位置，现场定位画线。在吊顶上安装时，要注意纵横成排对称，内部接线紧密，固定牢固美观。并应注意参考探测器的安装高度限制及其保护半径。

探测器的安装高度是指探测器安装位置（点）距该保护区域地面的高度。为了保证探测器在监测中的可靠性，不同类型的探测器其安装高度都有一定的范围限制，可参见表 8-1。探测器的保护面积主要受火灾类型、建筑结构特点及环境条件等因素影响。保护面积和保护半径见表 8-2。

安装高度与探测器种类的关系　　**表 8-1**

安装高度 H（m）	感烟探测器	感温探测器			感光探测器
		一级	二级	三级	
$12<H\leqslant 20$	不适合	不适合	不适合	不适合	适　合
$8<H\leqslant 12$	适　合	不适合	不适合	不适合	适　合
$6<H\leqslant 8$	适　合	适　合	不适合	不适合	适　合
$4<H\leqslant 6$	适　合	适　合	适　合	不适合	适　合
$H\leqslant 4$	适　合	适　合	适　合	适　合	适　合

探测器的保护面积和保护半径　　**表 8-2**

火灾探测器的种类	地面面积 S（m^2）	安装高度 H（m）	探测器的保护面积 A 和保护半径 R					
			$\theta\leqslant 15°$		$15°<\theta\leqslant 30°$		$\theta>30°$	
			A（m^2）	R（m）	A（m^2）	R（m）	A（m^2）	R（m）
感烟探测器	$S\leqslant 80$	$H\leqslant 12$	80	6.7	80	7.2	80	8.0
	$S>80$	$6<H\leqslant 12$	80	6.7	100	8.0	120	9.9
		$H\leqslant 6$	60	5.8	80	7.2	100	9.0
感温探测器	$S\leqslant 30$	$H\leqslant 8$	30	4.4	30	4.9	30	5.5
	$S>30$	$H\leqslant 8$	20	3.6	30	4.9	40	6.3

注：θ 为屋顶坡度。

8.2.1.3　探测器安装注意事项

1. 当探测器装于探测区域不同坡度的顶棚上时，随着顶棚坡度的增大，烟雾沿斜顶向屋脊聚集，使得安装在屋脊（或靠近屋脊）的探测器感受烟或感受热气流的机会增加。因此，探测器的保护半径也相应地加大。

2. 当探测器监测的地面面积 $S>80m^2$ 时，安装在其顶棚上的感烟探测器受其他环境条件的影响较小。房间越高，火源与顶棚之间的距离越大，则烟均匀扩散的区域越大。因此，随着房间高度增加，探测器保护的地面面积也增大。

3. 随着房间顶棚高度增加，能使感温探测器动作的火灾规模明显增大。因此，感温探测器需按不同的顶棚高度选用不同灵敏度等级。较灵敏的探测器，宜使用于较大的顶棚高度上。

4. 感烟探测器对各种不同类型的火灾，其敏感程度有所不同。因而难以规定感烟探测器灵敏度等级与房间高度的对应关系。但考虑到火灾初期房间越高烟雾越稀薄的情况，当房间高度增加时，可将探测器的感烟灵敏度等级调高。

探测区域内的每个房间应至少设置一只探测器。探测器安装应符合下列要求：

（1）探测器距墙壁或梁边的水平距离应大于 0.5m，且在探测器周围 0.5m 内不应有遮挡物。

（2）在有空调的房间内，探测器要安装在距空调送风口 1.5m 以外的地方，并宜接近回风口安装。探测器至多孔送风顶棚孔口的水平距离，不应小于 0.5m。

（3）在室内梁上设置可燃气体探测器时，探测器与顶棚距离应在 0.3m 以内，如图 8-7 所示。

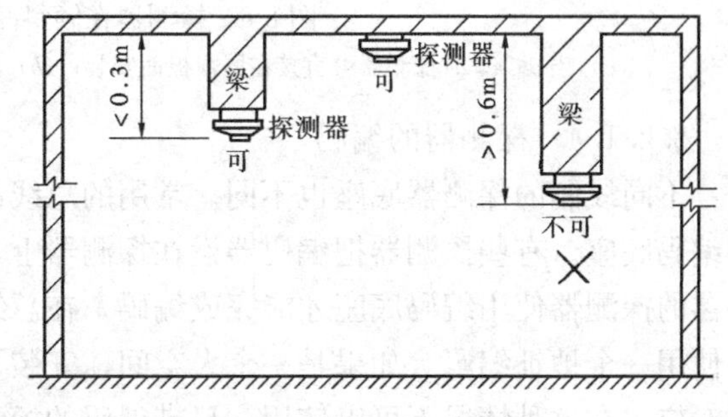

图 8-7　探测器距顶高度

（4）当房屋顶部有热屏障时，感烟探测器下表面至顶棚的距离应当符合表 8-3 的规定。

感烟探测器下表面距顶棚（或屋顶）的距离　　　　**表 8-3**

探测器安装高度 H（m）	感烟探测器下表面距顶棚（或屋顶）的距离（mm）					
	顶棚（或屋顶）坡度 θ					
	$\theta\leqslant15°$		$15°<\theta\leqslant30°$		$\theta>30°$	
	最小	最大	最小	最大	最小	最大
$H\leqslant6$	30	200	200	300	300	500
$6<H\leqslant8$	70	250	250	400	400	600
$8<H\leqslant10$	100	300	300	500	500	700
$10<H\leqslant12$	150	350	350	600	600	800

（5）探测器宜水平安装，如必须倾斜安装时，其安装倾斜角 α 不应大于 45°，否则应加装平台安装探测器，如图 8-8 所示。所谓“安装倾斜角”是指探测器安装面的法线与房间铅垂线间的夹角。显然，安装倾斜角 α 等于屋顶坡度 θ。

（6）在宽度小于 3m 的内走廊顶棚安装探测器时，宜居中布置。感温探测器的安装间距不应超过 10m，感烟探测器的安装间距不应超过 15m。探测器至端墙的距离不应大于探测器安装间距的一半。

（7）探测器的底座应固定牢靠。底座的外接导线，应留有不小于 150mm 的余量，入端处应有明显标志。探测器的“+”线应为红色，“—”线应为蓝色，其余线应根据不同用途采用其他颜色区分。但同一工程中相同用途的导线颜色应一致。导线的连接必须可靠压接或焊接。当采用焊接时，不得使用带腐蚀性的助焊剂。探测器底座的穿线孔宜封堵，安装完毕后的探测器底座应采取保护措施。

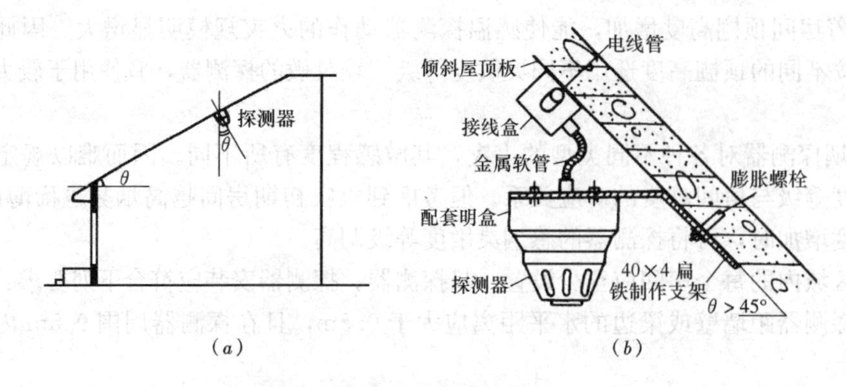

图 8-8　探测器在倾斜面上安装示意图

(*a*) 当 $\theta \leqslant 45°$时探测器可直接在屋顶板面安装；(*b*) 当 $\theta > 45°$时探测器应加装平台安装探测器

8.2.1.4　探测器的编码

不同线制的探测器底座也不同。常用的总线制报警系统中，二线制底座分为标准底座和编码底座。有些探测器把编码器设在探测器上，使用标准底座安装也可以编码。没有编码器的探测器使用编码底座才能完成编码。在总线制火灾报警系统中，一般一个独立的场所使用一个地址编码。如果是一个大空间，安装了许多探测器，但只需要一个地址编码与之对应，在这种情况下可以使用一只带编码的探测器（叫母座）与几只不带编码的探测器（叫子座）并联起来工作。但一只母座所带子座一般不超过 5 只。

二总线制探测器接线方式，如图 8-9 所示。

图 8-9（*a*）为都使用编码底座的连接方式。图中进线端子和出线端子在底座内部是

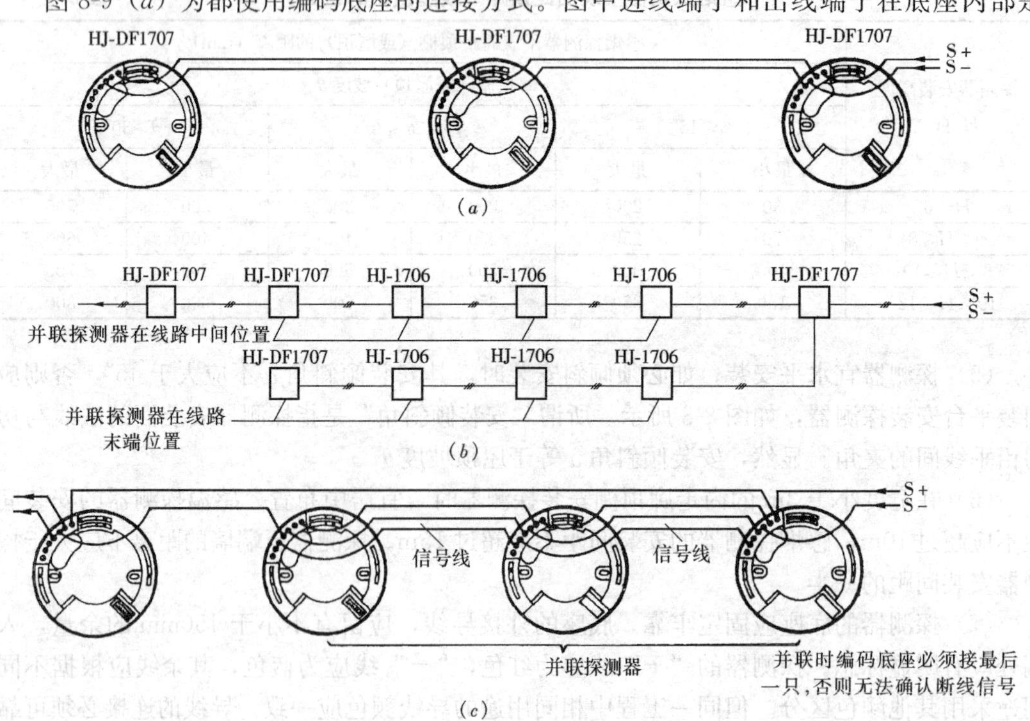

图 8-9　二总线制探测器接线方式

(*a*) 编码底座二总线制接线方法；(*b*) 编码底座并联线路；(*c*) 编码底座并联接线方法

连在一起的。有些底座上只有两个接线端子，线路的进出线都接在同一个接线端子上。

图 8-9（*b*）为母座带子座的连接示意图。一组母座带子座的连接可以串接在线路中，也可以设置在线路终端。母座与子座连接时，必须是子座在前，母座在后有多个子座时，母座要在最后一个。从图 8-9（*b*）中可以看到，从一只编码底座上可以分支出两个以上回路。

图 8-9（*c*）为母座带子座的实际接线情况。注意：S_+是串在线路中的。此时，S_+线直接跳接到下一个编码底座上，而两个子座与一个母线用另一条S_+线串接，三个底座用一条信号线连接起来。并联时编码底座必须接最后一只，否则无法确认断线信号。

探测器编码底座的编码方式有三种：

1. 用 DIP 开关编码

在底座上装有一组小开关叫 DIP 开关，如图 8-10 所示。图中为 8 位开关（有些模块上是 7 位或 5 位开关）。开关在 ON 位置时该位数为 0，在 OFF 位置时该位数为二进制数 1，对应的十进制数在图上有标注。把不为 0 的数相加所得的数，即该器件的地址编码，图中为 78 号器件。器件向报警器发出信息时，就带有这个地址编码，此时显示设备上该地址编码对应的显示器件会有显示（如亮灯）。8 位开关最大地址编码为 127。

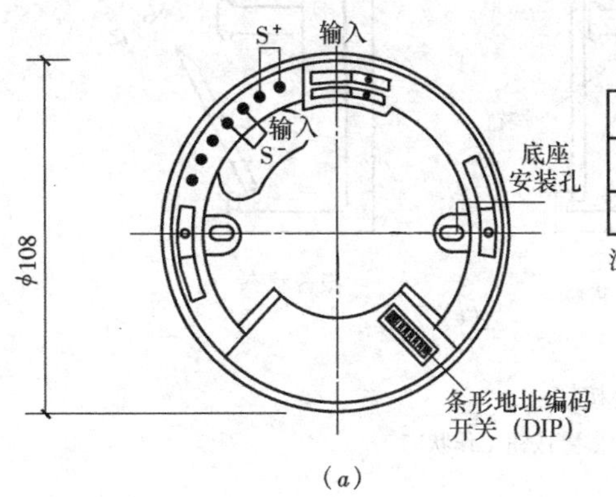

(*a*)

条形地址编码开关(DIP)

1	2	3	4	5	6	7		数位号
ON	OFF	OFF	OFF	ON	ON	OFF		↕ON OFF 开关状态
1	2	4	8	16	32	64		数位代表的数字

注：1. 当开关拨动至■(ON)时，该数位为零；
　　当开关拨动至■(OFF)时，为该数位所代表的数字。
2. 所有数位所代表的数字相加之和，即该开关的地址编码。
　本图开关所显示的地址编码为：0＋2＋4＋8＋0＋0＋64＝78″。
3. 条形地址编码开关有 7 位和 8 位两种。

(*b*)

图 8-10　用 DIP 开关编码

(*a*) HZ-DF-1707 型编码底座；(*b*) DIP 开关示意

2. 用拨盘编码

这种方法比较简单，在底座上有两个拨盘，每个盘上是 0～9，如图 8-11 所示。可以直接拨动拨盘上的号码选择地址号，十进制拨盘最大地址编码为 99。

3. 用插针跳线编码

如图 8-12 所示为一个五位三进制编码器。编码器内共有 3 行（从上到下为 1，2，3）5 列（从左到右为 *a*，*b*，*c*，*d*，*e*）插针，若将某列的下面 2 行插针用短路环短接，则该列表示数值“0”；若该列不加短路环，则表示数值“1”；若将该列上面 2 行短接，则表示数值“2”。探测器通用编码公式为

编码号$=a\times3^0+b\times3^1+c\times3^2+d\times3^3+e\times3^4$

式中 *a*，*b*，*c*，*d*，*e* 的数值根据短路环的位置为 0、

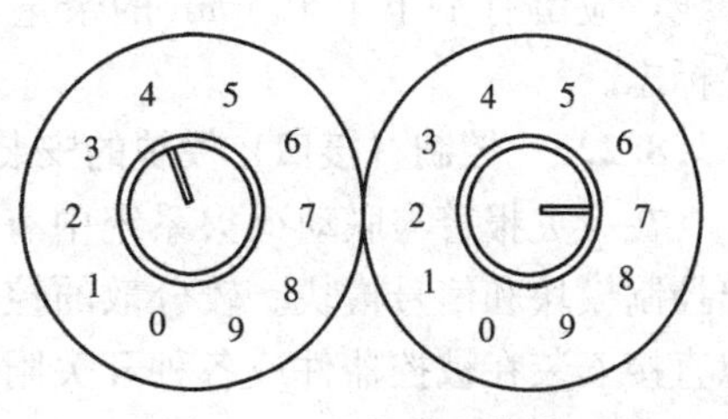

图 8-11　地址编码拨盘

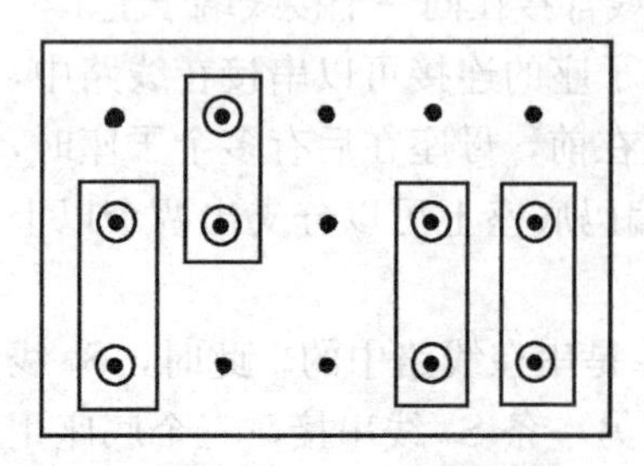

图 8-12　插针跳线编码器

1、2 三者之一。

【例 8-1】 编码器上插针口短路环的位置如图 8-12 所示。图中 a 为下面两根插针被短接，表示 0；b 为上面两根插针被短接，表示 2；c 列没有短路环为 1；d、e 与 a 相同均为 0。

由公式可计算出：

编码号 $=0\times3^0+2\times3^1+1\times3^2+0\times3^3+0\times3^4=15$

8.2.2　手动报警按钮安装

每个防火分区（1000m² 左右），至少设置一个手动报警按钮，有的按钮上带有消防电话插口。手动报警按钮如图 8-13 所示，其安装方法如图 8-14 所示。

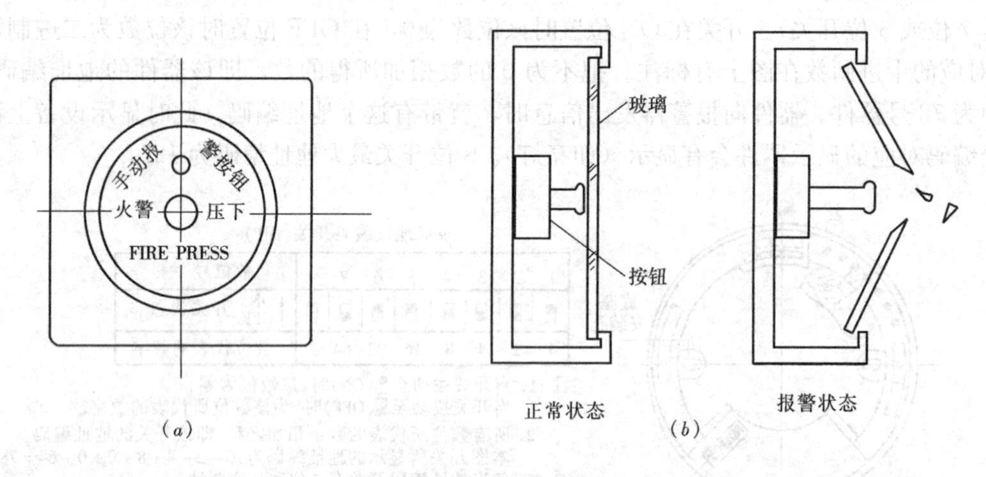

图 8-13　手动报警按钮

（a）手动报警按钮外形；（b）手动报警按钮工作状态

手动报警按钮应安装在下列部位：

（1）大厅、过厅、主要公共活动场所的出入口；

（2）餐厅、多功能厅等处的主要出入口；

（3）主要通道等经常有人通过的地方；

（4）各楼层的电梯间、电梯前室。

手动报警按钮的安装位置，应满足在一个防火分区内的任何位置到最邻近的一个手动火灾报警按钮的步行距离不大于 30m，安装高度为 1.5m。手动火灾报警按钮的外接导线，应留有不小于 100mm 的余量，且在其端部应有明显标志。

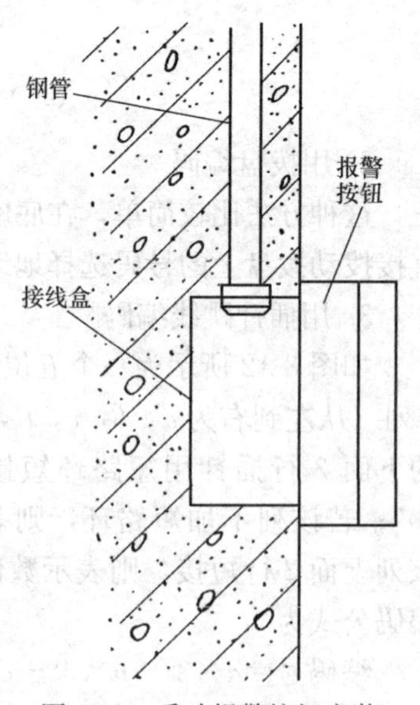

图 8-14　手动报警按钮安装

8.2.3　控制（接口）模块的安装

在火灾报警与联动灭火系统中有各种类型的输入、输出控制模块和信号模块。较分散的控制模块和信号模块可以直接安装在被控器件或各种开关附近的接线盒内，如图 8-15 所示。

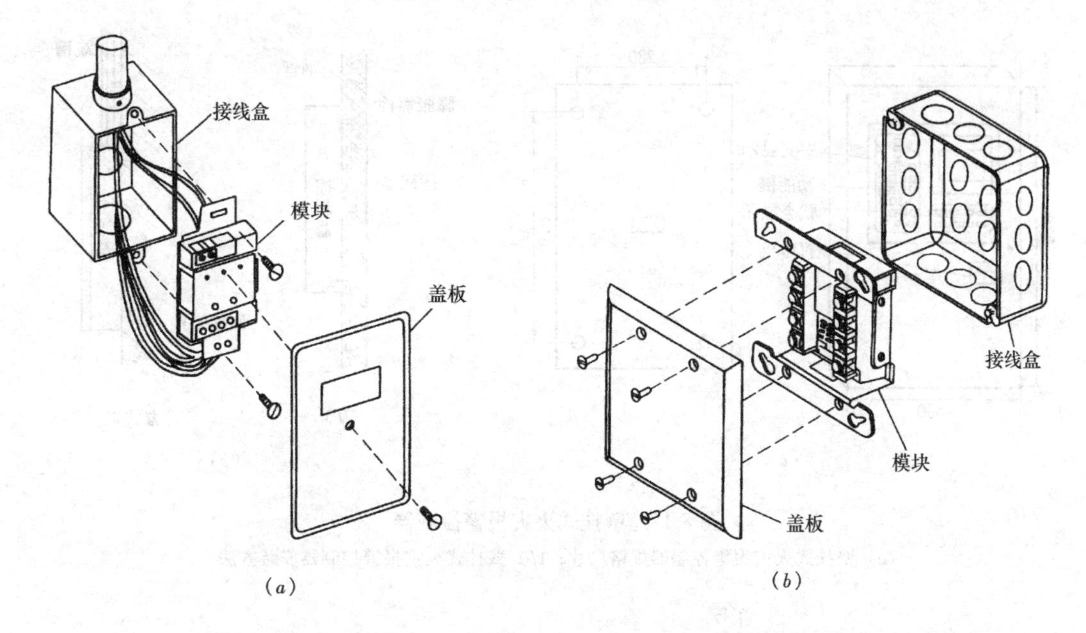

图 8-15　模块安装方法
(a) 方式一；(b) 方式二

控制模块的作用是控制各种联动设备的启闭。如：水泵、防火门、通风机、警铃、广播喇叭等。使用这些控制模块的目的，是利用模块的编码功能，通过总线制接线，对设备进行控制，减少系统接线。这些模块也要占用报警器的输出端口，在这一点上与配用编码底座的探测器相同。

信号模块的作用是，把各种开关的动作信号反馈到报警器，在报警器上显示该开关设备的位置，从而了解火场的位置。

模块的连接方法与探测器的连接方法相同。控制模块的编码方式与探测器编码方式相同。

模块在现场通常安装在接线盒内。如果模块较集中，且控制距离不远，可以将模块集中放置在弱电竖井内的模块箱中。

8.2.4　火灾报警控制器安装

区域报警控制器和集中报警控制器分为台式、壁挂式和落地式三种。台式报警器设于桌上，如图 8-16 所示，它需配用嵌入式线路端子箱，装于报警器桌旁墙壁上，所有探测器线路均先集中于端子箱内，经端子后编成线束，再引至台式报警器。壁挂式报警器明装于墙壁上或嵌入墙内暗设，安装方法和照明配电箱安装类似，如图 8-17 所示，墙壁内需设分线箱，所有探测线路汇集于箱内再引出至报警器下部的端子排上。落地式报警器的安装方法与配电屏的安装相同，如图 8-18 所示，通过墙壁上

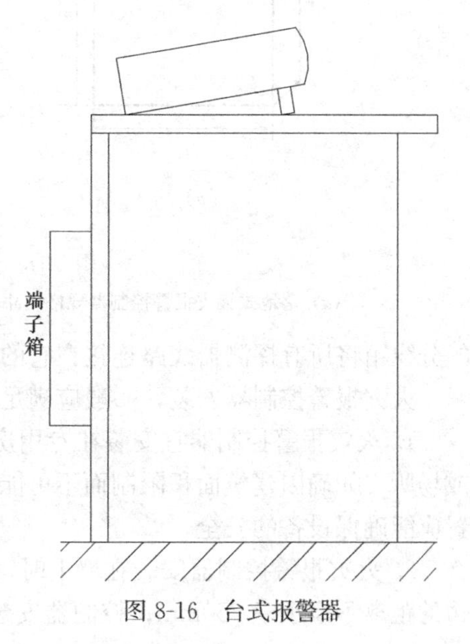

图 8-16　台式报警器

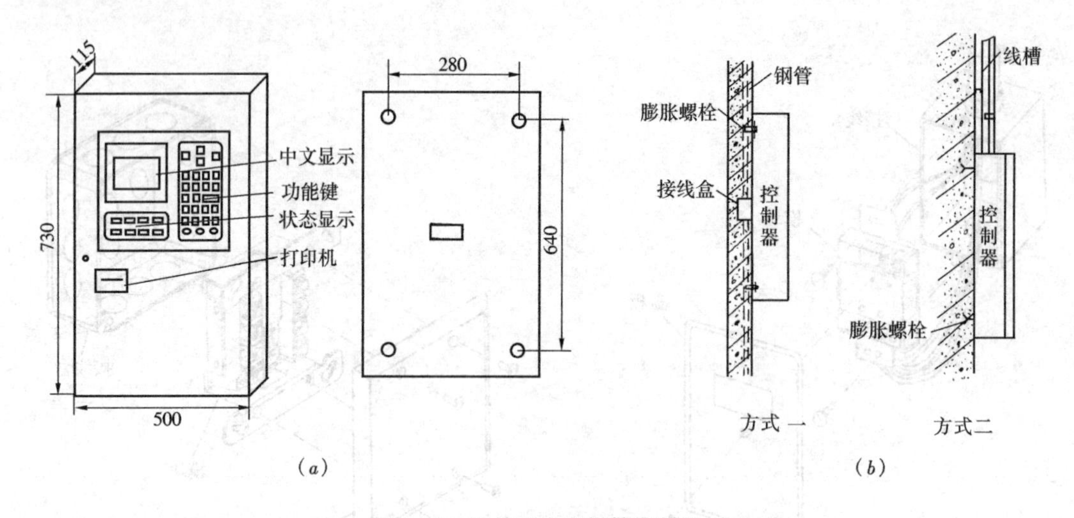

图 8-17　壁挂式火灾报警控制器

(*a*) 壁挂式火灾报警控制器规格尺寸；(*b*) 壁挂式火灾报警控制器安装方法

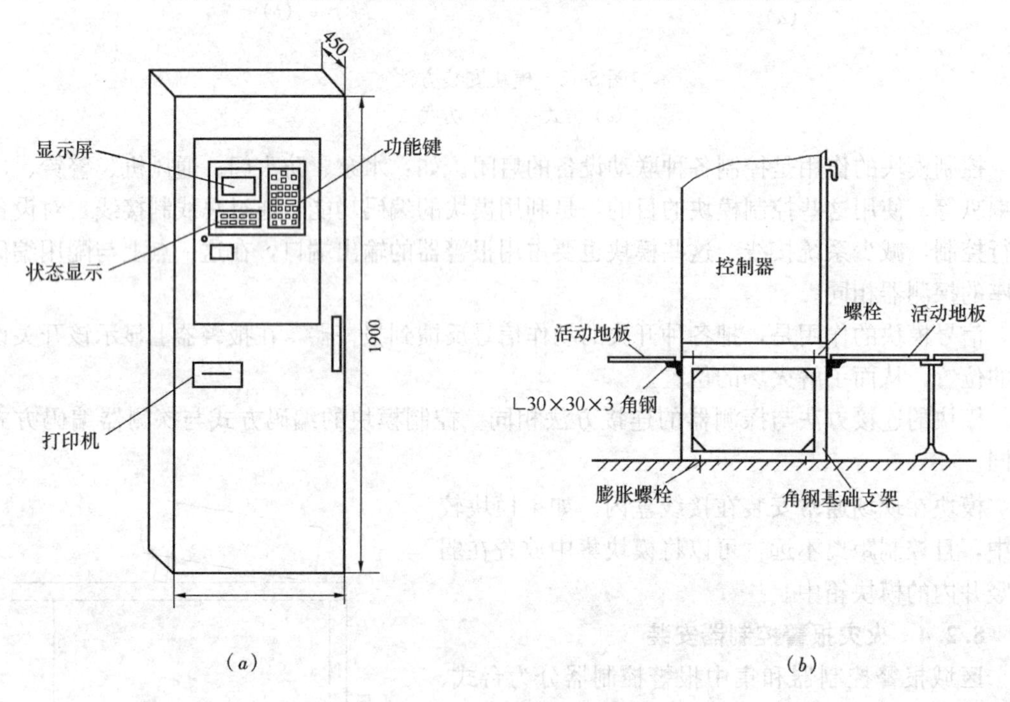

图 8-18　落地式火灾报警控制器

(*a*) 落地式火灾报警控制器规格尺寸；(*b*) 落地式火灾报警控制器在活动地板上安装方法

的分线箱将所有探测器线路连接在它的端子排上。

火灾报警控制器安装，一般应满足下列要求：

1. 火灾报警控制器宜安装在专用房间或楼层值班室，也可设在经常有人值班的房间或场所，如确因建筑面积限制而不可能时，也可在过厅、门厅、走道墙上安装，但安装位置应能确保设备的安全。

2. 火灾报警控制器安装在墙上时，其底边距地面一般不应小于 1.5m，距门、窗、柜边的距离不应小于 250mm；控制器安装应横平竖直，固定牢固。安装在轻质墙上时，应采取加固措施。落地安装时，其底应高出地坪 100～200mm。

3. 引入火灾报警控制器的电缆或导线，应符合：配线应整齐，避免交叉，并应固定牢靠；电缆芯线和所配导线的端部，均应标明编号，并与图纸一致，字迹清晰不易褪色；端子板的每个接线端上，接线不得超过 2 根；电缆芯和导线，应留有不小于 200mm 的余量；导线应绑扎成束；导线引入线进线管处应封堵。

4. 控制器的主电源引入线，应直接与消防电源连接，严禁使用电源插头，主电源应有明显标志。

5. 控制器的接地应牢固，并有明显标志。

8.2.5 火灾自动报警系统调试

火灾自动报警系统的调试应在建筑内部装修和系统施工结束后进行。

火灾自动报警系统调试，应先分别对探测器、区域报警控制器、集中报警控制器、火灾警报装置和消防控制设备等逐个进行单机通电检查，正常后方可进行系统调试。

调试前要按设计要求查验设备的规格、型号、数量；检查系统线路通畅情况，对于错线、开路、短路以及虚焊应及时纠正处理。应具备竣工图，设计变更记录，绝缘电阻、接地电阻以及隐蔽工程的验收记录。

调试包括下列内容：

1. 检查火灾自动报警系统的主电源和备用电源，应能自动转换，并有工作指示，主电源的容量应能保证所有联动控制设备在最大负荷下连续工作 4h 以上。

2. 检查火灾自动报警控制器下列功能：

（1）火灾报警自检功能；消声、复位功能。

（2）故障报警功能；火灾优先功能；报警记忆功能。

（3）主、备电源自动切换功能和备用电源的自动充电功能，在备用电源连续充放电 3 次后，主电源和备用电源应能自动转换；备用电源的欠压和过压报警功能。

3. 采用专用设备对探测器逐个进行试验，动作应准确无误；编码与图纸相符，手动报警按钮动作符合图纸要求，编码无误。

目前，国内外对探测器的定量试验只在生产工厂、消防电子产品检测中心和消防科研院所进行，在安装施工现场一般作定性试验。鉴于目前施工现场大多没有专用检查设备，可利用报警控制器代替，让报警控制器首先接出一个回路开通，接上探测器底座，然后利用报警控制器的自检、报警等功能，对探测器进行单体试验。

4. 消防控制设备联动调试

（1）控制消防泵的启、停及主泵、备泵转换试验 1～3 次，并能显示工作及故障状态。

（2）控制喷淋泵的启、停及主泵、备泵转换试验 1～3 次，并能显示工作及故障状态。显示报警阀、信号闸阀及水流指示器的工作状态，并进行末端放水试验。

（3）对泡沫及干粉系统应能控制系统的启、停 1～3 次及显示工作状态。

（4）对有管网的卤代烷、二氧化碳系统应能紧急启动及切断试验 1～3 次，经延时后与其联动的关闭防火阀、防火门窗，停止空调机及落下防火幕等动作试验 1～3 次。

（5）消防联动控制设备在接到火灾报警信号后，应在 3s 内发出联动控制信号，并按有关逻辑关系试验 1～2 次下列功能：

1）切断着火层及相邻层的非消防电源，接通应急灯及标志灯；

2）控制电梯全部停于首层，接收其反馈信号，并显示其状态；

3）疏散通道上的防火卷帘在感烟探测器动作后，卷帘下降至1.8m，待感温探测器动作后，卷帘下降到底，防火分隔用防火卷帘在火灾探测器动作后卷帘下降到底，接收其反馈信号，并显示其状态；

4）控制常开防火门的关闭，接收其反馈信号，并显示其状态；

5）控制停止有关部位的空调机，关闭电动防火阀接收其反馈信号，并显示其状态；

6）启动有关部位防烟、排烟机及排烟阀，接收其反馈信号，并显示其状态；

7）开启着火层及相邻层的正压送风口，接收其反馈信号，并显示其状态；

8）控制着火层及相邻层的应急广播投入工作。

5. 对所有有现场控制功能的系统，均应在现场试验1～2次。

6. 留有和BAS系统接口的系统，要和BAS系统联动1～3次。

7. 火灾自动报警及联动系统应在调试后连续运行120h无故障后，按规范要求填写调试报告，申请交工验收。

任务8-3 综合布线系统安装

《电气安装工程设计与施工》工作页

姓名： 学号： 班级： 日期：

任务8-3	综合布线系统安装	课时：2学时	
项目8	弱电工程安装	课程名称	建筑电气施工技术
任务描述：			
通过讲授、视频录像及现场参观等形式认知综合布线系统的组成、作用、原理等，让学生对典型的系统有明确的了解，学会识别不同设备，掌握安装方法			
工作任务流程图：			
播放录像→教师给出工程图纸并结合图纸讲授→参观→分组研讨→提交工作页→集中评价→提交认知训练报告			
1. 资讯（明确任务、资料准备）			
（1）综合布线系统由哪些设备组成？各部分的作用是什么？ （2）常用线缆分为几种？信息插座端接的方法应如何进行			
2. 决策（分析并确定工作方案）			
（1）分析采用什么样的方式方法了解综合布线系统的组成及分类等，通过什么样的途径学会任务知识点，初步确定工作任务方案 （2）小组讨论并完善工作任务方案			
3. 计划（制订计划）			
制定实施工作任务的计划书；小组成员分工合理 需要通过实物认识、图片搜集、视频播放、查找资料、参观等形式完成本次任务。 （1）通过查找资料和学习明确综合布线系统的分类、特点等； （2）通过录像认知综合布线系统的特点； （3）通过对实训室设备或综合布线系统的参观增强对综合布线系统系统的感性认识，为后续课程的学习打好基础			

续表

4. 实施（实施工作方案）
(1) 参观记录； (2) 学习笔记； (3) 研讨并填写工作页
5. 检查
(1) 以小组为单位，进行讲解演示，小组成员补充优化； (2) 学生自己独立检查或小组之间互相交叉检查； (3) 检查学习目标是否达到，任务是否完成
6. 评估
(1) 填写学生自评和小组互评考核评价表； (2) 跟老师一起评价认识过程； (3) 与老师深层次的交流； (4) 评估整个工作过程，是否有需要改进的方法
指导老师评语：
任务完成人签字： 日期：　年　月　日
指导老师签字： 日期：　年　月　日

8.3.1　常用材料

目前，综合布线系统所使用的线缆主要有同轴电缆、双绞电缆和光缆。双绞电缆又分为非屏蔽双绞电缆（UTP）和屏蔽双绞电缆（STP）。

1. 同轴电缆

通信用的同轴电缆与电视用的同轴电缆结构相同。不同的是：电视用的同轴电缆为宽带同轴电缆，特性阻抗为 75Ω；通信用的同轴电缆为基带同轴电缆，特性阻抗为 50Ω。

通信用的同轴电缆分为粗缆和细缆两种。粗缆线径粗，型号为 RG11，使用 AUI 接口连接。粗缆传输距离长、可靠性高，安装时中途不需要切断电缆，与计算机连接时要使用专门的收发器，收发器与计算机网卡连接。

细缆在通信系统中用得较多，型号为 RG58，使用 BNC 接口连接，连接时使用直通接头或 T 型接头，如图 8-19 所示。

2. 双绞电缆

双绞线是由两根绝缘导线按一定节距互相扭绞而成。按其有无外包覆屏蔽层又分为非屏蔽双绞线和屏蔽双绞线，如图 8-20 (*a*)、(*b*) 所示。其中最常用的是非屏蔽双绞线。双绞电缆是

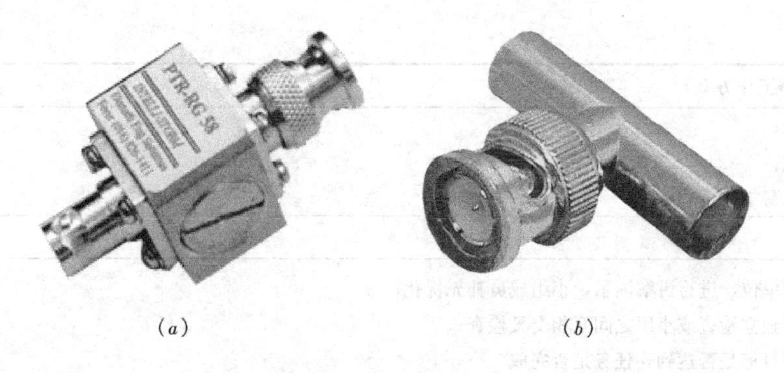

（a）　　　　（b）

图 8-19　BNC 接口接头

（a）直通接头；（b）T 型接头

由多对双绞线外包缠护套组成的（常用的双绞电缆是由 4 对双绞线电缆），其护套称为电缆护套。电缆护套可以保护双绞线免遭机械损伤和其他有害物体的损坏，提高电缆的物理性能和电气性能，屏蔽双绞电缆与非屏蔽电缆一样，只不过在护套层内增加了金属层。

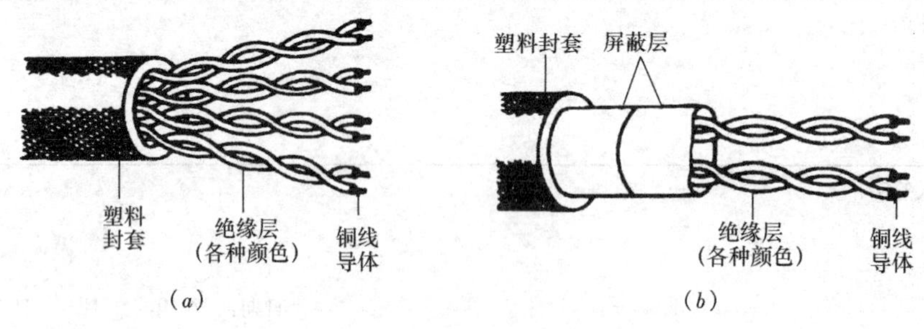

（a）　　　　（b）

图 8-20　双绞线结构图

（a）非屏蔽（UTP）双绞线；（b）屏蔽（STP）双绞线

3. 光纤线缆

光缆即光纤线缆，其结构如图 8-21 所示。光纤是光导纤维的简称，它是用高纯度玻璃材料及管壁极薄的软纤维制成的新型传导材料。光纤一般分为多模光纤和单模光纤两种。单模光纤和多模光纤可以从纤芯的尺寸大小来简单的判别。纤芯的直径只有传递光波波长几十倍的光纤是单模，特点是芯径小包皮厚；当纤芯的直径比光波波长大几百倍时，

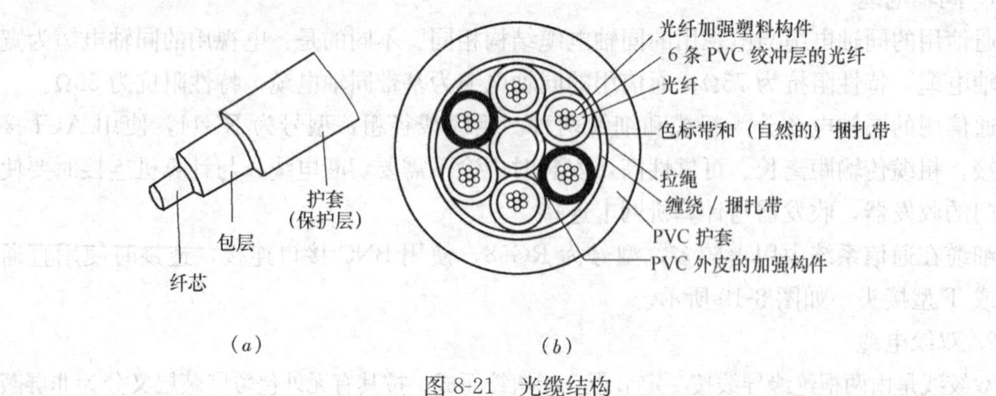

（a）　　　　（b）

图 8-21　光缆结构

（a）光纤的结构；（b）多束 LGBC 光缆结构

就是多模光纤，特点是芯径大包皮薄。多模光纤是光纤里传输的光模式多，管径愈粗其传输模式愈多。由于传输光模式多，故光传输损耗比单模光纤大，对于 $\lambda=0.81\mu m$，一般约为 3dB/km，宜作较短距离传输。单模光纤传输的是单一模式，具有频带宽、容量大、损耗低、传输距离远的优点，对 $\lambda=1.3\mu m$，其损耗小于 0.5dB/km，故宜作长距离传输。但单模光纤因芯线较细（内外径约为 3～10μm/125μm），故其连接工艺要求高，价格也贵。而多模光纤因芯线较粗，连接较容易，价格也便宜。

总之，光纤的分类有两种

（1）按波长划分

1）0.85μm 波长区（0.8～0.9μm）；

2）1.3μm 波长区（1.25～1.35μm）；

3）1.5μm 波长区（1.45～1.55μm）。

其中 0.85μm 波长区为多模光纤通信方式，1.5μm 波长区为单模光纤通信方式，1.3μm 波长区有多模和单模两种。综合布线系统常用 0.85μm 和 1.3μm 两种。

（2）按纤芯直径分

1）50μm 缓变型多模光纤；

2）62.5μm 缓变、增强型多模光纤；

3）8.3μm 突变型单模光纤。

目前各公司生产的光纤的包层直径均为 125μm。其中 62.5/125μm 光纤被推荐应用于所有的建筑综合布线系统，即其纤芯直径为 62.5μm，光纤包层直径为 125μm。在建筑物内的综合布线系统大多采用 62.5/125μm 多模光纤。它具有光耦合效率较高、光纤芯对准要求不太严格、对微弯曲和大弯曲损耗不太灵敏等特点，为 EIA/TIA568 标准所认可，并符合 FDDI 标准。有关光纤的传输特性如表 8-4 所示。

光纤的传输特性（25±5℃）　　**表 8-4**

波　长（μm）	最大衰减（dB/km）	最低信息传输能力（MHz·km）	光纤类型	带　宽（MHz/km）
0.85	3.75	160	多模	160
1.3	1.5	500	单模	500

8.3.2　常用设备

常用的设备主要有信息插座、网卡、引线架、跳线架和适配器等组成。

1. 信息插座

信息插座用来连接 3 类和 5 类四对非屏蔽双绞线，多介质信息插座是用来连接双绞线和光缆，即用以解决用户对“光纤到桌面”的需要。信息插座在综合布线系统中不仅是电缆的一个终点，而且也是其最终发挥作用直接与用户相连的终端设备。因此，信息插座安装的规范性和性能在电缆的连接设备中具有特殊的重要性。

信息插座是工作区终端设备与水平子系统连接的接口，RJ-45 型信息插座见图 8-22。

确定信息插座数量

（1）基本型可为每 $9m^2$ 一个信息插座，即每个工作区提供一部电话或一部计算机终端；

（2）增强型为每 $9m^2$ 二个信息插座，即每个工作区提供一部电话和一部计算机终端。

2. 光纤连接件——ST 连接器

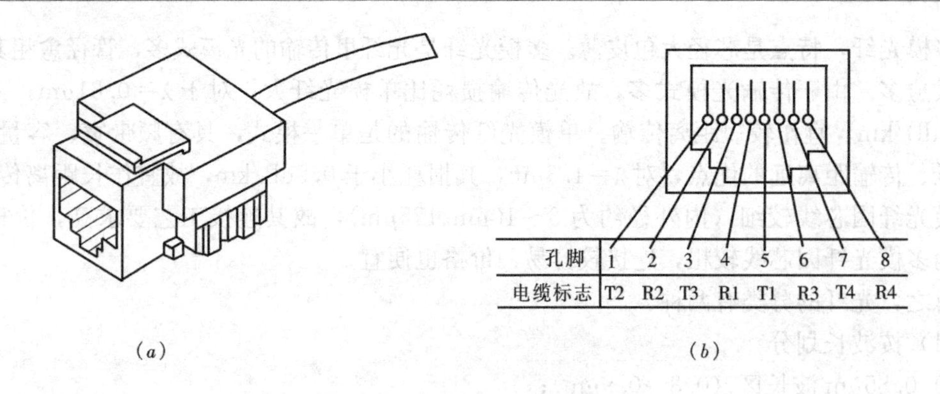

图 8-22　8 脚信息插座
(a) 信息插座图；(b) 引脚布置

综合布线系统中常用的单光纤连接器是 ST 连接器。它分陶瓷和塑料两种。陶瓷头连接器可以保证每个连接点的损耗只有 0.4dB 左右，而塑料头连接点的损耗则在 0.5dB 以上。所以塑料头型号的连接器主要用于连接次数不多，而且允许损耗较大的应用场合。

常用 ST 型标准连接器由连接器体、套筒、缆支持、扩展器帽和保护帽所组成，如图 8-23所示。

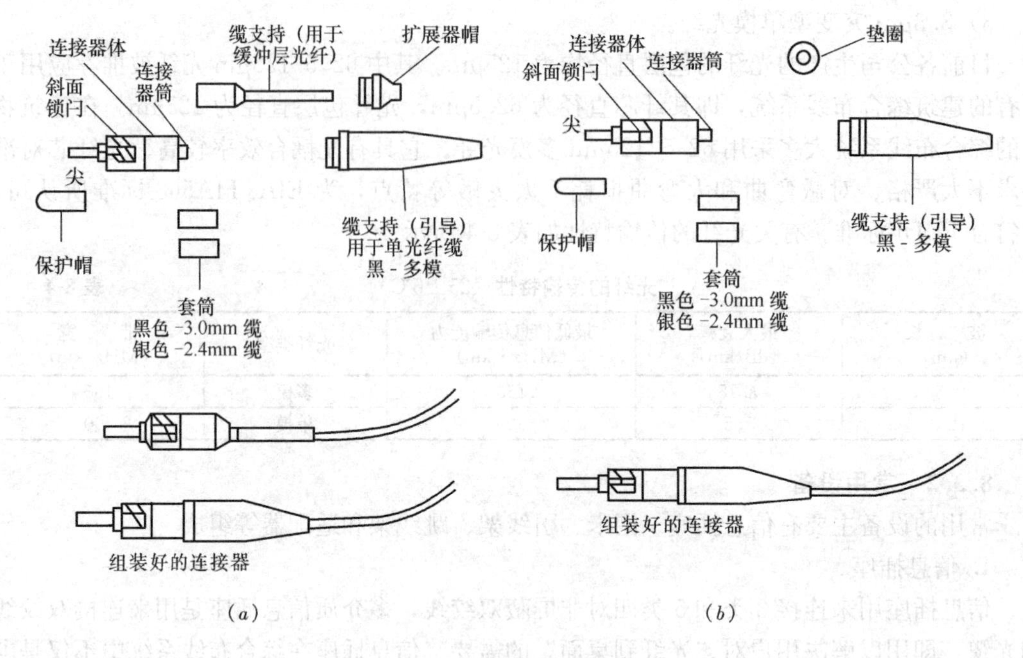

图 8-23　STⅡ型光纤连接器组成
(a) 标准型连接器；(b) 正面固定型连接器

3. 配线架

综合布线系统一般在每层楼都设有一个楼层配线架，配线架上放置各种模块以连接主干电缆和配线电缆。配线架分楼层配线架（FD），大楼配线架（BD），群楼配线架（CD）。它们通过电缆连接各子系统，也是实现综合布线灵活性的关键。图 8-24 为电缆配线架，图 8-25 为光缆配线架。

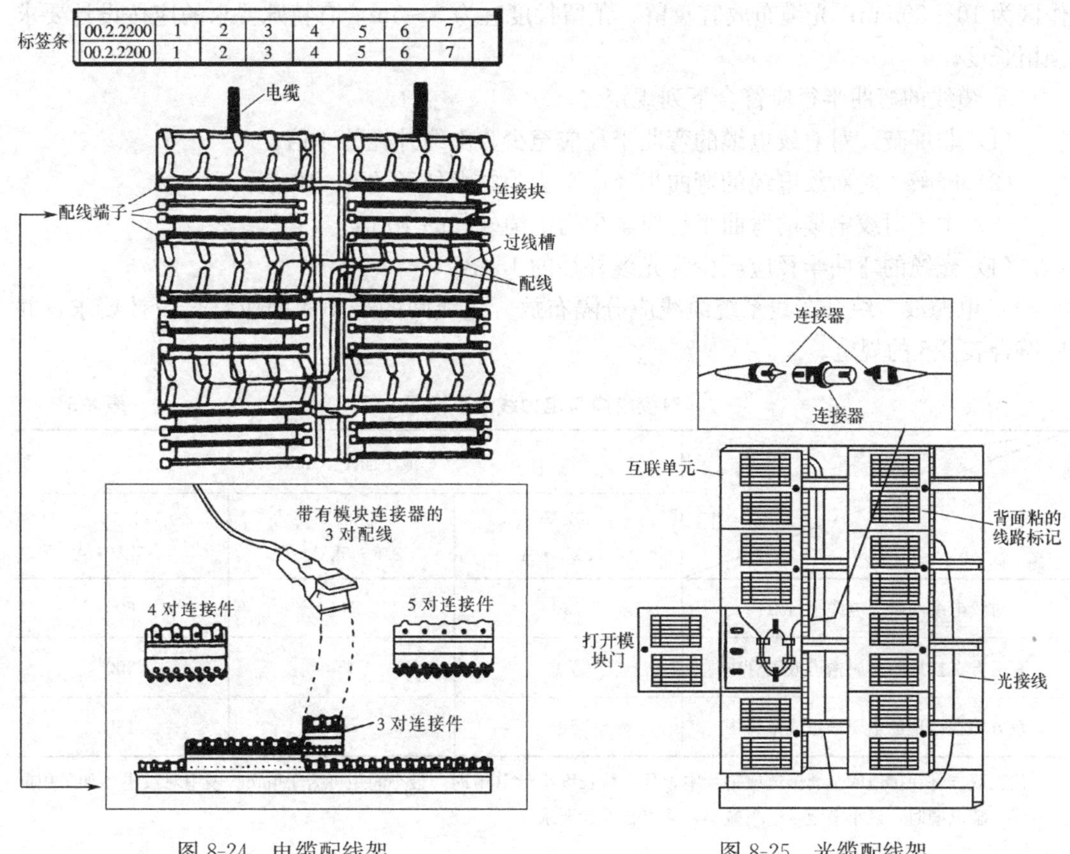

图 8-24　电缆配线架　　　　图 8-25　光缆配线架

8.3.3　综合布线安装

8.3.3.1　缆线敷设

由于普遍使用星型网络结构，使用 4 对双绞线电缆时，同方向敷设的线路数量很大。当系统很大时，每层都要设配电小间，内设配线架，到各房间的导线在配线架上与干线连接，连接方法与电话组线箱内的连接类似。

使用双绞线电缆布线，从集线器到每台计算机的距离不能超过 100m，否则信号衰减过大。当距离超过 100m 时，可以通过集线器级连增大传输距离。具体做法是：在计算机比较集中的位置装一台集线器，使用级连导线在较远处再设一台集线器，这样最多可以级连五级。如果线路再长，就得在线路中增加放大器了。集线器可以放在配电箱内。

缆线敷设一般应按下列要求敷设：

1. 缆线的形式、规格应与设计规定相符。

2. 缆线的布放应自然平直，不得产生扭绞、打圈接头等现象，不应受到外力的挤压和损伤。

3. 缆线两端应贴有标签，应标明编号，标签书写应清晰、端正和正确。标签应选用不易损坏的材料。

4. 缆线终接后，应有余量。交接间、设备间对绞电缆预留长度宜为 0.5～1.0m，工作区为 10～30mm；光缆布放宜盘留，预留长度宜为 3～5m，有特殊要求的应按设计要求预留长度。

5. 缆线的弯曲半径应符合下列规定：

（1）非屏蔽 4 对对绞电缆的弯曲半径应至少为电缆外径的 4 倍；

（2）屏蔽 4 对对绞电缆的弯曲半径应至少为电缆外径的 6～10 倍；

（3）主干对绞电缆的弯曲半径应至少为电缆外径的 10 倍；

（4）光缆的弯曲半径应至少为光缆外径的 15 倍。

6. 电源线、综合布线系统缆线应分隔布放。缆线间的最小净距应符合设计要求，并应符合表 8-5 的规定。

对绞电缆与电力线最小净距　　表 8-5

单位 / 范围 / 条件	最小净距（mm）		
	380V <2kV·A	380V 2.5～5kV·A	380V >5kV·A
对绞电缆与电力电缆平行敷设	130	300	600
有一方在接地的金属槽道或钢管中	70	150	300
双方均在接地的金属槽道或钢管中	注	80	150

注：双方都在接地的金属槽道或钢管中，且平行长度小于 10m 时，最小间距可为 10mm。表中对绞电缆如采用屏蔽电缆时，最小净距可适当减小，并符合设计要求。

7. 建筑物内电、光缆暗管敷设与其他管线最小净距见表 8-6 的规定。

电、光缆暗管敷设与其他管线最小净距　　表 8-6

管线种类	平行净距（mm）	垂直交叉净距（mm）	管线种类	平行净距（mm）	垂直交叉净距（mm）
避雷引下线	1000	300	给水管	150	20
保护地线	50	20	燃气管	300	20
热力管（不包封）	500	500	压缩空气管	150	20
热力管（包封）	300	300			

8. 在暗管或线槽中缆线敷设完毕后，宜在通道两端出口处用填充材料进行封堵。

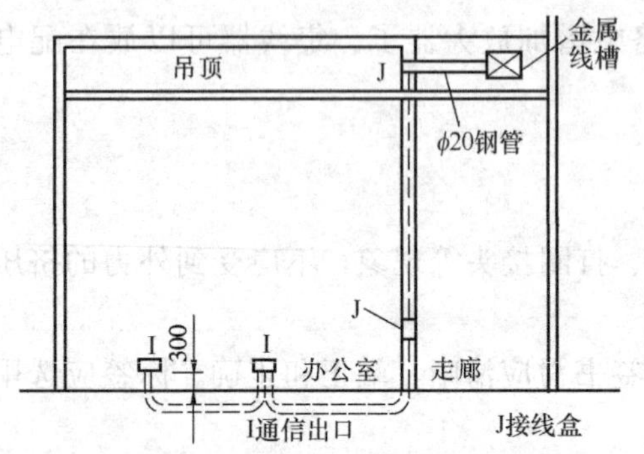

图 8-26　金属线槽和预埋钢管结合布线法

8.3.3.2　预埋线槽和暗管敷设缆线

在暗敷设施工时，干线一般使用封闭式金属线槽敷设，而到每个房间的接线盒处，使用钢管敷设，如图 8-26 所示。在高层建筑施工中，纵向的金属线槽，敷设在弱电竖井内，在每个楼层设接线箱。

在原有建筑中增设计算机网络时，要使用塑料线槽明敷设，楼道内干线使用 50mm×20mm 以上的大尺寸塑料线槽，房间内可以使用普通照明线路用的小线槽。

预埋线槽和暗管敷设缆线应符合的规定

(1) 敷设线槽的两端宜用标志表示出编号和长度等内容。

(2) 敷设暗管宜采用钢管或阻燃硬质 PVC 管。布放多层屏蔽电缆、扁平缆线和大对数主干电缆或主干光缆时，直线管道的管径利用率应为 50%～60%，弯管道应为40%～50%。暗管布放 4 对对绞电缆或 4 芯以下光缆时，管道的截面利用率应为 25%～30%。预埋线槽宜采用金属线槽，线槽的截面利用率不应超过 50%。

8.3.3.3 设置电缆桥架和线槽敷设缆线应符合的规定

(1) 电缆线槽、桥架宜高出地面 2.2m 以上。线槽和桥架顶部距楼板不宜小于 300mm；在过梁或其他障碍物处，不宜小于 50mm。

(2) 槽内缆线布放应顺直，尽量不交叉，在缆线进出线槽部位、转弯处应绑扎固定，其水平部分缆线可以不绑扎。垂直线槽布放缆线应每间隔 1.5m 固定在缆线支架上。

(3) 电缆桥架内缆线垂直敷设时，在缆线的上端和每间隔 1.5m 处应固定在桥架的支架上；水平敷设时，在缆线的首、尾、转弯及每间隔 5～10m 处进行固定。

(4) 在水平、垂直桥架和垂直线槽中敷设缆线时，应对缆线进行绑扎。对绞电缆、光缆及其他信号电缆应根据缆线的类别、数量、缆径、缆线芯数分束绑扎。绑扎间距不宜大于 1.5m，间距应均匀，松紧适度。

(5) 楼内光缆宜在金属线槽中敷设，在桥架敷设时应在绑扎固定段加装垫套。

采用吊顶支撑柱作为线槽在顶棚内敷设缆线时，每根支撑柱所辖范围内的缆线可以不设置线槽进行布放，但应分束绑扎。缆线护套应阻燃，选用缆线应符合设计要求。

建筑群子系统采用架空、管道、直埋、墙壁及暗管敷设电、光缆的施工技术要求应按照本地通信线路工程验收的相关规定执行。

8.3.4 电缆的连接

缆线敷设只是综合布线施工的一部分，施工人员还要对线缆进行各种连接。线缆相关连接硬件用于端接或直接连接线缆，以构成一个完整的信息传输通道。这些连接可以分为两类：一类是信息插座、插头及连接块，另一类是 110 连接场。

线缆端接的一般要求：

(1) 线缆在端接前，必须检查标签颜色和数字含义，并按顺序端接；

(2) 线缆中间不得产生接头现象；

(3) 线缆端接处必须卡接牢固，接触良好；

(4) 线缆端接应符合设计和厂家安装手册要求；

(5) 双绞电缆与连接硬件连接时，应认准线号、线位色标，不得颠倒和错接。

8.3.4.1 信息插座端接

1. 信息插座安装要求

信息插座应牢固地安装在平坦的地方，其面应有盖板。安装在活动地板或地面上，应固定在接线盒内。插座面板有直立和水平等形式；接线盒盖可开启，并应严密防水、防尘。接线盒盖面应与地面垂直。

安装在墙体上的插座宜高出地面 300mm，若地面采用活动地板时，应加上活动地板内净高尺寸。

信息插座底座的固定方法因施工现场条件而定，宜采用塑料胀管、射钉等方式。固定螺钉需拧紧，不应产生松动现象。

信息插座应有标签，以颜色、图形、文字表示所接终端设备的类型。

信息插座模块化的插针与电缆连接有两种方式：按照T568B标准布线的接线和按照T568A（ISDN）标准接线。在一个综合布线工程中，只允许按照一种标准。一般为T568B标准连接，否则必须标注清楚。

信息插座模块化插针与线对分配如图8-27所示。按照T568B标准，信息插座引脚与双绞电缆线对的分配表如表8-7所示。

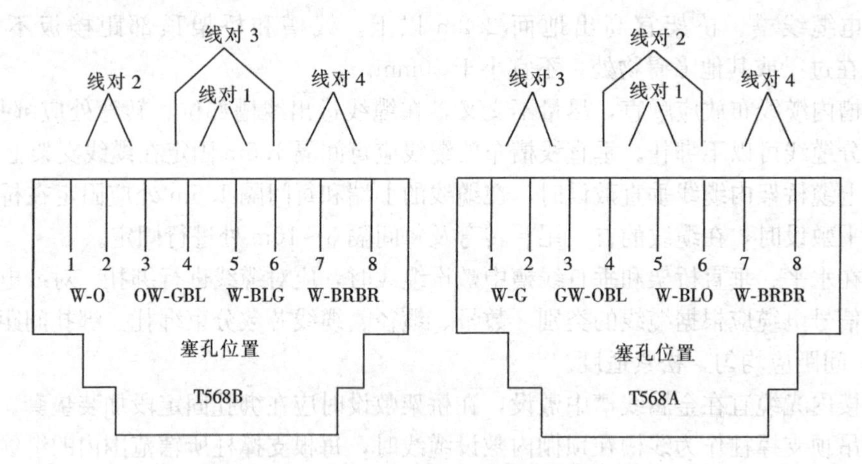

图8-27 信息插座连接图

I/O引脚与线对的分配表 表8-7

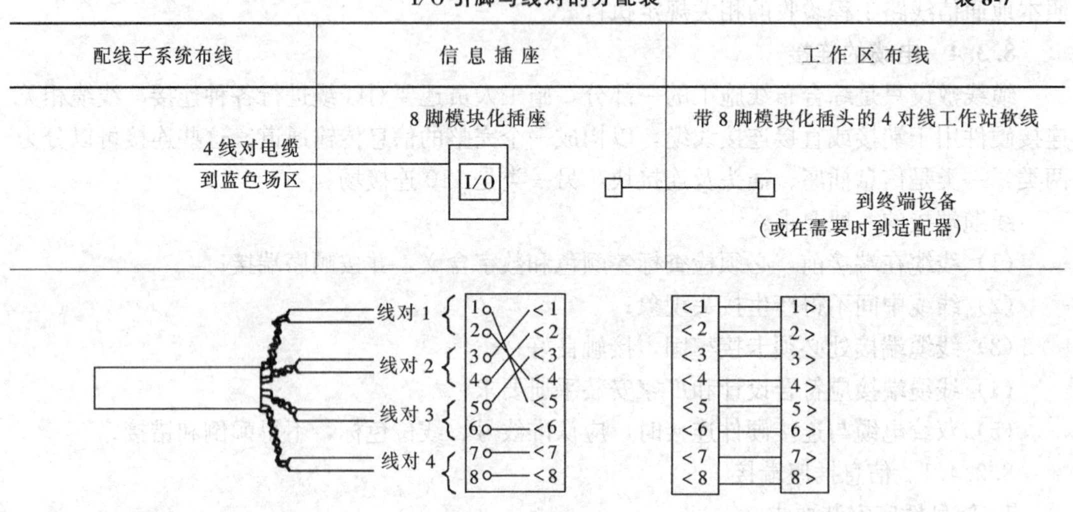

配线子系统布线	信息插座	工作区布线
4线对电缆 到蓝色场区	8脚模块化插座 I/O	带8脚模块化插头的4对线工作站软线 到终端设备 （或在需要时到适配器）

2. 通用信息插座端接

综合布线所用的信息插座多种多样，信息插座应在内部作固定线连接。信息插座的核心是模块化插孔。双绞电缆在与信息插座的模块插孔连接时，必须按色标和线对顺序进行卡接。插座类型、色标和编号应符合图8-27所示的规定。镀金的模块插座孔可保持与模块化插头弹簧片间稳定、可靠的电连接。由于弹簧片与插孔间的摩擦作用，电接触随插头的插入而得到进一步加强。插孔主体设计采用了整体锁定机制。这样，当模块化插头插入时，插头和插孔的接触面处可产生最大的拉拔强度。信息插座的面板应有防尘、防潮的功能。信息出口应有明确的标记，面板应符合标准。

屏蔽双绞电缆的屏蔽层与连接硬件端接处屏蔽罩须可靠接触，线缆屏蔽层应与连接硬件屏蔽罩 360°圆周接触，接触长度不宜小于 10mm。

信息插座没有自身的阻抗。如果连接不好，可能要增加链路衰减及近端串扰。所以，安装和维护综合布线的人员，必须先进行严格培训，掌握安装技能。

双绞电缆与信息插座的卡接端子连接时，应按先近后远，先下后上的顺序进行卡接。双绞电缆与接线模块（IDC、RJ45）卡接时，应按设计和厂家规定进行操作。

下面给出的步骤用于连接 4 对双绞电缆到墙上的信息插座。用此法也可将 4 对双绞电缆连接到预埋的信息插座上。

注意：电气接线盒在安装前应已装好，如图 8-28 所示。

（1）将信息插座上的螺钉拧开，然后将端接夹拉出来拿开；

（2）从墙上的信息插座安装孔中将双绞电缆拉出 20cm 长；

（3）用斜口钳从双绞电缆上剥除 10cm 的外护套；

（4）将导线穿过信息插座底部的孔；

（5）将导线压到合适的插孔槽中去，如图 8-29 所示；

（6）使用斜口钳将导线的末端割断，如图 8-30 所示；

（7）将端接夹放回，并用拇指稳稳地压下，如图 8-31 所示；

（8）重新组装信息插座，将分开的盖和底座扣在一起，再将连接螺钉拧上；

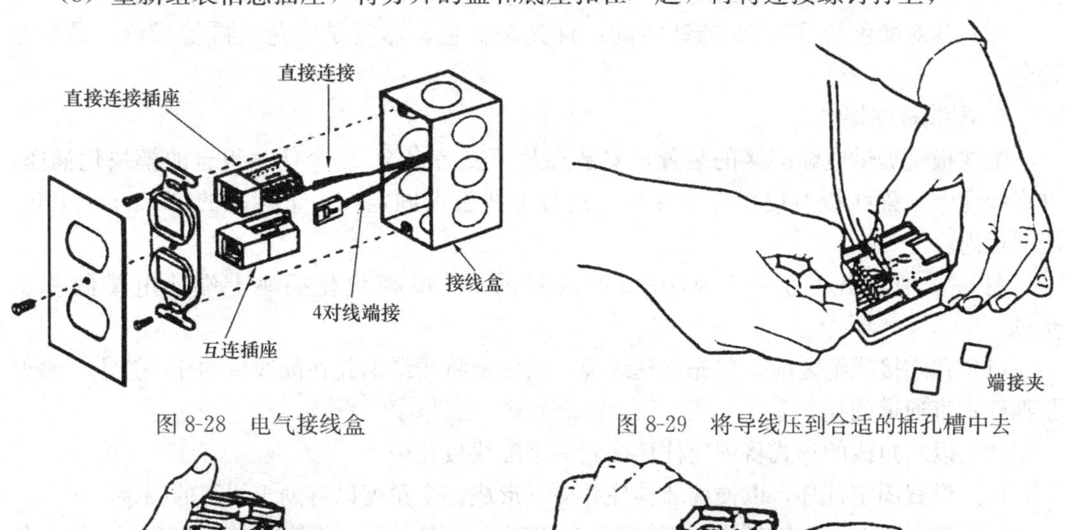

图 8-28　电气接线盒

图 8-29　将导线压到合适的插孔槽中去

图 8-30　用斜口钳切去多余的导线头

图 8-31　将端接夹放到线上

(9) 将组装好的信息插座放到墙上；

(10) 将螺钉拧到接线盒上，以便固定。

请注意：信息插座的位置应使其中心位于离地板面约30cm处。

3. 模块化信息插座端接

信息插座模块分为单孔和双孔，每孔都有一个8位/8路插脚（针）。这种插座的高性能、小尺寸及模块化特点，为设计综合布线提供了灵活性。它还标明多种不同颜色电缆所连接的终端，保证了快速、准确的安装。

图8-32给出了在M100模块插座上端接电缆的快速可重复的方法。

(1) 这些图给出了T568B接线选项：①～④为蓝对端接，⑤～⑥为绿对端接，⑦～⑧为橙对端接，⑨～⑩为棕对端接。

(2) 线对的颜色必须与M100侧面的颜色标注相匹配。这些颜色标注还用来区别T568B接线选项。检查标注以便使用正确类型的M100。

(3) 注意：不要把M11模块化插座与M100相混淆，只有M100的前面有模铸的“CAT5”字样。

(4) 图示的整个操作过程的总目的是保持线缆不移动。当线缆移动时，其性能可能会下降。当M100最终被插入到固定硬件中去时，线缆通常要转弯。

(5) 为了使最后的两对线缆（橙和棕）能在正确的一边，开始此过程时要对电缆定位，在端接头两对线缆（蓝和绿）时完成此定位工作。

在M100按下面的顺序端接电缆，符合T568A的接线标准。

(1) 检查M100上的颜色标注，以便确认M100是按“T568A”要求接线；

(2) 线对颜色与T568A插针匹配：首先是蓝色，然后是橙色，再是绿色，最后是棕色。

4. 配线板端接

配线板是提供电缆端接的装置，安装夹片可支持多至24个任意组合的模块化插座，并在线缆卡入配线板时提供弯曲保护。这种配线板可固定在一个标准的48.3cm（19in）配线柜内。

图8-33中给出了在一个M1000配线板的M100模块化插座上端接电缆的基本步骤。

(1) 在端接线缆之前，首先整理线缆。松松地将线缆捆扎在配线板的任一边上，最好是捆到垂直通道的托架上。

(2) 以对角线的形式将固定柱环插到一个配线板孔中去。

(3) 设置固定柱环，以便柱环挂住并向下形成一个角度以有助于线缆的端接。

(4) 插入M100，将线缆末端放到固定柱环的线槽中去，并按照上述M100模块化信息插座的安装过程对其进行端接，在第2步以前插入M100比较容易。

(5) 最后一步是向右边旋转固定柱环，完成此工作时必须注意合适的方向，以避免将线缆缠绕到固定柱环上。即注意顺时针方向从左边开始旋转能整理好线缆，还是逆时针方向从右边开始旋转能整理好线缆。另一种情况是，在M100固定到M1000配线板上以前，线缆可以被端接在M100上。这时，可通过将线缆穿过配线板的孔来在配线板的前方或后方完成此工作。

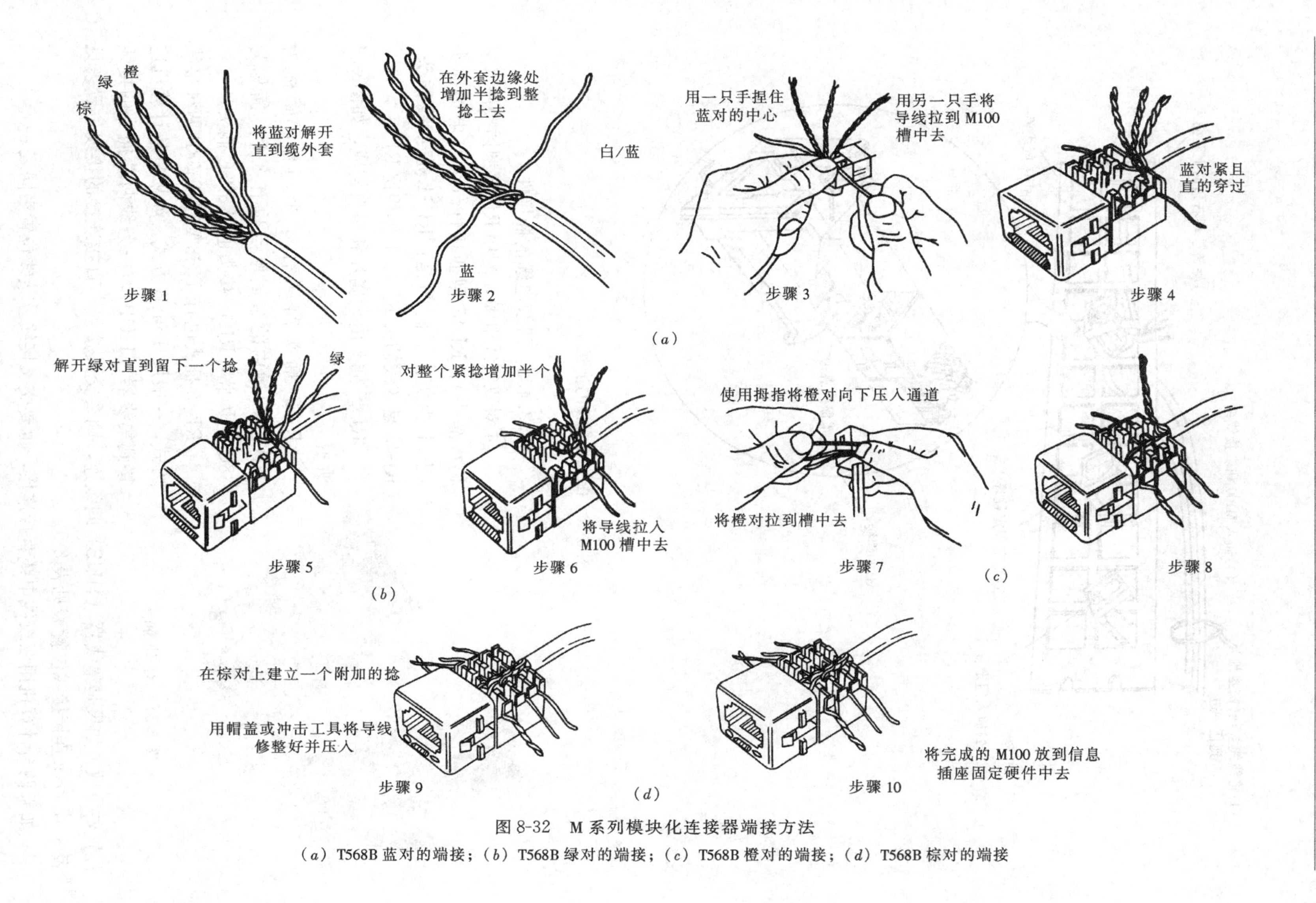

图 8-32　M 系列模块化连接器端接方法

(*a*) T568B 蓝对的端接；(*b*) T568B 绿对的端接；(*c*) T568B 橙对的端接；(*d*) T568B 棕对的端接

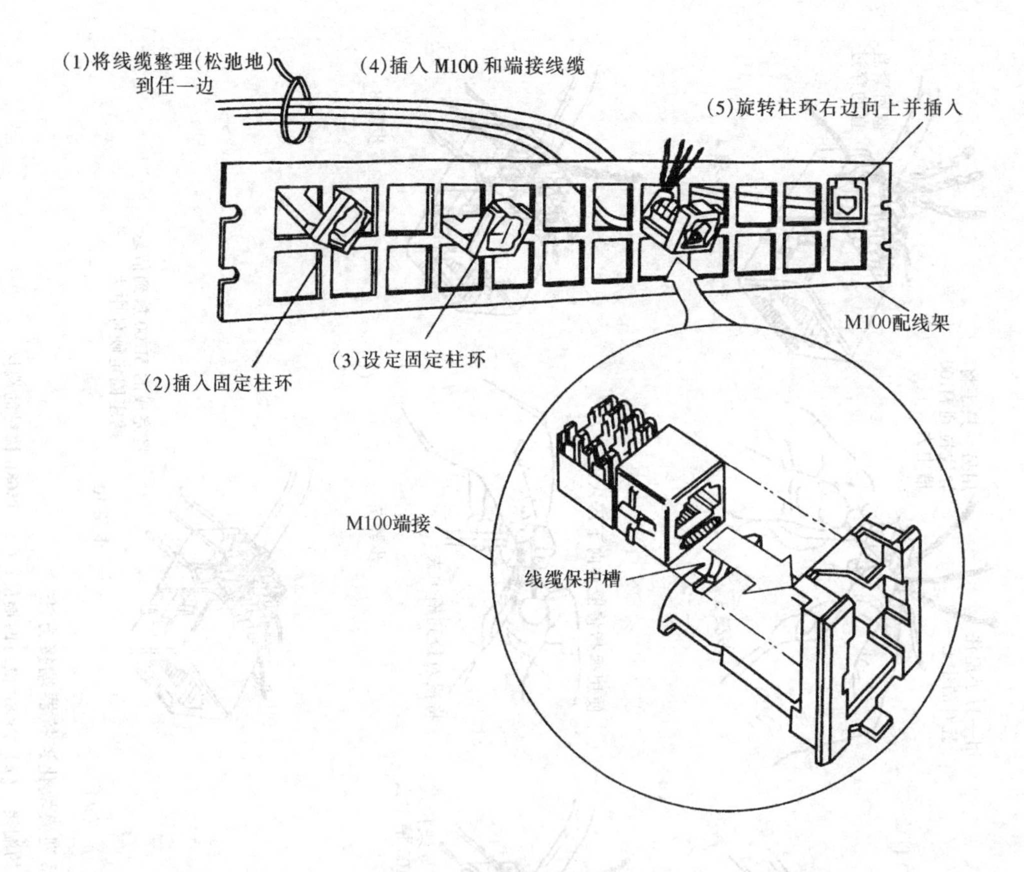

图 8-33　配线板端接的步骤

图 8-34　RJ-45 插头

8.3.4.2　双绞电缆的插接件

4 对双绞线电缆，配用 RJ-45 型插接件（又称水晶头）。RJ-45 型插接件外形与电话插头 RJ-11 相仿。不同的是：RJ-11 是 4 线插头，RJ-45 是 8 线插头 RJ-45 的体积比 RJ-11 大些。

RJ-45 插头由金属片和塑料构成，如图8-34 所示。

RJ-45 插头前端有 8 个凹槽，简称为"8P"。凹槽内的金属触点也有 8 个，简称为"8C"。因此，RJ-45 接头也叫 8P8C 插头。

RJ-45 插头也有 T568A 和 T568B 两种接线方式，一般用 T568B 方式。如果是从计算机连接到集线器（HUB），一条线两端插头的接线位置要一致；如果是集线器（HUB）间级连，则要交叉接线。直接连接的接线位置表见表 8-8，交叉连接接线位置表见表 8-9。

如果两台计算机用双绞线电缆直接连接，也要交叉接线。接线位置表同表 8-9。

直接连接的接线位置表 **表 8-8**

端子名称	插头 1 插针序号	线 色	插头 2 插针序号	端子名称
TX+	1	白橘	1	TX+
TX−	2	橘	2	TX−
RX+	3	白绿	3	RX+
	4	蓝	4	
	5	白蓝	5	
RX−	6	绿	6	RX−
	7	白棕	7	
	8	棕	8	

交叉连接的接线位置表 **表 8-9**

端子名称	插头 1 插针序号	插头 2 插针序号	端子名称
TX+	1	3	RX+
TX−	2	6	RX−
RX+	3	1	TX+
RX−	6	2	TX−

4 对双绞线电缆与 RJ-45 插头连接，必须使用专用工具 R-45 夹线钳。RJ-45 专用夹线钳，如图 8-35 所示。

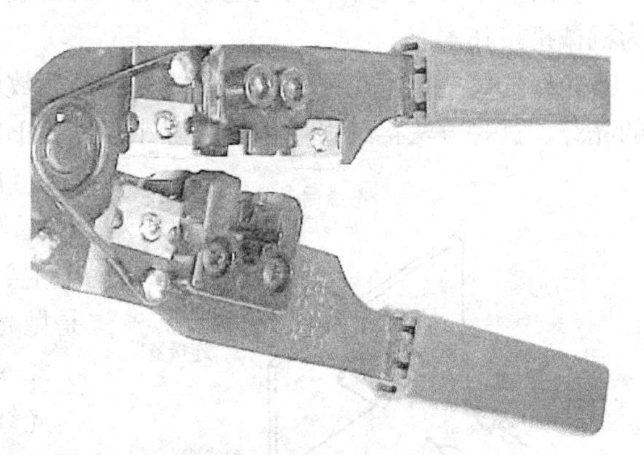

图 8-35 RJ-45 专用夹线钳

RJ-45 插头上的金属触头是一楔形铜片，将导线放在铜片下面，用力下压铜片，铜片就会刺破线芯的绝缘外皮，与铜线芯接触。铜片的固定靠塑料外壳的夹持摩擦力，因此，连接时 8 个铜片要同时压下。

接线时，先把 4 对双绞线电缆按线路长度截断，再用夹线钳上的剥线刀口把双绞线两端外层的塑料护套剥去。把线的一端放在剥线刀口下，轻轻压紧钳子的把手(注意用力不可太大，否则会把线芯弄断)，将线旋转一圈后即可将护套褪去。

两端线芯要露出 1.2～1.4cm 的长度。裸露出的部分太长可先不管它，下一步还要进行修整。如果裸露部分太短则需要重新剥线。

把无屏蔽双绞线电缆中的四对双绞线小心地分开，并且按国际标准T568B定义的橙白/橙/绿白/蓝/蓝白/绿/棕白/棕的次序排列，或按国际标准T568A定义的绿白/绿/橙白/蓝/蓝白/橙/棕白/棕的次序排列。拆开线对的时候要小心，不要把白线上的颜色标记蹭掉。

排线时应注意，绿色线对应该跨越蓝色线对。这里最容易犯的错误是将绿白线与绿线相邻放在一起，这样会造成串扰，使传输效率降低。

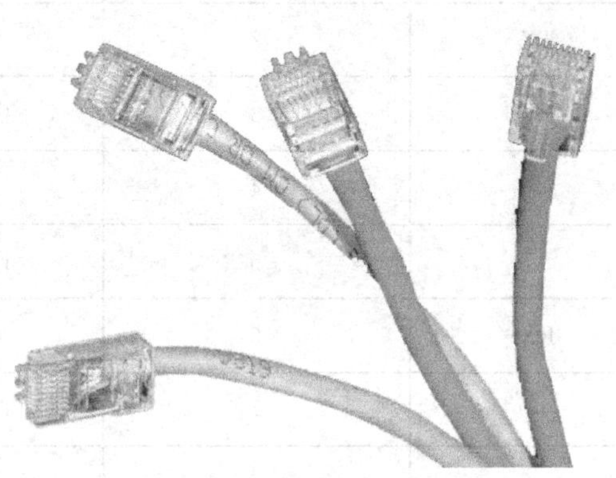

图8-36　4对双绞线电缆与RJ-45插头连接

检查导线排列顺序无误后，先用夹线钳上的剪线刀口把8根线的线头修齐，再把RJ-45插头拿在右手（有塑料弹片的一面向下，靠近自己的那只引脚即为“1”），左手则用力捏紧双绞线的塑料外皮将排好的线塞进插头。插头内有导线槽，一定要用力塞到底，直到每一根线都已抵住金属卡的尽头为止。

在夹线钳上有一个小插座，其大小正好可以容纳下插头。使用夹线钳操作时，同样要注意必须塞到底直到听见清脆的弹片声音。用力压紧夹线钳使导线深入地钉进插头上的金属卡中。4对双绞线电缆的一端就制作完成了，如图8-36所示。

注意这里导线是按T568接线方式对接的顺序，如果做交叉接线，另一个插头的导线排列顺序要相应改变，并在导线上做好记号。

8.3.5　光纤的连接与端接

8.3.5.1　光纤连接技术

1. 光纤的拼接技术

将两段断开的光纤永久性地连接起来的拼接技术有两种。一种是熔接技术，另一种称为机械拼接技术。

光纤的熔接技术是用光纤熔接机进行高压放电使待接续光纤端头熔融，合成一段完整的光纤。这种方法接续损耗小（一般小于0.1dB），而且可靠性高。

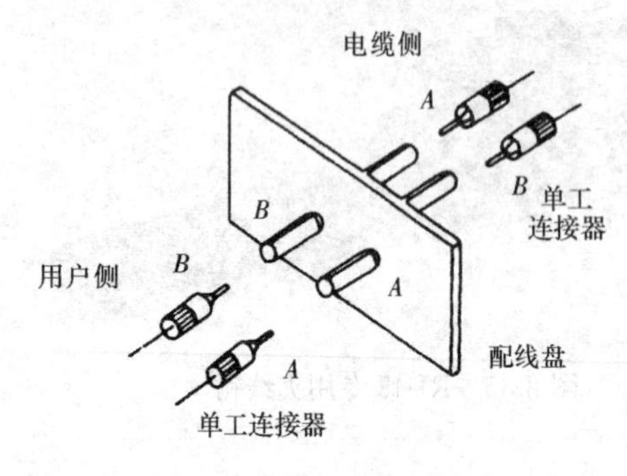

图8-37　单工连接极性图

光纤的机械拼接是通过一套管将两根光纤的纤芯校准，以确保部位的准确吻合。机械拼接有两项主要技术，一是单股光纤的微面处理技术，二是抛光加箍技术。

2. 光纤的端接技术

光纤端接所使用的连接器应适用不同类型的光纤匹配，并使用色码来区分不同类型的光纤。对光纤连接器的主要要求是插入损耗小，体积小，装拆重复性好，可靠性高及价格便宜。

在所有的单工终端应用中，综合布线系统均使用ST连接器，单根光纤的连接方式见图8-37。

8.3.5.2　ST 标准连接器的安装方法

(1) 在光缆的末端环切外护套将外护套滑出，见图 8-38 (*a*)、(*b*)；

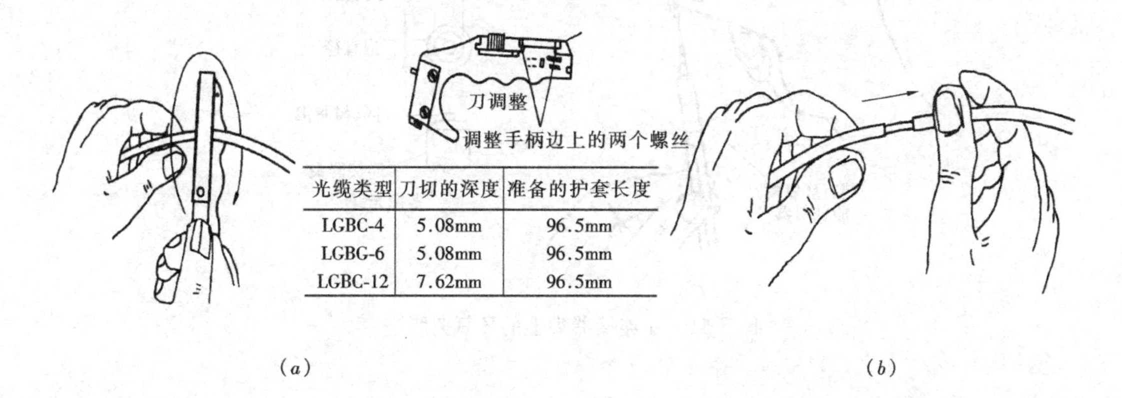

光缆类型	刀切的深度	准备的护套长度
LGBC-4	5.08mm	96.5mm
LGBG-6	5.08mm	96.5mm
LGBC-12	7.62mm	96.5mm

(*a*)　　　　(*b*)

图 8-38　剥电缆护套

(*a*) 环切光缆外护套；(*b*) 光缆外护套滑出

(2) 剥掉外护套，套上扩展帽及缆支持，见图 8-39；

(3) 预留光纤长度，见图 8-40；

(4) 将环氧树脂注入连接器，直到一个大小合适的泡出现在连接器陶瓷尖头上平滑部分为止，见图 8-41；

(5) 通过连接器的背部插入光纤，轻轻地旋转连接器，使之位于连接器孔的中央，见图 8-42；

(6) 将缓冲器光纤的“支持（引导）”滑动到连接器后部的筒上去，旋转“支持（引导）”以使提供的环氧树脂在筒上均匀分布，见图 8-43；

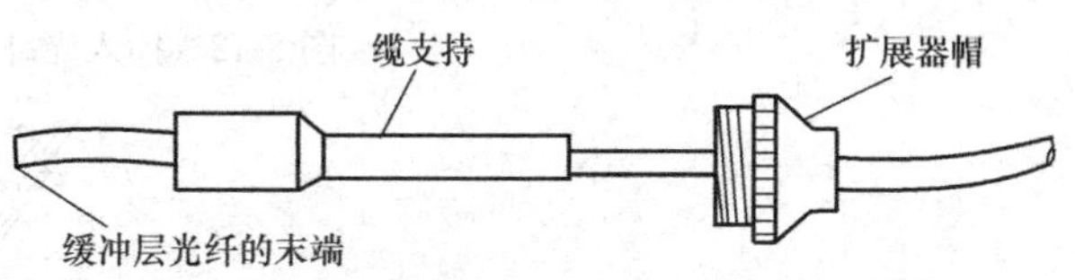

图 8-39　缆支持及帽的安装

(7) 往扩展器帽的螺纹上注射一滴环氧树脂，将扩展帽滑向缆“支持（引导）”，并将扩展帽通过螺纹拧到连接器体中去，确保光纤就位，见图 8-44；

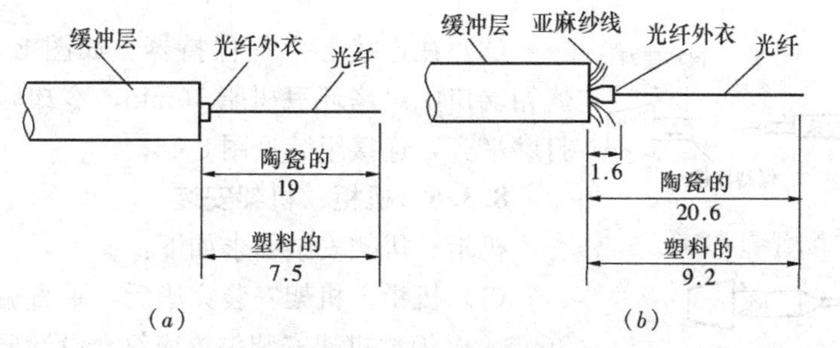

图 8-40　不同类型光纤和 STⅡ插头对长度的规定

(*a*) 缓冲层的光纤；(*b*) SBJ 光纤

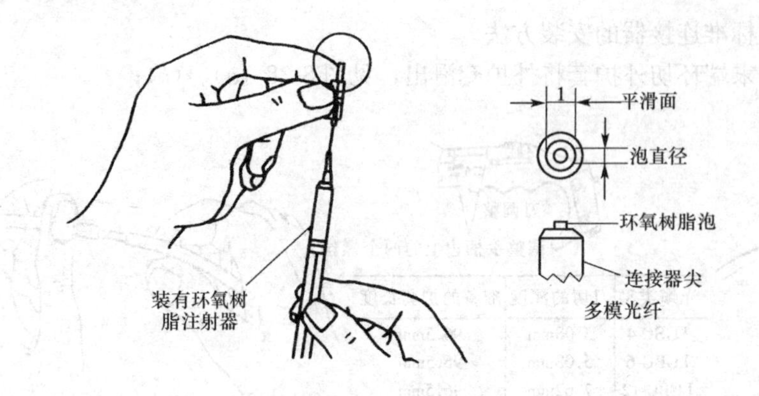

图 8-41　在连接器尖上的环氧树脂泡

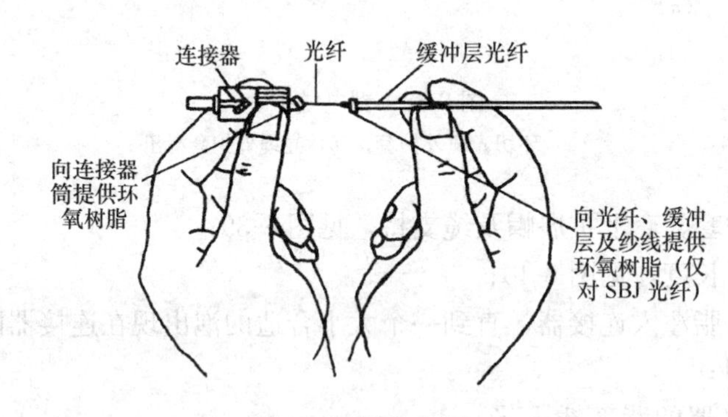

图 8-42　插入光纤

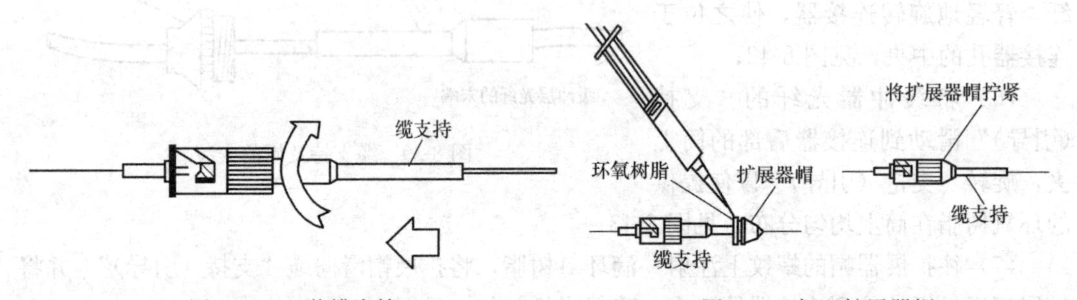

图 8-43　组装缆支持　　　　图 8-44　加上扩展器帽

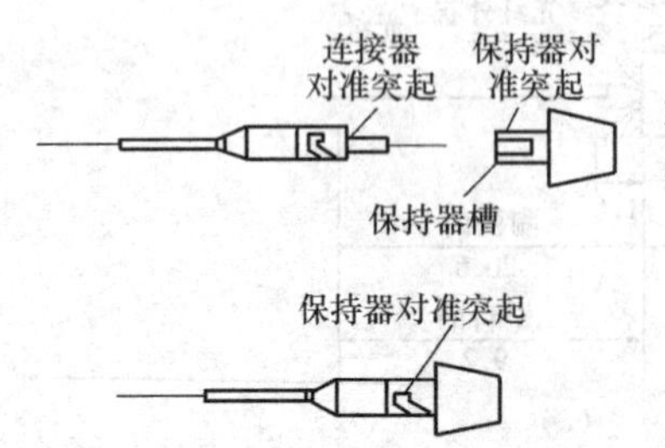

图 8-45　将保持器锁定到连接器上去

（8）往连接器上加保持器，如图 8-45 所示。在烘烤箱端口中烘烤环氧树脂 10min，冷却后将连接器组件打磨平齐，连接组装见图 8-46。

8.3.6　机柜、机架安装

机柜、机架安装要求如下：

（1）机柜、机架安装完毕后，垂直偏差度应不大于 3mm。机柜、机架安装位置应符合设计要求。

（2）机柜、机架上的各种零件不得脱落或碰坏，漆面如有脱落应予以补漆，各种标志应完整、清晰。

（3）机柜、机架的安装应牢固，如有抗震要求时，应按施工图的抗震设计进行加固。

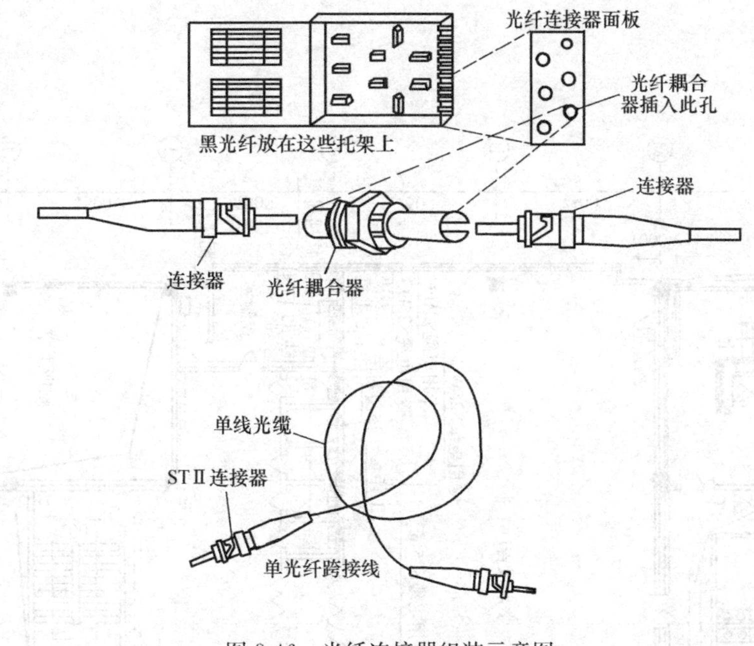

图8-46　光纤连接器组装示意图

技能训练8　综合布线系统安装工程

（一）实训目的

1. 通过实训让学生熟悉综合布线系统常用线缆和常用设备；
2. 让学生掌握常用线缆的连接和常用设备的安装；
3. 掌握专用工具的使用方法。

（二）实训内容

1. 常用线缆、设备识别；
2. 双绞线与信息插座的连接；
3. 双绞线与接插件的连接；
4. 信息插座安装。

（三）实训步骤

1. 教师活动

（1）老师讲解实训内容、要求；
（2）检查和指导学生实训情况；
（3）对学生实训完成情况进行点评。

2. 学生活动

（1）学生阅读施工图纸；
（2）5～6人一组，选组长；
（3）分组讨论要完成的实训任务及要求确定所需的主要实训设备、工具及材料等；
（4）组长做好工作分工；
（5）分组进行信息插座安装、双绞电缆与信息插座及插接件连接；

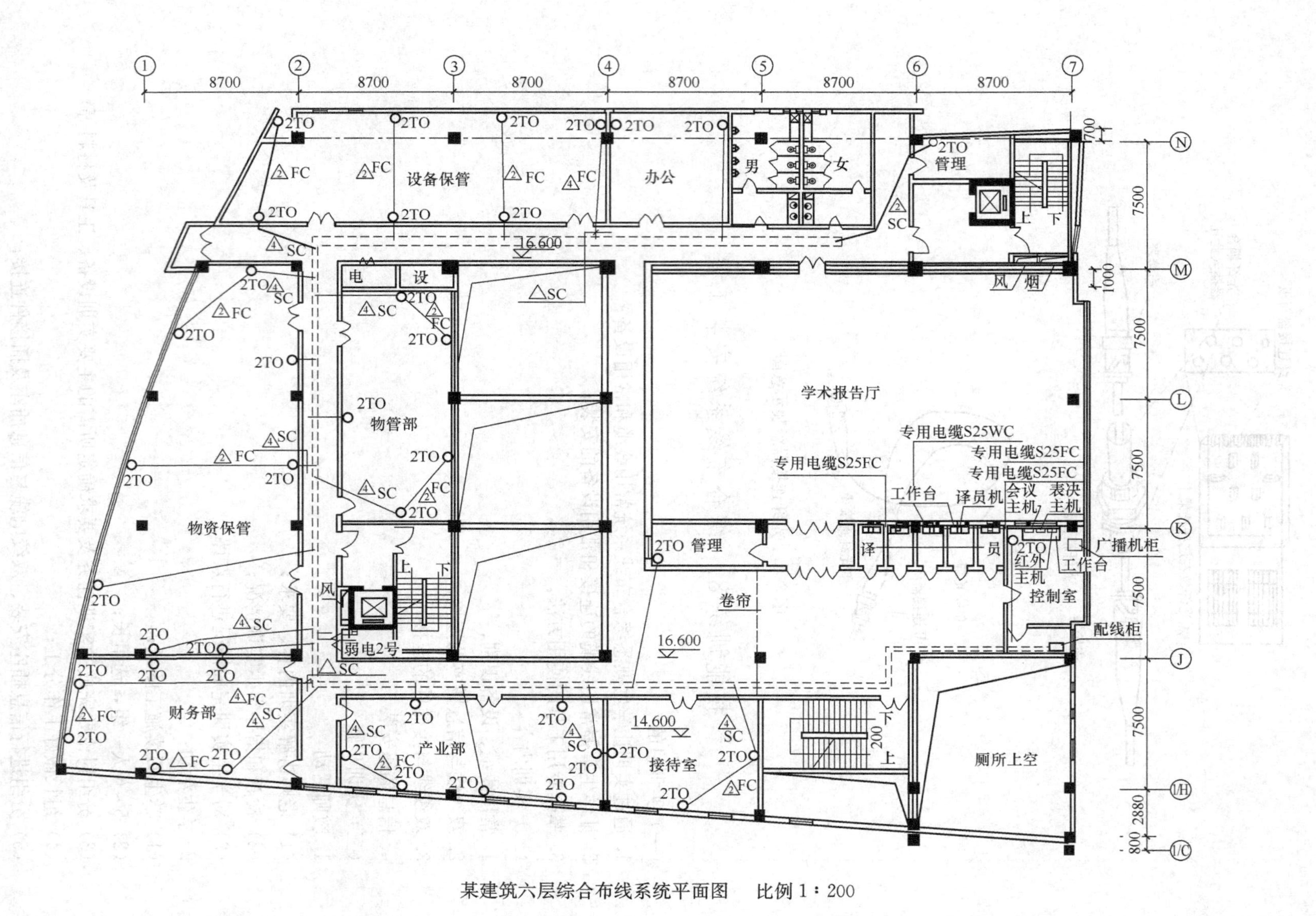

某建筑六层综合布线系统平面图　比例 1：200

(6) 对实训中的问题、产生的原因、解决的方法进行分析和讨论；

(7) 对完成的实训任务进行自评、互评、填写实训报告。

(四) 报告内容

1. 说明信息插座安装方法、双绞电缆与信息插座及插接件连接方法及技术要求；

2. 列出综合布线所用的专用工具、常用工具和图纸中的材料的名称及数量。

(五) 实训记录与分析表

综合布线工具表

序　号	专用工具、常用工具名称	规　　格

施工图材料表

序　号	专用工具、常用工具名称	规　格	数　量	作　用

(六) 问题讨论

1. 双绞电缆的插接件制作应注意哪些问题？

2. 信息插座安装有什么要求？

(七) 技能考核（教师）

1. 信息插座安装方法及要求；

2. 双绞电缆的插接件制作应注意哪些问题？

任务 8-4 有线电视系统安装与接线

《建筑电气施工施工》工作页

姓名： 学号： 班级： 日期：

<table>
<tr><td>任务 8-4</td><td>有线电视系统安装与接线</td><td colspan="2">课时：2 学时</td></tr>
<tr><td>项目 8</td><td>弱电工程安装</td><td>课程名称</td><td>建筑电气施工技术</td></tr>
<tr><td colspan="4">任务描述：</td></tr>
<tr><td colspan="4">通过讲授、现场参观等形式认知有线电视系统的组成、作用、原理等，让学生对典型的有线电视系统有明确的了解，学会识别不同设备，掌握安装与接线方法</td></tr>
<tr><td colspan="4">工作任务流程图：</td></tr>
<tr><td colspan="4">播放 PPT 课件→教师给出工程图纸并结合图纸讲授→参观→分组研讨→提交工作页→集中评价→提交认知训练报告</td></tr>
<tr><td colspan="4">1. 资讯（明确任务、资料准备）</td></tr>
<tr><td colspan="4">(1) 有线电视系统由哪些设备组成？各部分的作用是什么？
(2) 有线电视系统如何安装？用户终端如何安装</td></tr>
<tr><td colspan="4">2. 决策（分析并确定工作方案）</td></tr>
<tr><td colspan="4">(1) 分析采用什么样的方式方法，了解有线电视系统的组成内容，通过什么样的途径学会任务知识点，初步确定工作任务方案；
(2) 小组讨论并完善工作任务方案</td></tr>
<tr><td colspan="4">3. 计划（制订计划）</td></tr>
<tr><td colspan="4">制定实施工作任务的计划书；小组成员分工合理
需要通过实物认识、图片搜集、视频播放、查找资料、参观等形式完成本次任务。
(1) 通过查找资料和学习，明确有线电视系统的分类、特点等；
(2) 通过录像认知综合布线系统的特点；
(3) 通过对实训室设备或有线电视系统的参观增强对有线电视系统的感性认识，为后续课程的学习打好基础</td></tr>
<tr><td colspan="4">4. 实施（实施工作方案）</td></tr>
<tr><td colspan="4">(1) 参观记录；
(2) 学习笔记；
(3) 研讨并填写工作页</td></tr>
<tr><td colspan="4">5. 检查</td></tr>
<tr><td colspan="4">(1) 以小组为单位，进行讲解演示，小组成员补充优化；
(2) 学生自己独立检查或小组之间互相交叉检查；
(3) 检查学习目标是否达到，任务是否完成</td></tr>
<tr><td colspan="4">6. 评估</td></tr>
<tr><td colspan="4">(1) 填写学生自评和小组互评考核评价表；
(2) 跟老师一起评价认识过程；
(3) 与老师深层次的交流；
(4) 评估整个工作过程，是否有需要改进的方法</td></tr>
<tr><td colspan="4">指导老师评语：</td></tr>
<tr><td colspan="4">任务完成人签字：
日期： 年 月 日</td></tr>
<tr><td colspan="4">指导老师签字：
日期： 年 月 日</td></tr>
</table>

8.4.1　概述

共用天线电视系统主要由信号接收与信号源、前端信号处理单元、干线传输分配系统、用户分配网络、用户终端五个主要部分组成。

1. 信号接收与信号源

信号接收与信号源用来接收并输出电视信号。它包括各种类型的天线、卫星地面接收站、自办节目用的录像机及各种其他信号源。

2. 前端信号处理单元

前端信号处理单元接于信号源与分配系统之间，用来处理所需传输分配的信号。它包括各种放大器、调制器、混合器等。

3. 干线传输分配系统

干线传输分配系统的作用是，把前端信号传输分配到用户分配网络。它包括干线放大器、分配器、干线射频电缆等。

4. 用户分配网络

用户分配网络的基本用途是，将干线的信号能量尽可能均匀合理地分配给各电视机用户。它包括分配器、分支器、线路放大器、馈线等。

5. 用户终端

用户终端是向用户提供电视信号的末端插孔。

如果将上述五部分粗略地划分，1、2 部分可称为前端系统，3、4、5 部分可称为分配系统。

8.4.2　有线电视系统安装

有线电视系统的安装主要包括天线安装、系统前端放大设备安装、线路敷设和系统防雷接地等。系统的安装质量对保证系统安全正常的运行起着决定性的作用。因此，系统安装必须认真筹划、充分准备、合理安排。

1. 系统安装施工应具备的条件

施工单位必须执有系统安装施工的施工执照。工程设计文件和施工图纸齐全，并经会审批准。施工人员应全面熟悉有关图纸和了解工程特点、施工方案、工艺要求、施工质量标准等。在施工之前应做好充分的施工准备工作：施工所需设备、器材准备齐全；预埋线管、支撑件及预留孔洞、沟、槽、基础等应符合设计要求；施工区域内应具备顺畅施工的条件等。

2. 接收天线安装

接收天线应按设计要求组装，并应平直牢固。天线竖杆基座应按设计要求安装，可用场强仪收测和用电视接收机收看，确定天线的最优方位后，将天线固定。

天线应根据生产厂家的安装说明书，在地面组装好后，再安装于竖杆合适位置上。天线与地面应平行安装，其馈电端与阻抗匹配器、馈线电缆、天线放大器的连接应正确、牢固、接触良好。

3. 前端设备安装

前端的设备，如频道放大器、衰减器、混合器、宽带放大器、电源和分配器等，多集中布置在一个铁箱内，俗称前端箱。前端箱一般分箱式、台式、柜式三种。箱式前端宜挂墙安装，明装于前置间内时，箱底距地 1.2m，暗装时为 1.2～1.5m，明装于走道等处时，箱底距地 1.5m，暗装时为 1.6m，安装方法如图 8-47 所示。

台式前端可以安装在前置间内的操作台桌面上，高度不宜小于 0.8m，且应牢固。柜式前端宜落地安装在混凝土基础上面，如同落地式动力配电箱的安装。

箱内接线应正确、牢固、整齐、美观，并应留有适当裕度，但不应有接头，箱内各设备间的连接及设备的进出线均应采用插头连接。分配器、分支器、干线放大器分明装和暗装两种方法。明装是与线路明敷设相配套的安装方式，多用于已有建筑物的补装，其安装方法是根据部件安装孔的尺寸在墙上钻孔，埋设塑料胀管，再用木螺丝固定。安装位置应注意防止雨淋。电缆与分支器、干线放大器、分配器的连接一般采用插头连接，且连接应紧密牢固。新建建筑物的CATV系统，其线路多采用暗敷设，分配器、分支器、干线放大器亦应暗装。即将分配器、分支器、干线放大器安装在预埋的建筑物墙体内的特制木箱或铁箱内。

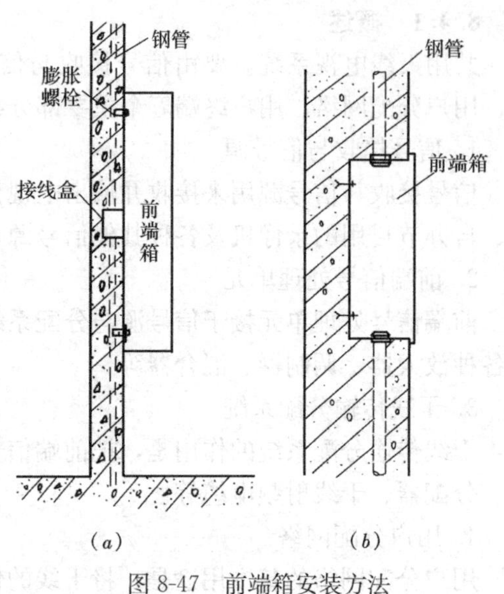

图8-47　前端箱安装方法

(a) 明装；(b) 暗装

4. 传输线路安装

在CATV系统中常用的传输线是同轴电缆，如图8-48所示。同轴电缆的敷设分为明敷设和暗敷设两种。其敷设方法可参照现行电气装置安装工程施工及验收规范进行，并应完全符合《有线电视系统工程技术规范》GB 50200—94的要求。当支线或用户线采用自承式同轴电缆时，电缆的受力应在自承线上。用户线进入房屋内可穿管暗敷，也可用卡子明敷在室内墙壁上，或布放在吊顶上。不论采用何种方式，都应做到牢固、安全、美观。走线应注意横平竖直。

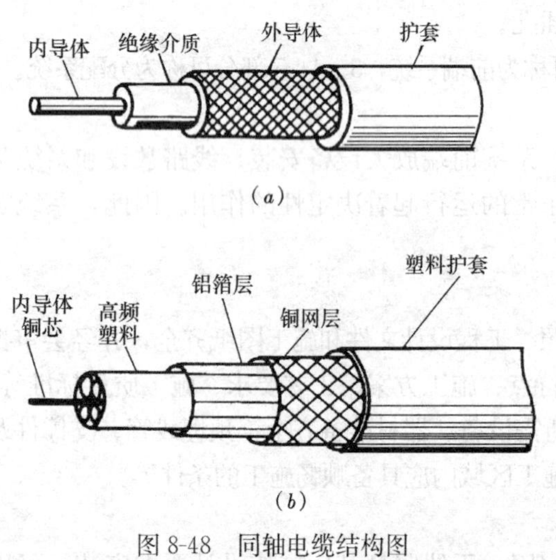

图8-48　同轴电缆结构图

(a) 泡沫状电缆；(b) 耦芯状电缆

为了加长电缆，一般采用中间接头。中间接头是一个两端带螺纹的金属杆，使用时把铜线芯插入，再把F头拧上即可。

5. 用户盒安装

用户盒分明装和暗装。明装用户盒可直接用塑料胀管和木螺丝固定在墙上。暗装用户盒应在土建施工时就将盒及电缆保护管埋入墙内，盒口应和墙面保持平齐，待粉刷完墙壁后再穿电缆，进行接线和安装盒体面板，面板可略高出墙面。用户盒距地高度：宾馆、饭店和客房一般为0.2～0.3m，住宅一般为1.2～1.5m，或与电源插座等高，但彼此应相距50～100mm。接收机和用户盒的连接应采用阻抗为75Ω、屏蔽系数高的同轴电缆，长度不宜超过3m。

用户盒分两种：一种是用户终端盒，另一种是串接单元盒。用户终端盒上只有一个进线口，一个用户插座。用户插座有时是两个插口，其中一个输出电视信号，接用户电视机；另一个是 FM 接口，用来接调频收音机。用户终端盒要与分支器和分配器配合使用。

串接单元盒是一分支器与插座的组合。这种盒有一个进线口和一个出线口，进线从上一用户来，出线到下一用户去。由于这种器件安装在用户室内，上下用户相互影响，不便于维修，现已不再使用。由于这种盒上带有分支器，因此有分支衰减，可以根据线路信号情况选用不同衰减量的盒。

6. 用户终端安装

在 CATV 系统中，电缆与各种设备器件要连接，与电视设备要连接，导线间有时也要连接，这些连接不能按电力导线的接线方法进行，而要使用专门的连接件。

(1) 工程用高频插头

与各种设备连接的插头，叫工程用高频插头，平时叫它 F 头。实际上，这种插头是一个连接紧固螺母。使用时先将电缆芯线插入高频插座，再将插头拧在高频插座上，使导线不会松脱，另外，插头还起连接外层金属网的作用。

安装时，将电缆外护套割去 13mm，铜网、铝膜割去 12mm，将内绝缘层割去 9mm，露出 9mm 芯线；将卡环套到电缆上，把电缆头插入 F 头中，F 头的后部要插在铜网里面，铜网与 F 头紧密接触，注意不要把铜网顶到护套里面去，一定要让铜网包在 F 头外面。插紧后，把卡环套在 F 头后部的电缆外护套上并用钳子夹紧，以不能把 F 头拉下为好。高频插头与电缆的连接方法如图 8-49 所示。铜网与 F 头接触不良，会影响低频道电视节目收看效果。如果电缆较粗，在插头组件上有一根转换插针，把粗线芯变细以便与设备连

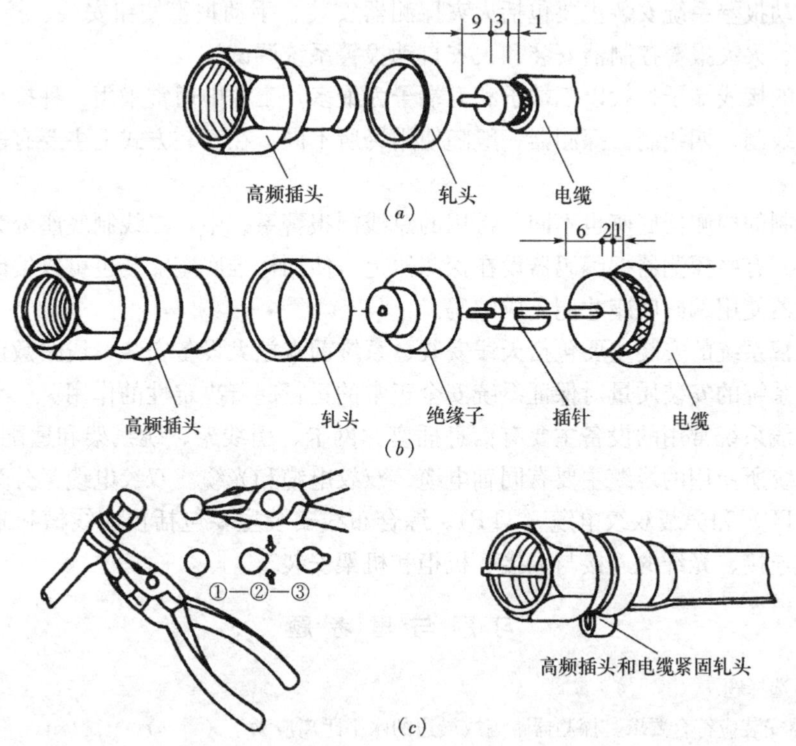

图 8-49 高频插头与电缆的连接方法

(a) 不带插针高频插头及安装；(b) 带插针高频头及安装；(c) 轧头及紧固

接，如图8-49（*b*）所示。

（2）与电视机连接用插头

接电视机的插头有两类，一类是300/75Ω插头，用来与扁馈线连接，变换阻抗后接到电视机上。一般彩色电视机上都随机带有这种插头，但这种插头不能用于MATV系统。另一类是75Ω插头，可以用于MATV系统。使用时将电缆护套剥去10mm，留下铜网，去掉铝膜，再剥去约8mm内绝缘层，把铜芯插入插头芯并用螺钉压紧，把铜网接在插头外套金属筒上，一定要接触良好，如图8-50所示。

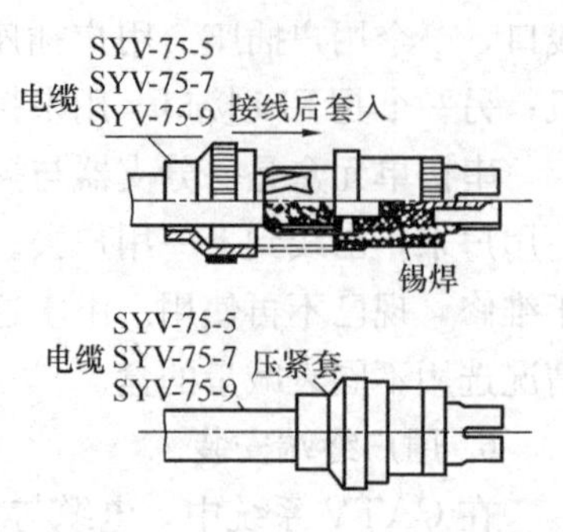

图8-50 与电视机连接用插头

知识归纳总结

建筑弱电工程是建筑电气工程的重要组成部分，随着现代建筑的不断发展，建筑弱电在建筑电气工程中所占的比重也越来越大，技术含量也越来越高。弱电系统的引入，使建筑物的服务功能大大扩展，增加了建筑物内部以及内部与外界间的信息传递和交换能力。随着电子学、计算机、激光、光纤通信和各种遥控、遥感技术的发展，建筑弱电技术发展迅速，其范围不断扩展。智能建筑工程就可以说是弱电工程的延伸和发展。所以，建筑弱电工程是一个复杂的、多学科集成系统工程。本项目主要介绍了火灾自动报警系统、有线电视系统、综合布线系统等。

火灾自动报警系统安装主要包括火灾探测器安装、手动报警按钮安装、控制（接口）模块的安装、火灾报警控制器安装和火灾自动报警系统调试。

探测器的接线端子一般以三端子和五端子为最多，工程中通常采用3种接线方式，即两线制、三线制、四线制。探测器一般随使用场所不同，在安装方式上主要有嵌入式和露出式两种。

不同线制的探测器底座也不同。常用的总线制报警系统中，二线制底座分为标准底座和编码底座。有些探测器把编码器设在探测器上，使用标准底座安装也可以编码。没有编码器的探测器使用编码底座才能完成编码。

有线电视系统的安装主要包括天线安装、系统前端放大设备安装、线路敷设和系统防雷接地等。系统的安装质量对保证系统安全正常的运行起着决定性的作用。

综合布线系统常用的设备主要有信息插座、网卡、引线架、跳线架和适配器等组成。综合布线系统所使用的线缆主要有同轴电缆、双绞电缆和光缆。双绞电缆又分为非屏蔽双绞电缆（UTP）和屏蔽双绞电缆（STP）。综合布线安装主要包括预埋线槽和暗管敷设缆线、电缆的连接、光纤的连接与端接、机柜和机架安装。

习题与思考题

一、单项选择题

1. 探测器安装应符合要求，探测器距墙或梁边的水平距离应大于（　　）。

A. 0.5m　　B. 1m　　C. 1.2m

2. 在有空调的房间内探测器要安装在距空调送风口（　　）以外的地方，宜接近回风口安装。

A. 1m　　　　　B. 1.5m　　　　　C. 2m

3. 在室内梁上设置可燃气体探测器时，探测器与顶棚距离应在（　　）以内。

A. 0.3m　　　　　B. 0.5m　　　　　C. 0.8m

4. 在一个大空间，设置了许多探测器，可以使用一只带编码的探测器（叫母座）与几只不带编码器的探测器（叫子座）并联工作。但一只母座所带子座一般不超过（　　）。

A. 3 只　　　　　B. 5 只　　　　　C. 10 只

5. 综合布线中，屏蔽 4 对双绞线电缆的弯曲半径应至少为电缆的（　　）。

A. 4～6 倍　　　　　B. 6～8 倍　　　　　C. 8～10 倍

6. 缆线终接后应留有余量。交接间、设备间对绞线电缆预留长度为（　　）。

A. 0.5～1m　　　　　B. 1～1.5m　　　　　C. 1.5～2m

7. 非屏蔽 4 对双绞电缆的弯曲半径应至少为电缆的（　　）。

A. 4 倍　　　　　B. 6 倍　　　　　C. 10 倍

8. 主干双绞电缆的应至少为电缆的（　　）。

A. 6 倍　　　　　B. 8 倍　　　　　C. 10 倍

9. 综合布线安装中，敷设暗管宜采用钢管或阻燃硬质 PVC 管，预埋线槽宜采用金属线槽，线槽的截面利用率不应超过（　　）。

A. 30%　　　　　B. 40%　　　　　C. 50%

10. 电缆桥架内缆线垂直敷设时，在缆线的上端和每间隔（　　）固定在缆线支架上；在缆线的首、尾、转角及每隔 5～10m 处进行固定。

A. 1m　　　　　B. 1.5m　　　　　C. 2m

二、思考题

1. 探测器的接线方式有哪些？

2. 探测器安装前应进行哪些内容检验？

3. 探测器安装应注意哪些问题？

4. 探测器编码底座的编码方式有哪些？

5. 手动报警按钮应安装有什么要求？

6. 火灾报警控制器有几种安装方式？有哪些具体要求？

7. 火灾自动报警系统调试包括哪些主要内容？

8. 有线电视系统安装施工应具备哪些条件？

9. 用户盒安装和用户终端安装有什么要求？

10. 线缆端接一般有什么要求？信息插座安装有什么要求？

11. 双绞电缆的插接件制作应注意哪些问题？

12. 简述 ST 标准连接器的安装方法。

参 考 文 献

[1] 杨炬主编. 建筑电气工程施工. 重庆：重庆大学出版社，2001.
[2] 杨炬主编. 电气安装施工技术与管理. 北京：中国建筑工业出版社，1993.
[3] 徐第，孙俊英主编. 建筑弱电工程安装技术. 北京：金盾出版社，2002.
[4] 刘宝珊主编. 建筑电气安装工程实用技术手册. 北京：中国建筑工业出版社，1998.
[5] 陆荣华，史湛华. 建筑电气安装工长手册. 北京：中国建筑工业出版社，1998.
[6] 赵德申主编. 建筑电气照明技术. 北京：机械工业出版社，2003.
[7] 李英姿主编. 建筑电气施工技术. 北京：机械工业出版社，2003.
[8] 杨光臣主编. 建筑电气工程施工. 重庆：重庆大学出版社，2001.
[9] 陈御平主编，电气施工员（工长）岗位实务知识. 北京：中国建筑工业出版社，2007.